U0817728

高等学校计算机教材

Visual Basic 实用教程

（第4版）

郑阿奇 主 编
曹 弋 编 著

電子工業出版社
Publishing House of Electronics Industry
北京・BEIJING

内容简介

本教程包含了实用教程、习题、实验、综合应用和附录等部分。内容主要包括 VB6.0 中文版开发环境，语言基础，创建用户界面（控件，菜单，工具栏与状态栏），程序设计，数据库应用，图形、鼠标和多媒体应用，文件操作等方面。实用教程一般在讲解内容后紧跟实例；习题主要训练编程和弄清基本概念；实验包括基础级、提高级和自我练习三个方面；综合应用综合训练解决小的应用问题的基本能力；最后的附录列出了书中所需内容及习题参考答案。

本书可作为大学本、专科有关课程的教材。由于内容实用，也适合各类 VB 培训和广大用户自学与参考用书。

未经许可，不得以任何方式复制或抄袭本书之部分或全部内容。
版权所有，侵权必究。

图书在版编目（CIP）数据

Visual Basic 实用教程 / 郑阿奇主编；曹弋编著. —4 版. —北京：电子工业出版社，2011.7
高等学校计算机教材
ISBN 978-7-121-13989-5

Ⅰ. ①V…　Ⅱ. ①郑…　②曹…　Ⅲ. ①BASIC 语言－程序设计－高等学校－教材　Ⅳ. ①TP312

中国版本图书馆 CIP 数据核字（2011）第 129762 号

责任编辑：郝黎明
文字编辑：裴　杰　　特约编辑：张　彬
印　　刷：
装　　订：北京市京科印刷有限公司
出版发行：电子工业出版社
　　　　　北京市海淀区万寿路 173 信箱　　邮编 100036
开　　本：787×1 092　1/16　印张：26　字数：665.6 千字
印　　次：2011 年 7 月第 1 次印刷
印　　数：4 000 册　　定价：43.00 元

凡所购买电子工业出版社图书有缺损问题，请向购买书店调换。若书店售缺，请与本社发行部联系，联系及邮购电话：（010）88254888。

质量投诉请发邮件至 zlts@phei.com.cn，盗版侵权举报请发邮件至 dbqq@phei.com.cn。

服务热线：（010）88258888。

前 言

Visual Basic（简称 VB）是 Microsoft 公司推出的一种 Windows 应用程序开发工具，由于它具有简单易学、操作方便、功能强大等特点，已经成为普通用户首选的程序设计语言。我们根据教学与应用开发的实践和形势发展需要，先后推出 Visual Basic 实用教程第 1 版到第 3 版，对教学内容、习题、实例、实验和综合应用进行不断完善和提高。推出后，得到高校教师、学生和广大读者的广泛认同，共重印 22 次累计 12 万册。

在我国，VB6.0 中文版虽然已流行多年，但当前和今后一段时间，它仍然是我国高校有关专业程序设计课程教学和 VB 应用开发的工具。

Visual Basic 实用教程（第 4 版）继承了 Visual Basic 实用教程（第 3 版）的成功经验，仍以 VB6.0 中文版为平台，结合编者近两年的教学和应用开发实践，进行调整和完善，以在方便教学的同时体现应用性。

本教程分为五个部分。

（1）实用教程部分一般在讲解内容后紧跟实例，并且凡标有[Ex_xxx]的实例程序均上机调试通过，书中所有实例在附录中有专门索引；

（2）习题部分主要训练编程和弄清基本概念，适当训练界面内容；

（3）实验部分包括基础级、提高级和自我练习三个方面，循序渐进、逐步提高，自我练习包含部分参考答案；

（4）四个综合应用综合训练解决小的应用问题的基本能力；

（5）附录。

本教程可免费下载教学课件、实例文件和综合应用文件等教学资源，网址为 http://www.hxedu.com.cn。

实际上，本教程不仅适合于教学，也非常适合于 VB 的各类培训和用 VB 编程开发应用程序的用户学习和参考。只要阅读本书，结合上机操作，就能在较短的时间内基本掌握 Visual Basic 及其应用技术。

本书由东南人学吴乐南教授主审。

本书由曹弋（南京师范大学）编写，郑阿奇（南京师范大学）对全书进行统编、定稿。参加本系列书编写的还有梁敬东、顾韵华、王洪元、刘启芬、丁有和、徐文胜、殷红先、张为民、姜乃松、彭作民、王一莉、徐斌、王志瑞、周怡明、刘博宇、周怡君、郑进、刘毅等。

由于编者掌握的资料和水平有限，错误之处在所难免，敬请读者批评指正。

意见、建议邮箱：easybooks@163.com

编　者

2011 年 6 月

目　录

第 1 部分　实用教程

第 1 部分　实 用 教 程

第 1 章

Visual Basic 概述

1.1 关于 Visual Basic

Microsoft Visual Basic（简称 VB）是在 Windows 操作平台下设计应用程序的最迅速、最简捷的工具之一。不论初学者还是专业开发人员，VB 都为他们提供一整套工具，可以轻松方便地开发应用程序。因此，VB 一直被作为大多数计算机编程初学者的首选入门语言。

“Visual”指的是开发图形用户界面（GUI）的方法，即可视化，一般无须编写大量代码，描述界面元素的外观和位置，只把需要的控件拖放到屏幕上的相应位置即可设计图形用户界面；“Basic”指的是 BASIC 语言，因为 VB 是在原有的 BASIC 语言的基础上发展起来的。

VB 是 Microsoft 的一种通用程序设计语言。它的通用性表现在包含 Microsoft Office 系列的 Microsoft Excel, Microsoft Access 等众多 Windows 应用软件中的 VBA 使用 VB 语言，以供用户进行二次开发；目前制作网页使用较多的 VBScript 脚本语言也是 VB 的子集。

利用 VB 的数据访问特性，用户可对包括 Microsoft SQL Server 和其他企业数据库在内的大部分数据库格式创建数据库和前端应用程序，以及可调整的服务器端部件。利用 ActiveX 技术，VB 可使用如 Microsoft Word 字处理器，Microsoft Excel 电子数据表及其他 Windows 应用程序提供的功能，甚至可以直接使用由 VB 专业版或企业版创建的应用程序和对象。用户最终创建的程序是一个真正的.exe 文件，可以自由发布。

VB 提供学习版、专业版和企业版。每个版本都是为特定的开发需求设计的，开发者可以根据实际需要购买相应版本的软件。学习版使编程人员很容易地开发 Windows 和 Windows NT 的应用程序。专业版为专业编程人员提供功能完备的开发工具，包含学习版的所有功能。企业版允许专业人员以小组的形式，创建强大的分布式应用程序，包括专业版的所有特性。本书主要介绍 VB 的基本功能，对这三个版本均适用。

1.1.1 VB 的工程类型

VB 启动后，首先显示“新建工程”（New Project）对话框，如图 1.1 所示。其中会提示选择需要建立的工程类型。

图 1.1 “新建工程”对话框

使用 VB 可以生成下列几种应用程序类型。

- “标准 EXE”：创建一个标准可执行文件（.exe 文件）。
- “ActiveX EXE”：创建一个 ActiveX 可执行文件（.exe 文件）。
- “ActiveX DLL”：创建一个 ActiveX DLL 文件（.dll 文件）。这种文件与 ActiveX EXE 文件在功能上是相同的，只是包装不同。
- “ActiveX 控件”：创建一个 ActiveX 控件（.ocx 文件）。
- “VB 应用程序向导”：这个向导帮助用户建立新的应用程序框架。用户在开发自己的工程时可能会用到。
- “外接程序”：建立自定义的 VB 外接程序。
- “IIS 应用程序”：创建一个 IIS 应用程序，编写服务器端 Internet 应用程序，响应来自浏览器用户的请求。
- “数据工程”：创建一个包括数据环境设计器和报表的数据工程。
- “ActiveX 文档”：ActiveX 文档实际上是可以在支持超级链接的容器中运行的 VB 应用程序。这个环境可能就是一个 Web 浏览器，如 Internet Explorer。
- “DHTML 应用程序”：创建一个 DHTML 应用程序，响应 HTML 页面上的操作，而不用把处理方法传给服务器。
- “VB 向导管理器”：能够帮助用户创建自定义的向导，效果与 VB 提供的向导非常相似。

双击“标准 EXE”选项（默认选项）或直接单击“打开”按钮，进入 VB 的集成开发环境。

1.1.2 集成开发环境

VB 的集成开发环境（或称 IDE）由多个部分组成，包含标题栏、菜单栏、工具栏、控件箱，以及窗体设计器窗口、工程资源管理器窗口、属性页、代码窗口和窗体布局窗口等，涵盖了开发应用程序的设计、编辑、编译和调试等所有功能。

在 VB 中，应用程序也称为工程。当第一次启动 VB 并且打开一个新工程时，可以看到如图 1.2 所示的集成开发环境界面。

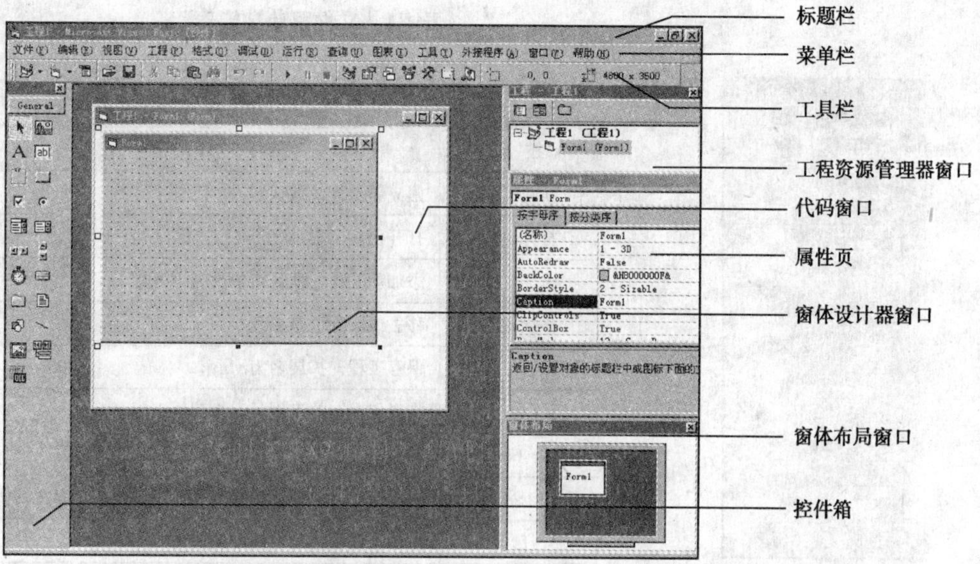

图 1.2 Visual Basic 集成开发环境

VB 通过工程组织应用程序的开发，使用工程管理构成应用程序的所有文件。一个工程一般由若干个窗体、标准模块及应用环境组成。系统通过工程菜单来对工程进行管理，如添加窗体、引用等。系统允许同时打开和管理多个工程。

1.1.3 标题栏

标题栏位于窗口的最上面，用来显示打开的工程名和系统的工作状态。如图 1.3 所示的三种标题栏的工程名为“工程 1”，工作状态分别是“设计”、“运行”和“中断”。中断状态是在调试时发生的，在此状态可以查看运行过程中的变量。

图 1.3 Visual Basic 的三种标题栏

1.1.4 菜单栏

VB 的菜单栏除了提供标准的“文件（F）”、“编辑（E）”、“视图（V）”、“工具（T）”、“窗口（W）”和“帮助（H）”菜单之外，还提供编程专用的功能菜单，例如“工程”、“格式”、“运行”、“外接程序”和“调试（D）”等。按【Alt+括号中的字母】组合键可选择该菜单。

每个菜单对应若干个菜单项，菜单中灰色的选项是不能使用的；菜单项中显示在菜单名后面“()”中的字母为键盘访问键，菜单项后面显示的是快捷键。例如，“新建工程”的操作是先按【Alt+F】组合键打开“文件”菜单，再按【N】键，或直接按【Ctrl+N】组合键。

1. 文件菜单

文件菜单（File）用于对文件进行操作，如打开和新建工程，以及打印和生成.exe 文件等。文件菜单如图 1.4 所示，对应的主要功能如表 1.1 所示。

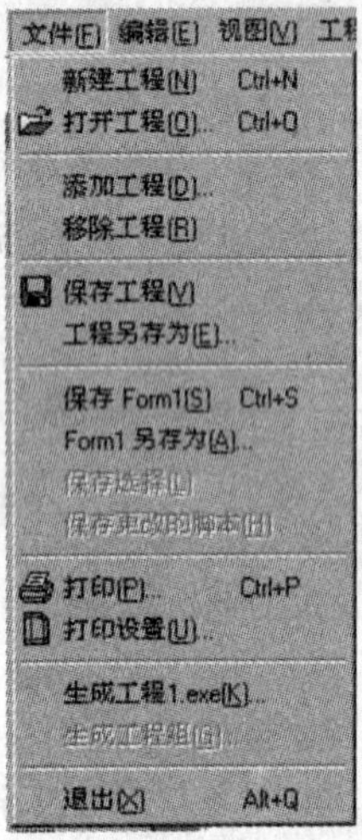

图 1.4 文件菜单

表 1.1 文件菜单功能表

下 拉 选 单	功 能
新建工程	建立新工程，默认名为“工程 1”
打开工程	打开已有工程
添加工程	添加新工程，默认名依次为“工程 2”、“工程 3”等
移除工程	移去或删除已有工程
保存工程	保存工程，扩展名为.vbp
工程另存为	将已保存过的工程另存为其他工程名
保存 Form1	保存建立的窗体，扩展名为.frm 和.frx
Form1 另存为	将已保存过的窗体另存为其他窗体名或另存在其他位置
打印	打印当前窗体和窗体中的代码
打印设置	选择打印机和相关参数后打印
生成工程 1.exe	工程生成对应的.exe 文件

2. 视图菜单

视图菜单（View）用于对各窗口进行操作，通过选择视图菜单项来显示各窗口。视图菜单如图 1.5 所示，对应的主要功能如表 1.2 所示。

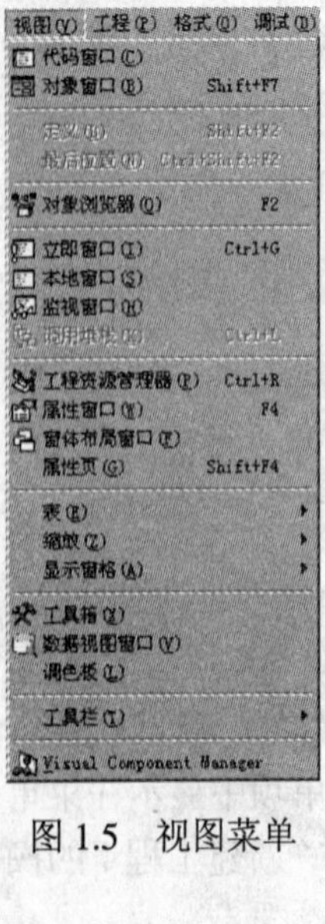

图 1.5 视图菜单

表 1.2 视图菜单功能表

下 拉 菜 单	功 能
代码窗口	打开在工程资源管理器窗口中所选的代码窗口
对象窗口	打开在工程资源管理器窗口中所选的对象窗口
对象浏览器	打开对象浏览器，查看工程中有效的对象
立即窗口、本地窗口、监视窗口和调用堆栈	打开调试用的窗口
工程资源管理器	打开工程资源管理器窗口
属性窗口	打开属性窗口
窗体布局窗口	打开属性布局窗口
工具箱、数据视图窗口和调色板	打开工具箱、数据视图窗口和调色板
工具栏	打开工具栏，包括编辑、标准、窗体编辑器和调试工具栏
Visual Component Manager	打开可视化部件管理器，用于保存、组织及共享可重用的部件

3. 工程菜单

工程菜单（Project）由窗体、标准模块及应用环境设置组成。工程菜单用于在设计时对工程进行管理。工程菜单如图 1.6 所示，主要功能如表 1.3 所示。

图 1.6 工程菜单

表 1.3 工程菜单功能表

下 拉 菜 单	功 能
添加××	向工程中添加各种对象，包括窗体、模块、控件和属性页等
移除 Form1（窗体名）	从工程中移除窗体 Form1（假设当前的窗体名为 Form1）
引用	引用其他应用程序的对象，通过设置应用程序对象库来实现
部件	用于添加控件、设计器和可插入对象
工程 1 属性	设置工程的类型、名称、启动对象等，工程 1 为当前工程名

4. 格式菜单

格式菜单（Format）用于对所选定的对象格式进行调整，在设计多个对象时用来使界面整齐，且可进行统一操作。格式菜单如图 1.7 所示，主要功能如表 1.4 所示。

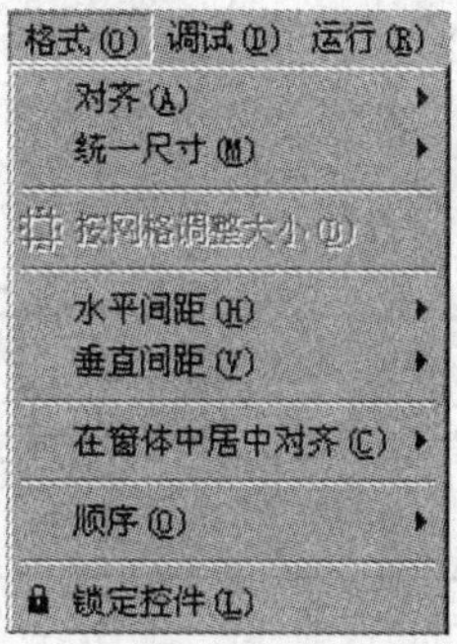

图 1.7 格式菜单

表 1.4 格式菜单功能表

下 拉 菜 单	功 能
对齐	对齐所有选中的对象
统一尺寸	所有选中的对象按宽或高统一尺寸
按网格调整大小	将对象按网格调整大小
水平间距和垂直间距	对所有选中的对象间距进行统一调整
在窗体中居中对齐	对象在窗体中居中对齐
顺序	对象按前、后顺序放置
锁定控件	使所选中的控件锁定，不能调整其位置

5. 调试菜单

调试菜单（Debug）用于选择不同的调试程序的方法，如逐语句、监视窗口、设断点等。调试菜单如图 1.8 所示，主要功能如表 1.5 所示。

6. 工具菜单

工具菜单（Tools）用于选择在设计工程时的一些工具，如用来添加过程和菜单编辑器的工具。工具菜单如图 1.9 所示，主要功能如表 1.6 所示。

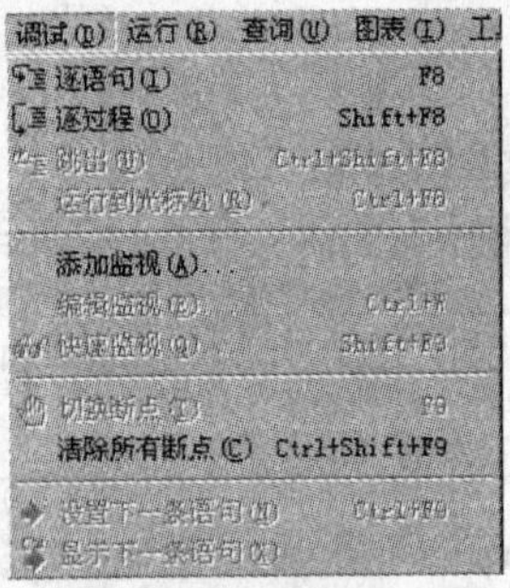

图 1.8　调试菜单

表 1.5　调试菜单功能表

下拉菜单	功　能
逐语句	一句一句地运行
逐过程	一个过程一个过程地运行
跳出	从调试过程中跳出，直接运行到最后
运行到光标处	运行到光标所在行的语句
添加监视、编辑监视、快速监视	在监视窗口中对运行过程中的表达式进行监视
切换断点	用于设置断点和清除断点
清除所有断点	清除所有设置的断点

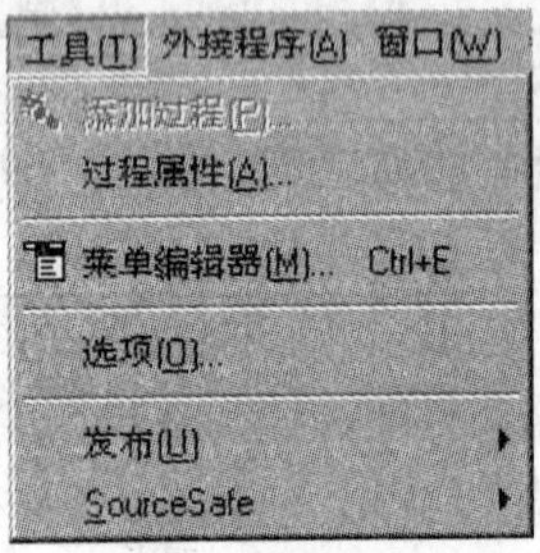

图 1.9　工具菜单

表 1.6　工具菜单功能表

下拉菜单	功　能
添加过程	添加用户定义的过程
过程属性	设置过程的属性
菜单编辑器	打开菜单编辑器，建立菜单
选项	设置系统选项
发布	使用可视化部件管理器的发布向导，发布可重用的部件

7. 外接程序菜单

外接程序菜单（Add-Ins）用于打开可视化数据管理器，加载或卸载外接程序。加载的外接程序出现在菜单项的最后。外接程序菜单如图 1.10 所示，主要功能如表 1.7 所示。

图 1.10　外接程序菜单

表 1.7　外接程序菜单功能表

下拉菜单	功　能
可视化数据管理器	打开可视化数据管理器 VisData 窗口，进行数据库操作
外接程序管理器	加载或卸载外接程序

8. 帮助菜单

学会使用帮助菜单（Help）是学习和掌握 VB 的捷径。VB 可以通过内容、索引和搜索的方法寻求帮助。帮助菜单如图 1.11 所示。

9. 其他菜单

菜单栏中还有编辑、运行和窗口菜单。这些菜单的功能与其他 Windows 程序中的基本相同，在此不再详细介绍。

除了菜单栏中的菜单外，还有一些其他菜单，例如，将鼠标指针放在不同的窗口中单击鼠标右键，可以得到有效的专用快捷菜单，也称为上下文菜单或弹出菜单。

图 1.11　帮助菜单

1.1.5 工具栏

工具栏是在编程环境下提供的对常用命令的快速访问。单击工具栏上的按钮，则执行该按钮所代表的操作。默认的工具栏如图 1.12 所示，这是启动 VB 之后显示的“标准工具栏”，当鼠标停留在工具栏的按钮上时，便显示该按钮的功能。工具栏中按钮与菜单中命令的对应关系如表 1.8 所示。

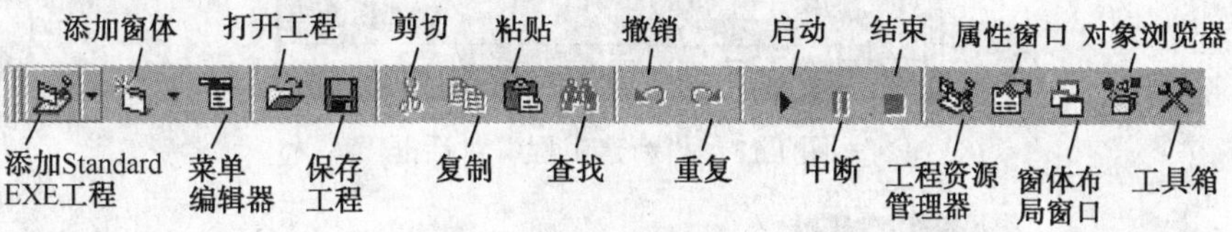

图 1.12 标准工具栏

表 1.8 工具栏与菜单栏对应表

工具名称（英文）	工具名称（中文）	对应菜单栏
Add Standard EXE Project	添加 Standard EXE 工程	文件菜单中添加工程
Add Form	添加窗体	工程菜单中添加窗体、模块、控件、属性页等
Menu Editor	菜单编辑器	工具菜单中菜单编辑器
Open Project	打开工程	文件菜单中打开工程
Save Project	保存工程	文件菜单中保存工程
Cut, Copy, Paste, Find, Undo, Redo	剪切、复制、粘贴、查找、撤销、重复	编辑菜单中剪切、复制、粘贴、查找、撤销、重复
Start, Break, End	启动、中断、结束	运行菜单中启动、中断、结束
Project Explorer, Properties Window, Form Layout Window, Object Browser, Toolbox	工程资源管理器、属性窗口、窗体布局窗口、对象浏览器、工具箱	视图菜单中工程资源管理器、属性窗口、窗体布局窗口、对象浏览器、工具箱

可以通过“视图”菜单的“工具栏”命令，移进或移出附加的工具栏，如编辑、窗体设计和调试工具栏。

1.1.6 控件箱

控件箱也称工具箱（ToolBox），提供一组控件，用户设计界面时从中选择所需的控件放入窗体中。系统一般打开“标准控件箱”，如果需要更多控件，可在“新建工程”对话框选择“VB 企业版控件”（VB Pro Edition Controls），图 1.13 所示为“新建工程”对话框。

如图 1.14（a）所示为“标准控件箱”，（b）图所示为“VB 企业版控件箱”。

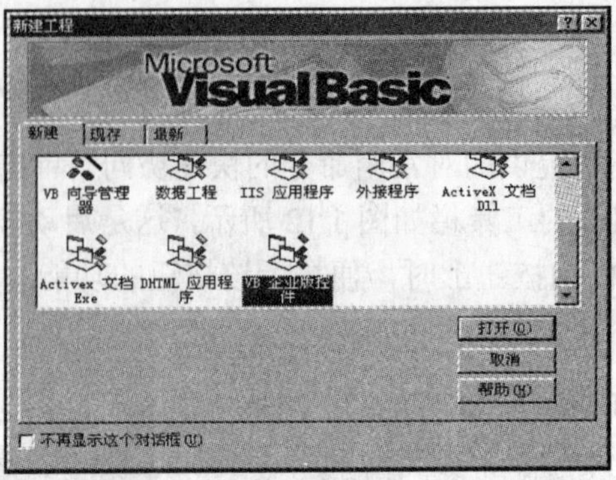

图 1.13 “新建工程”对话框

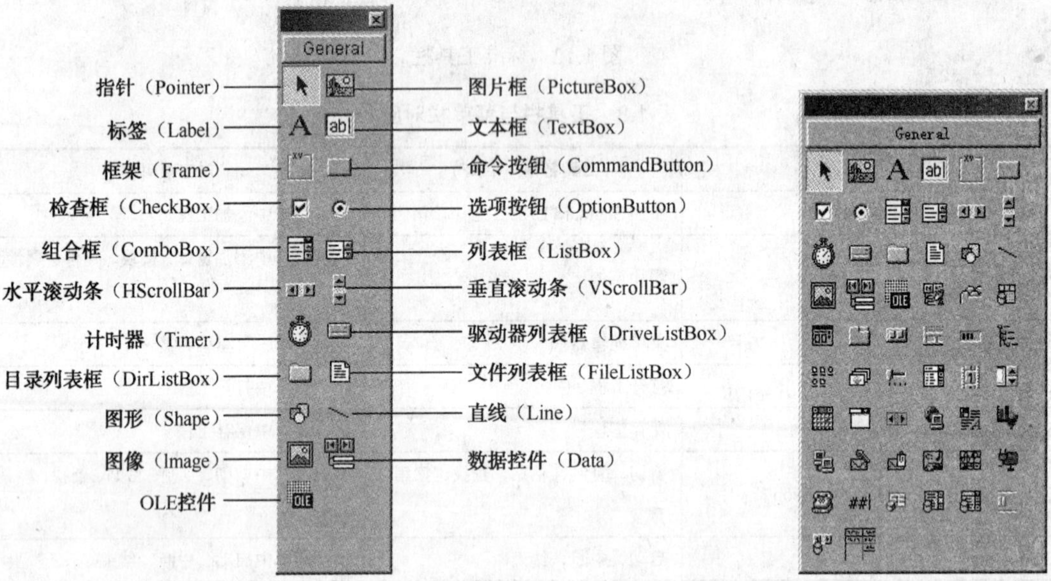

（a）标准控件箱　　（b）VB 企业版控件箱

图 1.14 控件箱

1.1.7 窗体

在图 1.2 所示的 VB 集成开发环境中显示了几个窗口，通常包括“工程资源管理器”（Project Explorer）、“代码窗口”（Code Window）、“属性页”（Properties Page）、“窗体布局窗口”（Form Layout Window）和“窗体设计器窗口”（Form Design Window）。集成开发环境中能够连接的窗口由用户通过“工具”（Tools）菜单来选择。

1. 选择连接窗口

单击“工具”（Tools）菜单，选择“选项”（Options）命令，出现“选项”对话框，选择“可连接的”（Docking）选项卡，如图 1.15 所示。用户可在选项卡中选中复选框，选择能够连接的窗口。

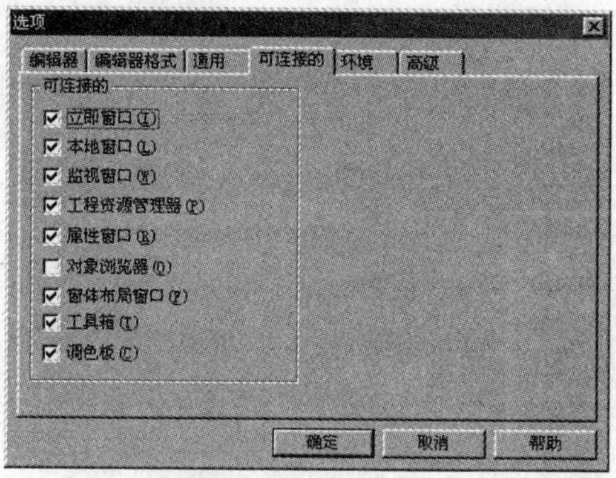

图 1.15 设置可连接窗口

2. 工程资源管理器窗口

工程资源管理器窗口用于列出当前工程中使用的窗体和模块，3 个按钮分别是“查看代码”（View Code）、“查看对象”（View Object）和“切换文件夹”（Toggle Folders）。图 1.16（a）所示为系统默认的工程名和窗体名，图 1.16（b）所示是修改后的工程名和窗体名，以及修改工程和窗体的“名称”属性后的显示。

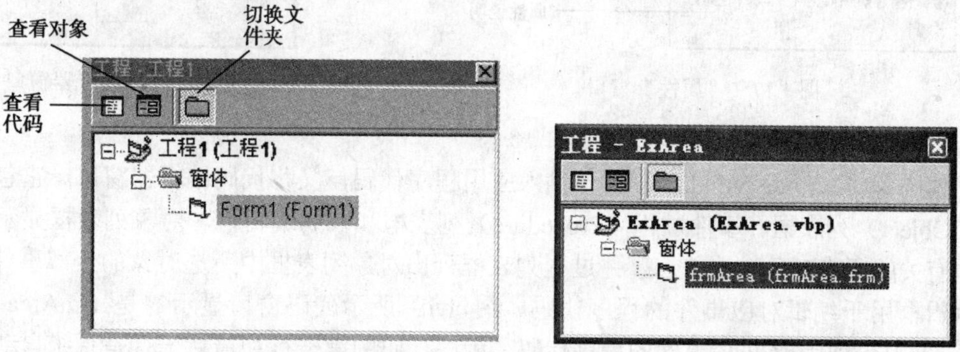

（a）系统默认的工程名和窗体名　　（b）修改后的工程名和窗体名

图 1.16 工程资源管理器窗口

3. “属性”窗口

“属性”窗口用于列出当前选定窗体和控件的属性设置，属性即对象的特征。图 1.17 所示是名称为“Form1”的窗体属性。

图 1.17 所示，窗口中“标题栏”用于显示对象名，“排序选项”可对属性按字母和分类排序，“属性名”显示属性的名称，“属性值”是属性名对应的设置值，“属性说明”用于说明该属性的用途。

属性有很多种，在“属性”窗口中设置的视为在设计时设置的，在代码中设置的视为在运行时设置的。“属性值”中，有的既可以在属性窗口中设置也可以在代码中设置，有的只能在属性窗口中设置，有的只能在代码中设置。

4. 窗体设计器

窗体设计器是用户自定义窗口，用来设计应用程序的界面。用户从控件箱中选择控件放入窗体且按自己的要求进行设计。图 1.18 是在窗体上添加了命令按钮（CommandButton）、文本框（TextBox）、标签（Label）和形状控件（Shape）4 种控件的外观显示。

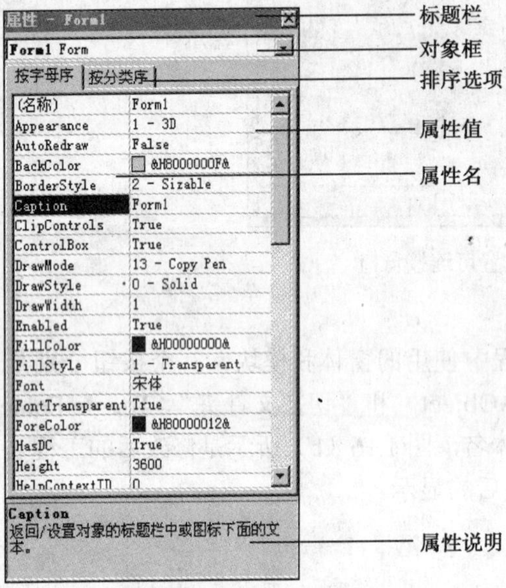

图 1.17 “属性”窗口

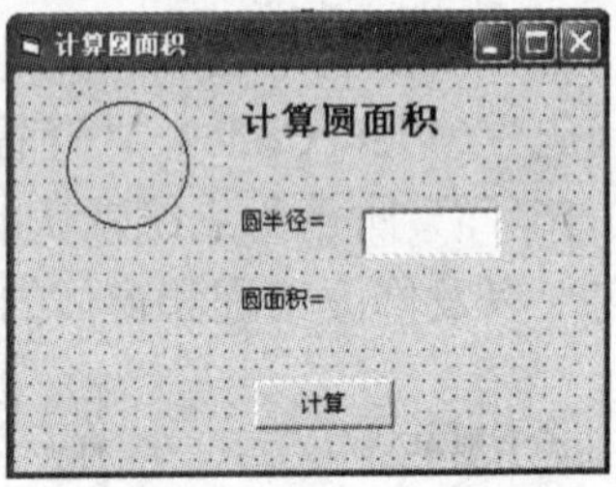

图 1.18 窗体设计器窗口

5. 代码窗口

代码窗口（Code Window）用于输入应用程序代码，又称代码编辑器窗口。它包含对象（Object）列表框、事件过程（Procedure）列表框和代码编辑框。对象列表框显示和该窗体有关的所有对象的清单，事件过程列表框列出对象列表框中所选对象的全部事件，代码编辑框用于编辑对应事件的程序代码。图 1.19 所示代码窗口显示的是 frmArea 窗体 Command1 对象的 Click 事件的程序代码。程序代码的第一行和最后一行是系统自动生成的，中间部分是用户编写的。

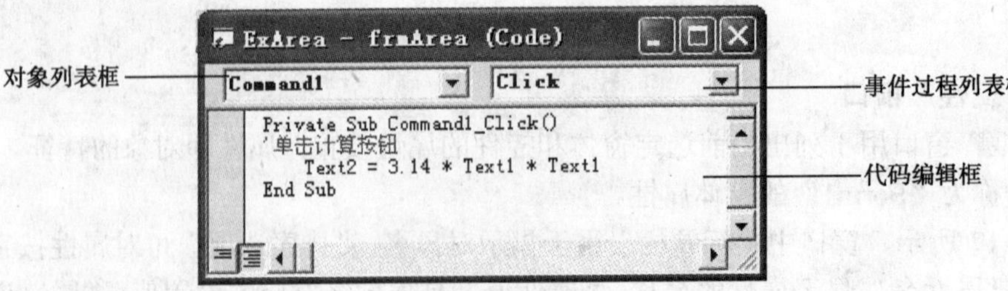

图 1.19 代码窗口

6.“窗体布局”窗口

“窗体布局”窗口用于观察应用程序中各窗体在屏幕上的位置。在设计时，用户通过在该窗口中显示的窗体小图像，观察和布局窗体位置。

在“窗体布局”窗口中单击鼠标右键，出现快捷菜单，如图 1.20 所示。选择“启动位置”（Startup Position）中的各命令，可确定窗体运行时在屏幕上出现的位置，显示位置的设置如表 1.9 所示。

7. 其他窗口和工具栏

通过视图菜单还可以打开其他窗口，常用的有“对象浏览器”窗口、“数据视图”窗口和“调色板”窗口，另外还有用于调试的“立即”窗口、“本地”窗口和“监视”窗口。

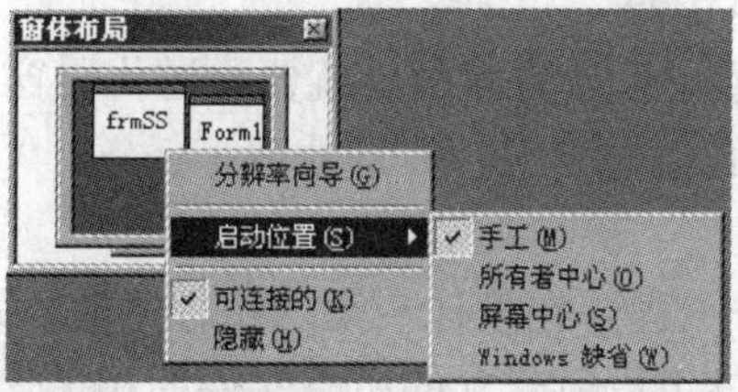

图 1.20　利用“窗体布局”窗口调整窗体位置

表 1.9　窗体显示位置

菜单项（英文）	菜单项（中文）	显 示 位 置
Manual	手工	出现在指定位置
Center Owner	所有者中心	出现在当前的父窗口中心
Center Screen	屏幕中心	出现在屏幕中心
Windows Default	Windows 默认	出现位置由系统确定

通过“视图”菜单中“工具栏”下拉菜单中的“编辑”(Edit)、“窗体编辑器”(Form Editor)和“调试”(Debug)命令，可以分别打开“编辑”、“窗体编辑器”和“调试”工具栏，如图 1.21 所示。

图 1.21　“编辑”、“窗体编辑器”和“调试”工具栏

1.2　用 Visual Basic 开发应用程序

使用 VB 编程，一般先设计应用程序的外观，然后分别编写各对象事件的程序代码或其他处理程序，编程的工作要轻松得多。

1.2.1　创建应用程序的主要步骤

1. 创建应用程序界面

界面是用户和程序交互的桥梁，用 VB 创建的标准的 Windows 应用程序界面一般由窗体、按钮、菜单、文本框和图像框等构成。根据程序的功能要求和用户与程序之间信息交流的需要，确定需要哪些对象，规划界面的布局。

2. 设置界面上各个对象的属性

根据规划的界面要求设置各个对象的属性，比如对象的外观、名称、颜色、大小等。

大多数属性取值既可以在设计时通过属性窗口设置，也可以在程序代码中通过编程在程序运行时进行设置修改。

3. 编写对象响应的程序代码

界面仅仅决定程序的外观，设计完界面后就要通过代码窗口（见图 1.19）来添加代码，实现一些在接受外界信息后做出的响应、信息处理等任务。

4. 保存工程

一个 VB 程序就是一个工程。在设计一个应用程序时，系统建立一个扩展名为 .vbp 的工程文件。工程文件包含该工程所建立的所有文件的相关信息，保存工程的同时即保存了该工程的所有相关文件。比如，设计界面时产生的窗体保存在扩展名为 .frm 和 .frx 的窗体文件中。打开一个工程（文件）时，该工程有关的所有文件同时被装载。

5. 运行和调试程序

通过“运行”菜单中的选项来运行程序，当出现错误时，VB 系统提供信息提示。也可通过“调试”和“运行”菜单查找和排除错误。

6. 生成可执行程序

为使程序可以脱离 VB 环境，通过“文件”菜单中的“生成工程 1.exe”命令生成可执行程序（.exe 文件），此后即可直接执行该文件。在生成可执行程序后再通过安装向导，将所有相关文件打包，就可作为一个软件产品在 Windows XP/7 环境下安装后独立运行。

1.2.2 创建简单程序实例

根据前面介绍的创建 VB 应用程序的步骤，下面介绍一个简单的应用实例。

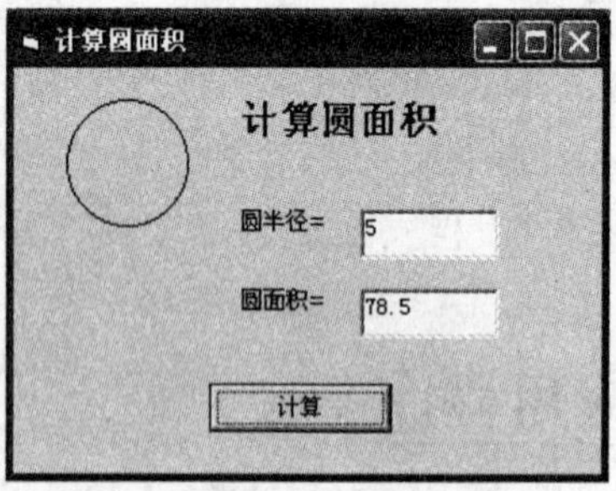

图 1.22 运行结果

【例 Ex_Area】窗体界面由一个形状控件、两个文本框、一个按钮和三个标签组成。在设计时，两个文本框中为空白。在运行时，在文本框 Text1 中输入圆半径“5”，然后单击“计算”按钮，文本框 Text2 中出现计算的圆面积，运行结果如图 1.22 所示。

1. 创建应用程序界面

（1）创建窗体

启动 VB，在“新建工程”对话框选择新建一个“标准 EXE”，自动出现一个新窗体。

（2）创建界面的控件

对于本例界面，使用工具箱中形状（Shape）控件、命令按钮（CommandButton）、文本框（TextBox）和标签（Label）4 种控件。在窗体中绘制控件有两种方法。

① 单击控件箱中 Shape 控件，将鼠标指针移到窗体上。当鼠标指针变成十字线，拖动十字线画出合适大小的方框。方框的右下角显示拖动点的位置，如图 1.23 所示。

② 双击控件箱中 Shape 控件，系统在窗体中央自动创建一个尺寸为默认值的矩形控件。

分别将 1 个形状控件、2 个文本框、1 个命令按钮和 3 个标签拖放到空白窗体中。

（3）调整和移动控件

用鼠标单击需要调整尺寸的控件。将鼠标指针指向控件右边界、下边界或右下角，当出现尺寸柄时，拖动该尺寸柄直到对象达到所希望的大小。图 1.24 所示为计算圆面积的窗体设计界面。

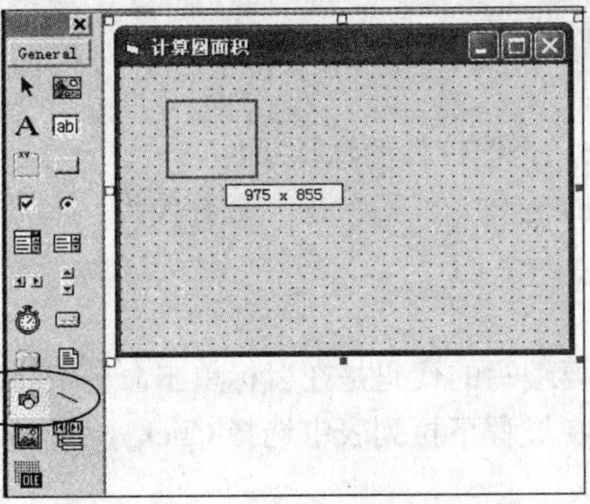

图 1.23 用工具箱绘制文本框

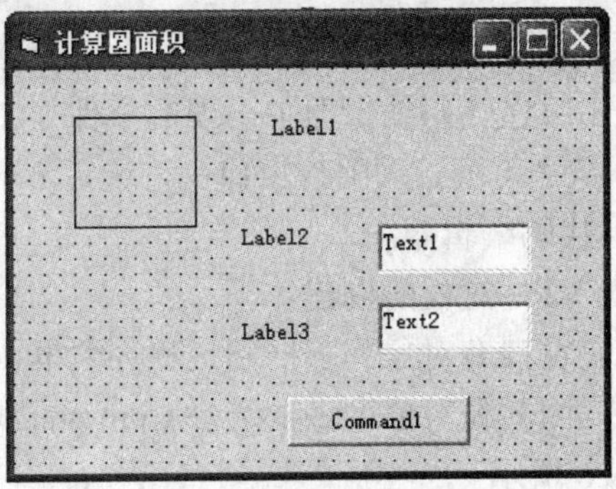

图 1.24 窗体设计界面

2. 设置属性

通过属性窗口给创建的对象设置属性。单击文本框，在“属性”窗口中出现形状控件 Shape1 的所有属性，在“属性”窗口中滚动属性列表，选定属性名“Shape”，在右列的下拉选项中选择“3-Circle”将形状控件改为圆形。“属性”窗口的设置如图 1.25 所示。

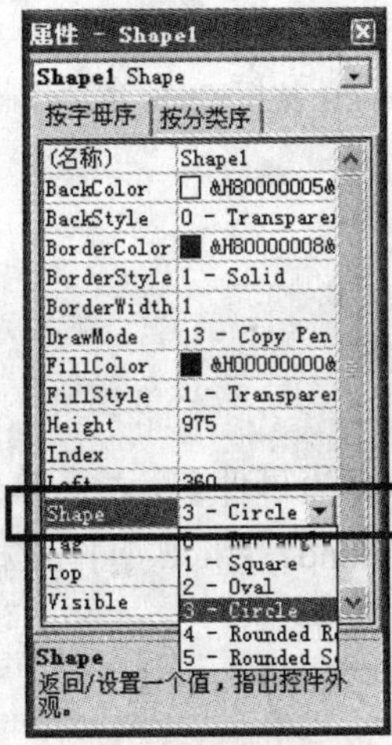

图 1.25 设置 Shape“属性”

选择窗体 Form1，在属性窗口中将“名称”属性值改为“frmArea”，将“Caption”属性改为“计算圆面积”。

选择按钮 Command1，在属性窗口中将“Caption”属性值设置为“计算”。

选择文本框 Text1 和 Text2，在属性窗口中将“Text”属性值删除为空白。

选择标签 Label1、Label2 和 Label3，在属性窗口中将“Caption”属性值分别设置为“计算圆面积”、“圆半径＝”和“圆面积＝”；并将 Label1 的“Font”属性中的字体大小改为“小三”，字形改为“粗体”。

3. 编写代码

编写代码，实现鼠标单击命令按钮时，文本框中出现“你好!”。

（1）打开代码编辑器窗口

- 双击编写代码的命令按钮 Command1，系统打开代码编辑器，出现如下代码行：

```
Private Sub Command1_Click()
    …
End Sub
```

双击时在代码编辑器中出现的事件（Click）是该控件的默认事件。

- 从“工程管理器”窗口中，选定 frmArea 窗体，然后单击“查看代码”按钮，打开代码编辑器。

（2）事件过程的创建

代码窗口有对象列表框和过程列表框，想要编写的代码是在鼠标单击命令按钮时发生的事件，因此在对象列表框选择 Command1，在过程下拉列表中选择 Click（单击）事件，如图 1.26 所示。

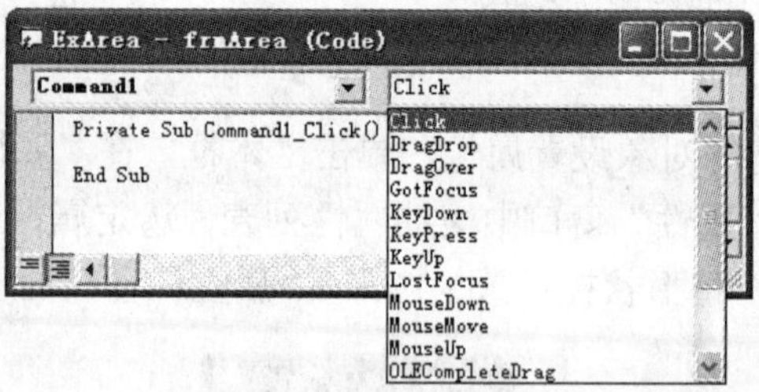

图 1.26 Command1 按钮 Click 事件代码编辑器窗口

事件过程的定义如下：

语法

```
Private Sub 对象名_事件（参数表）
    …
End Sub
```

其中，Command1 为对象名，Click 为事件名，表示单击时运行该程序。单击 Command1 命令按钮时调用的事件过程为 Command1_Click 事件过程。

在“Private Sub Command1_Click()”和“End Sub”语句之间输入下列代码，使单击 Command1 按钮时 Text2 文本框中显示计算的圆面积：

```
Private Sub Command1_Click()
'单击计算按钮
    Text2 = Text1 * Text1 * 3.14
End Sub
```

4. 保存工程

（1）保存窗体

选择“文件”菜单中的“保存工程”命令，则首先出现的是“保存”窗体的对话框，如图 1.27（a）所示。输入窗体名“frmArea”，单击“保存”按钮，则保存的窗体文件为

“frmArea.frm”。该文件包含了窗体的界面和程序代码。

（2）保存工程

当保存完窗体后，会弹出另一个对话框，这个才是保存工程的对话框，如图 1.27（b）所示。在“工程另存为”对话框中，输入工程名“ExArea.vbp”，单击“保存”按钮，完成工程的保存。

每个 VB 应用程序都有一个工程，该文件保存了工程的设置信息。

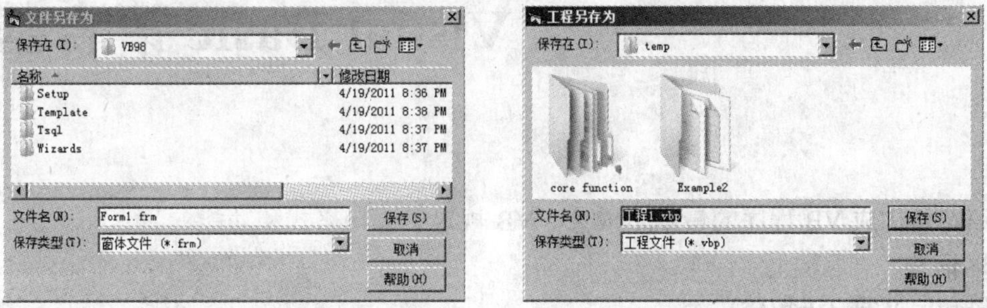

（a）窗体保存对话框　　　　（b）工程保存对话框

图 1.27　保存工程的两个对话框

5. 运行应用程序

运行程序有如下 3 种方法。

（1）从“运行”菜单中选择“启动”命令；

（2）单击工具栏中的▶按钮；

（3）按【F5】键。

运行程序即显示用户界面，在文本框 Text1 中输入“5”，然后单击“计算”按钮（Command1），文本框 Text2 中就会显示计算的圆面积（参见图 1.27）。

VB 的程序采用解释运行方式，即边解释边执行，在运行中如果遇到错误，则自动返回代码窗口并提示修改错误语句，使用起来比较简便，也便于调试和修改程序。

第 2 章

Visual Basic 语言基础

语句是构成 VB 程序的最基本成分。VB 规定了语句格式和功能。

语法

语句定义符 [语句体]

语句定义符用于规定语句的功能，语句体指定语句的具体内容或者要执行的具体操作。所有语句的集合就是 VB 语言。用 VB 语句进行有机组合，完成某个特定功能就是程序。“界面＋程序”就能解决某个应用问题。

2.1 注释语句和一句多行与一行多句

2.1.1 注释语句

注释语句用于在代码中添加注释。代码段中的注释语句并不运行，只是为了方便开发者，提高程序的可读性。VB 提供如下两种方法来添加注释。

1. Rem 语句

语法

Rem 注释文本

Rem 语句可以占一整行，也可以在语句之后用冒号隔开。例如：

```
Private Sub Command1_Click(): Rem 单击按钮
```

2. 单引号 '

语法

' 注释文本

用“'”加注释更灵活，该注释可以直接写在语句的后面，也可占一整行。例如：

```
Private Sub Command1_Click()            ' 单击按钮
```

或者：

```
Private Sub Command1_Click()
' 单击按钮
```

2.1.2 一句多行与一行多句

1. 将单行语句分成多行

可在代码窗口中用续行符（_）将长语句分成多行。在同一行内，续行符后面不能加注释。例如：

```
Text1.Text = a + b > c _
And b = c
```

2. 将多个语句合并到同一行上

可将两个或多个语句放在同一行上，语句之间用冒号（:）隔开。例如：

```
A = 10: B = 8: C = 6
```

2.1.3 代码编辑器

VB 应用程序代码一般在代码编辑器中编写。代码编辑器像一个高度专门化的字处理软件。可以选择“工具”→“选项”命令，在“选项”对话框中设置编辑器，如图 2.1（a）所示为“选项”对话框，（b）图为【例 Ex_Area】在代码编辑器中编写的代码。

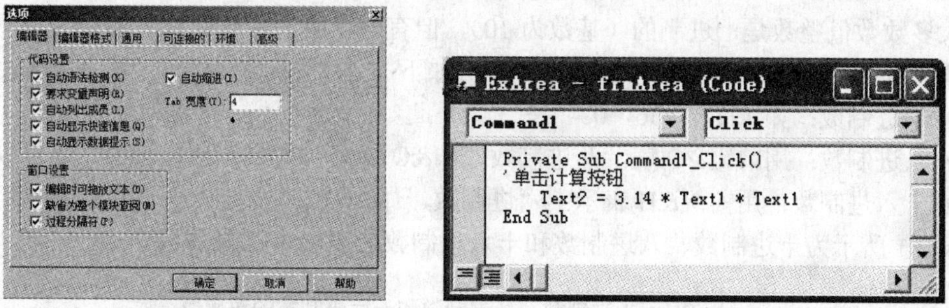

（a）“选项”对话框　　（b）代码编辑器窗口

图 2.1　代码编辑器的设置及其窗口

代码编辑器的输入规则：

- 使用不同的颜色显示关键字、注释和变量等；
- 使用【Tab】键可以使代码缩进，用缩进反映代码的逻辑和嵌套关系；
- 可以自动列出对象的成员和函数的参数；
- 各关键字之间，关键字与变量、常量和过程之间一定要用空格分开；
- 输入英文字母不分大小写，变量的大小写遵循定义语句中变量的大小写。

在代码编辑器中编写代码时，在按回车键换行后，VB 系统自动将所输入的变量名大小写与定义的变量名相匹配。因此，在为变量命名时应养成使用大写字母开头的习惯。例如，当在程序中输入：

```
Dim MyName As String
myname="李明"
```

在回车换行后，VB 自动将代码转换为：

```
MyName="李明"
```

2.2 常数、变量、赋值语句运算符和表达式

VB 具有强大的数据处理能力，具有各种不同的数制和丰富的数据类型。VB 中数据类型多达 11 种，其中包括 Integer, Byte, String 等数据类型；表达式由数据和运算符组成。

2.2.1 常数

在整个应用程序执行过程中，值保持不变的量就是常数。常数分为一般常数和符号常数。

1. 一般常数

一般常数包括数值常数、字符常数、逻辑型常数和日期常数。

下面先看各种一般常数的实例。

（1）数值常数（由正负号、数字和小数点组成）：123，−265，−75.32，−93.2E9（单精度），2.35D−2（双精度）

（2）字符常数（用"　"括起来）："abC"，"李明"，"你好！"

（3）逻辑常数（只有 2 个）：True（真），False（假）

（4）日期常数（用 2 个#括起来）：#3/15/2000#，#January 1, 1993#

大多数数值整数是十进制的（基数为 10），但有时也用十六进制数（基数为 16）或八进制数（基数为 8）。各种数值常数表示和实例如下：

- 十进制数：如 123，-456，0。
- 八进制数：用前缀&O 表示八进制数，如&O123，-&O11。
- 十六进制数：用前缀&H 表示十六进制数，如&H123。

表 2.1 所示为十进制数、八进制数和十六进制数的实例对应关系。

表 2.1　十进制数、八进制数和十六进制数的对应表

十 进 制 数	八 进 制 数	十六进制数
9	&O11	&H9
15	&O17	&HF
16	&O20	&H10
20	&O24	&H14
255	&O377	&HFF

2. 符号常数

符号常数是在程序中用符号表示的常数。因为程序中多次使用一些常数值，这些数字很难记住。使用符号常数可用具有含义的名字，代替永远不变的数值或字符串。在代码中使用符号常数可使程序清楚简洁，增加代码的可读性。当然，程序中不能对符号常数赋以新值。

在程序中使用自定义的符号常数，应当使用 Const 语句先行说明。Const 语句可以说明数值、日期时间和字符串常数。

语法

[Public | Private] Const 常数名 [As 数据类型]= 表达式

- 等号（=）右边的表达式可以是结果为数或字符串的表达式，甚至可用先前定义过的常数来定义新常数。
- Public 说明的常数可在整个应用程序中使用，Private 说明的常数只在该过程范围内使用。
- 符号常数名必须以字母开头，不能包含句号或者类型声明字符，不能超过 255 个字符，也不能和受到限制的关键字同名，常数名中的字母不区分大小写。例如：

```
Const CONPI = 3.14159265358979
Const CONPI2 = CONPI * 2
```

另外，VB 还有很多系统预定义的内置常量，以 vb 为前缀，如 vbOk、vbCrLf 等。在"对象浏览器"窗口中选择"VBA"库，在"Constants"中查看预定义的符号常量，如图 2.2 所示。

图 2.2 "对象浏览器"窗口

2.2.2 变量

与大多数编程语言一样，VB 也用变量存储数值。变量一般是用来存储临时数据的，其内容因程序的运行而变化，包含变量名和数据类型。

1. 变量名

变量名是代表数据的一个名称，通过变量引用它所存储的值。变量的命名必须遵循下列 5 条规则。

（1）变量名必须以字母开头，不能以数字或其他字符开头。例如，6ABC, $ABC 都是不合法的。

（2）变量名必须由字母、数字或下划线（_）组成。

（3）变量名不能包含句点（.）、空格或者类型声明字符（%、$、@、#、&、!）。例如，ab., a%b, How are, A$B 等都是不合法的。

（4）变量名最长不能超过 255 个字符。

（5）变量名不能和受到限制的关键字同名。例如 Or, If, Loop, Len, Abs, Mod 等都是关键字，不能作为变量名。

实际上，在 VB 中过程、变量和符号常数的名字都必须遵循上述规则。

2. 变量的数据类型

VB 中变量的数据类型多达 11 种。它们是 Integer（整型），Long（长整型），Single（单精度浮点型），Double（双精度浮点型），Currency（货币型），Byte（字节型），String（字符串型），Boolean（布尔型），Date（日期时间型），Object（对象型）和 Variant（变体型）。变量的数据类型决定变量能够存储哪种数据。

（1）数值型

数值数据类型包含两类共5种数据类型。

存放整数数据：Integer 和 Long；

存放包含小数的数据：Single, Double 和 Currency。

（2）Byte 数据类型

Byte 表示八位的无符号整数，用于存储二进制数据。

（3）String 数据类型

String 用于存放字符串，字符串有变长与定长2种，分别声明为固定长度和可变长度。可变长度的字符串随着对字符串赋予新数据，它的长度可增可减。例如，变量名 Str 是可变长度的字符串：

```
Dim Str As String
Str = "Database"
```

例如，变量名 EmpName 是固定长度的字符串：

```
Dim EmpName As String * 50
```

当变量 EmpName 固定长度的字符串字符少于50个，则用空格将不足部分填满。如果字符串的长度太长，则截去超出部分的字符。

（4）Boolean 数据类型

Boolean 存储的只能是 True 或 False，默认值为 False。

若变量的值只是“True 或 False”，“Yes 或 No”，“On 或 Off”，则可将它声明为 Boolean 型。

（5）Date 数据类型

Date 用于存储日期，日期文字必须以一对“#”括起来。例如，以下都表示2000年6月12日数据：

```
Dim MyDate As Date
MyDate = #6/12/2000#
MyDate = #2000-12-6 12:30:00 pm#
MyDate = #2000,12,6#
```

日期数据类型可以同时表示日期和时间。如果不含时间值，则自动将时间设置为午夜（一天的开始）；如果不含日期，则自动将日期设置为公元1899年12月30日。

（6）Object 数据类型

Object 用于表示任何类型的对象，存储32位地址，可引用应用程序中或其他应用程序中的对象。必须使用 Set 语句先对对象引用赋值，然后才能引用对象。例如，下列变量名 objDb 是 Object 变量，对“c:\Vb6.0\Biblio.mdb”数据库对象引用赋值：

```
Dim objDb As Object
Set objDb = OpenDatabase ("c:\Vb6.0\Biblio.mdb")
```

（7）Variant 数据类型

Variant 能够存储系统定义的所有类型的数据，是一种可变的数据类型。在没有说明数据类型时，变量为 Variant 型。当指定变量为 Variant 变量时，不必在数据类型之间进行转换，VB 自动完成必要的转换。

Variant 还包含3种特定值：Empty，Null 和 Error。例如，Variant 型数据的运算如下：

```
Dim SomeValue
SomeValue = "17"                    ' SomeValue 是"17"
SomeValue = SomeValue – 15          ' SomeValue 是 2
SomeValue = 2                       ' SomeValue 是 2
SomeValue = SomeValue + 3.5         ' SomeValue 是 5.5
```

表 2.2 所示为每种数据类型的存储空间大小和范围。

表 2.2 数据类型的存储空间大小和范围

数 据 类 型	存储空间（字节）	范 围
Byte	1	0~255
Boolean	2	True 或 False
Integer	2	-32 768 ～ 32 767
Long	4	-2 147 483 648 ～ 2 147 483 647
Currency	8	-922 337 203 685 477.580 8 ～ 922 337 203 685 477.580 7
Single	4	-3.402 823E38 ～ -1.401 298E-45 1.401 298E-45 ～ 3.402 823E38
Date	8	100 年 1 月 1 日 ～ 9999 年 12 月 31 日
Double	8	-1.797 693 134 862 32E308 ～ -4.940 656 458 412 47E-324 4.940 656 458 412 47E-324 ～ 1.797 693 134 862 32E308
Object	4	任何 Object
String （变长）	10 +串长	0 到大约 20 亿
String（定长）	串长	1 到大约 65 400
Variant（数字）	16	任何数字值，最大可达 Double 的范围
Variant（字符）	22 +串长	与变长 String 有相同的范围

3. 变量的说明

变量的说明就是事先将变量通知程序。变量的说明分为“显式说明”和“隐式说明”。

（1）显式说明

显式说明是在变量使用之前，用 Dim, Static, Public, Private 语句声明变量。Dim 语句可以声明一个或多个变量。

语法

Dim 变量名 [As 数据类型]

Dim 变量名 [As 数据类型]，变量名 [As 数据类型]…

在用 Dim 语句说明一个变量后，VB 系统自动为该变量赋初值。若变量是数值型，则初值为 0；若变量为 String（字符串）型，则初值为空字符串。若未定义数据类型，则默认为 Variant。例如，定义 SomeValue 为 Variant 型：

```
Dim SomeValue
```

例如，在【例 Ex_Area】中引用符号常量 CONPI 来计算：

```
Const CONPI = 3.14159265358979
Dim Square As Double
Square = Text1 * Text1 * CONPI
```

```
Text2 = Square
```

显式说明还有 Static, Public, Private 语句，声明变量与 Dim 语句相似。

语法

Public 变量名 [As 数据类型]，[变量名 [As 数据类型]…]

Private 变量名 [As 数据类型]，[变量名 [As 数据类型]…]

Static 变量名 [As 数据类型]，[变量名 [As 数据类型]…]

这几种声明变量将在 4.6 节详细介绍。

（2）隐式说明

除了用 Dim 语句显式说明变量之外，还可使用隐式说明。隐式说明在使用一个变量之前不需要声明这个变量，而用一个特殊的类型符号加在变量名后面说明数据类型。表 2.3 所示为数据类型与类型说明符号的对应关系。

表 2.3 类型说明符号表

说明符号	数据类型	意　义
%	Integer	整型
&	Long	长整型
$	String	字符型
!	Single	单精度浮点型
#	Double	双精度浮点型
@	Currency	货币型

注：隐式说明如果未含类型符号，则表示为 Variant 型。

尽管隐式说明比较方便，但如果将变量名拼错的话，就会导致难以查找的错误。

例如：

```
Dim a%               '定义 a 是整型
s$="Visual Basic"    's 是字符型
b%=1.1               'b 是整型，a=1
```

（3）使用 DefType 语句

DefType 包含了 DefInt，DefStr，DefByte，DefBool，DefLng，DefCur，DefSng，DefDbl，DefDate，DefObj，DefVar 共 11 种类型，用来隐含说明以某个字母开头的所有变量的类型。

语法

DefType 字母范围

- 字母范围如果是不连续的字母，用“，”分割；如果是连续的字母，用“-”连接首尾字母。
- DefType 语句只在使用该语句的模块中有效，需要在模块的“通用”部分声明。

例如：

```
DefInt A-K           '以 A 至 K 开头变量设为 Integer 型
DefStr L-Z           '以 L 至 Z 开头变量设为 String 型
```

（4）Option Explicit 语句

为了避免写错变量名引起的麻烦，使 VB 只要遇到一个未经声明的变量名，就发出错误警告，可以采用以下两种方法。

① 在代码窗口中加入语句 Option Explicit。在代码编辑器中从对象下拉列表选择“通用”(General)，从过程下拉列表选择“声明”(Declarations)，然后输入代码“Option Explicit”如图 2.3 所示。

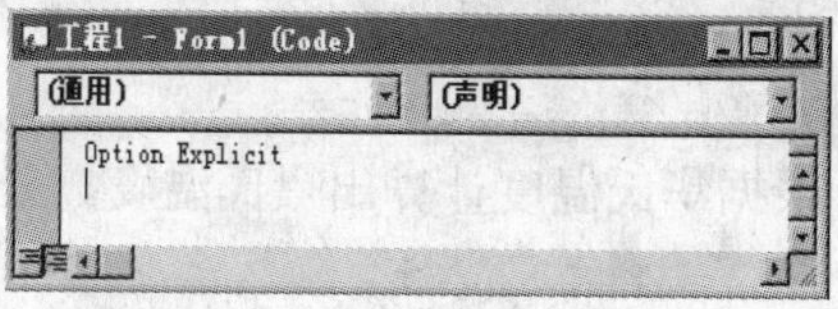

图 2.3 语句 Option Explicit

② 在“工具”菜单中选择“选项”命令，单击“编辑器”选项卡，选择“要求变量声明”复选框，就可以在任何新模块中自动插入 Option Explicit 语句。

2.2.3 赋值语句

赋值语句用于将表达式的值赋给变量或属性。

语法

[Let] 变量或属性名 = 变量或属性的值

例如，给文本框的 Text 属性赋值：

```
Let Text1.Text = "你好"
Text1.Text = "你好"
```

注意：

- “=”是给变量或属性赋值的符号，与关系运算符的“=”(等于)不同。
- 只有是值与变量兼容的数据类型时，该值才可赋给变量或属性，否则强制将该值转换为变量的数据类型。
- 不能将字符串表达式的值赋给数值变量，否则在编译时会出现错误，反过来也不行。可将字符串或数值表达式赋值给 Variant 变量。

2.2.4 运算符和表达式

VB 的运算符有算术运算符、关系运算符、连接运算符和逻辑运算符。VB 的表达式是用运算符和数据连接而成的式子。

1. 运算符

(1) 算术运算符

算术运算符是用来进行数值计算的运算符，包括^，*，/，\，Mod，+和-。

- ^ 运算符：求一个数的幂运算。
- / 运算符：进行两个数的除法运算，返回一个浮点数商。
- \ 运算符：进行两个数的除法运算，返回一个整数商。
- Mod 运算符：对两个数做除法运算并返回余数。

算术表达式是用算术运算符将运算元素连接起来的式子，表达式的值是数值。例如：

```
MyValue = 2 ^ 2                          ' 返回 4
MyValue = 10 / 4                         ' 返回 2.5
MyValue = 11 \ 4                         ' 返回 2
MyResult = 10 Mod 3                      ' 返回 1
MyDate=#12/1/2010#+31                    ' 返回 1/1/2011
MyInterval=#1/1/2011#-#12/1/2010#        ' 返回 31
```

【例 Ex_Temperature】根据华氏温度计算出摄氏温度。采用以下公式：

$$C = \frac{5}{9}(F - 32)$$

式中，F 表示华氏温度，C 表示摄氏温度。

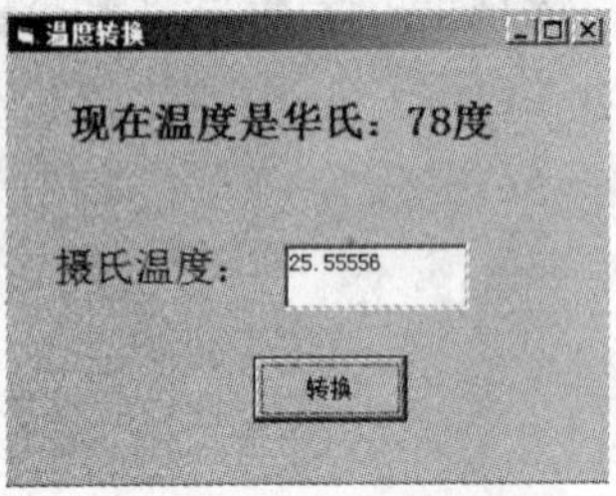

图 2.4　温度转换界面

单击命令按钮“计算”（cmdStart），计算出华氏温度为 78 度时的摄氏温度值，在文本框（txtTemperature）中显示计算的摄氏温度的结果。

界面由三个控件组成，分别是标签（labF）、文本框（txtTemperature）和命令按钮（cmdStart），如图 2.4 所示。

程序代码如下：

```
Private Sub cmdStart_Click()
' 计算温度
    Dim f As Single, c As Single
    f = 78
    c = 5 * (f - 32) /9                  '计算整数商
    txtTemperature.Text = c
End Sub
```

程序分析

- 使用\符号可以得出整数商，如果改为“c = 5 * (f - 32) \ 9”，运行结果则如图 2.5 所示。
- 变量 *f* 和 *c* 用于计算温度值，有小数部分，因此使用单精度型（Single）。
- 计算结果 *c* 显示在文本框中，“txtTemperature.Text = c”语句自动转换为字符串型。

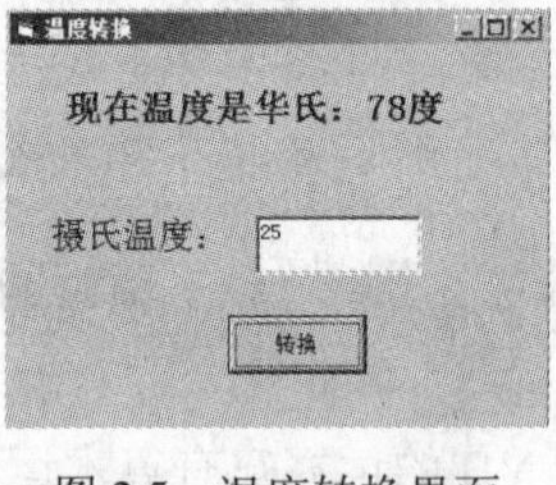

图 2.5　温度转换界面

（2）关系运算符

关系运算符是进行比较的运算符，包括<，<=，>，>=，=，<>（不等于），以及 Is 和 Like。

- Is 用来比较两个对象的引用变量。
- Like 用来比较两个字符串的匹配模式，判断一个字符串是否属于某一模式。在 Like 表达式中可以使用的通配符如表 2.4 所示。

表 2.4　匹配模式表

通 配 符	含　义	实　例	可匹配字符串
*	可匹配多个字符	S*	Sos, Smith, …
?	可匹配单个字符	S?	So, Sm, …

续表

通 配 符	含 义	实 例	可匹配字符串
#	可匹配单个数字	123#	1234, 1238, …
[list]	可匹配列表中的单个字符	[a-f]	b, e, f, …
[!list]	可匹配列表以外的单个字符	[!a-f]	G, h, s, …

注意：

- 当两个表达式是 Byte, Boolean, Integer, Long, Single, Double, Date 或 Currency 型时，可以进行数值比较。
- 当两个表达式是 String 时，可以进行字符串比较。字符串从前到后逐个字符按 ASCII 码进行比较，ASCII 码大则大；如果前面部分相同，则串长的为大；字符串全部一样且长度相同，才能相等。
- 当一个表达式的值是数值型而另一个是 Variant 型时，则进行数值比较。例如：

```
MyResult = (45 < 35)                   ' MyResult 为 False
MyResult = (45 = 45)                   ' MyResult 为 True
MyResult = (4 <> 3)                    ' MyResult 为 True
MyResult = ("5" > "24")                ' MyResult 为 True
MyResult = MyObject Is ThatObject      ' 假设 MyObject <> ThatObject，MyResult 为 False
MyResult = "aBBBa" Like "a*a"          ' MyResult 为 True
```

（3）连接运算符

连接运算符是用来合并字符串的运算符，包括&和+。&和+运算符用来强制两个表达式做字符串连接。

连接表达式是用连接运算符将两个表达式连接起来的式子。例如：

```
MyStr = "Hello" & " World"             ' 返回 "Hello World"
```

注意：

- 在表达式中，&运算符与其他变量之间必须用空格分开，否则会自动加“;”，比如：a & b 会变成 a&;b；在长字符串需要换行时也必须在下一行开头加“&”。

例如：

```
a = "Visual" _                         '续行
  & " basic"
```

- 在使用“+”运算符时有可能无法确定是做加法运算还是做字符串连接。为避免混淆，请用“&”运算符连接。

例如：

```
a="12"+"345"          'a="12345"
a=1+"2"               'a=3
a=1+"Hello"           '出错
a=1 & 2               'a="12"
a=1 & "2"             'a="12"
a= "VB" &  6          'a="VB6"
```

（4）逻辑运算符

逻辑运算符是执行逻辑运算的运算符，包括 And（与），Eqv（等价），Imp（包含），Not（非），Or（或）和 Xor（异或）。逻辑运算是对数值表达式中位置相同的位进行逐位比较，表 2.5 所示是 a 和 b 按位进行逻辑运算的结果。

逻辑表达式是用逻辑运算符将逻辑变量连接起来的式子。

表 2.5 逻辑运算

a	b	a And b	a Eqv b	a Imp b	a Or b	a Xor b
False	False	False	True	True	False	False
False	True	False	False	True	True	True
True	False	False	False	False	True	True
True	True	True	True	True	True	False

2. 表达式及运算符优先顺序

当表达式中的运算符不止一种时，系统会按预先确定的顺序进行计算，这个顺序称为运算符的优先顺序。

运算符优先顺序（从高到低）如下：

算术运算符→字符串连接运算符（&）→关系运算符→逻辑运算符

（1）算术运算符的优先顺序（从高到低）如下：

^→－（负号）→*，/→\（整数除法）→Mod→+，－

当^与负号相邻时，负号优先。

（2）逻辑运算符优先顺序（从高到低）如下：

Not→And→Or→Xor→Eqv→Imp

（3）所有关系运算符的优先顺序都相同，按从左到右顺序进行。例如，对 A，B，C 变量进行逻辑运算：

```
Dim A, B, C, MyCheck
A = 10
B = 8
C = 6
MyCheck = A > B Eqv B > C
'MyCheck 为 True ，先“>”运算，再“Eqv”运算
MyCheck = A > B Imp B > C                        ' 返回 True
MyCheck = A > B Xor B > C                        ' 返回 False
MyCheck = A >= 2 * 3.1415926 * B And C <> 5      ' 返回 False
```

2.3 基本控制结构

VB 语言支持结构化的程序设计方法。结构化设计方法的程序结构清晰，易读性强，也易于查错和排错。

结构化设计方法有顺序结构、分支结构和循环结构三种基本控制结构。这三种基本结

构具有单入口、单出口的特点，各种复杂的程序都是由若干这三种基本结构组成的。

2.3.1 顺序结构

顺序结构如图 2.6（a）所示，整个程序按书写顺序依次执行，先执行 A，再执行 B，即自上而下依次运行。

图 2.6（b）所示为 N-S 结构化流程图。N-S 图规定了一些图形元素，以表示三种基本结构。

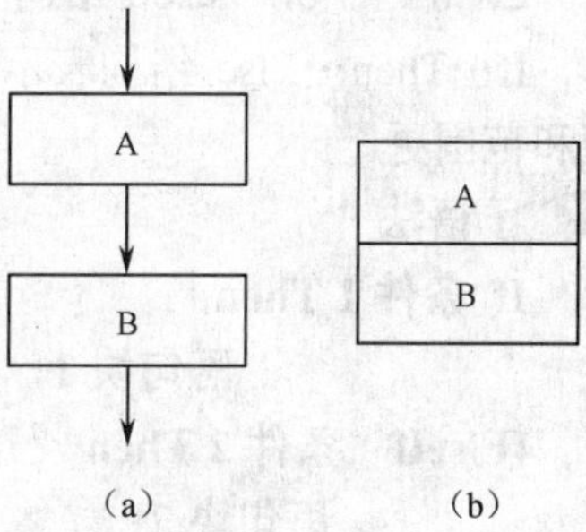

图 2.6 顺序结构及 N-S 图

2.3.2 分支结构

分支结构如图 2.7（a）所示，通过 E 判断后分支，满足条件执行 A，不满足条件的执行 B。其 N-S 图如图 2.7（b）所示。

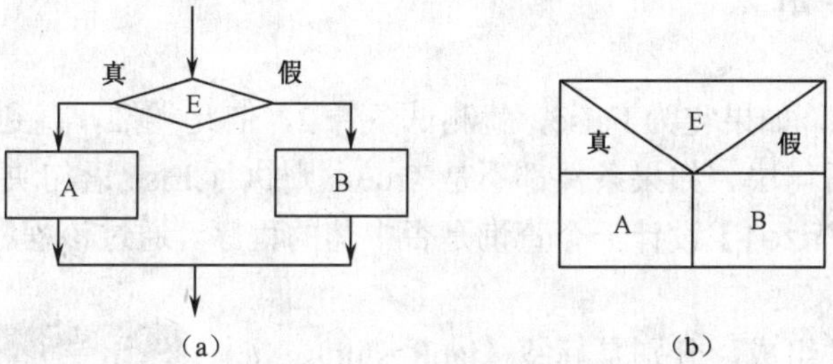

图 2.7 分支结构及 N-S 图

分支结构用于判断并且分支，根据判定的结果（True 或 False）决定执行语句。分支结构有三种形式。

1. If…Then 结构

If…Then 结构表示“如果……就”，是条件转移语句，根据条件测试结果，决定程序的下一步。

语法

If 条件 Then 语句

或者：

If 条件 Then

语句块

End If

其中，条件（表达式）的值应为 Boolean 型。若条件为 True，则执行 Then 关键字后面的语句或语句块；否则，直接执行下一条语句或“End If”的下一条语句。若条件的值为数值，则当值为零时是 False，而任何非零数值都看成 True。

例如，当满足条件 x < y 时，执行 Sum = Sum+1：

```
If x < y Then Sum = Sum+1
```

如果条件为 True 时要执行多行代码，则必须使用 If…Then…End If。例如：

```
If x < y Then
```

```
        Sum = Sum+1
        z=x
    End If
```

2. If…Then…Else 结构

If…Then…Else 结构表示“如果……就……否则”，比前面的 If…Then 结构的条件选择和范围更广。

语法

If 条件 1 Then
　　　　语句块 1
[ElseIf 条件 2 Then
　　　　语句块 2]
……
[Else
　　　　语句块 *n*]
End If

首先测试条件 1，如果它为 False，就测试条件 2，依此类推，直到找到一个为 True 的条件就执行相应的语句块。如果条件都不是 True，则执行 Else 语句块。

【例 Ex_CheckPrize1】设计一个查询是否中奖的程序。通过该程序查询是否中奖以及所中奖的等级。

界面由四个控件组成，分别是标签（labResult）、文本框（txtInput）、命令按钮“查询”（cmdCheck）和标签（Label1）。程序运行时界面如图 2.8 所示。

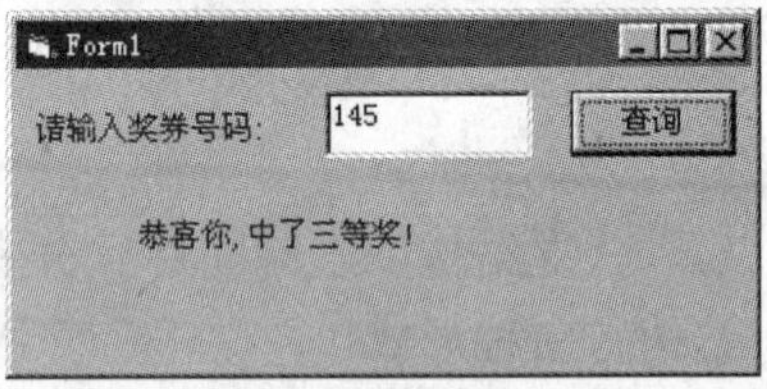

图 2.8　查询中奖

从文本框 txtInput 中输入奖券号码，单击“查询”cmdCheck 按钮，在 cmdCheck 的 Click 事件中查询是否中奖及中奖的等级。中奖号码为“123”，与中奖号码相同的为一等奖；前两位相同为二等奖；前一位相同为三等奖。将中奖信息在标签 labResult 中显示。

程序代码如下：

```
Option Explicit
Private Sub cmdCheck_Click()
' 单击按钮查询
 Dim strInput As String                                  ' 定义字符串型
      strInput = txtInput.Text
      If strInput = "123" Then                            ' 号码为"123"
    labResult.Caption = "恭喜你,中了一等奖!"
      ElseIf strInput Like "12?" Then                     ' 号码前两位为"12"
          labResult.Caption = "恭喜你,中了二等奖!"
      ElseIf strInput Like "1??" Then                     ' 号码第一位为"1"
          l abResult.Caption = "恭喜你,中了三等奖!"
      Else
          labResult.Caption = "谢谢你的参与!"
```

```
        End If
End Sub
```

程序分析

- 通配符"?"表示匹配单个字符。"12? "表示前两位为"12"的三位数。
- If 条件的顺序是：将"123"除外→将"12"除外→将"1"除外→剩余为不中奖的。

3. iif 函数

VB 还提供了 iif 函数，可以对简单的分支关系进行计算并执行，iif 函数是最简便的分支关系表示形式。

语法

iif(变量 | 表达式，表达式 1，表达式 2)

首先计算变量或表达式的值，如果为 True 则 iif 函数的返回值为表达式 1 的值，如果为 False 则 iif 函数的返回值为表达式 2 的值。

例如，当 x < y 时，执行 z=x，否则执行 z=y：

```
z = iif(x<y, x, y)
```

4. Select Case 结构

Select Case 结构与 If…Then…Else 结构类似。对于多重选择的情况，用 Select Case 语句代码效率更高，更易读。

语法

Select Case 变量 | 表达式

Case 值 1

  语句块 1

[Case 值 2

  语句块 2]

  …

  …

[Case Else

  语句块 *n*]

End Select

其中，值 1，值 2……可以是以下 4 种形式。

- 具体常数，如 1，2，A 等。
- 连续的数据范围，如 1 To 100，A To Z 等。
- 满足某个条件的表达式，如 I > 0 等。
- 也可以同时设置多个不同的范围，用逗号（,）将它们隔开。如-10，1 To 100。

Select Case 程序结构流程图如图 2.9 所示。

Select Case 只计算一次表达式的值，然后将表达式的值与结构中每个 Case 的值进行比较。如果相等，就执行该 Case 的语句块。如果没有相匹配，则执行 Case Else 子句中的语句块。

【例 Ex_CheckPrize2】采用 Select Case 结构，设计查询是否中奖的程序。

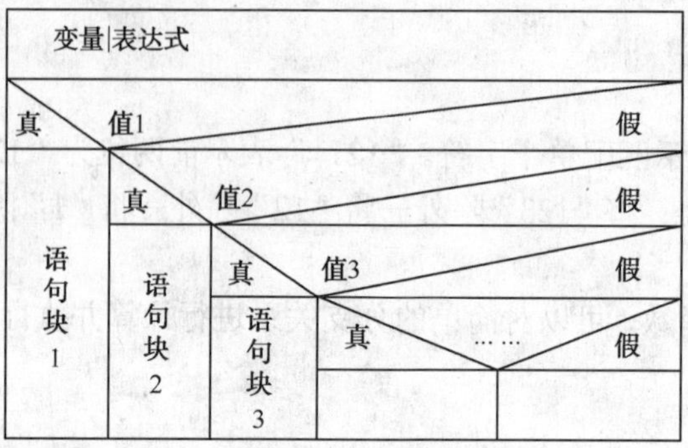

图 2.9　Select Case 程序结构流程图

```
Private Sub cmdCheck_Click()
    Dim strInput As Integer                                  ' 定义字符串型
    strInput = txtInput.Text
    Select Case strInput
    Case 123
        labResult.Caption = "恭喜你,中了一等奖!"
    Case 120 To 129
        labResult.Caption = "恭喜你,中了二等奖!"
    Case 100 To 199
        labResult.Caption = "恭喜你,中了三等奖!"
    Case Else
        labResult.Caption = "谢谢你的参与!"
    End Select
End Sub
```

注意：

- Select Case 结构在开始处计算表达式的值，而 If…Then…Else 结构在每个 ElseIf 语句计算表达式。
- 只有当 If 语句和每个 ElseIf 语句的变量或表达式相同时，才能用 Select Case 结构替换 If…Then…Else 结构。因此，If 结构的应用范围更广。
- 如果不止一个 Case 与测试表达式相匹配，则只执行第一个匹配的 Case 语句块。
- Case Else 应放在 Select Case 结构的最后。

5. 嵌套

嵌套是指把一个控制结构放入另一个控制结构之内。例如，在 If…Then 中嵌套 If…Then 结构或 Select Case 结构等，控制结构的嵌套层数没有限制。

【例 Ex_If】计算下列函数：$y=\begin{cases}-1 & (x<0)\\ 0 & (x=0)\\ 1 & (x>0)\end{cases}$

分支结构分成三个分支，即 $x<0$，$x>0$ 和 $x=0$ 时执行不同的语句块。

方法 1：用 If 嵌套结构来设计，将 x>0 的判断嵌套在 x<>0 的分支结构中：

```
y = -1
If x <> 0 Then
    If x > 0 Then
        y = 1
    End If
Else
    y = 0
End If
```

方法 2：用 If 嵌套结构来设计，将 x>0 和 x=0 的判断嵌套在 x>=0 的分支结构中：

```
If x >= 0 Then
    If x > 0 Then
        y = 1
    Else
        y = 0
    End If
Else
    y = -1
End If
```

方法 3：用 If…Then…Else 结构来设计：

```
If x < 0 Then
    y = -1
ElseIf x = 0 Then
    y = 0
Else
    y = 1
End If
```

注意：

- 在嵌套的 If 语句中，End If 语句自动与最靠近的前一个 If 语句配对。
- 按一般习惯，为使判定结构和循环结构更具可读性，总是用缩进方式书写判定结构或循环的语句块。

2.3.3　循环结构

循环结构用于处理重复执行的结构，可以重复执行若干条语句。

1. Do 循环结构

Do 循环有两种形式，即“当型”循环（Do While 结构）和“直到型”（While 结构）循环。“当型”循环的定义如下：

语法

Do While | Until 条件

　　语句块

Loop

“直到型”循环的定义如下：

语法

Do

语句块

Loop While | Until 条件

“当型”循环结构程序流程图如图 2.10 所示。

“当型”循环的步骤：执行 Do While 循环时首先测试条件；只要条件为 True 就执行语句块，直到条件为 False，跳过所有语句块到循环体外。

“直到型”循环结构程序流程图如图 2.11 所示。

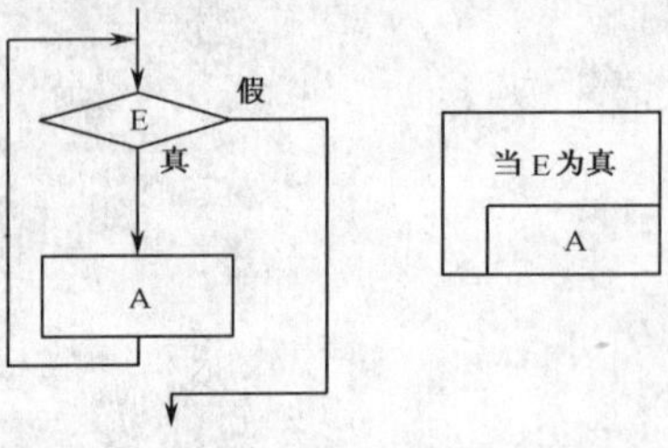

图 2.10 “当型”循环结构程序流程图

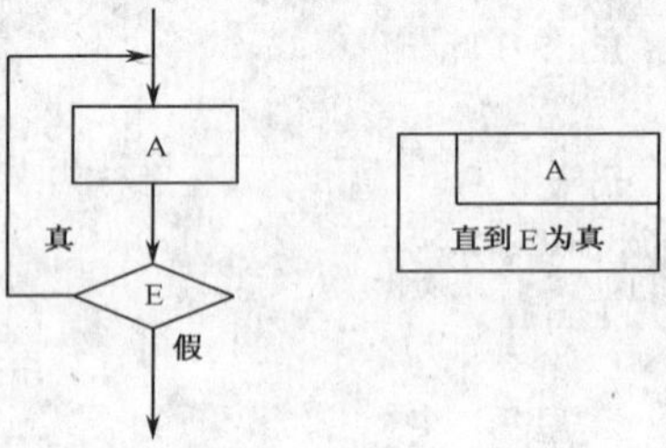

图 2.11 “直到型”循环结构程序流程图

“直到型”循环与“当型”循环所不同的是，先执行语句块，然后测试条件，只要条件为 True 就执行语句块，然后再测试条件；如果条件为 False，则跳过循环体。这种“直到型”循环，可以保证语句块至少被执行一次。

在 Do…Loop 结构中 Until 和 While 不同，判断条件正好相反。Until 结构是只要条件为 False（而不是 True），它们就执行循环，否则跳出循环体。

【例 Ex_Sum1】查看“当型”循环 Do While 和“直到型”循环 Do…While 的区别。

```
Dim i As Integer, Sum As Integer
Sum = 0: i = 101
Do While i <= 100
    Sum = Sum + i
    i = i + 1
Loop
```

循环不执行，Sum 为 0。

```
Dim i As Integer, Sum As Integer
Sum = 0: i = 101
Do
Sum = Sum + i
    i = i + 1
Loop While i <= 100
```

循环执行一次，sum 为 101。

【例 Ex_Sum2】查看“当型”循环 Do Until 和“直到型”循环 Do…Until。

```
Dim i As Integer, Sum As Integer
Sum = 0: i = 101
Do Until i <= 100
    Sum = Sum + i
    i = i + 1
Loop
```

循环为死循环，无法结束。

```
Dim i As Integer, Sum As Integer
Sum = 0: i = 101
Do
Sum = Sum + i
    i = i + 1
Loop Until i <= 100
```

循环为死循环，无法结束。

注意：

当运行程序进入死循环时，按 Ctrl+PauseBreak 键可以终止程序的运行。

2. For 循环结构

For 循环结构使用最为灵活。For 循环使用一个计数器，每循环一次，计数器变量的值就会增大或者减小。

语法

For 计数器 = 初始值 To 终止值 [Step 步长]

语句块

[Exit For]

Next [计数器]

执行 For 循环的步骤如下：

① 设置计数器等于初始值；

② 如果步长为正，测试计数器是否大于终止值；若步长为负，则测试计数器是否小于终止值；如果是，则退出循环；

③ 执行语句块；

④ 计数器 = 计数器 + 步长；

⑤ 转到步骤②。

For 循环结构如图 2.12 所示。

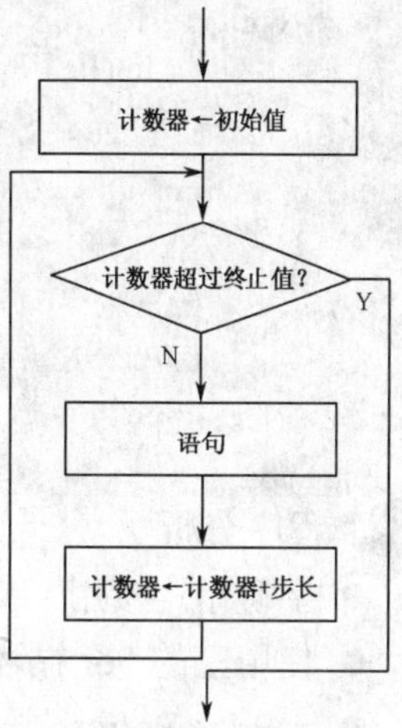

图 2.12 For 循环结构

注意：

- 步长可正可负。如果为正，则初始值必须小于或等于终止值，否则不能执行循环内的语句。
- 如果没有设置步长，则步长默认值为 1。

【例 Ex_Sum3】用 For 循环结构步长为-1 来计算 1～100 的和。

```
Dim i As Integer, Sum As Integer
Sum = 0
For i = 100 To 1 Step -1
    Sum = Sum + i
Next i
```

注意：

在不知道需要执行多少次循环时，适宜用 Do 循环，否则最好使用 For 循环。

3. 嵌套

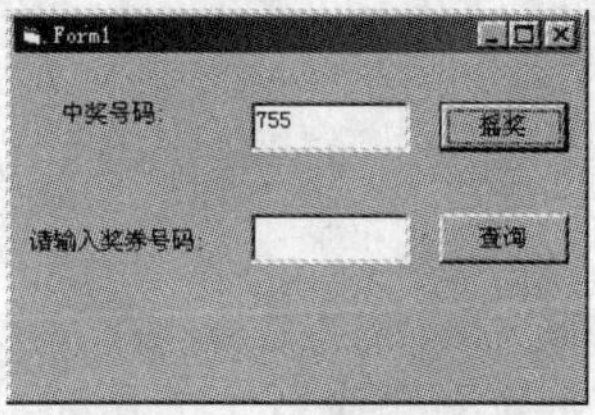

图 2.13 运行界面

在循环结构中可以嵌套任何循环结构，也可嵌套分支结构。

【例Ex_Prize】在查询中奖号码的例题【例 Ex_CheckPrize1】中添加摇奖程序。

摇奖是用 For 循环由随机数生成器循环产生三位数的中奖号码。为了获得摇奖的效果，出现每个号码之间有一段间隔，用一个 For 循环生成延时程序。

界面中增设一个文本框 txtPrize，一个“摇奖”按钮（cmdStart）和一个标签。单击 cmdStart 按钮的界面如图 2.13 所示。

程序代码如下：

```
Private Sub cmdStart_Click()
' 单击摇奖按钮
    Dim i As Integer, j As Integer
    Dim a As Single
    Dim StrPrize As String
    For i = 1 To 3
        j = Int(10 * Rnd)                    ' 产生 0～9 的随机数
        StrPrize = StrPrize & j
        For a = 1 To 10000 Step 0.001        ' 延时
        Next a
        txtPrize.Text = StrPrize
        txtPrize.Refresh                     ' 刷新文本框
    Next i
End Sub
```

程序分析

- 字符串连接用“&”符号。
- 使用空的 For 循环来延时，每次循环增加步长 0.001。
- txtPrize.Refresh 语句在循环中刷新文本框，使得每摇一次奖，反映在文本框的新内容立即显示。
- Rnd 为产生随机数的函数，将在 2.4.1 小节中介绍。

4. 退出循环结构

用 Exit 语句可以直接退出 For 循环或 Do 循环。程序执行时遇到 Exit 语句，就不再执行循环结构中的任何语句而立即退出，转到循环结构的下面继续执行。

语法

Exit For

Exit Do

Exit 语句几乎总是出现在循环体内嵌套的 If 语句或 Select Case 语句中。

【例 Ex_Sum4】计算 1～100 这 100 个数的和，当总和大于等于 5000 时跳出循环。

```
Dim i As Integer, Sum As Integer
Sum = 0
For i = 100 To 1 Step -1
    Sum = Sum + i
    If Sum >= 5000 Then Exit For             ' 当和大于或等于 5 000 时跳出循环
Next I
```

2.4 常用内部函数

内部函数也称公共函数，是由 VB 系统提供的。每个内部函数都有某个特定的功能，可在任何程序中直接调用。函数具有返回值，应当注意函数返回值的数据类型，例如，y = CBool（x），返回值是 Boolean 型。

在程序中使用函数称为调用函数，函数调用的形式如下。

语法

函数名（参数 1，参数 2，…）

- 函数名是系统规定的函数名称，函数名一般具有一定的含义。例如，函数名称 Sin(*x*) 表示求 *x* 的正弦值。
- 参数 1，参数 2，…是函数的参数，参数的个数、排列次序和数据类型都应与系统规定的函数参数完全相同。

2.4.1 算术函数

算术函数是系统给用户提供算术计算的函数。

表 2.6 所示为常用的算术函数的功能、例子及函数的返回值。

表 2.6 算术函数

函数名	返回类型	功能	例子	返回值
Abs (*x*)	与 *x* 同	*x* 的绝对值	Abs (−50.3)	50.3
Atn (*x*)	Double	角度 *x* 的反正切值	4 * Atn (1)	3.14159265358979
Cos (*x*)	Double	角度 *x* 的余弦值	Cos (60*3.14/180)	0.5
Exp (*x*)	Double	e（自然对数的底）的幂值	Exp (*x*)	e 的 *x* 次幂
Fix (*x*)	Double	*x* 的整数部分	Fix (-99.8)	-99
Int (*x*)	Double	*x* 的整数部分	Int (-99.8)	-100
Log (*x*)	Double	*x* 的自然对数值	Log (*x*)/Log (10)	以 10 为底的 *x* 的对数
Rnd (*x*)	Single	一个小于 1 但大于或等于 0 的随机数值	Int ((6 * Rnd) + 1)	1 ～ 6 之间的随机数值
Sgn (*x*)	Variant Integer	$x>0$ 返回 1 $x=0$ 返回 0 $x<0$ 返回-1	Sgn (12) Sgn (0) Sgn (−2.4)	1 0 -1
Sin (*x*)	Double	*x* 的正弦值	Sin (30*3.14/180)	0.5
Sqr (*x*)	Double	*x* 的平方根	Sqr (4)	2
Tan (*x*)	Double	角度 *x* 的正切值	Tan (60*3.14/180)	1.73
Val (*x*)	Double	字符串的数值	Val ("24 and 57")	24
Asc (*x*)	Integer	字符串首字母的 ASCII 代码	Asc ("a")	97
Chr (*x*)	String	ASCII 代码指定的字符	Chr (65)	A
Str (*x*)	String	数值转换的字符串	Str (−459.65)	"−459.65"
Hex (*x*)	String	十六进制数值	Hex (10)	A
Oct (*x*)	String	八进制数值	Oct (8)	10

【例 Ex_Day】制作一个万年历，用来查看某年的元旦是星期几。

确定某年的元旦是星期几可由以下式子得出：

$$F=(Y-1)(1+\frac{1}{4}-\frac{1}{100}+\frac{1}{400})+1$$

$$K = F - \text{int}(F/7) \times 7$$

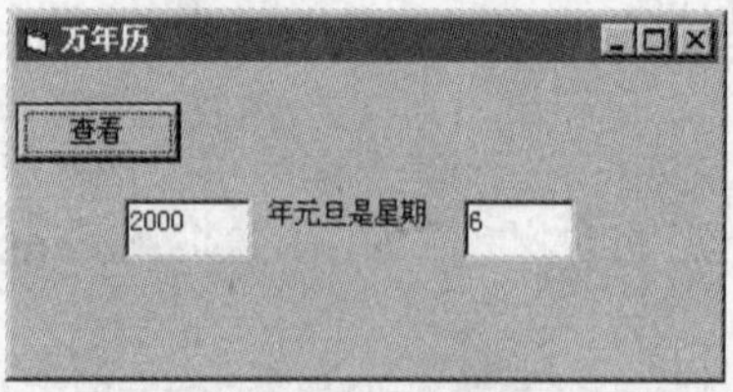

图 2.14　万年历结果

其中，Y 为某年公元年号，计算出 K 为星期几，K=0 为星期日，依此类推。

在文本框（txtYear）中输入年份，单击"查看"（cmdStart）按钮，在文本框（txtDay）中显示星期，运行结果如图 2.14 所示。

程序代码如下：

```
Private Sub cmdStart_Click()
    Dim Y As Integer, F As Integer
    Y = Val(txtYear.Text)
    F = Int((Y - 1) * (1 + 1 / 4 - 1 / 100 + 1 / 400) + 1)
    k = F - Int(F / 7) * 7
    txtDay.Text = k
End Sub
```

程序分析

- 文本框的 Text 属性是字符型，而在计算中使用的变量 Y 是实数型数值，因此在计算中必须运用 Val(x)函数对文本框的 Text 属性值进行转换，Val 函数自动将字符串中的空格去掉，并取字符串中最前面的数值。
- 对数值型变量取整，可用 Fix(x)和 Int(x)函数。当函数参数 x 是正数时，Fix(x)和 Int(x)函数结果相同；当参数 x 是负数时，则 Int 函数返回小于或等于 x 的第一个负整数，而 Fix 函数则会返回大于或等于 x 的第一个负整数。

【例 Ex_Equation】求方程 $ax^2+bx+c=0$ 的解。

求方程的解的公式如下：$x_{1,2} = \dfrac{-b \pm \sqrt{b^2 - 4ac}}{2a}$

方程的根有以下几种可能：

① $a=0$，一个实根；

② $b^2-4ac=0$，有两个相等的实根；

③ $b^2-4ac>0$，有两个不等的实根；

④ $b^2-4ac<0$，有两个共轭复根。

界面由五个文本框、五个标签和一个按钮组成，输入文本框为 txtA, txtB 和 txtC。界面控件属性设置如表 2.7 所示。程序流程图如图 2.15（a）所示，界面安排如图 2.15（b）所示。

表 2.7　属性设置表

对　象	控 件 名	属 性 名	属 性 值	功　能
Form	Form1	Caption	计算方程根	——
Label	labA	Caption	a =	——
	labB	Caption	b =	——

续表

对　象	控 件 名	属 性 名	属 性 值	功　能
	labC	Caption	$c=$	——
	labX1	Caption	$x_1=$	——
	labX2	Caption	$x_2=$	——
TextBox	txtA	Text	空	输入 a
	txtB	Text	空	输入 b
	txtC	Text	空	输入 c
	txtX1	Text	空	显示 x_1
	txtX2	Text	空	显示 x_2
CommandButton	cmdStart	Caption	计算	单击后计算方程根

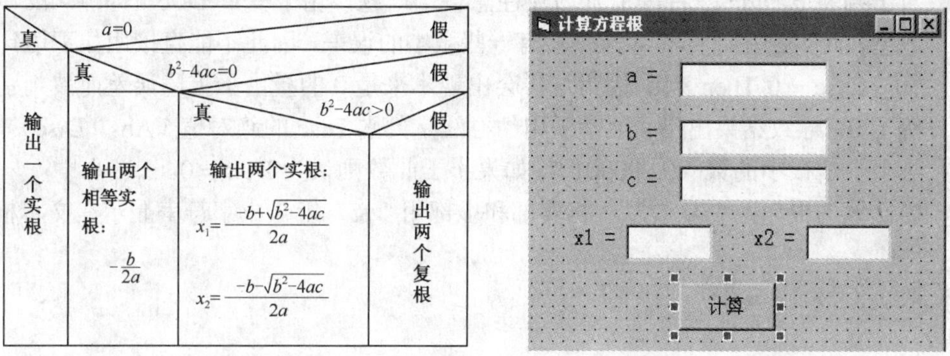

（a）程序流程图　　　　（b）计算方程根界面

图 2.15　流程图和计算方程根界面

在文本框中分别输入 a, b, c，单击按钮 cmdStart，计算方程根且将运行结果显示在文本框 txtX1 和 txtX2 中。

程序代码如下：

```
Private Sub cmdStart_Click()
 Dim a As Single, b As Single, c As Single
 Dim Disc As Single , x1 As Single, x2 As Single, Rpart As Single, IPart As Single
 a = Val(txtA.Text)                                  ' 取数据 a
 b = Val(txtB.Text)                                  ' 取数据 b
 c = Val(txtC.Text)                                  ' 取数据 c
 If Abs(a) <= 0.000001 Then                          ' 当 a=0 时
       txtX1.Text =-b/c
       txtX2.Text = "无解"
 Else                                                ' 当 a<>0 时
       Disc = b * b - 4 * a * c
       RPart = -b / (2 * a)
       If Abs(Disc) <= 0.000001 Then                 ' 当 Disc=0 时
             txtX1.Text = RPart
             txtX2.Text = RPart
```

```
        ElseIf Disc > 0.000001 Then                              ' 当 Disc>0 时
            x1 = (-b + Sqr(Disc)) / (2 * a)
            x2 = (-b - Sqr(Disc)) / (2 * a)
            txtX1.Text = x1
            txtX2.Text = x2
        Else                                                     ' 当 Disc<0 时
            IPart = Sqr(-Disc) / (2 * a)
            txtX1.Text = RPart & "+" & IPart & "i"
            txtX2.Text = RPart & "-" & IPart & "i"
            End If
    End If
End Sub
```

程序分析

- 对于判断 b^2-4*ac* 是否等于 0 时要注意一个问题，由于变量 Disc（即 b^2-4*ac*）是实数型，而实数在计算和存储时会有一些微小的误差，因此不能直接用如下语句判断“If　Disc = 0 Then…”。因为这样会出现本来是 0 的量由于上述误差而被判别为不等于 0，导致结果出错。通常采用的办法是判别 Disc 的绝对值（Abs（Disc））是否小于一个很小的数（0.000001），如果小于此数则认为 Disc = 0。
- 当计算的根为两个复数时，将实部和虚部用“&”组合成字符串显示在文本框中。

2.4.2 字符串函数

字符串函数用于字符串处理。表 2.8 为常用的字符串函数功能、实例及返回值。

表 2.8　字符串函数

函 数 名	返 回 类 型	功　能	例　子	返 回 值
Ltrim（字符串）	String	去掉左面空格	Ltrim（"　Hello!　"）	"Hello!　"
RTrim（字符串）	String	去掉右面空格	RTrim（"　Hello!　"）	"　Hello!"
Trim（字符串）	String	去掉前后空格	Trim（"　Hello!　"）	" Hello!"
Left（字符串，长度）	String	从左起取指定个数的字符	Left（"Hello！",5）	"Hello"
Right（字符串，长度）	String	从右起取指定个数的字符	Right（"Hello！",1）	"！"
Mid（字符串，开始位置[，长度]）	String	从开始位置起取指定个数的字符	Mid（"Hello",1,4）	"Hell"
InStr（[开始位置，]字符串 1，字符串 2[，字符串比较]）	Integer Variant	串 2 在串 1 中最先出现的位置	InStr（"XpXXPXXP","P"）	5
Len（字符串）	Integer Variant	字符串长度	Len（"Hello!"）	6
String（长度，字符）	String	重复数个字符	String（5,"*"）	"*****"

续表

函　数　名	返回类型	功　　能	例　　子	返　回　值
Space（长度）	String	插入数个空格	"Hello" & Space（10）& "World"	"Hello"与"World"间插入 10 个空格
Lcase（字符串）	String	转成小写	LCase （"Hello "）	"hello "
Ucase（字符串）	String	转成大写	UCase （"Hello "）	"HELLO "
StrComp（字符串 1, 字符串 2[, 比较]）	Integer Variant	串 1<串 2　-1 串 1 =串 2　0 串 1>串 2　1	StrComp（"AB","abcd"）	-1

【例 Ex_StrReverse】将输入的字符串反向显示。

界面包含两个标签，一个按钮（cmdReverse）和两个文本框（txtInput 用于输入，txtReverse 用于显示反向后的字符串）。运行结果如图 2.16 所示。

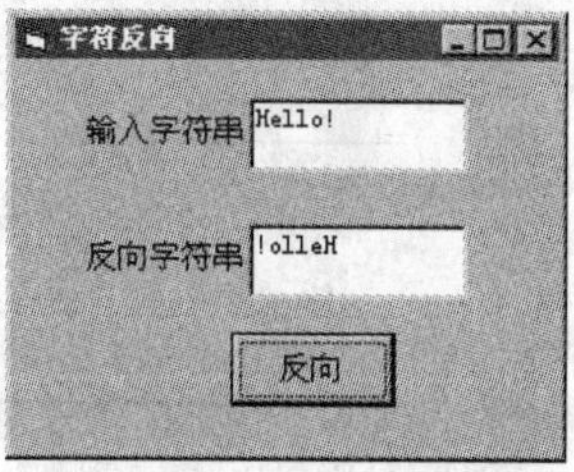

图 2.16　字符反向

在文本框 txtInput 输入想要反向的字符串，单击“反向字符串”（cmdReverse）按钮，在文本框 txtReverse 中显示反向后的字符串。

程序代码如下：

```
Private Sub cmdReverse_Click()
    Dim Str As String, StrReverse As String
    Dim i As Integer
    Str = txtInput.Text
    For i = 1 To Len(Str)
        StrReverse = Mid(Str, i, 1) & StrReverse
    Next i
    txtReverse.Text = StrReverse
End Sub
```

程序分析

- For 循环的次数是由字符串的长度 Len（Str）决定的。
- 用 Mid 函数每次从字符串中第 *i* 个位置取一个字符。

【例 Ex_Telegram】译电文。为使电文保密，常按一定规律将其转换成密码，收报人再按规律译回原文。比如按照以下规律：将字母 A 变成 E，即变成其后的第四个字母，相应的最后四个字母 W 变成 A，X 变成 B，Y 变成 C，Z 变成 D，小写字母也一样，译电文的规律如图 2.17 所示。

界面由两个文本框（txtInput 和 txtOutput），一个命令按钮（cmdStart）和两个标签组成，如图 2.18 所示。

在文本框（txtInput）中输入原文“Hello!”，单击“开始”（cmdStart）按钮后，则在文本框（txtOutput）中出现译过的密码“Lipps !”，窗体中对象属性设置如表 2.9 所示。

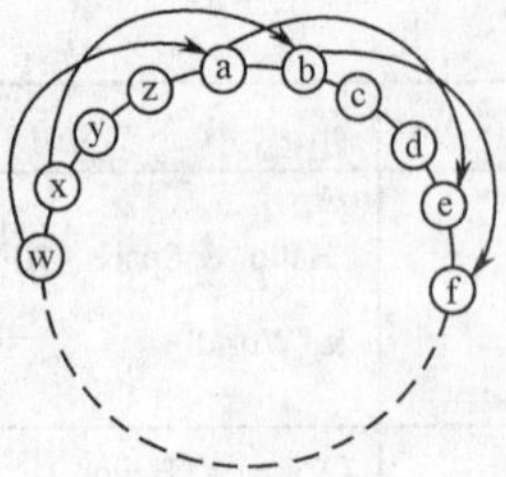

图 2.17 译电文的规律

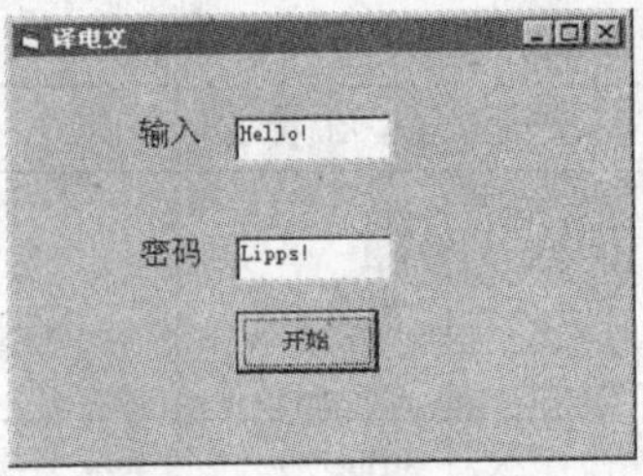

图 2.18 译电文结果

表 2.9 属性设置表

对　象	控 件 名	属 性 名	属 性 值	功　能
Form	Form1	Caption	译电文	——
Label	labInput	Caption	输入	——
	labOutput	Caption	密码	——
TextBox	txtInput	Text	空	输入电文
	txtOutput	Text	空	显示译过的电文
CommandButton	cmdStart	Caption	开始	单击后进行译码

程序代码如下：

```
Private Sub cmdStart_Click()
' 单击按钮
 Dim String1, String2, c As String
 Dim Strl, i As Integer
 String1 = txtInput.Text
 Strl = Len(String1)
 i = 1
 Do While i <= Strl
      c = Mid(String1, i, 1)
      If (c >= "a" And c <= "z") Or (c >= "A" And c <= "Z") Then
          c = Chr(Asc(c) + 4)
          If c > "Z" And Asc(c) <= Asc("Z") + 4 Or c > "z" Then
          ' 当字母是最后 4 个时
              c = Chr(Asc(c) - 26)
          End If
      End If
      String2 = String2 & c                ' 连接字符串
      i = i + 1
 Loop
 txtOutput.Text = String2
End Sub
```

程序分析

- 在 Do 循环中嵌套了 If 分支结构。Len 函数是得到输入字符串的长度，循环次数由长度决定。Mid 函数是取字符串中的一个字符，每个字符单独转换后再组合成字符串。

● Asc 函数得到字母的 ASCII 码，Chr 函数将 ASCII 码转换为字符。

2.4.3 日期与时间函数

日期与时间函数用于日期和时间的处理。表 2.10 所示为常用的日期和时间函数的功能、例子及返回值。

表 2.10 日期与时间函数

函数名	返回类型	功能	例子	返回值
Day（日期）	Integer	返回日期，1 ～ 31 的整数	Day（#2000/3/15#）	15
Month（日期）	Integer	返回月份，1 ～ 12 的整数	Month （#2000/3/15# ）	3
Year（日期）	Integer	返回年份	Year （#2000/3/15# ）	2000
Weekday(日期）	Integer	返回星期几	Weekday（#2000/3/15#）	4
Time	Date	返回当前系统时间	Time	系统时间
Date	Date	返回当前系统日期	Date	系统日期
Now	Date	返回当前系统日期和时间	Now	系统日期与时间
Hour（时间）	Integer	返回钟点，0 ～ 23 的整数	Hour（#4:35:17 PM# ）	16
Minute（时间）	Integer	返回分钟，0 ～ 59 的整数	Minute（#4:35:17 PM#）	35
Second（时间）	Integer	返回秒钟，0 ～ 59 的整数	Second（#4:35:17 PM#）	17

【例 Ex_CalDay】使用日期与时间函数计算距离国庆节的天数。

用四个空白标签 labYear, labMonth, labDay 和 labCalDay 分别来显示年、月、日和时间。设计界面如图 2.19（a）所示，运行界面如图 2.19（b）所示。

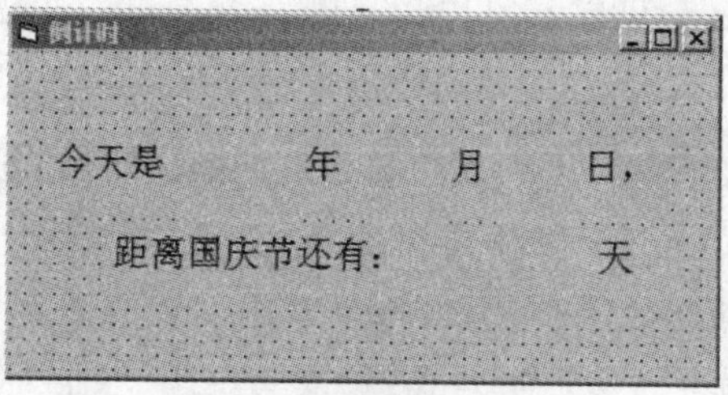

（a）设计窗口

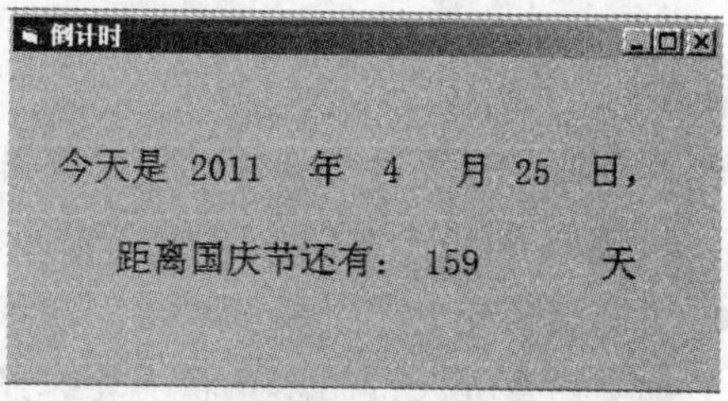

（b）运行窗口

图 2.19 使用日期与时间函数的设计窗口与运行窗口

程序代码如下：

```
Private Sub Form_Load()
    labYear .Caption = Year(Date)                ' 显示年份
    labMonth .Caption = Month(Date)              ' 显示月份
    labDay .Caption = Day(Date)                  ' 显示日期
    labCalDay.Caption = #10/1/2011# - Date       ' 显示时间
End Sub
```

程序分析

● Date 函数返回当前系统日期，即计算机当前设置的日期。Now 函数返回当前系统时间，即计算机当前设置的时间，包含日期。

● 两个日期相减得出的是整数。

2.4.4 类型转换函数

VB 提供了几种转换函数，每个函数都可强制一个表达式转换成某种特定的数据类型。转换函数如表 2.11 所示。

表 2.11 转换函数

转换函数	转换结果类型	例　子	转换结果
CBool（x）	Boolean	CBool（0）	False
CByte（x）	Byte	CByte（125.5678）	126
CCur（x）	Currency	CCur（543.214588）	Currency 型数值
CDate（x）	Date	CDate（"February 12, 1969"）	Date 型 1969-2-12
CDbl（x）	Double	CDbl（CCur（234.456784）* 8.2）	1922.54576
CInt（x）	Integer	CInt（2345.5678）	2346
CLng（x）	Long	CLng（25427.45）	25427
CSng（x）	Single	CSng（75.3421115）	75.34211
CStr（x）	String	CStr（437.324）	"437.324"
CVar（x）	Variant	CVar（4534& "000"）	"4534000"
CVErr（x）	Error	CVErr（2001）	自定义错误码
Str（x）	Variant String	Str（459）	"459"

注意：

● 转换函数的参数值必须对目标数据类型有效，否则发生错误。例如，把 Long 型数转换成 Integer 型数，Long 型数必须在 Integer 数据类型的有效范围之内。

● 所有数值变量都可相互赋值，在将浮点数赋予整数之前，VB 要将浮点数的小数部分四舍五入，而不是将小数部分去掉。

● 当将其他的类型转换为 Boolean 型时，0 会转成 False，而其他非零的值则为 True。当将 Boolean 型转换为其他的数据类型时，False 会转成 0，而 True 会转成-1。

● 当其他的数值类型转换为 Date 型时，小数点左边的值表示日期信息，小数点右边的值表示时间。

2.5 输入与输出

在与用户进行交互方面，VB 是非常方便的。下面介绍用 InputBox 和 MsgBox 函数创建预定义对话框进行输入和输出，以及通过 Print 方法输出。

2.5.1 InputBox 函数

InputBox 函数用于接受用户键盘输入的数据，也称输入框。

语法

InputBox（对话框字符串 s[, 标题 s] [, 文本框字符串 s] [, 横坐标值 n] [, 纵坐标值 n] [, 帮助文件 s, 帮助主题号 n]）

- 对话框字符串：在对话框中显示的字符串，最大长度是 1024 个字符。
- 标题：指对话框标题栏的字符串，如果省略，则标题栏中为应用程序名。
- 文本框字符串：指文本框中显示的字符串，如果省略，则文本框为空。
- 横、纵坐标值：指对话框在屏幕上的起始位置。
- 函数的返回值是字符型。

在调用 InputBox 函数时会出现一个对话框，在对话框中有一个文本框，以及“确定”和“取消”按钮。对话框等待用户在文本框输入内容。如果用户单击“确定”按钮或按下“Enter”键，InputBox 函数返回值是文本框的内容；如果单击“取消”按钮，则返回一个零长度字符串。

例如，InputBox（"请输入文件名：", "打开文件", "d:\Program Files\VB6.exe"）语句对应的输入框如图 2.20 所示。

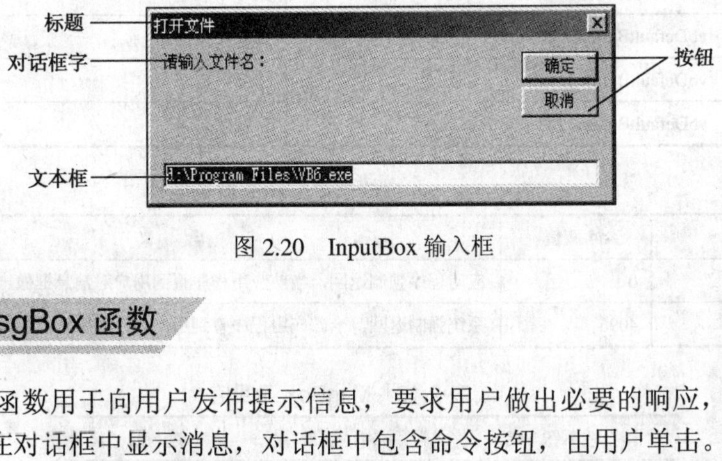

图 2.20 InputBox 输入框

2.5.2 MsgBox 函数

MsgBox 函数用于向用户发布提示信息，要求用户做出必要的响应，也称消息框。MsgBox 函数在对话框中显示消息，对话框中包含命令按钮，由用户单击。

语法

MsgBox（消息文本 s[, 显示按钮 n] [, 标题 s] [, 帮助文件 s, 帮助主题号 n]）

- 消息文本：在对话框中作为消息显示的字符串，用于提示信息。如果消息的内容超过一行时，可以在每行之间插入回车符（Chr（13））或换行符（Chr（10））进行换行。
- 标题：在对话框标题栏中显示的标题，默认为空白。
- 显示按钮：是 c1+c2+c3+c4 的总和，用来指定显示按钮的数目、形式和使用的图标样式。Buttons 的设置值 c1, c2, c3, c4 参见表 2.12、表 2.13、表 2.14 和表 2.15。

MsgBox 函数等待用户单击按钮，返回一个 Integer 型值，告诉用户单击哪一个按钮，返回值参见表 2.16。如果用户按下 Esc 键，则与单击 Cancel 按钮的效果相同。

表 2.12　c1 显示按钮的类型与数目表

内置常量名	c1 取值	含　义
vbOKOnly	0	显示 OK 按钮
vbOKCancel	1	显示 OK 及 Cancel 按钮
vbAbortRetryIgnore	2	显示 Abort, Retry 及 Ignore 按钮
vbYesNoCancel	3	显示 Yes, No 及 Cancel 按钮
vbYesNo	4	显示 Yes 及 No 按钮
vbRetryCancel	5	显示 Retry 及 Cancel 按钮

表 2.13　c2 显示按钮的样式

内置常量名	c2 取值	含　义
vbCritical	16	显示关键信息图标
vbQuestion	32	显示疑问图标
vbExclamation	48	显示警告图标
vbInformation	64	显示通知图标

表 2.14　c3 显示哪一个按钮是默认值

内置常量名	c3 取值	默　认　值
vbDefaultButton1	0	第一个按钮
vbDefaultButton2	256	第二个按钮
vbDefaultButton3	512	第三个按钮
vbDefaultButton4	768	第四个按钮

表 2.15　c4 显示消息框的强制返回性

内置常量名	c4 取值	含　义
vbApplicationModal	0	应用程序强制返回，当前应用程序直到用户对消息框做出响应才继续执行
vbSystemModal	4096	系统强制返回，全部应用程序直到用户对消息框做出响应才继续执行

表 2.16　MsgBox 返回值

按　钮　名	内　置　常　量	返　回　值
OK	vbOK	1
Cancel	vbCancel	2
Abort	vbAbort	3
Retry	vbRetry	4
Ignore	vbIgnore	5
Yes	vbYes	6
No	vbNo	7

例如，MsgBox（"是否退出系统？", vbOKCancel + vbQuestion, "退出"）函数对应的消息框如图 2.21 所示。

图 2.21　MsgBox 消息框

注意：

- InputBox 和 MsgBox 函数出现的对话框要求用户在应用程序继续执行之前做出响应，即不允许在对话框未关闭就进入程序的其他部分。
- 当不需要返回值时，可以用 MsgBox 语句，则只出现消息对话框，不需要返回值。例如，MsgBox "是否退出系统？", vbOKCancel + vbQuestion, "退出"，则同样出现图 2.21 所示对话框。

【例 Ex_InputMsg】 单击窗体出现输入（InputBox）对话框，如图 2.22（a）所示，在对话框中输入用户号，当用户号超过 10 000 则出现消息框提示出错信息，如图 2.22（b）所示。

（a）输入对话框　　（b）消息对话框

图 2.22　输入及消息对话框

程序代码如下：

```
Private Sub Form_Click()
    '单击窗体
    Dim UserNumber As String
    Dim UNumber As Long
    UserNumber = InputBox("请输入用户号：", "输入", , 500, 500)        '对话框位置(500,500)
    UNumber = Val(UserNumber)
    If UNumber > 10000 Then _                                          '使用续行符
MsgBox "用户号不在范围内", vbOKOnly + vbExclamation, "用户号出错"
End Sub
```

程序分析

- 变量 UserNumber 是 InputBox 的返回值，是字符型。
- InputBox 函数的参数用“,”分开，如果中间的参数省略而后面还有参数则“,”不能省略。
- MsgBox 语句没有返回值，不关注用户选哪个按钮。

2.5.3　Print 方法

Print 方法用于在窗体、图片框和打印机上显示（输出）文本。

语法

[对象]. Print [表达式列表]

表达式列表用于显示或打印表达式的列表。如果省略，则显示（输出）一个空行。多个表达式用分号（;）隔开为紧凑格式，多个表达式间用逗号（,）隔开（以 14 个字符分隔的形式）。

Print 方法可以通过下列函数控制显示（输出）格式。

（1）Format（表达式 [, 格式串]）

Format 函数根据格式串，显示表达式的文本，如表 2.17 所示。

表 2.17 格式串定义表

格式串	功能	举例
#	数字占位符，显示一位数字	Format（5459.4, "##,##0.00"）' 显示"5,459.40"
0	数字占位符，前后会补 0	Format（334.9, "###0.00"）' 显示 "334.90"
.	小数点	Format（334.567, "###.##"）' 显示 "334.58"
%	百分比，按百分比表示	Format（3.345, "###.##%"）' 显示 "334.5%"
,	千位分隔符	Format（3345, "##,###"）' 显示 "3,345"
E-,E+	科学计数法格式	Format(3456, "E+###")' 显示 "E+3456"
-, +, $	负、正号和美元符，按原样显示	Format(1732.46, "+##,##0.0")' 显示"+1,732.5 "
mm-dd-yyyy	按年月日显示时间	Format(Now, "mm-dd-yyyy")' 显示"10-03-2011"
h:m:s	按时分秒显示时间	Format(Now, "h:m:s")' 显示"17:4:23"

（2）Spc（*n*）函数

Spc 函数是在显示（输出）下一个表达式之前插入 *n* 个空白。

例如：

```
Print "Hello";Spc(2); "World! "                ' 在窗体上显示"Hello  World! "
```

（3）Tab[（*n*）] 函数

Tab 函数是将光标移动到第 *n* 列。例如：

```
Print "Hello";Tab(8); "World! "                ' 在窗体上显示"Hello       World! "
```

2.6 数　　组

数组是同类变量的一个有序集合。数组中的元素称为数组元素。数组元素具有相同的名字和数据类型，通过下标（索引）识别它们。

数组元素的表示：数组名（下标 1, 下标 2, …）

2.6.1 数组声明

在使用数组前，必须声明数组。

语法

Dim 数组名（数组元素上下界，…） As 数据类型

- 数组元素上下界中下界由关键字 To 提供，上下界不得超过 Long 数据类型的范围，省略下界时取值为 0。
- 数组元素上下界个数表示数组的维数，当只有一个时表示一维数组。
- 数组中所有元素具有相同的数据类型。当数据类型为 Variant 时，各元素能够包含不同类型的数据，如对象、字符串、数值等。例如：

```
Dim a(14) As Integer                 '15 个元素，从 a(0)~a(14)
Dim b(1 To 15) As Integer            '15 个元素，从 b(1)~b(15)
```

使用数组可以大大缩短和简化程序，通常使用 For 循环，通过改变数组元素的下标，对数组元素依次进行处理。

1. Option Base 语句

Option Base 语句用来声明数组下标的默认下界。由于下界的默认设置是 0，在实际使用数组时，如果用户希望数组下标从 1 开始，就可使用 Option Base 语句将默认下界设为 1。

语法

Option Base {0 | 1}

例如：

```
Option base 1               ' 将默认的数组下标设为 1
Dim array(2,3)              ' 数组元素个数为 2×3=6 个
Dim array(-5 To -2,3)       ' 数组元素个数为 4×3=12 个
```

一个模块中只能出现一次 Option Base，且必须位于本模块“通用”的“声明”部分。

2. LBound 和 UBound 函数

LBound 函数用于指定的数组维可用的最小下标，UBound 函数则用于指定的数组维可用的最大下标。LBound 函数与 UBound 函数一起使用，确定一个数组的大小。

语法

UBound（数组名[，维]）

LBound（数组名[，维]）

维是指定返回哪一维的下标。1（默认）表示第一维，2 表示第二维，依此类推。例如：

```
Dim a(1 To 10, 5 To 15) As Integer
Dim L, U As Integer
L = LBound(a, 1)                ' 返回 1
U = UBound(a, 2)                ' 返回 15
```

3. For Each…Next 语句

For Each…Next 语句是针对数组或集合的每个元素，重复执行一组语句。

语法

```
For Each 成员 In 数组|集合
    语句块
    [Exit For]
    语句块
Next [成员]
```

- 数组的成员只能是 Variant 型，代表数组的每个元素。
- 循环次数=数组元素个数。

【例 Ex_ForEach】单击窗体计算 1!+2!+3!+4!+5!，显示计算结果如图 2.23 所示。

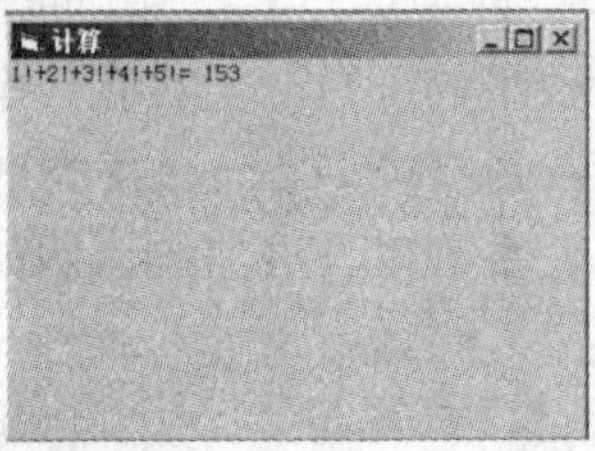

图 2.23　运行界面

```
Private Sub Form_Click()
    Dim a(5) As Integer, sum As Long, t As Integer, n As Integer
    Dim x '定义为 Variant 型
    t = 1
    For n = 1 To 5
        t = t * n
        a(n) = t
    Next
    sum = 0
    For Each x In a         '按数组 a 元素循环
        sum = sum + x
    Next x
    Print "1!+2!+3!+4!+5!="; sum
End Sub
```

2.6.2 可变类型数组

当一个数组被声明成变体型（Variant）时，它的每个元素也是变体型，因此可以存放不同类型的数据。

【例 Ex_VarArray】使用变体型数组存放不同类型的数据，单击窗体时显示如图 2.24 所示界面。

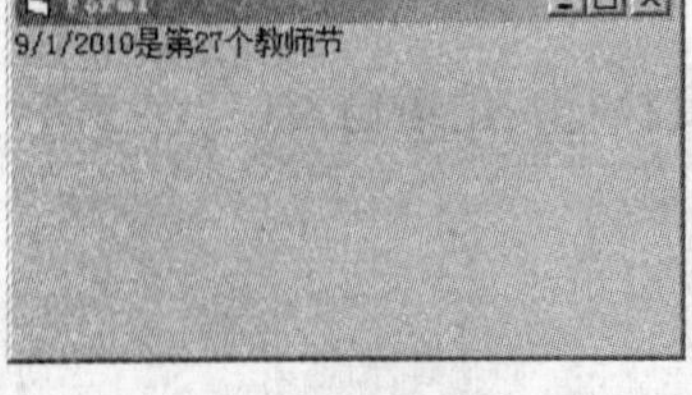

图 2.24　运行界面

程序代码如下：

```
Private Sub Form_Click()
    Dim Str(3) As Variant                ' 变体型数组
    Str(0) = #9/1/2010#
    Str(1) = "是第"
    Str(2) = 27
    Str(3) = "个教师节"
    Print Str(0) & Str(1) & Str(2) & Str(3)
End Sub
```

2.6.3 静态数组和动态数组

静态数组是固定大小的数组，维数和大小将不得改变。动态数组是在运行时大小可以改变的数组。有时用户希望在运行时根据需要改变数组的大小，如果不用动态数组，就要声明一个数组，它的大小尽可能足够大，然后再删去那些不必要的元素。如果过度使用这种方法，会导致内存的操作速度变慢。使用动态数组灵活、方便，且有助于有效管理内存。

介绍用 ReDim 语句声明动态数组。

语法

ReDim [Preserve] 数组名（数组上下界 ,…）

- ReDim：用于为动态数组重新分配存储空间。对于每一维数，ReDim 语句都能改变元素数目及上下界，可以分配实际的元素个数。
- Preserve：当改变原有数组最末维的大小时，使用此关键字可以保留数组中原来的数据。使用具有 Preserve 关键字的 ReDim 语句既可改变数组大小，又不丢失数组中的数据。

ReDim 语句只能出现在过程中。与 Dim 语句、Static 语句不同，ReDim 语句是一个可执行语句，应用程序在运行时执行这个操作。每次执行 ReDim 语句时，当前数组中的值会全部丢失。VB 重新将数组元素的值初始化，将不同类型的数据分别置为 Empty（Variant 型）、0（数值型）、零长度字符串（String 型）或者 Nothing（Object 型）。例如，声明 M 为动态数组：

```
Dim M () As Integer
ReDim M ( 5， 9)                ' 分配 6 × 10 个元素
```

或者：

```
Dim M () As Integer
Dim X As Integer,Y As Integer
X = 5 : Y = 9
ReDim M (X, Y)
ReDim Preserve M (5, Y)
```

可以使用 ReDim 语句反复改变数组大小，但是不能在一个数组定义为某种数据类型之后，再用 ReDim 改变该数组的数据类型。如果将数组改小，则被删除元素的数据就会丢失。

【例 Ex_Fibonacci1】已知 Fibonacci 数列为：1，1，2，3，5，8，…，求 Fibonacci 数列满足如下关系：

$F_1=1$

$F_2=1$

$F_n=F_{n-1}+F_{n-2}$

单击窗体 Form 时，计算 Fibonacci 数列并用 Print 语句在窗体上显示。

程序代码如下：

```
Private Sub Form_Click()
'  Fibonacci 数列
     Dim i, f() As Integer
```

```
        Dim n As Integer
        n = Val(InputBox("请输入数组元素个数", "输入", , 1000, 1000))
        If n <> 0 Then
            ReDim f(n)
            f(0) = 1: f(1) = 1                          ' 置 F1，F2 初值
            For i = 2 To n – 1                          ' 计算 Fn
                f(i) = f(i – 2) + f(i – 1)
            Next i
            For i = 0 To n – 1
              Print f(i); Spc(4);                       ' 打印一个数空 4 格
              If   i Mod 5 = 0 And i <> 0 Then Print    ' 打印 5 个数换一行
            Next i
        End If
    End Sub
```

程序分析

- 数组元素个数由 InputBox 输入，因此采用动态数组，在数组元素个数输入后用 ReDim 重新确定数组大小。
- 在窗体的（1000,1000）位置显示 InputBox 输入框，如图 2.25（a）所示。当从 InputBox 输入数据时，必须用 Val 函数将字符串转换为数值。
- 数组元素下标为 0～19，通过 For…Next 循环计算 2～19 个元素的值。

运行结果如图 2.25（b）所示。

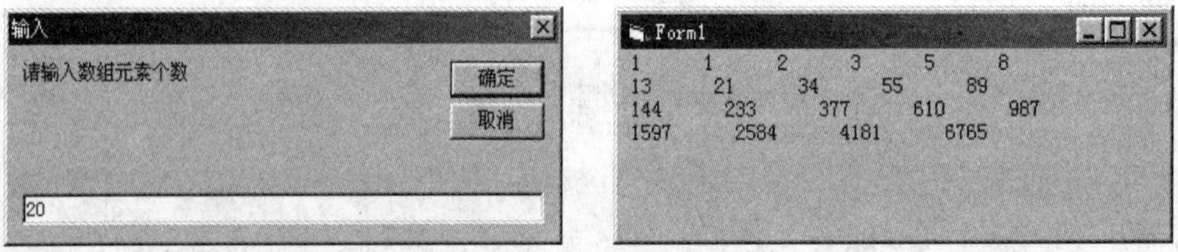

（a）InputBox 输入框　　　（b）Fibonacci 数列

图 2.25　窗口图

【例_概念分析】下列语句中的____语句可以用来正确地声明一个动态数组。

A. Dim A(n) As Integer:ReDim A()

B. Dim A( ) As Integer :ReDim A(5)

C. Dim A(2,) As Integer:ReDim A(2,3)

D. Dim A() As String:ReDim A(5) As Integer

分析

Dim 语句定义时不能定义数组大小，也不能只定义一维；ReDim 语句不能修改数据类型，只能定义数组大小。因此正确答案是 B。

2.6.4　多维数组

在编程过程中一维数组往往不够用，例如，屏幕上像素需要 *X*, *Y* 坐标。这时应该用

多维数组来存储数据。例如：

```
Dim A(1 To 9,9)                          ' 二维数组大小为 9×10
Dim D (3, 1 To 10, 1 To 15)              ' 三维数组大小为 4×10×15
```

可以使用 For 循环嵌套处理多维数组，二维数组中元素的存储顺序是按行存储的（先变列后变行），因此外循环对应于行的变化，内循环对应于列的变化。

例如，二维数组 A（1 To 9, 0 To 9），可以使用两个变量 i 和 j 来循环计数，程序代码如下：

```
Dim i As Integer, j As Integer
Dim A(1 To 9, 0 To 9)   As Integer
For i = 1 To 9
      For j = 0 To 9              ┐按列循环   ┐按行循环
            A (i, j) = …
      Next j                      ┘
Next i                                        ┘
```

【例 Ex_Multiply】计算矩阵 ***a*** 和矩阵 ***b*** 的乘积。

$$\boldsymbol{a}=\begin{bmatrix}2 & -1\\ -4 & 0\\ 3 & 1\end{bmatrix}\qquad \boldsymbol{b}=\begin{bmatrix}7 & -9\\ -8 & -10\end{bmatrix}$$

计算过程采用三重循环，如图 2.26 所示。

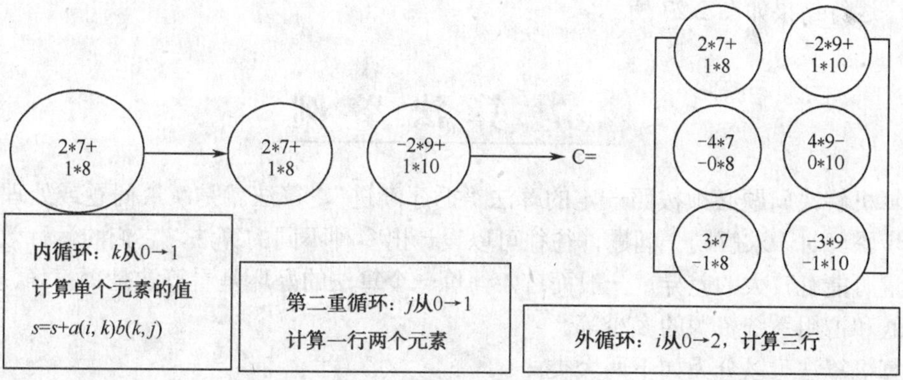

图 2.26 运算过程

程序代码在 Form_Click()过程中：

```
Private Sub Form_Click()
 Dim a(2, 1) As Integer, b(1, 1) As Integer, c(2, 1) As Integer
 Dim i As Integer, j As Integer, s As Integer
 '置初值
 a(0, 0) = 2: a(0, 1) = -1: a(1, 0) = -4: a(1, 1) = 0: a(2, 0) = 3: a(2, 1) = 1
 b(0, 0) = 7: b(0, 1) = -9: b(1, 0) = -8: b(1, 1) = -10
 For i = 0 To 2                                    ' 计算矩阵相乘
       For j = 0 To 1
             s = 0
```

```
                For k = 0 To 1
                s = s + a(i, k) * b(k, j)
                c(i, j) = s
                Next k
            Next j
    Next i
    Print "显示 C 数组结果："
    For i = 0 To 2                                          ' 输出结果
            For j = 0 To 1
                Print c(i, j); Spc(3);
            Next j
            Print
    Next i
End Sub
```

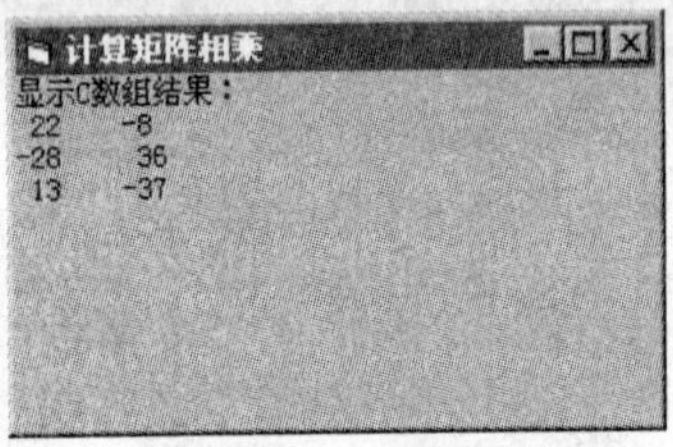

图 2.27　矩阵相乘

程序分析

- 矩阵 *a* 和 *b* 需用二维数组表示。由于矩阵的行数和列数已知，可以采用 For 循环。
- 计算 *a* 和 *b* 的乘积必须用三重循环嵌套实现：最内层循环是计算矩阵 *a* 的列与矩阵 *b* 的行乘积的和，第二层循环按矩阵 *b* 的列数计算，最外层循环是按矩阵 *a* 的行数计算。

程序运行结果如图 2.27 所示。

2.7 算法举例

计算机解决问题必须按照一定的算法“循序渐进”，算法就是解决问题或处理事情的方法和步骤。对于求解同一问题，往往可以设计出多种不同的算法，它们的运行效率、占用内存量可能有较大的差异。一般而言，评价一个算法的好坏是看算法是否正确、运行效率的高低和占用系统资源的多少等。

计算机算法可以分为如下两大类。

（1）数值计算算法：主要解决一般数学解析方法难以处理的一些数学问题，如解方程的根，求定积分，解微分方程等。

（2）非数值计算算法：如对非数值信息的排序，查找等。

1. 起泡法排序

起泡法排序就是每次将两两相邻的数进行比较，然后将小的调换到前面，就像气泡重的沉在下面一样。

例如有 4 个数，开始时的顺序是：5 4 2 0，采用双重循环来实现排序，外循环实现从未排过序的数中找最大的数，循环次数是 4-1=3 次，排序过程分别是：4 2 0 5→2 0 4 5→0 2 4 5。而内循环每次两两比较找出最大的数放在后面，内循环的次数每次不同。循环过程如图 2.28 所示。

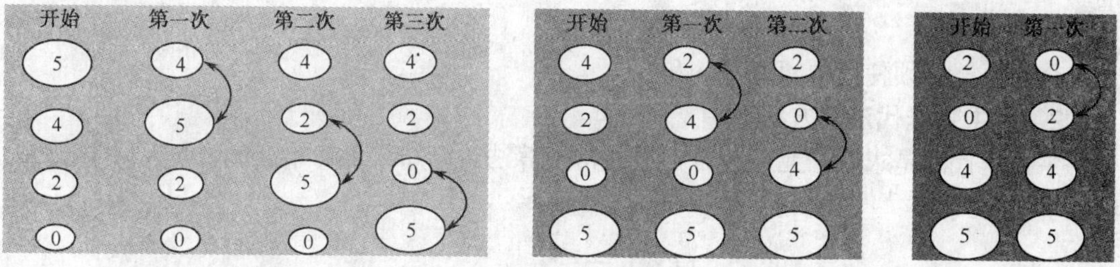

（a）第一次外循环　　（b）第二次外循环　　（c）第三次外循环

图 2.28　循环过程

【例 Ex_Sort】根据学生成绩排序，并按照顺序在窗体上显示，运行结果如图 2.29 所示。

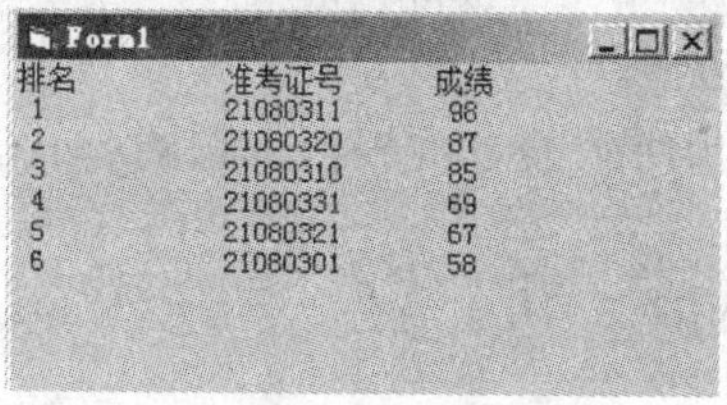

图 2.29　排序结果

程序代码如下：

```
Option Explicit
Private Sub Form_Click()
    Dim i As Integer, j As Integer, k As Integer
    Dim p As Integer, q As String
    Dim Num(6) As String, Score(6) As Integer
    Dim d(6) As Integer
    Num(1) = "21080321": Score(1) = 67
    Num(2) = "21080320": Score(2) = 87
    Num(3) = "21080301": Score(3) = 58
    Num(4) = "21080311": Score(4) = 98
    Num(5) = "21080331": Score(5) = 69
    Num(6) = "21080310": Score(6) = 85
    k = 6
    For i = 1 To k - 1
        For j = i + 1 To k
            If Score(i) < Score(j) Then
                p = Score(i): Score(i) = Score(j): Score(j) = p            '交换数据
                q = Num(i): Num(i) = Num(j): Num(j) = q
            End If
        Next j
    Next i
    Print "排名", "准考证号", "成绩"
    For i = 1 To k
        d(i) = i
        Print d(i), Num(i), Score(i)                                     '显示排名和成绩
    Next
End Sub
```

程序分析

交换数据必须使用中间变量 p 和 q。

2. 用牛顿迭代法解方程

牛顿迭代法是求解一元超越方程根的常用算法。已知一个初始点 x_0，则根据牛顿迭代法求解的公式为：

$$x_{n+1}=x_n-\frac{f(x_n)}{f'(x_n)} \qquad n=0, 1, 2, 3, \cdots$$

【例 Ex_Newton】根据输入的 x_0，用牛顿迭代法求方程 $2x^3-4x^2+3x-6=0$ 的准确解 x。

① 先计算 $f(x_0)=2x^3-4x^2+3x-6$ 和 $f'(x_0)=6x^2-8x+3$。

② 再根据迭代公式计算出 x_1。

③ 当 $|x_{n+1}-x_n|\leqslant\varepsilon$ 时，x_{n+1} 为所求的方程根，本题的 $\varepsilon=0.0005$；否则继续计算 $x_2, x_3, \cdots, x_n$。

方程解的曲线图如图 2.30 所示。

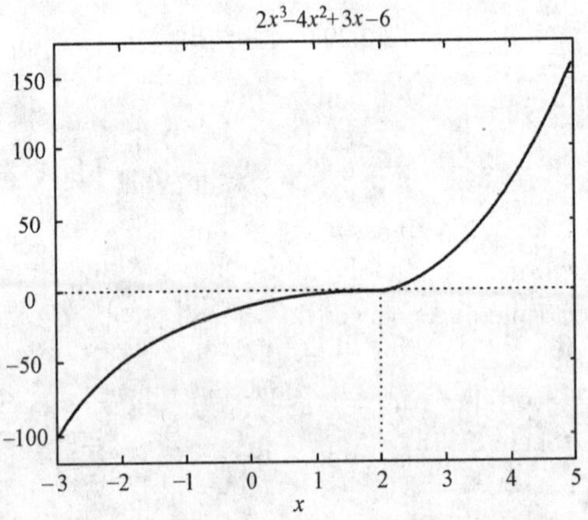

图 2.30 $2x^3-4x^2+3x-6=0$ 解的曲线图

界面包含一个按钮 Command1，两个文本框（Text1、Text2）和两个标签。在文本框 Text1 中输入 x_0，通过单击“计算”按钮（Command1），算出方程的根并显示在文本框 Text2 中。

程序流程图如图 2.31（a）所示，运行结果如图 2.31（b）所示，算出方程的根为 2。

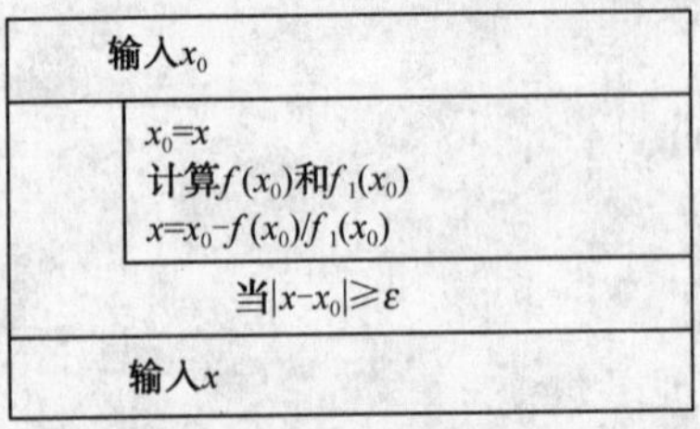

（a）牛顿迭代法程序流程图

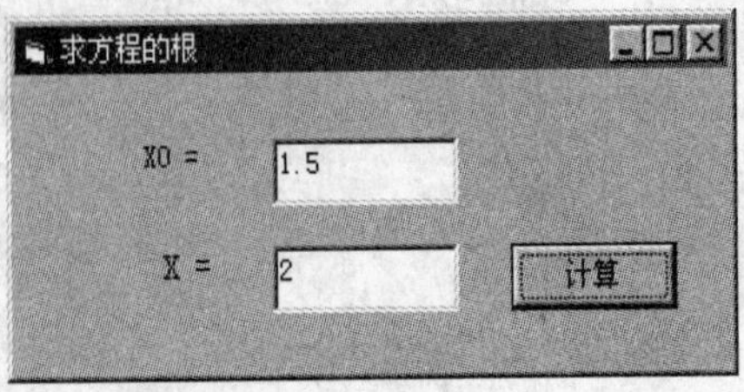

（b）运行界面

图 2.31 流程图与运行界面

程序代码如下：

```
Private Sub Command1_Click()
' 牛顿迭代法
    Dim x, x0, f, f1 As Single
    x0 = Val(Text1.Text)
    Do
        x0 = x
        f = ((2 * x0 - 4) * x0 + 3) * x0 - 6
        f1 = (6 * x0 - 8) * x0 + 3
        x = x0 - f / f1
    Loop While Abs(x - x0) >= 0.00005
    Text2.Text = x
End Sub
```

程序分析

采用 Do 循环，循环条件为判断 Abs (x - x_0)>= 0.000 05，当条件为 True 时，继续循环。

3. 折半查找法

折半查找法是在已经排序的数组中查找一个数，通过首先被查数据与数组的中间值比较，比较后可以放弃其中的一半。如果数组从小到大排序，查找的数大于中间值，则放弃前一半，查找继续在后一半进行；否则放弃后一半；这样一步一步缩小范围，直到查到为止。如果最后一个数仍找不到，说明没有该数；这是一种效率较高的查找方法。如果从大到小排序则放弃的部分相反。

【例 Ex_Find】在已经排序的数组中查找从键盘输入的数据在数组中的位置。

在从小到大排序的数组 1, 3, 5, 8, 12, 23, 34, 44, 45, 68 中查找数据，单击 Form 后通过 InputBox 输入需要查找的数据，用 Print 方法输出被查找的数是否在数组中，如果不在则输出“无此数”，如果在数组中则显示该数在数组中的位置。

例如查找“3”的过程如图 2.32 所示。

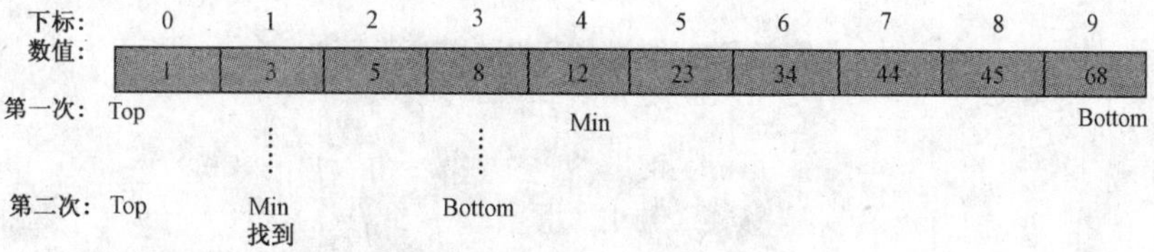

图 2.32　查找“3”的过程

折半查找程序流程图如图 2.32 所示。

程序代码如下：

```
Private Sub Form_Click()
Const N = 10
Dim A(N) As Integer, I As Integer, J As Integer
Dim Num As Integer, Top As Integer, Bott As Integer, Min As Integer, loca As Integer
Dim C, MyNum As String
A(0) = 1: A(1) = 3: A(2) = 5: A(3) = 8: A(4) = 12
A(5) = 23: A(6) = 34: A(7) = 44: A(8) = 45: A(9) = 68
Print "显示 A 元素:"
```

```
For I = 0 To N - 1
    Print A(I);                                              ' 在窗口显示 A 元素
Next I
Print
MyNum = InputBox("请输入查找数值", "查找数据")                ' 输入数据
Num = Val(MyNum)
loca = -1                                                    ' 置标志为-1
Top = 0: Bott = N - 1
If Num < A(0) Or Num > A(N - 1) Then loca = -2               ' 不在数组范围内则置标志为-2
Do While loca = -1 And Top <= Bott
    Min = Int((Bott + Top) / 2)                              ' 置折半数值
    If Num = A(Min) Then
        loca = Min
        Print Num & "的位置在第" & loca + 1 & "个。"
    ElseIf Num < A(Min) Then                                 ' 范围折半
        Bott = Min - 1
    Else
        Top = Min + 1
    End If
Loop
If loca = -2 Or loca = -1 Then Print "数组中无" & Num
End Sub
```

程序分析

- N 为符号常量，是数组的元素个数。
- 变量 loca 为标志， loca = -2 表示不在数组范围；loca = -1 表示未找到；如果找到则 loca 的值为查找的位置。

图 2.33 中显示的是分别输入 1, 23, 55 和 68 后查找的结果。

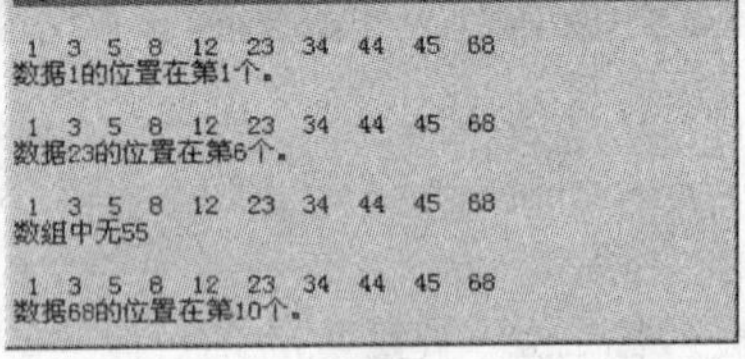

图 2.33　查找数据

第3章 创建用户界面

程序通过用户界面与用户实现交互，VB 提供了方便设计用户界面的方法。用户界面不仅需要从视觉上看起来美观，而且要求方便用户的操作。VB 应用程序的基本单元就是对象，其中最主要的两类对象就是窗体和控件。

VB 是面向对象的程序设计语言。面向对象的程序设计即 OOP（Object Oriented Paradigm），是近年来发展起来的一种新的程序设计技术。学好 VB 的诀窍之一，就是要以对象的眼光看待整个应用程序。

传统的程序设计技术是一种面向数据和程序的设计方法。这种方法把数据和程序作为相互独立的实体，用程序代码处理数据，而忽略程序和数据之间的内在联系。因此，在编写程序时，必须时刻考虑所要处理的数据格式。对不同的数据格式做不同的处理时，会发生许多不该发生的错误，使数据和程序保持一致是程序员的一个沉重的负担。

面向对象的设计方法与传统的设计方法有本质的不同。这种方法的基本原理是按照人们的习惯思维方式建立问题的模型，模拟客观世界。客观世界是由一个个具有动作的对象构成的。一个复杂的对象可由若干简单的对象组成，面向对象的方法将所有对象划分成各种对象类，每个对象类都对应一组操作；每个对象除了传递信息之外，再没有其他联系了。对象所具有的性质和动作在 VB 中称为对象的属性和事件。因此，VB 使程序员摆脱具体的数据格式和程序的束缚，可以集中精力去研究和设计处理的对象。

3.1 创建窗体

窗体（Form）是 VB 最重要的对象，是构成应用程序界面的基本模块。在程序运行时，窗体是用户与应用程序之间进行交互的窗口。新建工程系统自动建立一个空窗体，这个窗体就像一块空白画布，用户可在其上创建自己的界面。

3.1.1 窗体的属性

在创建新工程时，VB 为自动加入的空白窗体设置默认属性。设计窗体的第一步就是设置它的属性，属性在属性窗口中设置属性值，窗体 frmStart 的属性窗口如图 3.1 所示。

窗体的属性有很多，按分类序可分为杂项、外观、位置、行为、字体、DDE 和缩放。

（1）常用的杂项属性（Misc）

- Name（名称）：用于设置窗体名称。窗体在工程中首次创建时默认为 Form1。窗体名必须以字母开头，可以包含数字和下划线，但不能包含空格和标点符号，不能超过 40 个字符。窗体的名称一般用 frm 为前缀，后面跟描述性的名称，如 frmStart。
- Icon：用于设置窗体最小化时显示的图标，通过单击…按钮选择一个合适的图形文件。

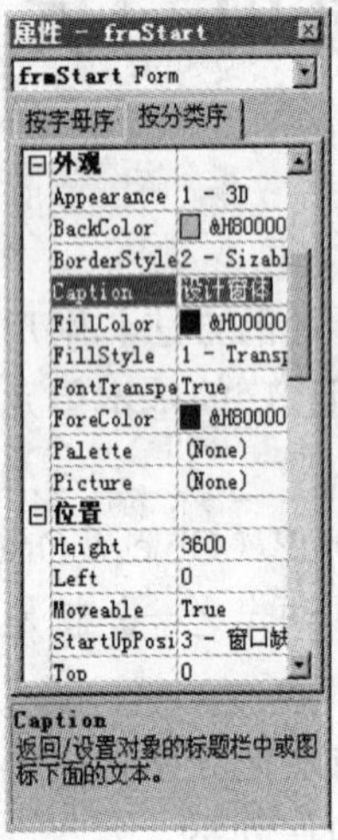

图 3.1　窗体属性

- MaxButton 和 MinButton：用于设置窗体显示时是否有最大化和最小化按钮。
- MousePointer：用于设置当鼠标经过窗体时所显示的指针类型。
- WindowState：用于设置启动窗体时的窗口状态，正常还是最大化、最小化。

（2）常用的外观属性（Appearance）

- Caption：用于设置窗体显示的标题，默认时为窗体名称。图 3.1 中设置为“设计窗体”。
- Appearance：用于设置窗体的外观是平面还是三维的。
- BackColor 和 ForeColor：用于设置窗体的背景色和前景色。通过单击▼按钮打开调色板选项卡，设置颜色属性。
- Picture：用于设置在窗体中显示的图形。通过单击按钮，选择一个合适的图形文件。
- BorderStyle：用于设置窗体的边框风格。BorderStyle 属性的设置值如表 3.1 所示。

表 3.1　BorderStyle 属性

设 定 值	常　量	定　义
0	None	没有边框
1	FixedSingle	有固定单边框，运行时窗体大小不能变
2	Sizable	有可调整的边框，默认设置（默认）
3	FixedDouble	固定对话框，运行时窗口大小不能变
4	FixedToolWindow	固定工具窗口，大小不能改变
5	SizableToolWindow	可变大小工具窗口

（3）常用的位置属性（Position）

- Left 和 Top：窗体的左上角在屏幕的横、纵坐标，用于设置窗体在屏幕上的位置。
- Width 和 Height：窗体的初始宽度和高度，用于设置窗体的大小。

（4）常用的行为属性（Behavior）

- Visible：用于设置窗体是否可见。
- AutoRedraw：用于设置窗体显示的信息是否重画。当设置为 True，在运行时调整窗体大小或被另一对象遮住后重新显现时窗体自动重画。

（5）字体属性（Font）

用于设置窗体显示正文的字体。在字体对话框中可以设置字体，字体样式，大小和效果等。

3.1.2 窗体的方法

窗体最常用的是 Show 方法，用于显示窗体。如果窗体被遮住，通过调用 Show 方法可以移到屏幕的最顶端。如果调用 Show 方法时指定的窗体没有装载，VB 将自动装载该窗体。

语法

对象 . Show [风格 n]

风格用于决定窗体有模式还是无模式。模式窗体是指在继续应用程序的其他部分之前，必须被关闭（隐藏或卸载），不允许用户同时与应用程序的其他窗体交互。无模式的窗体允许在其他窗体之间转移焦点而不用关闭窗体，调用 Show 方法显示无模式窗体，与设置窗体 Visible 属性为 True 具有相同的效果。当风格= 0（vbModelless）或不带风格参数时，窗体是无模式的；当风格= 1（vbModel）时，窗体是有模式的。

例如，调用 Show 方法显示无模式窗体 frmStart：

```
frmStart.Show
```

窗体的其他常用方法如表 3.2 所示。

表 3.2 窗体的其他常用方法

方 法	功 能
Hide	隐藏窗体，使窗体不可见，但未从内存中清除
Refresh	刷新窗体
Move	移动窗体
Print	在窗体中显示文本，在 2.5.3 小节介绍过
Line 和 Circle	在窗体中绘制直线、矩形和圆，将在 6.1.3 小节介绍

3.1.3 窗体的事件

事件可以通过代码窗口输入，在代码窗口中选择对象名和事件名。

（1）Activate 和 DeActivate 事件

当一个窗体变成活动窗体时，就会触发 Activate 事件。另一个窗体或应用程序被激活，窗体不再是活动窗口时，触发 DeActivate 事件。

（2）Initialize 事件

当窗体第一次创建时触发，一般将窗体的初始化代码放在其中。

（3）Load 事件

装载窗体时触发。在 Initialize 事件之后，当用 Load 语句或未装载前使用 Show 方法时可以触发该事件。一般将变量的初始化代码或控件的默认值放在其中。

（4）UnLoad 事件

卸载窗体时触发。当单击窗体上的“关闭”按钮或使用 UnLoad 语句时，可以触发该事件。

（5）Click 和 DblClick 事件

分别在鼠标单击窗体时和双击窗体时触发。

（6）Resize 事件

当调整窗体的大小时触发。

【例 Ex_TwoForms】使用两个窗体，一个是在【例 Ex_Area】中创建的窗体 frmArea，另一个是窗体 frmText。运行时窗体 frmArea 的显示如图 3.2（a）所示，窗体 frmText 的显示如图 3.2（b）所示。

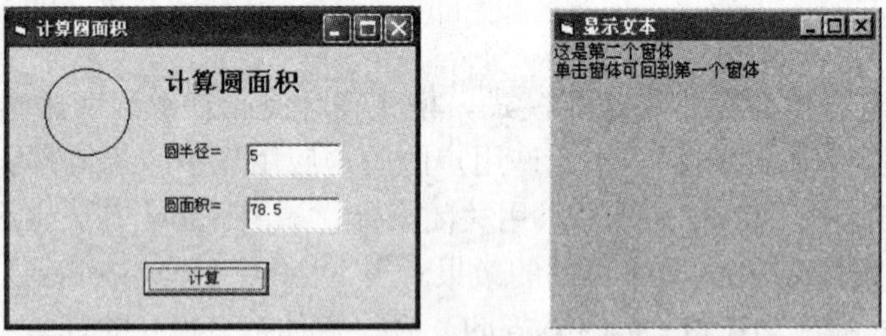

（a）第一个窗体　　（b）第二个窗体

图 3.2　窗体图

（1）创建窗体

打开已有的工程，显示第一个窗体 frmArea，然后通过“工程”（Project）菜单的“添加窗体”（Add Form）在工程中加入第二个窗体 frmText，或单击工具栏中的“添加窗体”按钮添加。

（2）设置窗体属性

两个窗体的属性设置如表 3.3 所示。

表 3.3　属性设置

对 象 名	控 件 名	属 性 名	属 性 值
Form	frmArea	Caption	计算圆面积
Form	frmText	Caption	显示文本

（3）添加代码

单击其中任一个窗体将它隐藏并显示另一个窗体，通过单击两个窗体来回切换。两个窗体如图 3.2 所示，（a）图为窗体 frmArea，（b）图为窗体 frmText。

在窗体 frmArea 中添加程序代码如下：

```
Private Sub Form_Click()
'单击隐藏窗体，显示窗体 frmText
    Me.Hide
    frmText.Show
End Sub

Private Sub Form_Load()
'装载窗体，设置自动重画
    Me.AutoRedraw = True
```

```
End Sub
```

窗体 frmText 的程序代码如下：

```
Private Sub Form_Click()
'单击隐藏窗体，显示窗体 frmArea
    frmArea.Show
    Me.Hide
End Sub

Private Sub Form_Load()
'装载窗体
     Me.AutoRedraw = True
     Print "这是第二个窗体" & Chr(13) &"单击窗体可回到第一个窗体"
End Sub
```

程序分析

- 窗体的 AutoRedraw 属性设置为 True，表示窗体可以自动重画，显示的窗体内容具有持久性。
- Me 表示本窗体。
- 窗体的 Show 和 Hide 方法用来显示和隐藏窗体。

3.1.4 窗体的启动、装载、卸载和关闭

1. 设置启动窗体

每个应用程序都有开始执行的入口，应用程序开始运行时首先出现的窗体称为启动窗体。在默认情况下，创建的第一个窗体为启动窗体，如果想在应用程序启动时首先启动别的窗体，就得修改启动窗体的设置。

① 选择“工程”（Project）菜单的最后一项“工程名属性”（Project1 Properties）命令。

② 在弹出的对话框中选择“启动对象”（Startup Object），在下拉列表中选择要启动的窗体名，如图 3.3 所示。

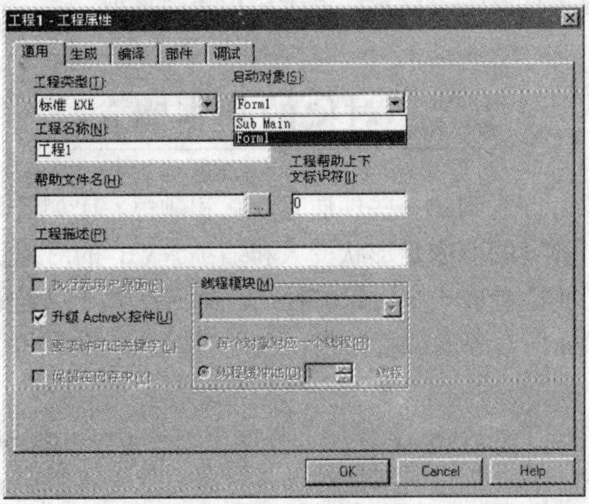

图 3.3　工程属性

③ 单击“确定”按钮。

2. 装载和卸载窗体语句

装载窗体语句是用程序把窗体（或其他对象）装入内存。卸载窗体语句是把窗体或其他对象从内存中卸载。

语法

Load 对象

Unload 对象

当装载窗体时，先把窗体属性设置为初始值，再执行 Load 事件。一旦窗体被装载，不管它是否可见，它的属性及控件就可以被应用程序所改变。由于 VB 程序在执行时自动装载启动窗体，所以启动窗体可以不用 Load 语句装载。

卸载将触发对象的 Unload 事件。如果卸载的对象是程序唯一的窗体，则将终止程序的执行。例如，在主窗体上可以用 cmdQuit 按钮退出程序。单击 cmdQuit 按钮的事件过程代码如下：

```
Private Sub cmdQuit_Click ()
    Unload Me
    ' 卸载窗体
End Sub
```

注意：

- Me 是系统保留字，表示当前窗体。
- 装载（Load）和卸载（Unload）事件是在系统装载和卸载窗体时自动触发的事件，与装载、卸载窗体语句不同。

3. End 语句

End 语句用于在程序代码中结束应用程序的运行。

语法

End

End 语句不顾现存窗体或对象的状态而使应用程序立即结束。在 End 语句之后的代码不会执行，也不会再有事件发生，对象的各个引用将被释放。

3.2 对象的基本概念

日常生活中的对象可以看到的一些性质有形状和颜色，比如气球，可以有上升和下降的动作；气球对充气、放气的响应是形状变大和缩小。VB 的对象也是一样，有自己的属性、方法和事件，可把属性看成一个对象的性质，把方法看成对象的动作，把事件看成对象的响应。VB 是一种面向对象的编程语言，通过对属性、方法和事件的编程，可实现各种功能。

在 3.1.3 节中【例 Ex_TwoForms】程序的界面中窗体 frmArea 和窗体 frmText，命令按钮 Command1 和文本框 Text1，它们都是对象。对象是代码和数据的组合，可以作为一个整体处理。

两个窗体 frmArea 和 frmText 是两个不同的独立对象，但都是窗体类。VB 对同类对象定义了相同的属性、方法和事件。

3.2.1 对象的属性、方法和事件

在代码窗口中，对象的事件名可以在输入对象名后显示的下拉列表框中选择打开，如图 3.4 中的“Command1”的事件“Click”，当在代码窗口中输入“对象名.”，系统就会自动显示对象的属性和方法。例如，在代码编辑器中输入文本框名 text1 时的显示如图 3.4 所示。

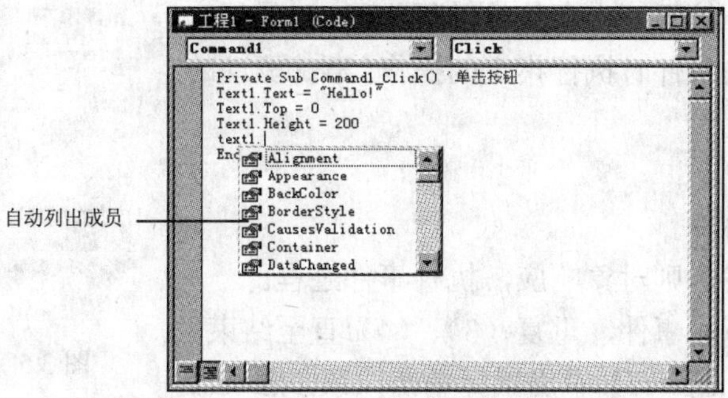

图 3.4 设置属性

1. 对象的属性

属性是对象的数据，用来表示对象的状态。

属性有属性值，属性值也有数据类型的。属性值的设置可在设计时在“属性”窗口中完成，也可以在运行时由代码实现。在运行时可设置的属性称为读写属性，只能读取的属性叫只读属性。

语法

[对象名 .] 属性名 = 表达式

如果省略对象名，则对象为当前的窗体。例如，设置窗体 frmArea 的“Caption”属性可以在属性窗口中设置，也可以使用代码：

```
frmArea.Caption = "计算圆面积"
Me.Caption = "计算圆面积"
Caption = "计算圆面积"                    ' 本窗体名可以省略
```

2. 对象的方法

对象的方法决定对象可以执行的动作，方法中的代码是不可见的，可以通过调用使用对象的方法。

语法

[对象名] . 方法名[(参数 1, 参数 2, …)]

例如：

```
Form1.Show                    ' 显示窗体
Me.Hide                       ' 隐藏本窗体
```

3. 对象的事件

事件是对象的响应。在 VB 中，事件是能被对象识别的动作。例如，Command1_Click 事件是在单击按钮 Command1 时触发的，Form_Load 事件是在装载 Form 时触发的。

Windows 应用程序的用户界面一般都是由窗体、菜单和控件等对象构成的，各个对象之间的联系完全取决于操作者所做的操作。也就是说，程序的运行并没有固定的顺序。这种工作模式，称为“事件驱动方式”。

VB 的应用程序是由事件驱动的。也就是说，只有当事件发生时，响应事件的程序才会运行。如果没有事件发生，则整个程序就处于停滞状态。VB 编程的核心就是为每个需要处理的事件编写响应事件的过程代码，以便用户或系统在触发相应的事件时执行指定的操作。事件驱动的典型执行步骤如下：

（1）加载窗体。

（2）等待接收事件。

（3）有事件触发，则对象响应，执行事件过程。

（4）等待接收下一事件，重复（3）、（4）直至结束。

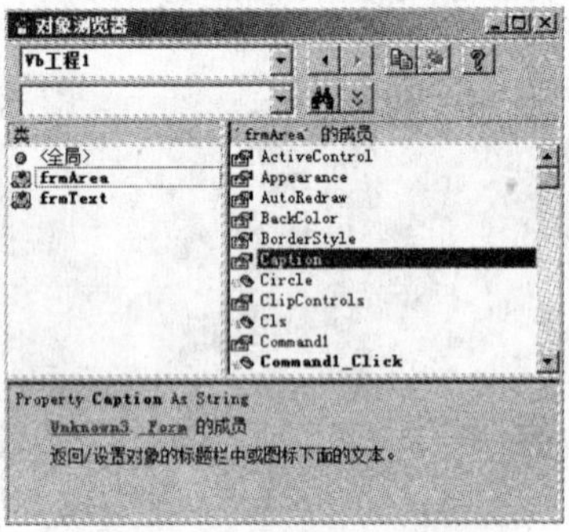

图 3.5 “对象浏览器”窗口

例如，在【例 Ex_Area】中用鼠标单击按钮，触发命令按钮（Command1）的单击（Click）事件，文本框中就会显示计算的圆面积。文本框内容的改变也会触发文本框的其他事件。用一个“事件”激活某个对象，随着该对象的活动，又会产生新的“事件”，对象之间就是以这种方式联系在一起的。

对象的事件名在代码窗口的过程列表框中单击下拉箭头打开。对象的属性、方法和事件可以通过“对象浏览器”（Object Browser）查找。在图 3.5 中，选择“Vb 工程 1”可以看到工程的两个窗体 frmArea 和 frmText，并可以看到各窗体的成员，即属性、方法和事件。

【例_概念分析】一只白色的足球被踢进球门，则白色、足球、踢、进球门是__________。

A 属性、对象、方法、事件

B 属性、对象、事件、方法

C 对象、属性、方法、事件

D 对象、属性、事件、方法

分析

答案是 B，踢是足球能被识别的动作，是事件，进球门是足球能够执行的动作，因此是方法。

3.2.2 使用 With 结构

With 结构用于对一个单一对象或用户定义对象执行一系列的语句。使用 With 结构可以对某个对象执行一系列的语句，而不用重复指出该对象的名称。

语法

With 对象

语句块

End With

例如，改变一个对象的多个属性，在 With 结构中进行属性的赋值如下：

```
With MyLabel
    .Height = 2000
    .Width = 2000
    .Caption = "This is MyLabel"
End With
```

注意：

当程序一旦进入 With 块，对象就不能改变。因此，不能用一个 With 语句设置多个不同的对象，但 With 块可以嵌套。

3.3 控件

控件是 VB 通过控件箱提供的与用户交互的可视化部件，在窗体中使用控件可以方便地获取用户的输入，也可显示程序的输出。

3.3.1 控件介绍

VB 为不同的控件定义了不同的属性、方法和事件。使用控件与使用窗体相似，控件的命名规则与窗体相同。控件属性的分类和大多数属性、方法和事件也与窗体一致。

1. 控件的分类

VB 的控件分为内部控件，ActiveX 控件和可插入对象三类。

（1）内部控件

内部控件是由 VB 本身提供的控件，也称常用控件。这些控件总是显示在控件箱中，不能从控件箱中删除。内部控件（标准版）如图 3.6 所示。

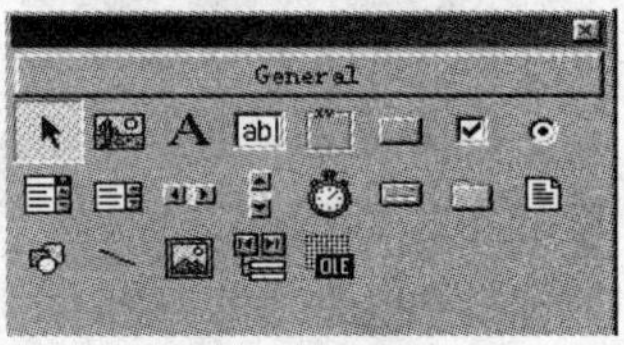

图 3.6 控件箱

（2）ActiveX 控件

ActiveX 控件是 VB 控件箱的扩充部分，这些控件在使用之前必须添加到工具箱中。添加的步骤如下：

① 用鼠标右键单击工具箱，出现快捷菜单；

② 选择快捷菜单的“部件”（Components）命令，出现部件选项卡，如图 3.7 所示；

③ 在“控件”（Controls）选项卡中单击控件复选框，选择需要添加的 ActiveX 控件；

④ 单击“确定”按钮，则在窗体的工具箱中出现添加的控件。

（3）可插入对象

可插入对象是由其他应用程序创建的对象。利用可插入对象，可在 VB 应用程序中使用其他应用程序的对象。添加可插入对象到工具箱与添加 ActiveX 控件的方法相同，在图 3.7 中选择“可插入对象”选项卡（Insertable Objects）即可。

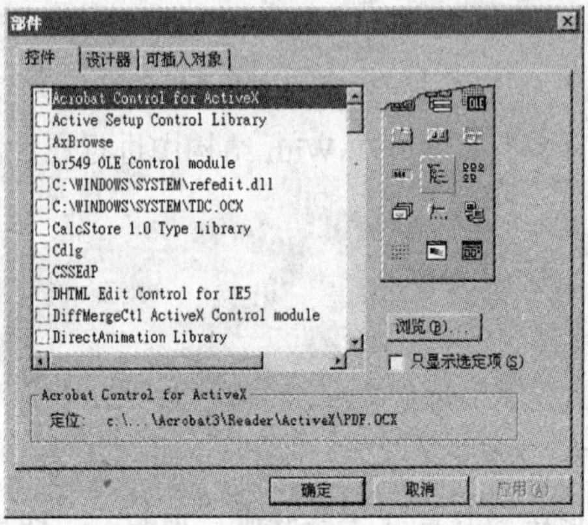

图 3.7　部件选项卡

2. 名称（Name）属性

每个控件都有名称属性，用于设置控件的名字。创建控件时，新对象的默认名字由对象类型加上一个唯一的整数组成。例如，第一个新的 Form 对象是 Form1，第二个为 Form2，第三个为 Form3，依此类推。

为了使控件的名称易记并且具有代表性，建议按以下的规则来命名控件，即前缀表示控件的类，其后为控件的具有描述性含义的名字。例如，cmdStart 为“开始”按钮名。

3. 控件的值属性

所有的控件都有一个与控件值有关的属性。在引用该属性时不需要指定属性名，只要指定控件名即可。控件的值属性是控件最常用的属性，比如，TextBox 控件的 Text 属性，Label 控件的 Caption 属性和 PictureBox 控件的 Picture 属性都是值属性。例如，下列语句对 Text1 文本框的值属性 Text 赋值：

```
Text1 = "Visual Basic"
```

4. 焦点（focus）

从界面看，窗体和窗体上的对象有很多，用户任何时候只能操作一个对象，当前被操作的对象称它获得焦点。当对象具有焦点时，可以接收用户的输入。

下列方法可以将焦点赋给对象：

- 运行时选择对象；
- 运行时用快捷键选择对象；
- 在代码中用 SetFocus 方法。

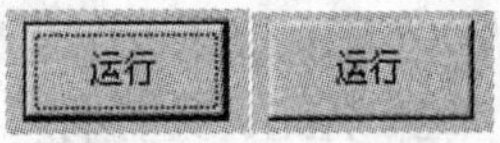

图 3.8　焦点显示

例如，当命令按钮具有焦点时，标题周围的边框将突出显示。图 3.8 中左边的“运行”按钮为具有焦点的。

当对象具有焦点时，产生 GotFocus 事件。

当具有焦点的对象改变时，原操作的对象将失去焦点。当对象失去焦点时，将产生 Validate 和 LostFocus 事件。Validate 事件是在失去焦点之前，而 LostFocus 事件是在焦点移动之后触发。因此，Validate 事件更适合验证数据的有效性。

控件的 TabIndex 属性决定它在 Tab 键顺序中的位置，按 Tab 键将使焦点按照控件 TabIndex 属性的顺序在控件间移动。按照默认规定，第一个建立的控件的 TabIndex 值为 0，第二个控件的 TabIndex 值为 1，依此类推。当改变一个控件的 Tab 键顺序位置后，VB 自动为其他控件的 Tab 键顺序位置重新编号。如果将控件的 TabStop 属性设为 False，便可将此控件从 Tab 键顺序中删除。

注意：

- 框架（Frame），标签（Label），菜单（Menu），直线（Line），形状（Shape），图像框（Image）和定时器（Timer）控件都不能接受焦点。
- 不能获得焦点的控件，以及无效（Enabled 属性为 False）的和不可见的控件（Visible 属性为 False），不包含在 Tab 键顺序中。按 Tab 键时，这些控件将被跳过。

5. Move 方法

Move 方法可以用于窗体或控件，用于移动对象的位置。

语法

[对象] . Move left [, top [, width [, height]]]

- 对象：要移动的对象名称，如果省略对象参数，则为移动当前窗体。
- left 和 top：对象的新 left 和 top 值。
- Width 和 height：对象的新 width 和 height 值。

6. 访问键

访问键是通过键盘访问控件。不仅菜单具有访问键，其他控件也可具有。命令按钮（CommandButton），复选框（CheckBox）和选项按钮（OptionButton）都可创建访问键。访问键的设置是在控件的 Caption 属性中用“&”字符加在访问字符的前面。在运行中，这一字符会被自动加上一条下画线，“&”字符不可见；当按 Alt+“访问字符”时，与单击该控件一样。例如，设置按钮的“Caption”的属性为“关闭（&c）”，则按钮显示为

。若按钮的“Caption”的属性为“&Close”，则按钮显示为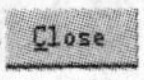

。

7. 容器

框架（Frame）、窗体（Form）和图片框（PictureBox）等都可作为其他控件的容器。VB 的大多数控件都支持容器（Container）属性，它的值就是控件所在的容器。容器中控件的 Left 和 Top 属性值由它在容器的位置决定。因此，移动容器也就同时移动了控件，控件和容器的相对位置不变（即控件的 Left 和 Top 属性值不变）。

3.3.2 标签

1. 功能

标签控件用于显示不能编辑的文本信息，一般用于在窗体上进行文字说明。

2. 常用属性

Label 控件的常用属性如表 3.4 所示。

表 3.4 标签属性

属　性	定　义
Caption	标签中显示的内容，最多可有 1024 个字符
Alignment	标签中文本的对齐方式： 0 （Left Justify） 左对齐（默认），1（Right Justify） 右对齐， 2（Center） 居中

续表

属　　性	定　义
AutoSize	是否自适应大小： True 根据文本自动调整标签大小 False 标签大小不能改变，超长的文本被截去（默认）
BorderStyle	用于设置边界形式： 0（None）为无边界（默认），1（Fixed Single）为含有宽度为 1 的单线边界
BackStyle	设置背景样式，0 为（Opaque）不透明（默认），1 为（transparent）透明

图 3.9 所示为 3 个标签 Alignment 属性分别为 0, 1, 2 时的显示，BorderStyle 属性为 1。

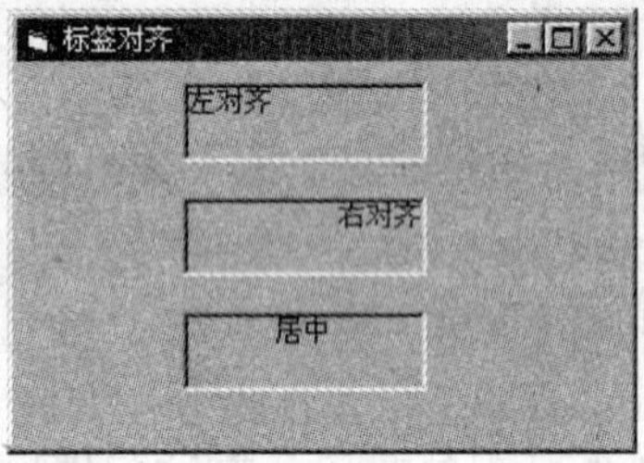

图 3.9　标签 Alignment 属性不同

3. 方法

标签的常用方法有 Refresh 和 Move2 种。Refresh 用于刷新标签的内容。

3.3.3　文本框

1. 功能

文本框用于接收用户输入的信息，或显示系统提供的文本信息。用户可以在文本框中编辑文本。

2. 常用属性

- Text：文本框中显示的内容。
- PasswordChar：用于设置如何在文本框中显示输入的字符，即是否为口令框，默认值为空字符，表示显示输入的文本。如果为非空字符（如*），则每输入一个字符就在文本框中显示一个该字符。

【例 Ex_Password】创建一个用户登录界面，输入用户名和口令，判断是否是合法用户。

界面由 2 个标签（Label1, Label2）和 2 个文本框（txtName，txtPassword）组成。其中，口令文本框（txtPassword）的 PasswordChar 属性设置为“*”。

程序代码如下：

```
Private Sub cmdOk_Click()
    If txtName = "Guest" And txtPassword = "12345" Then
        MsgBox "欢迎使用本系统！", vbOKOnly, "输入"
    Else
        MsgBox "对不起，你不是本系统用户！", vbOKOnly, "输入"
    End If
```

```
End Sub
Private Sub cmdExit_Click()
    End
End Sub
```

运行时要求输入姓名和密码，如果在 2 个文本框中分别输入“Guest”和“12345”，界面显示如图 3.10 所示。

- MultiLine：是否可以输入多行文本，是只读属性。True 为可输入多行文本，False 为只能输入一行文本（默认）。当 MultiLine 为 False 时，PasswordChar 属性才有效。
- Alignment：文本框中文本的对齐方式（同标签），只有当 MultiLine 属性为 True 时有效。
- ScrollBars：设置是否含滚动条。0（None）为不含滚动条（默认），1（Horizontal）为含水平滚动条，2（Vertical）为含垂直滚动条，3（Both）为含水平和垂直滚动条。

要使文本框含有滚动条，MultiLine 属性必须设置为 True；否则，ScrollBars 属性无效。文本框添加垂直滚动条后，自动换行功能将失效。例如，文本框的 MultiLine 属性设置为 True，ScrollBars 为 1 时显示多行文本，如图 3.11 所示。

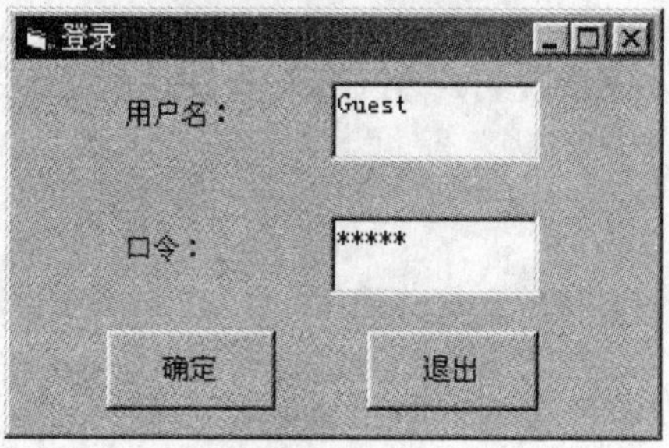

图 3.10 运行界面

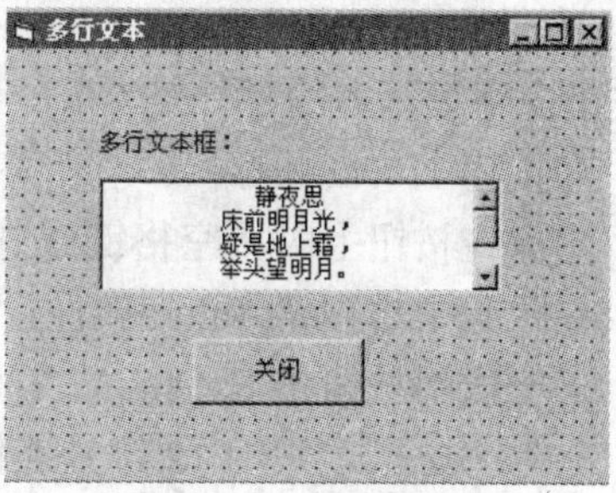

图 3.11 多行文本

- Locked：设置用户能否编辑文本框中的文本。True 为锁定，不能编辑文本框中的文本；False 为可编辑文本（默认）。

3. 方法

文本框常用的方法有 Refresh 和 SetFocus 等。Refresh 用于刷新文本框的内容。

4. 事件

文本框可以识别多个事件，如 Change，GotFocus，LostFocus，KeyDown，KeyUp，KeyPress，MouseDown，MouseUp 和 MouseMove 等。其中，KeyDown, KeyUp, KeyPress, MouseDown, MouseUp 和 MouseMove 事件将在第 6 章的 6.2 节中详细介绍。

Change 事件当文本框内容发生变化时触发。

3.3.4 命令按钮

1. 功能

命令按钮通常用于当用户单击时完成某种功能。

2. 常用属性

命令按钮的常用属性如表 3.5 所示。

表 3.5　命令按钮的常用属性

属　性	定　义
Caption	命令按钮的文字
Cancel	是否为取消按钮： True 是取消按钮，按 Esc 键相当于单击此按钮 False 不是取消按钮（默认）
Default	是否为默认按钮： True 是默认按钮，按回车键相当于单击此按钮 False 不是默认按钮（默认）
Style	标准按钮还是图形按钮： 0（Standard）　标准按钮（默认） 1（Graphical）　自定义图片的图形按钮，然后设置 Picture 属性的图形

3. 方法

按钮控件的常用方法为 SetFocus。

4. 事件

按钮控件最基本的事件是 Click（单击），以下情况可产生 Click 事件：

- 在按钮上单击鼠标；
- 焦点在按钮上时按空格键或回车键；
- 在代码中将按钮 Value 属性设置为 True；
- 对于取消按钮按 Esc 键；
- 在 Caption 属性中用&符号连接一个访问键，在运行时按 Alt+访问键。

3.3.5　框架、选项按钮和复选框

1. 功能

（1）框架控件（Frame）

窗体中可能有许多控件，为将控件分成若干组可以采用框架控件。框架一般按功能把控件组合在一起。当框架移动时，其中的控件也跟着移动。

（2）选项按钮（OptionButton）

选项按钮用于从一组选项中选取其一。每次只能选择一项，而且必须选择一项，其他选项按钮将自动变成不选。

选中选项按钮的方法有以下几种。

① 用鼠标单击选项按钮；

② 按 Tab 键将焦点移到选项按钮组，然后用箭头键将焦点移到该选项按钮；

③ 如果选项按钮有访问键，按 Alt+访问键；

④ 从代码中将选项按钮的 Value 属性设置为 True。

（3）复选框（CheckBox）

复选框与选项按钮不同，可从一组选项中同时选中多个选项。

2. 常用属性

框架控件、选项按钮和复选框控件的常用属性如表 3.6 所示。

表 3.6 框架控件、选项按钮和复选框属性

控 件 名	属 性	定 义
Frame	Caption	框架的标题名称，可含访问键
	Enabled	是否为活动状态： True 活动状态（默认） False 非活动状态，框架内所有控件不可使用，标题显示为灰色
OptionButton	Value	设置选项按钮的状态： True 被选中，其他选项的 Value 属性自动为 False False 未被选中（默认）
	Enabled	是否为禁止按钮： True 不是禁止按钮 False 是禁止按钮，表示选项按钮无效，显示为灰色（默认）
CheckBox	Alignment	设置复选框在标题 Caption 的左边还是右边： 0（Left Justify） 在标题的左边（默认） 1（Right Justify） 在标题的右边
	Value	设置复选框的状态： 0（Unchecked）未选中（默认） 1（Checked） 选中 2（Grayed） 暂时不能访问，显示为灰色

3. 事件

框架控件（Frame），选项按钮（OptionButton）和复选框（CheckBox）的主要事件是 Click（单击）。

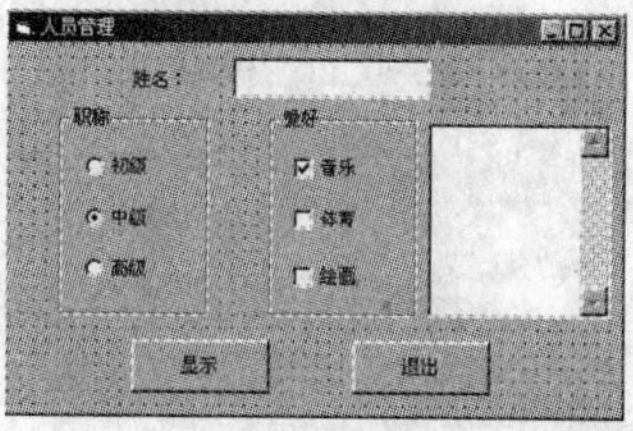

图 3.12 人员管理窗体

【例 Ex_EmployForm】创建人员管理窗体。

人员管理界面由姓名、爱好和职称组成，爱好和职称的控件由 2 个框架控件分组。姓名通过文本框输入，爱好可以同时有多种选择，由 3 个复选框组成；职称只能有一个选择，由 3 个选项按钮组成。人员管理窗体如图 3.12 所示。控件功能表如表 3.7 所示。各对象的属性设置如表 3.8 所示。

① 在窗体上创建框架控件 Frame1 和 Frame2，在属性窗口改变框架的 Caption 属性分别为“爱好”和“职称”。

② 在 Frame1 框架中创建 3 个复选框，改变复选框的 Caption 属性分别为“音乐”、“体育”和“绘画”。在 Frame2 框架中创建 3 个选项按钮，改变选项按钮的 Caption 属性分别为“初级”、“中级”和“高级”。然后设置复选框和选项按钮的 Value 属性。

③ 调整两个框架的位置，框架内的控件与框架一起移动。

本管理窗体将输入的姓名和选择的职称、爱好显示在文本框 txtMemo 中。

表 3.7　控件功能表

对　　象	控 件 名	功　　能
TextBox	txtName	输入姓名
	txtMemo	显示人员信息
Frame	Frame1	爱好的复选框组
	Frame2	职称的选项按钮组合
CheckBox	chkMusic	音乐复选框
	chkSport	体育复选框
	chkPaint	绘画复选框
OptionButton	optJ	初级选项
	optS	中级选项
	optA	高级选项
CommandButton	cmdExit	退出系统
	cmdDisplay	显示人员信息

表 3.8　控件属性

控 件 名	属 性 名	属　　性
Form1	Caption	人员管理
Label1	Caption	姓名
txtName	Text	空
txtMemo	Text	空
	MultiLine	True
	ScrollBars	2-Vertical
Frame1	Caption	爱好
Frame2	Caption	职称
chkMusic	Caption	音乐
	Value	1-Checked
chkSport	Caption	体育
chkPaint	Caption	绘画
optJ	Caption	初级
optS	Caption	中级
	Value	True
optA	Caption	高级
cmdExit	Caption	退出
cmdDisplay	Caption	显示

程序代码如下：

```
Private Sub cmdDisplay_Click()
    Dim Position As String, Hobby As String
    txtMemo.Text = txtName                          ' 显示姓名
    If optA.Value = True Then                       ' 选取职称
        Position = optA.Caption
    ElseIf optS.Value = True Then
        Position = optS.Caption
    Else
        Position = optJ.Caption
    End If
    txtMemo.Text = txtMemo.Text & "职称是" & Position
    If chkMusic.Value = 0 And chkSport.Value = 0 And chkPaint.Value = 0 Then
        txtMemo.Text = txtMemo.Text & "。"
    Else
     txtMemo.Text = txtMemo.Text & "，爱好"
        If chkMusic.Value = 1 Then txtMemo.Text = txtMemo.Text & "音乐 "
        If chkSport.Value = 1 Then txtMemo.Text = txtMemo.Text & "体育 "
        If chkPaint.Value = 1 Then txtMemo.Text = txtMemo.Text & "绘画 "
        txtMemo.Text = txtMemo.Text & "。"
    End If
End Sub
```

```
Private Sub cmdEnd_Click()
    Unload Me
End Sub
```

3.3.6 列表框

1. 功能

列表框用于列出可供用户选择的项目列表。用户可以从中选择一个或多个列表项。

2. 属性

（1）List：用于访问列表框的所有列表项。List 是一个字符数组。在设计时，在属性窗口中输入列表项，输入列表项后按 Ctrl+Enter 键可以继续添加下一项，列表项只能添加到列表框的末尾。图 3.13 所示为在属性窗口中添加省份名。

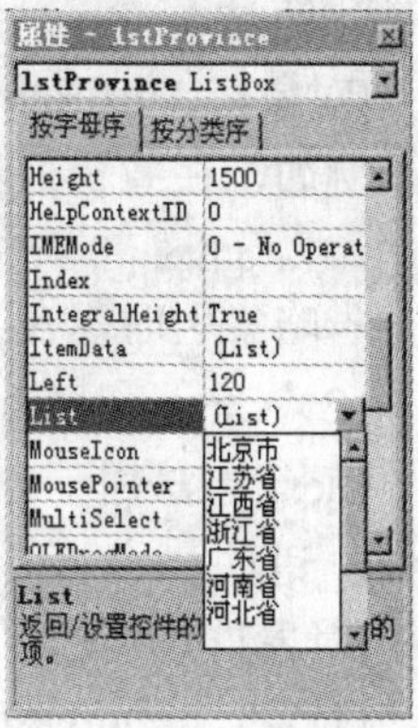

图 3.13 列表框属性

（2）ItemData：为列表框的每个列表项设置一个对应的数值，是一个整型数组，数组大小与列表项的个数一致，通常用于列表项的索引或标识。

（3）Columns：设置列表项按几列显示，0 为按单列显示，列表项较多时出现垂直滚动条（默认）。1 为按单列显示，列表项较多时出现水平滚动条。>1 为按多列显示，先填第一列，再填第二列，等等，出现水平滚动条。

如图 3.14 所示窗口中 List 为省份名，ItemData 可以为区号，Columns 分别设置为 0，1 和 2 时的界面显示。

（4）ListCount：用于返回在列表框中的列表项数，只能在运行时使用。

（5）ListIndex：当前选中的列表项的索引，只能在运行时使用。-1 为当前没有选择项目，n 为当前选择项目的索引，从 0 开始。

（6）Sorted：设置列表框中的各列表项在运行时是否自动排序。True 为自动排序，False（默认）为不排序，按列表项的原始先后顺序显示。

（7）Text：用于得到当前列表项的内容。

（8）MultiSelect：用于设置是否允许同时选择多个列表项。0 为不允许（默认）；1 为允许，通过鼠标单击或按下空格键在列表中选中或取消选中项；2 为允许，按 Shift 键并且单击鼠标或按 Shift +箭头键将扩展选择到当前选中项。按 Ctrl 键并单击鼠标可以单个选中或取消选中项。图 3.15 所示窗口是列表框的 MultiSelect 属性分别设置为 0，1，2 时的显示。

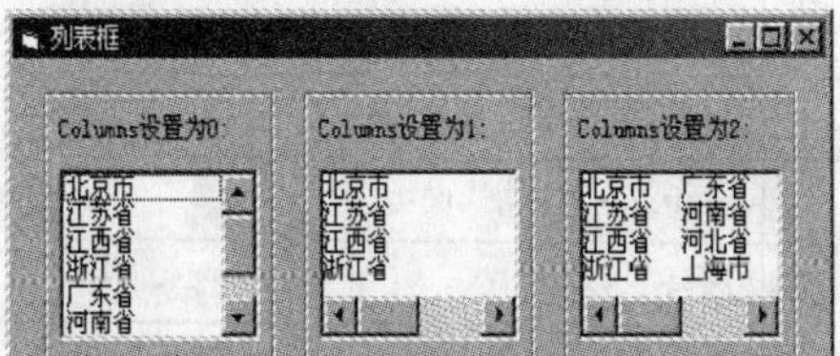

图 3.14 Columns 设置为 0，1，2

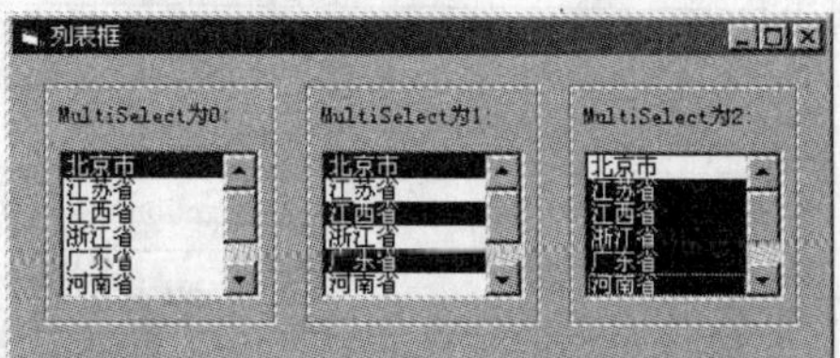

图 3.15 MultiSelect 设置为 0，1，2

3. 事件

列表框的主要事件有 Click（单击）和 DblClick（双击）。

4. 方法

（1）AddItem 方法

AddItem 方法用于在程序代码中添加列表项。

语法

[对象]. AddItem 列表项 [, 索引]

例如，在省份列表框（List1）的第三个位置后插入“辽宁省”：

```
List1.AddItem "辽宁省",3
```

省略索引时，在列表框的最后插入新列表项；有索引时，则在索引指定的位置插入。

（2）Clear 和 RemoveItem 方法

Clear 方法用于删除所有列表项，RemoveItem 方法用于删除特定列表项。

语法

[对象]. Clear

[对象]. RemoveItem 索引

【例 Ex_ProvinceList】使用列表框创建省份输入界面。

界面由 4 个文本框，4 个按钮，1 个列表框和 4 个标签组成。运行界面如图 3.16 所示。窗体的控件功能如表 3.9 所示，各控件的属性设置如表 3.10 所示。

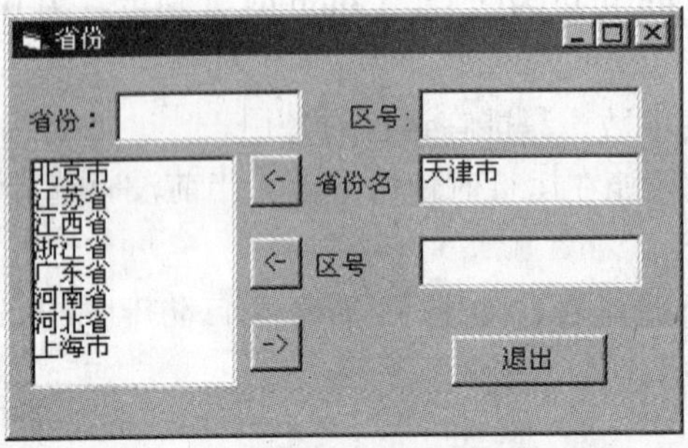

图 3.16 列表框界面

表 3.9 控件功能

对 象	控 件 名	功 能
TextBox	txtInputP	输入省份
	txtInputC	输入区号
	txtCode	显示区号
	txtProvince	显示省份
CommandButton	cmdAddc	添加区号到列表框中
	cmdAddp	添加省份到列表框中
	CmdDel	从列表框中删除省份
ListBox	LstProvince	省份列表框

表 3.10 控件属性

控 件 名	属 性 名	属 性 值
Form1	Caption	省份
Label1	Caption	省份:
Label2	Caption	区号:
Label3	Caption	省份名
Label4	Caption	区号
txtInputP	Text	空
txtCode	Text	空

续表

控件名	属性名	属性值
txtInputC	Text	空
txtProvince	Text	空
cmdAddp	Caption	<-
cmdAddc	Caption	<-
cmdDel	Caption	->
lstProvince	Columns	2
	List	省份名，如图 3.16 所示
	ItemData	区号

程序代码如下：

单击第一个“<-”按钮，用 AddItem 方法将省份名添加到最后一个列表项的后面，索引为 ListCount。

```
Private Sub cmdAddp_Click()
' 添加省份名
    lstProvince.AddItem txtInputP.Text, lstProvince.ListCount
    txtInputP.Text = ""
End Sub
```

单击第二个“<-”按钮，给最后一个列表项添加区号，通过设置 ItemData 的值添加区号。由于索引是从 0 开始的，因此最后一项索引为 lstProvince.ListCount – 1：

```
Private Sub cmdAddc_Click()
' 添加区号
    lstProvince.ItemData(lstProvince.ListCount - 1) = Val(txtInputC.Text)
    txtInputC.Text = ""
End Sub
```

单击“->”按钮，用 RemoveItem 删除列表项：

```
Private Sub cmdDel_Click()
' 删除选项
    lstProvince.RemoveItem lstProvince.ListIndex
End Sub

Private Sub lstProvince_Click()
' 显示选项
    txtProvince.Text = lstProvince.Text
    txtCode.Text = "0" & lstProvince.ItemData(lstProvince.ListIndex)
End Sub

Private Sub cmdEnd_Click()
    End
End Sub
```

3.3.7 组合框

1. 功能

组合框是文本框和列表框的组合。用户可从文本框输入文本，也可从列表框中选择列表项。

2. 属性

在组合框的常用属性中，Text， List，ItemData，Sorted 与列表框（ListBox）相同。

Style：用于确定组合框的类型和显示方式。其值及意义如下：

（1）0（默认）为下拉组合框，由 1 个文本框和 1 个下拉列表框组成。用户既可以在文本框中输入，也可单击列表框来选择列表项。当组合框获得焦点时，可按 Alt+↓键来打开列表框。

图 3.17 Style 设置为 0，1，2

（2）1 为简单组合框，由 1 个文本框和 1 个标准列表框组成。列表框下拉项一直显示在屏幕上，列表框可以有垂直滚动条。

（3）2 为下拉列表框，不允许用户输入文本，只能从下拉列表框中选择。

图 3.17 所示是组合框的 Text 属性为部门，Style 属性分别设置为 0，1 和 2 时的运行显示。

3. 事件和方法

组合框的事件和代码与列表框基本相似。

【例 Ex_EmployList】在【例 Ex_EmployForm】的人员管理窗体中添加列表框，用于输入人员籍贯（lstProvince），添加组合框（cmbDepartment）用于输入部门。

运行时界面显示如图 3.18 所示。在窗体中添加的 lstProvince，cmbDepartment 对象的属性设置如表 3.11 所示。

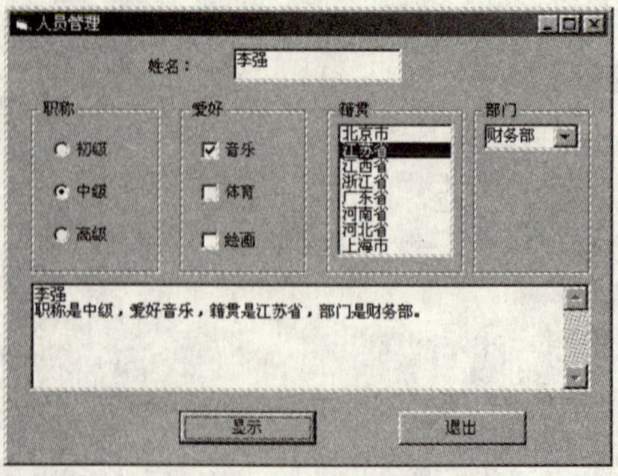

图 3.18 人员管理界面

表 3.11 控件属性

对象	控件名	属性名	属性值
Frame	Frame3	Caption	籍贯
	Frame4	Caption	部门
ListBox	lstProvince	Columns	2
		List	各省份名
		ItemData	省份相应的区号
ComboBox	cmbDepartment	Text	部门
CommandButton	cmdEnd	Caption	退出

程序代码如下：

```
Private Sub Form_Load()
' 添加组合框列表项
```

```
    With cmbDepartment
        .AddItem "财务部"
        .AddItem "人事部"
        .AddItem "行政部"
        .AddItem "销售部"
        .AddItem "生产部"
    End With
End Sub
```

通过程序代码添加组合框的列表项，用 With 语句在程序中不用每次输入控件名。

```
Private Sub cmdDisplay_Click()
    Dim Position As String, Hobby As String
    txtMemo.Text = txtName & Chr(13) & Chr(10)                    ' 显示姓名
    If optA.Value = True Then                                     ' 显示职称
        Position = optA.Caption
    ElseIf optS.Value = True Then
        Position = optS.Caption
    Else
        Position = optJ.Caption
    End If
    txtMemo.Text = txtMemo.Text & "职称是" & Position
    If chkMusic.Value = False And chkSport.Value = False And _
        chkPaint.Value = False Then
        txtMemo.Text = txtMemo.Text & "，无爱好"
    Else
        txtMemo.Text = txtMemo.Text & "，爱好"
        If chkMusic.Value = 1 Then txtMemo.Text = txtMemo.Text & "音乐"
        If chkSport.Value = 1 Then txtMemo.Text = txtMemo.Text & "体育"
        If chkPaint.Value = 1 Then txtMemo.Text = txtMemo.Text & "绘画"
    End If
    txtMemo.Text = txtMemo.Text & "，籍贯是" & lstProvince.Text   ' 选择籍贯
     ' 选择部门
     txtMemo.Text = txtMemo.Text & "，部门是" & cmbDepartment.Text & "。"
End Sub

Private Sub cmdEnd_Click()
    Unload Me
End Sub
```

3.3.8 图像框（Image）和图片框（PictureBox）

1. 功能

图像框和图片框用于显示图形，可以显示.bmp，.ico，.wmf，.jpg，.gif 等类型的文件。图片框（PictureBox）不仅可以显示图像，还可作为其他控件的容器，功能比图像框更强。

2. 图像框（Image）和图片框（PictureBox）的区别

（1）图像框控件使用资源少，重新绘图的速度较快；

（2）图片框控件可以使用 Print 方法和绘图语句绘制图形，可以作为其他控件的容器，可以利用剪贴板添加图形，图像框不能；

（3）图像框控件能够延伸图像的大小，而图片框不能。

3. 属性

（1）Picture 属性

用于设置在图像框和图片框中显示的图像文件名。可以在设计时通过属性或在运行时调用 LoadPicture 函数来设置。例如：

```
Picture1.Picture = LoadPicture ("c:\Office\bitmaps\Styles\Stone.bmp")
```

另外，在界面设计时，可以利用剪贴板把图像粘贴到图片框中。

（2）Align 属性

Align 属性用于设置图片框在窗体中的显示方式。0（默认）为无特殊显示；1 为与窗体一样宽，位于窗体顶端；2 为与窗体一样宽，位于窗体底端；3 与窗体一样高，位于窗体左端；4 为与窗体一样高，位于窗体右端。

（3）图像框的 Stretch 属性

Stretch 属性用于确定图像框如何与图像相适应。True 为图像将适应图像框的大小，False（默认）为图像框将适应图像的大小。

图 3.19（a）所示是 Image 控件的 Stretch 属性不同时的显示，在设计时左右图像框的大小相同，左边的图像框 Stretch 属性为 False，图像框大小随图像发生变化；右边的图像框 Stretch 属性为 True，图像大小随图像框发生变化。

（4）图片框的 AutoSize 属性

AutoSize 属性用于确定图片框如何与图像相适应。False（默认）为保持原始尺寸，当图形比图片框大时，超出的部分被截去；True 为图片框根据图形大小自动调整。

图 3.19（b）所示是 PictureBox 控件的 AutoSize 属性设置不同的显示，左边的图片框 AutoSize 属性为 False，图像超出的部分被截去；右边的图片框 AutoSize 属性为 True，图片框大小随图像发生变化。

（a）图像框 Stretch 属性

（b）图片框 AutoSize 属性

图 3.19　图像框与图片框

3.3.9 滚动条

滚动条控件包括水平滚动条（HscrollBar）和垂直滚动条（VscrollBar）。滚动条一般放置在窗体的边缘，用来提供滚动窗口的功能。

1. 功能

水平滚动条和垂直滚动条用于滚动内容，方向不同，动作相同。

2. 属性

滚动条的常用属性如表 3.12 所示。

表 3.12　滚动条属性

属　性	定　义
Value	滚动框在滚动条中的位置，在 Max 和 Min 之间
Max	位于滚动条的最右侧或最底端的值，在-32768～32767 之间
Min	位于滚动条的最左侧或最顶端的值，在-32768～32767 之间
SmallChange	用鼠标单击滚动框箭头时，滚动框每次移动的大小
LargeChange	用鼠标单击滚动框区域时，滚动框每次移动的大小

3. 事件

- Scroll：拖动滚动框时触发，用于跟踪滚动条的动态变化。
- Change：当滚动条值改变时触发，单击滚动条或滚动箭头，以及释放滚动框时触发。

其实，滚动条也是一种很好的“模糊”输入装置。当用户不需要输入精确的数据时，使用滚动条控件可以给出一个大概的范围，而且还可清楚地看到当前显示内容占总内容的比例。

运用滚动条实现滚动查看图片的功能。当图片比图片框大时，使用滚动条显示未露出的部分是常有的功能，如图 3.20 所示。

图 3.20　滚动显示图片界面

【例 Ex_Scroll】在窗口中放置两个图片框 Pic1 和 Pic2，其中 Pic1 是 Pic2 的容器。Pic2 中显示图片，该图片超出了 Pic1 的范围，使用滚动条实现将 Pic2 的顶点移动以显示未露出的 Pic2 图片部分。控件属性设置如表 3.13 所示。

表 3.13　控件属性

对　象	控 件 名	属 性 名	属 性 值
Form	Form1	Caption	滚动图片
Picture	Pic1	Autosize	False
	Pic2	Autosize	True
		Picture	C:\water lilies.bmp
HScroll	HScroll	LargeChange	50
VScroll	VScroll	LargeChange	50

程序代码如下：

```
Private Sub Form_Load()
    HScroll1.Max = Pic2.Width
    VScroll1.Max = Pic2.Height
End Sub

Private Sub HScroll1_Change()
'滚动时向左移动图片
    Pic2.Left = -HScroll1.Value
End Sub

Private Sub VScroll1_Change()
'滚动时向下移动图片
    Pic2.Top = -VScroll1.Value
End Sub
```

程序分析

- 通过改变图片框 Pic2 的顶点（Left, Top）值，将顶点移出图片框 Pic1，从而显示其余部分。
- Pic2 的 AutoSize 属性为 True，图片框大小随图像发生变化。

3.3.10 定时器

1. 功能

定时器用于间隔一定的时间触发事件，运行时定时器不可见。

2. 属性

定时器最重要的属性是 Interval，用于设置定时器事件之间的时间间隔，单位为 ms，取值在 0～65767 之间。如果设置为 0，则表示定时器无效。

3. 事件

定时器只支持 Timer 事件，当达到 Interval 属性规定的时间间隔时，触发该事件。

【例 Ex_Timer】运用定时器和图片框设计一个大家经常见到的屏幕保护界面，在屏幕上移动文字“Visual Basic 实用教程”并改变其颜色。

界面由 1 个标签（Label1）和 1 个定时器（Timer1）组成。

单击窗体标签开始移动并改变颜色。各对象的属性设置如表 3.14 所示，设置定时器的时间间隔为 0.5s。

表 3.14 对象属性

对象	控件名	属性名	属性值
Form	Form1	Caption	文字屏幕保护
		BackColor	&H00000000&（黑色）
Label	Label1	Caption	Visual Basic 实用教程
		Font	二号
		BackStyle	0-Transparent

续表

对　象	控 件 名	属 性 名	属 性 值
Timer	Timer1	Enabled	False
		Interval	500

程序运行界面如图 3.21 所示。

图 3.21　文字屏幕保护界面

程序代码如下：

```
Private Sub Form_Click()
'启动定时器
    Timer1.Enabled = True
End Sub

Private Sub Timer1_Timer()
    Dim r As Integer, g As Integer, b As Integer
    Randomize
    r = Rnd * 255
    g = Rnd * 255
    b = Rnd * 255
    Label1.ForeColor = RGB(r, g, b)                          '标签前景色改变
    Label1.Left = (Me.Width - Label1.Width) * Rnd            '改变标签左边位置
    Label1.Top = (Me.Height - Label1.Height) * Rnd           '改变标签上边位置
End Sub
```

程序分析

- 通过改变标签的 Left 和 Top 值改变标签位置，标签的位置是随机的。
- Me 指窗体，Me.Height 指窗体高度。
- RGB 函数是设置颜色的函数，通过改变其红、黄、蓝三色的值来改变颜色，由随机数产生颜色参数。

3.3.11　文件系统控件

文件系统控件包括驱动器列表框（DriveListBox），目录列表框（DirListBox）和文件列表框（FileListBox）。文件系统控件可以单独使用，也可组合使用。图 3.22 所示为文件系统控件组合使用的显示。

1. 功能

（1）驱动器列表框

驱动器列表框用于选择一个驱动器，是一个下拉列表框。默认状态下，其顶端突出显示系统当前驱动器名称。

运行时可单击下拉箭头，从下拉列表框中选择一个驱动器；或当驱动器列表框获取焦点时，可以输入任何有效的驱动器标识符，从中选择一个新驱动器。

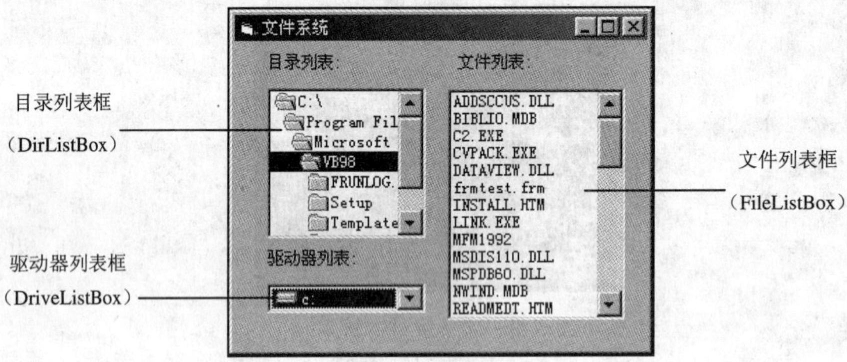

图 3.22　文件系统控件

（2）目录列表框

目录列表框用于显示一个磁盘的目录结构。显示从根目录起的所有子目录，子目录相对上一级被缩进。

（3）文件列表框

文件列表框用于显示当前目录中的所有文件名。

2. 常用属性

（1）DriveListBox 控件的 Drive 属性

Drive 属性用于指定出现在列表框顶端的驱动器。可以通过单击驱动器列表框，也可以在程序代码中通过改变 Drive 属性，选取驱动器。

（2）Path 属性

Path 属性用于 DirListBox 控件和 FileListBox 控件，只能在程序代码中设置。

语法

对象 .Path = 路径

- DirListBox 的 Path 属性用来设置当前目录路径。当双击 DirListBox 的目录项时，该目录项的路径返回 Path 属性。
- FileListBox 的 Path 属性用来设置文件路径。

（3）FileListBox 控件 Pattern 属性

Pattern 属性用来设置在程序运行时 FileListBox 中需要显示的文件种类。默认的 Pattern 属性值为*.*，即显示所有类型的文件，VB 支持通配符“*”和“？”，如*.frm，???.bas。

例如，要将文件类型设置为.exe 文件：

```
File1.Pattern = "*.exe"
```

（4）FileListBox 控件的 FileName 属性

FileName 属性返回 FileListBox 控件中所选择文件的文件名。

3. 事件

文件系统控件的事件如表 3.15 所示。

表 3.15　文件系统控件的事件

控件名	事件	触发时刻
DriveListBox	Change	选择新驱动器或修改 Drive 属性
DirListBox	Change	双击选择新目录或修改 Path 属性
FileListBox	PathChange	设置文件名或修改 Path 属性
	PatternChange	设置文件名或修改 Pattern 属性，改变文件的模式

通常，DriveListBox, DirListBox 和 FileListBox 控件在一起使用。在改变驱动器列表框中的驱动器时，目录列表框中显示的目录也应同步变化，可以通过 DriveListBox 控件的 Change 事件的以下语句实现同步：

```
Private Sub Drive1_Change()
    Dir1.Path = Drive1.Drive
End Sub
```

同样，目录列表框中目录的改变，也会使文件列表框同步改变，可以通过在 DirListBox 控件的 Change 事件实现，语句如下：

```
Private Sub Dir1_Change()
    File1.Path = Dir1.Path
End Sub
```

4. 常用语句

（1）ChDrive 语句设置当前驱动器

语法

ChDrive 驱动器

（2）ChDir 语句设置当前工作目录

语法

ChDir 路径

【例 Ex_File】用以上 3 个文件系统控件组成文件管理系统，且在图片框中显示所选择的图形文件。

在图 3.22 所示的界面中添加一个框架（Frame1）和一个图片框（Picture1），Picture1 的 AutoSize 属性为 True。文件列表框为 File1，目录列表框为 Dir1，驱动器列表框为 Drive1。运行结果界面如图 3.23 所示。

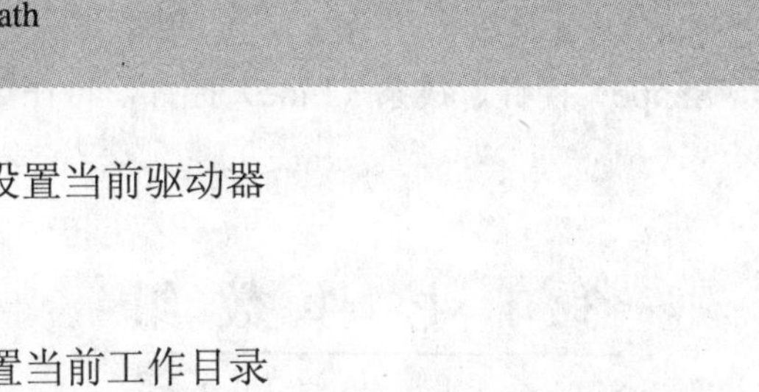

图 3.23　文件系统运行界面

单击驱动器列表框（Drive1），可以相应地改变目录列表框中的目录；单击目录列表框（Dir1），可以相应地改变文件列表框（File1）中的文件名。文件列表框只显示“*.bmp; *.wmf; *.ico”文件名，单击文件名即可在图片框中显示所选文件的图形。

程序代码如下：

```
Private Sub Dir1_Change()
    File1.Path = Dir1.Path
    File1.Pattern = "*.bmp;*.wmf;*.ico"                ' 设置显示的文件类型
End Sub

Private Sub Drive1_Change()
    Dir1.Path = Drive1.Drive
End Sub

Private Sub File1_Click()
    Frame1.Caption = File1.FileName                    ' 显示文件名
    ' 装载图片框的图形文件
    Picture1.Picture = LoadPicture(File1.Path & "\" & File1.FileName)
End Sub
```

程序分析

在程序中设置文件列表框 File1 的 Pattern 属性为图片框可显示的图形文件类型“*.bmp”，“*.wmf”和“*.ico”。文件类型用分号（;）间隔。

常用控件还有图形（Shape）控件、线条（Line）控件，将在第 6 章中介绍，数据控件（Data）在第 5 章介绍。

3.4 控件数组

控件数组是一组具有相同名称、类型和事件过程的控件。一个控件数组至少应有一个元素，元素的个数最多可达 32 767 个。同一控件数组中的元素可以设置不同的属性值。

使用控件数组的优点如下。

（1）使用控件数组比直接向窗体添加多个相同类型的控件占用的资源少；

（2）控件数组中的控件元素可以共享代码；

（3）使用控件数组可以在运行时创建新控件。

1. 在设计时创建控件数组

在设计时有如下 3 种方法可以创建控件数组。

（1）将相同名字赋予多个控件。例如，创建含有两个文本框的控件数组，使用相同的名称 Text1。先创建第一个文本框，然后创建第二个，系统自动将第二个文本框名称设置为 Text2。在属性窗口中将 Text2 改为 Text1，出

图 3.24 “控件数组”对话框

现如图 3.24 所示的对话框。

单击“是”按钮，系统自动设置第一个文本框的 Index 属性值为 0，第二个文本框的 Index 属性值为 1。

（2）复制现有的控件并且将其粘贴到窗体上。例如，创建有两个文本框的控件数组，先创建第一个文本框，然后选择“编辑”菜单的“复制”命令，单击窗体后选择“编辑”菜单的“粘贴”命令，则出现如图 3.24 所示的对话框。单击“是”按钮，创建文本框数组的第二个文本框。

（3）将控件的 Index 属性设置为非 Null 数值，如图 3.25 所示，在属性窗口中设置 Index 属性为 1，系统自动创建一个控件数组。

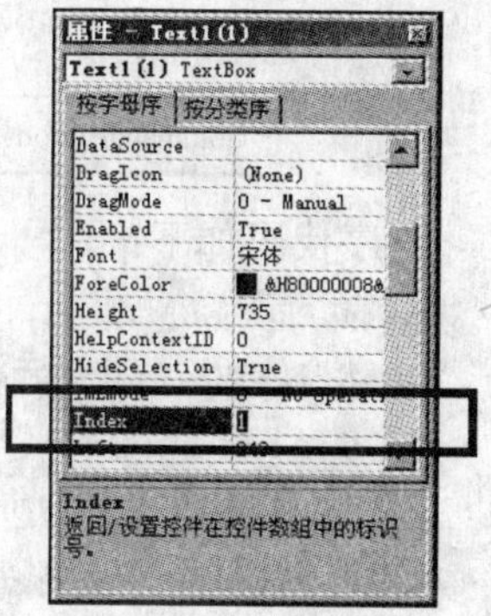

图 3.25　属性窗口

控件数组中的控件名为“对象名”+Index。

2. 在运行时创建新控件

在运行时，创建一个新控件必须是控件数组的元素，不用控件数组就不可能在运行时创建新控件。每个新控件都与已有的控件数组元素的事件过程相同。

由于新控件必须是已有控件的元素，在设计时先要创建一个 Index 属性为 0 的控件数组，然后在运行时可用 Load 和 Unload 语句添加和删除控件数组中的控件，然后将新创建的控件设置为可见。

语法

Load 对象（Index）

UnLoad 对象（Index）

【例 Ex_StuArray】在窗体的文本框中显示学生的姓名和年级。在窗体中已有一个单选按钮，名称为 OptJ，Index 属性为 0，界面布局如图 3.26 所示。在运行时，再添加 2 个新的单选按钮，运行后的界面如图 3.27 所示，控件属性设置如表 3.16 所示。

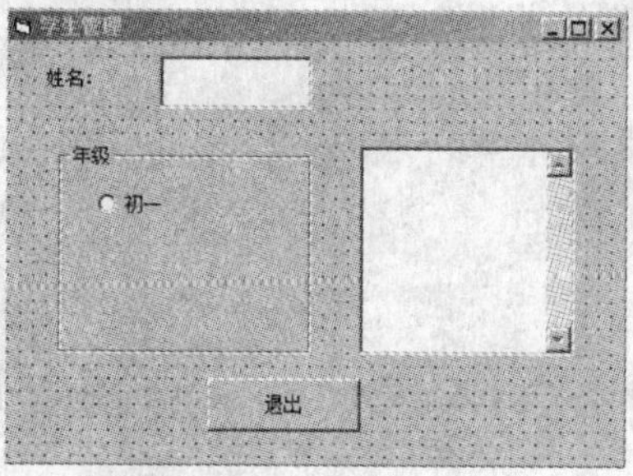

图 3.26　设计界面

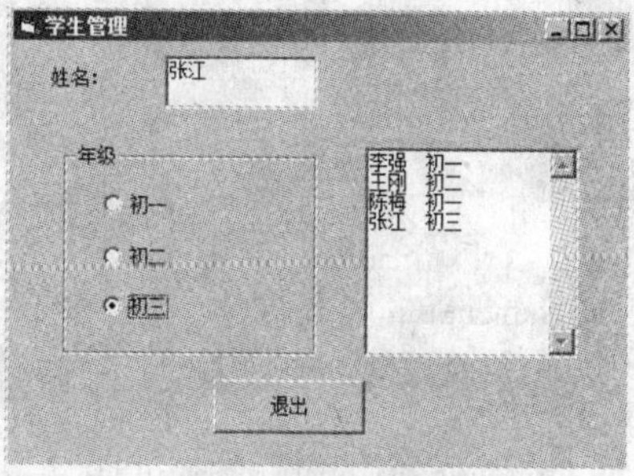

图 3.27　运行界面

表 3.16　控件属性

对　象	控 件 名	属 性 名	属 性 值
Form	Form1	Caption	学生管理
OptionButton	OptJ	Caption	初一
		Index	0
TextBox	txtMemo	MultiLine	True

续表

对　象	控 件 名	属 性 名	属 性 值
		ScrollBars	2
		Text	""
	txtName	Text	""
CommandButton	CmdEnd	Caption	退出

程序代码如下：

```
Private Sub Form_Load()
' 创建控件数组，并显示在一列
    Dim i As Integer
    Dim Grade(2) As String
    Grade(1) = "初二": Grade(2) = "初三"
    For i = 1 To 2
        Load OptJ(i)                                          '装载新控件
        OptJ(i).Top = OptJ(i - 1).Top + OptJ(i).Height + 100
        OptJ(i).Caption = Grade(i)
        OptJ(i).Visible = True                                '使控件可见
   Next
End Sub

Private Sub OptJ_Click(Index As Integer)
' 单击选项按钮，选取年级并显示
    If OptJ(Index).Value = True Then
        If txtMemo <> "" Then '判断是否是第一行
            txtMemo.Text = txtMemo.Text & vbCrLf & txtName & "    " & OptJ(Index).Caption
        Else
            txtMemo.Text = txtName & "    " & OptJ(Index).Caption
        End If
    End If
End Sub

Private Sub cmdEnd_Click()
'单击退出按钮
    Unload Me
End Sub
```

程序分析

- 在装载窗体时将单选按钮控件数组在窗体上布局，使用 Load 语句装载新控件，然后在代码中将其 Visible 属性设置为 True。
- vbCrLf 表示换行字符串。
- 事件过程名 Private Sub OptJ_Click(Index As Integer) 比非控件数组多了“(Index As Integer)”，以 Index 值来确定所单击的是哪个控件元素。

3.5 菜单设计

大多数应用程序都含有菜单，并通过菜单为用户提供命令。如果应用程序要为用户提供一组命令，菜单是一种方便的命令分组并且容易访问这些命令的方法。一个大的应用程序如果没有菜单，就会让用户感到无从下手，用户已经习惯使用快捷方便的菜单进行操作。

3.5.1 菜单栏

VB 应用程序界面的菜单栏如图 3.28 所示。

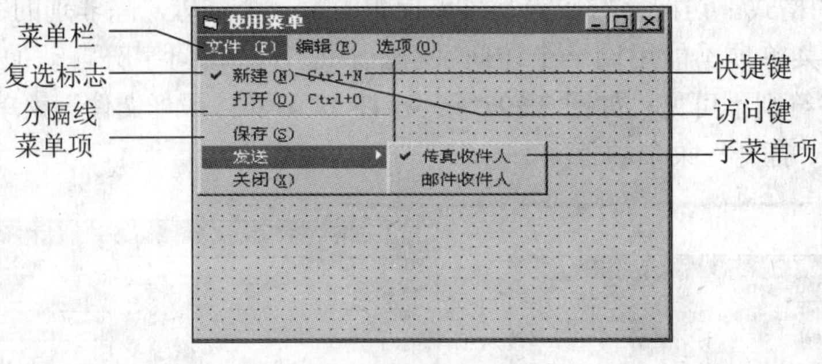

图 3.28 菜单栏

1. 菜单的组成

（1）菜单栏

菜单栏出现在窗体的标题栏下面，包含一个或多个菜单标题。当单击一个菜单标题（如“文件”）时，它包含的菜单项的列表就下拉显示出来。

（2）菜单

菜单是在鼠标单击菜单栏上的菜单标题时，出现的命令列表。

（3）菜单项

菜单的每个列表项称为一个菜单项，每个菜单项至少包括一个命令。菜单项可以包括命令，分隔条和子菜单标题。有的菜单项直接执行动作，如“文件”菜单中的“退出”菜单项；有的菜单项显示一个对话框，在这些菜单项后应加上省略符（...）。

（4）子菜单

子菜单又称“级联菜单”，是从一个菜单项分支出来的菜单。凡是带子菜单的菜单项，其后都有一个箭头。菜单最多可以包含五级子菜单。通常，当菜单栏已满或某菜单很少被用到，以及需要突出与上级菜单的关系时使用子菜单。

2. 弹出式菜单

弹出式菜单又称快捷菜单。弹出式菜单是单击鼠标右键后出现的菜单，是显示在窗体上独立于菜单栏的浮动式菜单。弹出式菜单上显示的菜单项取决于鼠标右键按下时鼠标指针所在的位置。

3.5.2 菜单编辑器

菜单编辑器是 VB 提供的用于设计菜单的编辑器。从“工具”（Tools）菜单上，选取

“菜单编辑器”（Menu Editor）命令即可打开菜单编辑器；也可以在“工具栏”上单击“菜单编辑器”按钮。用菜单编辑器可以创建新的菜单和菜单栏，在已有的菜单上增加新菜单栏或者修改和删除已有的菜单和菜单栏。

通过菜单编辑器建立如图 3.28 所示的菜单，需要在菜单编辑器对话框中设计出如图 3.29 所示的设置。

（1）标题（Caption）

“标题”文本框用于设置在菜单栏上显示的文本。

- 如果菜单想打开的是一个对话框，在标题文本的后面应加“…”。
- 如果通过键盘访问菜单，使某个字符成为该菜单项的访问键，可以用“(&+访问字符)”的格式。访问字符应当是菜单标题的第一个字母，除非别的字符更易记，两个同级菜单项不能用同一个访问字符。在运行时访问字符自动加上一条下画线，“&”字符则不可见。如图 3.29，按 Alt+F 键可以打开“文件”菜单，再按 O 键就选择了“打开”菜单项。

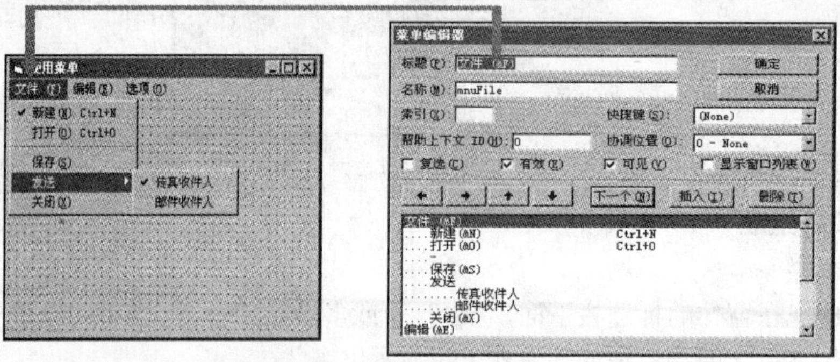

图 3.29　菜单编辑器

（2）名称（Name）

在“名称”文本框中，设置在代码中引用该菜单项的名字。菜单项名称应当唯一，但不同菜单中子菜单项可以重名。

菜单的名称一般以 mnu 作为前缀，后面为顶层菜单的名称，例如“文件”菜单名称为“mnuFile”，下一级子菜单“新建”的名称为“mnuFileNew”。

（3）快捷键（ShortCut）

可在快捷键组合框中输入快捷键，也可选取功能键或键的组合来设置。快捷键将自动出现在菜单上，删除快捷键选取列表顶部的“(none)”。例如，为“新建”菜单创建快捷键 Ctrl+N，在运行时按 Ctrl+N 作为快捷键。

菜单栏上的第一级菜单不能设置快捷键。

（4）其他属性

其他属性可在菜单编辑器中设置，也可在属性窗口中设置，属性窗口如图 3.30 所示。

- 帮助上下文（HelpContextID）：指定一个唯一的数值作为帮助文本的标识符，可以根据该数值在帮助文件中查找适当的帮助主题。
- 协调位置（NegotiatePosition）：与 OLE 功能有关，一般取 0。
- 复选（Checked）属性：如果选中（√），在初次打开菜单项时，该菜单项的左边显示“√”。菜单栏上的第一级菜单不能使用该属性。

- 有效（Enabled）属性：如果选中（√），在运行时以清晰的文字出现，表示可用该菜单；未选中则在运行时以灰色的文字出现，表示禁止使用。
- 显示窗口列表（WindowList）属性：当菜单要包括一个打开的所有MDI（多文档界面）子窗口的列表时，选中（√）此项。

（5）移动，插入，删除菜单项

建立下一个子菜单，可选取“下一个”（Next）或者单击“插入”按钮。单击“→”按钮，缩进级前加了四个点（....）；单击“←”按钮则删除一个缩进级。例如，在图3.29中，“新建”为“文件”菜单的下一级子菜单，单击“→”箭头后再设置属性。

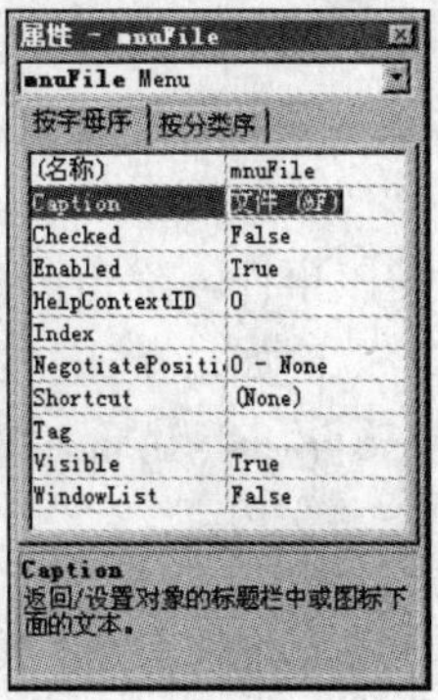

图3.30 菜单控件属性窗口

“↑”或“↓”按钮：在各菜单项间移动。

“插入”（Insert）和“删除”（Delete）按钮：插入和删除菜单项。

（6）分隔条

分隔条为菜单项间的一个水平线。当菜单项很多时，可以使用分隔条将菜单项划分成一些逻辑组。

若想增加一个分隔条，选取“插入”，在“标题”文本框中输入一个连字符“-”。虽然分隔条是当做菜单控件来创建的，但不能被选取。

在图3.29中，菜单编辑器的下部列出了所有的菜单项。单击菜单编辑器的“确定”按钮，创建的菜单标题将显示在窗体上。图3.30各菜单项属性设置如表3.17所示。

表3.17 菜单项标题、属性、访问键

菜 单 级	标 题	名 字	快 捷 键
菜单	文件（&F）	mnuFile	
子菜单	新建（&N）	mnuFileNew	Ctrl+N
	打开（&O）	mnuFileOpen	Ctrl+O
分隔条	-	mnuFileMNU	
	保存（&S）	mnuFileSave	Ctrl+S
	发送（&D）	mnuFileOutput	
下一级子菜单	传真收件人	mnuFileOutFax	
	邮件收件人	mnuFileOutMail	
子菜单	关闭（&X）	mnuFileExit	
菜单	编辑（&E）	mnuEdit	
子菜单	复制（&C）	mnuEditCopy	Ctrl+C
	剪切（&T）	mnuEditCut	Ctrl+X
分隔条	-	mnuEditMNU	
	查找（&F）…	mnuEditFind	Ctrl+F
菜单	选项（&O）	mnuOption	
子菜单	工具栏（&T）	mnuOptionTool	
	字体	mnuOptionFont	

3.5.3 菜单的 Click 事件

菜单设计好后，还要为每个菜单项编写事件代码。

菜单控件只包含一个事件，即 Click 事件。当用鼠标单击或键盘选中后按回车键，触发该事件，除分隔条以外的所有菜单控件都能识别 Click 事件。

例如，单击“文件”菜单的“关闭”命令关闭窗口：

```
Private Sub mnuFileExit_Click()
' 关闭窗口
    Unload Me
End Sub

Private Sub mnuFileOpen_Click()
' 打开文件
    MsgBox "打开文件", vbOKOnly, "打开"
End Sub

Private Sub mnuFileNew_Click()
' 新建文件
    MsgBox "新建文件", vbOKOnly, "新建"
End Sub
```

对于菜单栏，单击时将自动显示下拉菜单，因此没有必要为一个菜单栏中的菜单的 Click 事件过程编写代码。

3.5.4 运行时改变菜单属性

1. 使菜单命令有效或无效

所有的菜单项都具有 Enabled 属性。Enabled 属性默认值为 True（有效）。当 Enabled 属性设为 False 时，菜单项变暗，菜单命令无效，不响应动作，快捷键也无效。上级菜单无效会使整个下拉菜单无效。

例如，使图 3.30 中“编辑”菜单的“剪切”菜单项无效：

```
mnuEditCut.Enabled = False
```

2. 显示菜单控件的复选标志

使用菜单项的 Checked 属性，可以设置复选标志。如果 Checked 属性为 True，表示含有复选标志。

例如，单击“文件”菜单的“新建”命令将复选标志显示或删除：

```
Private Sub mnuFileOpen_Click ( )
' 将菜单项的标志打开或关闭
     mnuFileOpen.Checked = Not mnuFileOpen.Checked
End Sub
```

3. 使菜单控件不可见

在运行时，要使一个菜单项可见或不可见，可从代码中设置其 Visible 属性。当下拉菜单中的一个菜单项不可见时，则其余菜单项上移，填补空出的空间。如果菜单栏上的菜单不可见，则菜单栏上其余的控件左移，填补该空间。

使菜单控件不可见也同时产生使之无效的作用。通过菜单、访问键或者快捷键都无法访问该控件。

4. 运行时添加菜单项

运行时可以添加菜单项。例如，VB 的“文件”菜单就是根据打开的工程名添加菜单，显示最近打开的工程名，如图 3.31 所示。

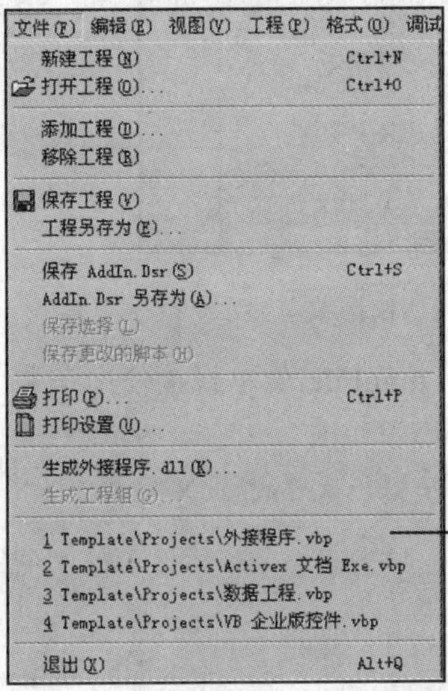

图 3.31　创建菜单项

与前面介绍的控件数组一样，添加菜单项必须使用控件数组。为了在运行时添加菜单项，设计时必须设置该菜单项的 Index 属性为 0，使它自动成为控件数组的一个元素，同时也创建一个在运行时不可见的分隔条。

若要添加或删除一个控件数组中的菜单控件，可以使用 Load 或 Unload 语句。

3.5.5 弹出式菜单

弹出式菜单是单击鼠标右键时弹出的菜单。任何至少有一个菜单项的菜单，都可以作为弹出式菜单。

如果弹出式菜单不在菜单条中，则创建弹出式菜单。

① 使用“菜单编辑器”创建菜单。

② 使顶级菜单项目为不可见，“Visible”属性设置为 False。

③ 编写与弹出式菜单相关联的 MouseUp（释放鼠标）事件代码，需要使用对象的 PopupMenu 方法。

语法

[对象 .]PopupMenu 菜单名[, 位置常数 [, 横坐标 [, 纵坐标]]]

其中位置常数有以下 3 种。

vbPopupMenuLeftAlign：用横坐标位置定义该弹出式菜单的左边界（默认）。

vbPopupMenuCenterAlign：弹出式菜单以横坐标位置为中心。

vbPopupMenuRightAlign：用横坐标位置定义该弹出式菜单的右边界。

如果希望用户用鼠标右键单击【例 Ex_File】中的文件列表框 File1 时，出现弹出式菜单，如图 3.32 所示。

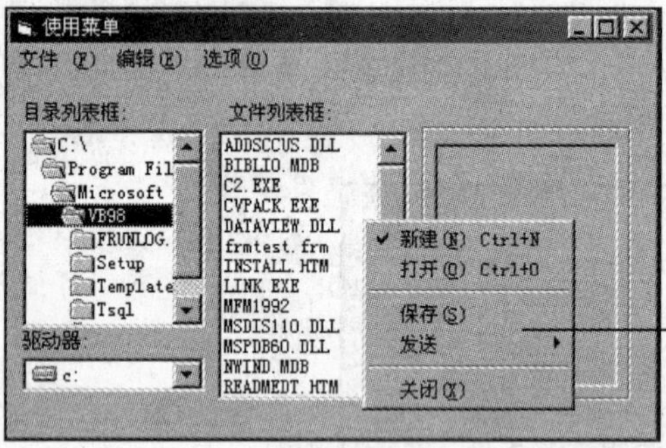

图 3.32 快捷菜单显示

在 MouseUp 事件显示 mnuFile 菜单，mnuFile 菜单直接使用在菜单编辑器中创建的“文件”菜单中，添加程序代码如下：

```
Private Sub File1_MouseUp(Button As Integer, Shift As Integer, X As Single, Y As Single)
    If Button = 2 Then                                              ' 鼠标右键
        PopupMenu mnuFile
    End If
End Sub
```

在图 3.32 中，弹出式菜单 mnuFile 的第一级“文件”菜单项不显示。

直到菜单被选取一项或者取消这个菜单时，调用 PopupMenu 方法后面的代码才会运行。

3.6 工　具　栏

工具栏是 Windows 应用程序界面常见的组成部分。工具栏包含一组图像按钮，是用户访问应用程序最常用的功能和命令的图像集合。

为窗体添加工具栏，使用工具条（Toolbar）控件和图像列表（ImageList）控件。VB 专业版和企业版中都有 Toolbar 控件和 ImageList 控件。Toolbar 控件和 ImageList 控件是 ActiveX 控件，而不是 VB 的内部控件，因此在使用时必须将文件 MSCOMCTL.OCX 添加到工程中。

① 添加 MSCOMCTL.OCX 文件，用鼠标右键单击控件箱，选择快捷菜单中的“部件”命令，在如图 3.33 所示的“控件”选项卡中选择“Microsoft Windows Common Controls 6.0”，然后单击“确定”按钮，则在控件箱中出现 ImageList 控件和 Toolbar 控件。

② 创建 ImageList 控件作为使用图形的集合。

③ 创建 Toolbar 控件，且将 Toolbar 控件与 ImageList 控件相关联，创建 Button 对象。

④ 在 ButtonClick 事件中添加代码。

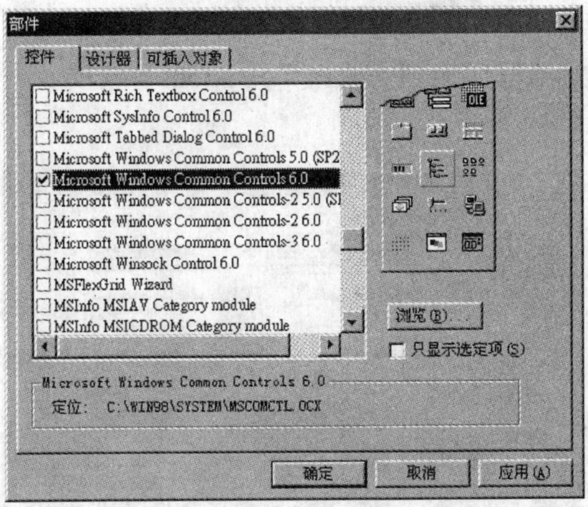

图 3.33 “部件”对话框

1. 创建 ImageList 控件

ImageList 控件的作用就像图像的储藏室。ImageList 控件不能独立使用，它需要 Toolbar 控件（或 ListView, TabStrip, Header, ImageCombo 和 TreeView 控件）显示所存储的图像。

ImageList 控件的 ListImage 属性是对象的集合。每个对象可以存放图像文件，图像文件类型有.bmp，.cur，.ico，.jpg 和.gif，且可通过索引或关键字引用每个对象。

在设计时，可在 ImageList 属性页中添加图像，按照顺序将需要的图像插入 ImageList 中。例如，在窗体上创建 ImageList1 后，用鼠标右键单击 ImageList1 控件，出现弹出式菜单，选择“属性”（Images）命令，则出现属性页，选择“图像”选项卡，在“图像”选项卡中插入图片，如图 3.34 所示。

一旦 ImageList 关联到其他控件，就不能再删除或插入图像了。

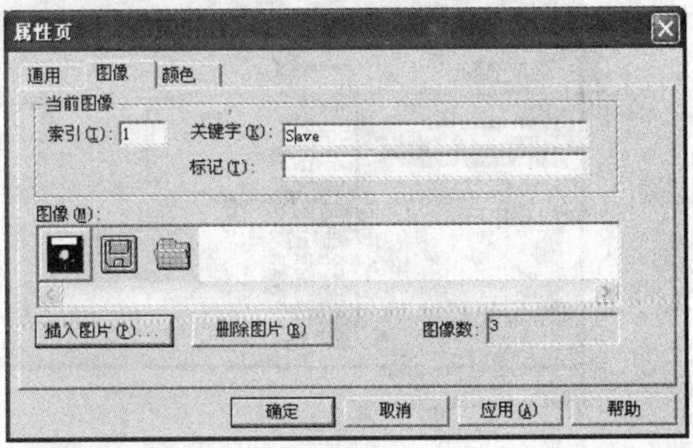

图 3.34 ImageList 控件属性页

2. 将 ToolBar 控件与 ImageList 控件相关联

ToolBar 控件包含一个按钮（Button）对象集合，可以通过添加按钮（Button）对象创建工具栏。ToolBar 与 ImageList 控件关联的步骤如下。

① 创建一个 ToolBar 控件 ToolBar1。

② 用鼠标右键单击 ToolBar 控件，出现弹出式菜单，选择“属性”命令，则出现“属性页”对话框。

③ 在“属性页”对话框的“通用”（General）选项卡的“图像列表”中，单击下拉箭

头，选择“ImageList 1”。

④ 将“属性页”对话框切换到“按钮”（Buttons）选项卡，创建按钮（Button）对象，如图 3.35 所示。

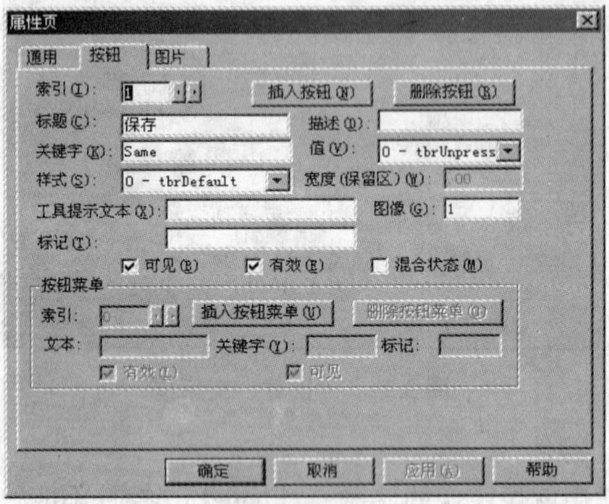

图 3.35　工具条“属性页”对话框

单击“插入按钮”按钮，添加新的 Button；设置标题（Caption），关键字（Key）等属性；设置图像（Image）属性为 ImageList 控件中图像的索引。例如，“保存”按钮与 ImageList1 中的第一个图像对应，则“图像”属性设置为 1。

⑤ 重复创建其他按钮。创建的工具栏如图 3.36 所示。

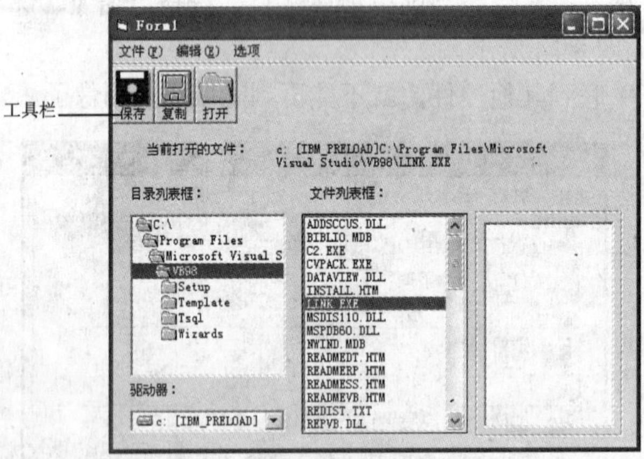

图 3.36　工具栏

3. 编写 ButtonClick 事件代码

ButtonClick 事件是单击某个按钮时触发的。例如，单击工具栏 ToolBox1，通过按钮对象的索引（Index）属性，标识被单击的是哪个按钮。程序代码如下：

```
Private Sub ToolBar1_ButtonClick(ByVal Button As MSComctlLib.Button)
    Select Case Button.Index
        Case 1
            ' 保存文件
        Case 2
```

```
            ' 复制操作
        Case 3
            ' 剪切操作
    End Select
End Sub
```

3.7 状 态 栏

状态栏（StatusBar）通常位于窗口的底部，主要用于显示应用程序的各种状态的信息。StatusBar 控件是 ActiveX 控件，包含在 MSCOMCTL.OCX 文件中，添加的方法与 ImageList 相同，添加后在控件箱中出现 StatusBar 控件。

StatusBar 控件由面板（Panel）组成，每个面板（Panel）包含文本和图片。StatusBar 最多分成 16 个 Panel 对象。

在窗体上创建 StatusBar1，用鼠标右键单击 StatusBar1 控件，选择快捷菜单中的“属性”命令，出现属性页，选择“窗格”（Panels）选项卡，如图 3.37 所示。

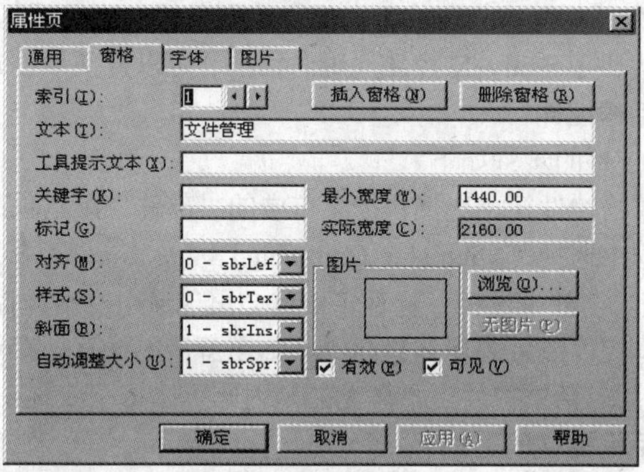

图 3.37　状态栏属性页

在属性页的“窗格”选项卡中单击“插入窗格”按钮，设置各窗格的文本，宽度（Width），且可设置样式（Style）属性的 7 个值，自动显示公共数据，诸如日期、时间和键盘状态等。还有对齐（Alignment）和斜面（Bevel）等属性，也可在程序代码中设置窗格的属性。

例如，设置窗格索引为 1 的文本为“文件管理”，窗格索引为 3 的样式（Style）属性显示时间（sbrTime）为 5，窗格索引为 2 的在运行时由代码设置。

在运行时设置窗格索引为 2 的显示“运行”，程序代码如下：

```
Private Sub Form_Load()
' 设置状态栏第二个窗格
    StatusBar1.Panels.Item(2) = "运行"
End Sub
```

运行界面显示如图 3.38 所示。

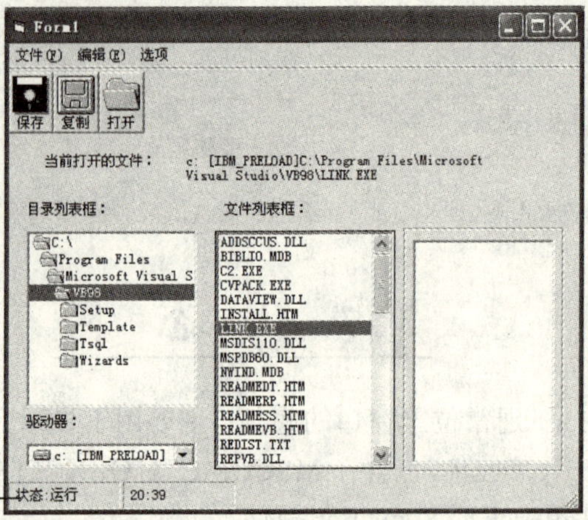

图3.38　状态栏

3.8　CommonDialog 控件和使用 APP.Path

CommonDialog 控件是用来实现打开文件，保存文件，选择颜色，选择字体，打印和帮助等操作的，VB 提供了 ActiveX 控件通用对话框，可以方便地创建各种标准对话框。

1. 创建通用对话框控件

创建通用对话框控件的步骤如下。

① 用鼠标右键单击控件箱，选择快捷菜单中的“部件”菜单项；

② 在部件对话框中选择“Microsoft Common Dialog Control 6.0”，在“C:\Windows\System\Comdlg32.ocx”文件中选择。控件箱中就会出现通用对话框控件的图标。

③ 将通用对话框控件放置到窗体界面中，则在窗体中就有了 CommonDialog1 控件。

在程序运行时通用对话框控件是不可见的，因此可以将它放置在窗体的任何位置。

2. 设置通用对话框控件的属性

通用对话框控件可以产生 Windows 常用的 6 个标准对话框，包括文件对话框（打开、另存为对话框）、颜色对话框、字体对话框、打印对话框和帮助对话框。

每种对话框通过设置 CommonDialog 控件的 Action 属性或 Show 方法来设置不同的对话框，也可以在“属性页”对话框中设置。表 3.18 所示为不同的 Action 属性和 Show 方法。

表 3.18　Action 属性和 Show 方法

控件类型	Action 属性	Show 方法
打开对话框	1	ShowOpen
另存为对话框	2	ShowSave
颜色对话框	3	ShowColor
字体对话框	4	ShowFont
打印对话框	5	ShowPrinter
帮助对话框	6	ShowHelp

3. 文件对话框

文件对话框有两种：打开对话框和另存为对话框。

打开对话框可以用来指定文件所在的驱动器、文件夹及文件名、文件扩展名。对应表 3.18 可以知道显示打开对话框的语法格式如下：

语法

通用对话框控件名.Action=1

或：

通用对话框控件名.ShowOpen

打开对话框还可以设置对话框的属性，包括 DialogTitle（对话框标题）、FileName（文件名称）、Filter（过滤器）和 InitDir（初始化路径）等。

例如，使用通用对话框打开图形文件*.jpg、*.bmp 和*.gif 文件：

```
CommonDialog1.Action=1
CommonDialog1.Filter = "BMP 文件(*.bmp)|*.bmp|GIF 文件(*.gif)|*.gif|JPG 文件(*.jpg)|*.jpg"
```

“打开”对话框如图 3.39 所示，对话框中只显示可以打开的文件类型为*.jpg、*.bmp 和*.gif 文件，在对话框中选择需要打开的文件名可以得到 CommonDialog1.FileName 属性，并不是真正打开该文件。

图 3.39 “打开”对话框

通过修改通用对话框的 Action 和 ShowOpen 属性来选择打开不同的对话框，必须先关闭通用对话框中控件的对话框后才能继续运行后面的语句，是一种模式对话框。

4. 使用 App.Path

在文件操作中我们介绍了文件控件 DriveListBox、DirListBox 和 FileListBox，以及前面的 CommonDialog 控件，下面介绍较方便的访问当前路径下文件的方法 App.Path，App.Path 可以方便地获得和设置相对路径。

【例 Ex_AppPath】使用 APP.Path 设置窗体的背景图片文件，单击按钮时修改背景。运行界面如图 3.40 所示。

首先将图片文件“Water lilies.bmp”保存在与工程相同的文件夹里。

程序代码如下：

```
Private Sub Command1_Click()
'显示图片
    Form1.Picture = LoadPicture(App.Path & "\" & "Water lilies.bmp")
End Sub
```

图 3.40 运行界面

程序分析

由于 App.Path 获得的是相对路径，因此只要保证该图片文件和工程文件在一起，文件移到其他任何位置仍然可以打开。

3.9 多文档界面

3.9.1 界面样式

用户界面样式主要有单文档界面（SDI）、多文档界面（MDI）和资源管理器界面。

1. 单文档界面

单文档界面（Single Document Interface，SDI）指在应用程序中每次只能打开一个文档；想要打开另一个文档时，必须先关上已经打开的文档；不能将一个窗体包含在另一个窗体中，所有的界面都可以在屏幕上自由地移动。

本书中介绍的大都是 SDI 界面。

2. 多文档界面

多文档界面（Multiple Document Interface，MDI）在应用程序中可以同时操作多个文档。每个文档都有自己的窗口、文档或子窗口被包含在 MDI 窗口中，多文档界面用于同时浏览或多个文档，使数据交换更加方便。Microsoft Word 和 Microsoft Excel 应用程序就是 MDI 界面。

3. 资源管理器界面

资源管理器界面越来越流行。资源管理器界面是指包括 2 个窗格或者区域的 1 个单独的窗口。通常左半部分是一个树型的或者层次型的视图，右半部分是一个显示区。这种样式的界面用于定位或浏览大量的文档、图片或文件。例如，Windows 资源管理器就是这样的一种界面，如图 3.41 所示。

图 3.41　Windows 资源管理器

3.9.2　多文档界面

多文档界面的主窗体（MDI 窗体）作为其他窗口的容器，称为父窗口。父窗口为应用程序中的所有子窗口提供工作空间。当最小化父窗口时，所有的文档窗口也被最小化，只有父窗口的图标显示在任务栏中。子窗口是独立于父窗口存在的，可以随意打开或关闭子窗口。

1. 创建 MDI 应用程序的步骤

① 从“工程”（Project）菜单中选取“添加 MDI 窗体”（Add MDI Form），窗体的默认名为“MDIForm1”。一个应用程序只能有一个 MDI 窗体。

② 从“工程”菜单中选取“添加窗体”，创建一个新窗体 Form1（或者打开一个存在的窗体），把它的 MDIChild 属性设为 True。

③ 从“工程”菜单中选取“工程属性”，在“工程属性”对话框中将启动对象设置为 Form1。

例如，创建一个人员管理系统，添加一个 MDI 窗体 MDIForm1，启动对象为例【Ex_EmployForm】的人员信息录入窗体，运行后的显示如图 3.42 所示。

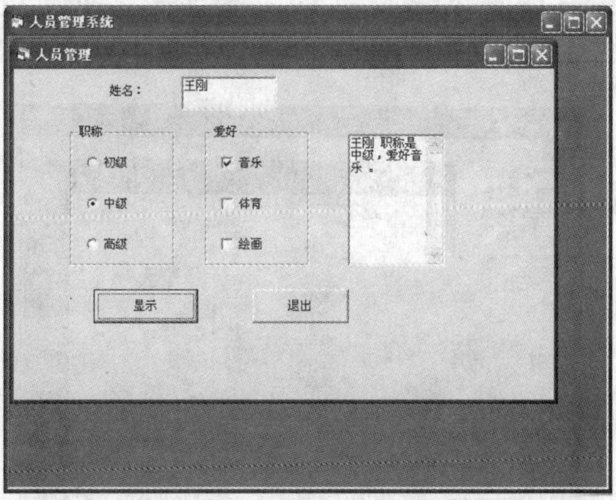

图 3.42　MDI 窗体运行界面

2. 父菜单和子菜单

MDI 窗体有自己的菜单。MDI 窗体通常只有打开子窗体才有意义，因此 MDI 窗体的菜单至少有两个命令：装入子窗体和退出程序。

各个子窗体也有自己的菜单。当子窗体设计菜单后，运行时打开子窗体菜单会出现在MDI窗体的菜单栏上，子窗体不能显示自己的菜单。如果关闭子窗体，则MDI窗体的菜单就代替子窗体的菜单。

由于MDI窗体和各个子窗体都有菜单，为了防止混淆，在设计MDI窗体的菜单时应该注意，习惯的做法是尽量将MDI窗体的菜单功能减少，而且这些在MDI窗体中设计的菜单在其他子窗体中应该重复。

【例 Ex_MDIForm】 设计一个MDI窗体MDIForm1，还有Form1，Form2和Form3三个子窗体。在MDI窗体中可以通过菜单打开每个子窗体，在每个子窗体中也可通过菜单打开其他子窗体。

① 从“工程”菜单中选取“添加MDI窗体”，窗体的默认名为“MDIForm1”。

② 添加3个窗体Form1，Form2和Form3，其中Form1为现存的EmployForm窗体，把它们的MDIChild属性设为True。

③ 在“工程属性”对话框中将启动对象设置为MDIForm1。

④ 设计菜单，MDI窗体的父菜单项如表3.19所示。窗体Form1的子菜单项如表3.20所示。

单击“运行”按钮，则出现如图3.43所示的界面。

表 3.19　父菜单项

菜 单 级	标 题	名 字
菜单	打开	menuOpen
子菜单	打开人员管理	menuOpenForm1
	打开人员工资	menuOpenForm2
	打开报表输出	menuOpenForm3
分隔条	-	menuF
子菜单	退出	menuExit

表 3.20　Form1 子菜单项

菜 单 级	标 题	名 字
菜单	打开	childOpen
子菜单	打开人员工资	childOpenForm2
	打开报表输出	childOpenForm3
分隔条	-	childF
子菜单	关闭窗体1	childClose

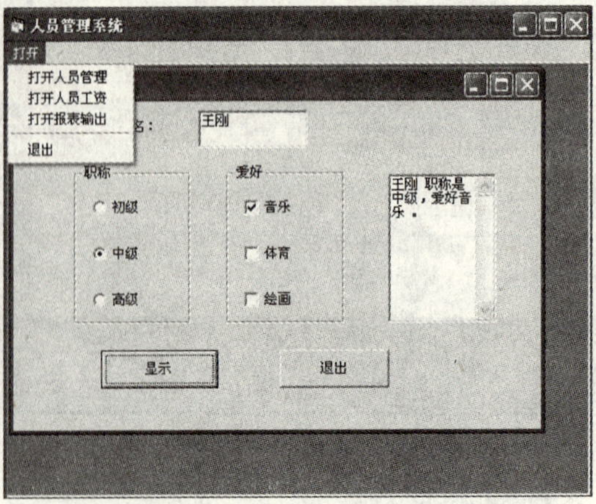

图 3.43　父菜单

⑤ 添加程序代码。

父窗体“MDIForm1”的程序代码如下：

```
Private Sub menuOpenForm1_Click()
    Form1.Show
End Sub

Private Sub menuOpenForm2_Click()
    Form2.Show
End Sub

Private Sub menuOpenForm3_Click()
    Form3.Show
End Sub

Private Sub menuExit_Click()
    End
End Sub
```

子窗体“Form1”的程序代码如下：

```
Private Sub childClose_Click()
    Unload Form1
End Sub

Private Sub childOpenForm2_Click()
    Form2.Show
End Sub

Private Sub childOpenForm3_Click()
    Form3.Show
End Sub
```

其他两个子窗体的程序代码也是关闭本窗体，打开另外两个窗体，在此省略不讲。

3. Window 菜单

所有的 MDI 窗体都应该有“窗口”（Window）菜单，因为 MDI 窗体可以打开多个窗体，“窗口”菜单用于定位子窗口，例如可以将多个窗口进行多种排列。当然，不一定必须用“窗口”名称。

在 Window 菜单中较常用的是窗口层叠式排列、水平方向平铺、垂直方向平铺和在 MDI 窗体最小化子窗体。子窗口的放置由 Arrange 方法控制。Arrange 方法如表 3.21 所示。

表 3.21 Arrange 方法

常 量	数 值	说 明
vbCascade	0	所有子窗体采用层叠式排列
vbTileHorizontal	1	水平方向平铺所有子窗体
vbTileVertical	2	垂直方向平铺所有子窗体
vbArrangeIcons	3	在 MDI 窗体底部放置最小化子窗体的图标

设计 MDI 窗体和其他 3 个子窗体的“窗口”菜单项如表 3.22 所示。每个窗体都需要添加“窗口”菜单。

表 3.22 “窗口”菜单项

菜单级	标题	名字
菜单	窗口	childWindow
子菜单	层叠式排列	childCascade
	水平方向平铺	childHorizontal
	垂直方向平铺	childVertical
	重排最小化子窗体图标	childIcons

添加每个窗体的程序代码：

```
Private Sub childCascade_Click()
' 层叠式排列
    MDIForm1.Arrange vbCascade
End Sub

Private Sub childHorizontal_Click()
' 水平方向平铺
    MDIForm1.Arrange vbTileHorizontal
End Sub

Private Sub childIcons_Click()
' 重排最小化子窗体图标
    MDIForm1.Arrange vbArrangeIcons
End Sub

Private Sub childVertical_Click()
' 垂直方向平铺
    MDIForm1.Arrange vbTileVertical
End Sub
```

4. 子窗体数组

当 MDI 窗体有多个子窗体时，可以像【例 Ex_MDIForm】一样，逐个添加新的子窗体。当子窗体较多时，可像控件数组一样创建窗体数组，只创建第一个窗体 Form1，其他的子窗体使用索引号来访问。

在【例 Ex_MDIForm】中的 3 个子窗体，用窗体数组来创建。

① 从“工程”菜单中选取“添加 MDI 窗体”，窗体的默认名为“MDIForm1”。

② 添加一个新窗体 Form1，把它的 MDIChild 属性设为 True。

③ 在模块中或窗体中声明有 3 个子窗体的窗体数组：

```
Dim childForm(2) As New Form1
```

Form1 为创建的子窗体名，childForm()为窗体数组名。对第二个子窗体访问用 childForm(1)。

第 4 章

VB 程序设计

在开发 VB 应用程序时，通过工程（Project）管理构成应用程序的所有不同的文件，VB 的代码存储在不同的模块文件中。在设计一个规模较大、功能较复杂的程序时，需要按功能将程序分解成若干相对独立的部件，VB 称这些部件为过程。对每个过程分别编写程序，可以简化程序设计任务。本章主要对工程、模块和过程进行介绍。

4.1 文件类型

VB 的应用程序由扩展名为 .vbp，.frm，.frx，.bas 和.cls 等几种类型的文件组成。

1. 工程文件

工程文件（.vbp）包含组成应用程序的所有窗体文件（.frm）、模块文件（.bas）和其他文件，也包含环境设置选项方面的信息。

（1）打开和保存工程

- 打开工程（Open Project）：从“文件”菜单中选择“打开工程”命令，在出现的“打开工程”对话框中打开一个现存的工程文件。
- 保存工程（Save Project）：从“文件”菜单中选择“保存工程”命令，每次保存工程，VB 都要更新工程文件（.vbp）。
- 生成 exe 文件（Make Project1.exe）：当设计和调试好工程的全部文件之后，即可将此工程编译成可执行文件（.exe）。通过从“文件”菜单选取“生成工程名 .exe”命令来实现。

（2）设置工程属性

通过“工程”（Project）菜单上的“工程属性”（Project1 Properties）命令，在“工程属性”对话框中设置工程选项。

- 启动对象（Startup Object）：运行时最先启动的窗体，或者使用 Sub Main。
- 工程类型（Project Type）：设置工程类型，一般为“标准.EXE”。
- 工程名（Project Name）：设置工程名称。
- 帮助文件名（Help File Name）：与工程相关的 Help 文件名。

- 工程帮助上下文 ID（Project Help Context ID）：在“对象浏览器”中当选定“?”按钮时调用的“帮助”主题的上下文标识符。
- 工程描述（Project Description）：工程的外部名，显示于“引用”和“对象浏览器”对话框里。

（3）添加工程（Add Project）

可以同时打开多个工程，在已建的工程环境通过添加新的或现有的工程，构成工程组。当装入多个工程时，工程资源管理器窗口的标题就变成“工程组”。

- 添加新工程：单击工具栏中的“添加工程”按钮或从“文件”菜单中选择“添加工程”命令。
- 添加现有工程：从“文件”菜单选择“添加工程”命令，在“现存”选项卡中选择现有的工程文件，然后选择“打开”按钮。图 4.1 所示为工程资源管理器，其中列出了工程组中的两个工程，每个工程中都包含一个窗体模块和一个标准模块，不同工程中的模块可以同名，各模块和工程都同时有名称和文件名。

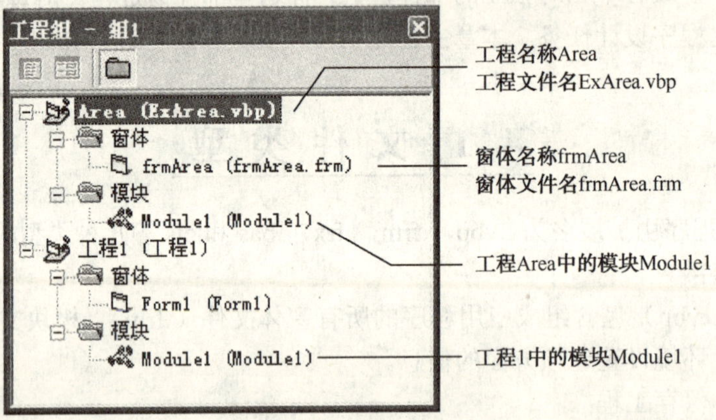

图 4.1　工程资源管理器

（4）删除工程（Remove Project）

在工程资源管理器窗口中选择需要删除的工程名，从“文件”菜单中选择“删除工程”命令，则从工程组中删除该工程。

（5）向工程中添加和删除文件

可向工程中添加窗体、模块、属性页和用户控件等文件，通过选择“工程”菜单的下拉菜单的各种添加命令向工程中添加文件。

要从工程中删除文件，可在“工程资源管理器”中先选中该文件，然后从“工程”菜单中选择“移除”命令，或在“工程资源管理器”单击鼠标右键，在快捷菜单中选择“移除”命令。

2. 窗体文件

窗体文件（.frm）包含窗体、控件的描述和属性设置，也含有窗体级的常数、变量、外部过程的声明，以及事件过程和一般过程。如果程序没有 frm 窗体文件，则表示没有用户界面。

3. 窗体的二进制数据文件

窗体的二进制数据文件（.frx）含有窗体上控件的二进制属性数据。这些文件是在创建窗体时自动产生的，比如图片框和图像框的 Picture 属性或某些自定义属性。

4. 标准模块文件

标准模块文件（.bas）用于存放在几个窗体中都需要用的公共代码，包含常数、类型、变量和过程的声明，以及过程代码。

从“工程”菜单中选择“添加模块”（Add Module）命令，或单击工具栏中图标的下拉箭头，出现如图 4.2 所示的对话框，选择“新建”选项卡来添加。

5. 类模块文件

类模块文件（.cls）用于建立新对象，这些新对象可以包含自定义的属性和方法。类模块既包含代码又包含数据，可被应用程序内的过程调用。类模块可以视为没有物理表示的控件。

另外，VB 的文件还包括 ActiveX 控件的文件（.ocx）及单个资源文件（.res）。使用 VB 的专业版和企业版，还可创建其他类型的可执行文件，如 .ocx 和 .dll 文件。

在【例 Ex_Area】中有窗体 frmArea。文件名的设置如图 4.1 中的 ExArea 工程所示，运行结果如图 4.3 所示。

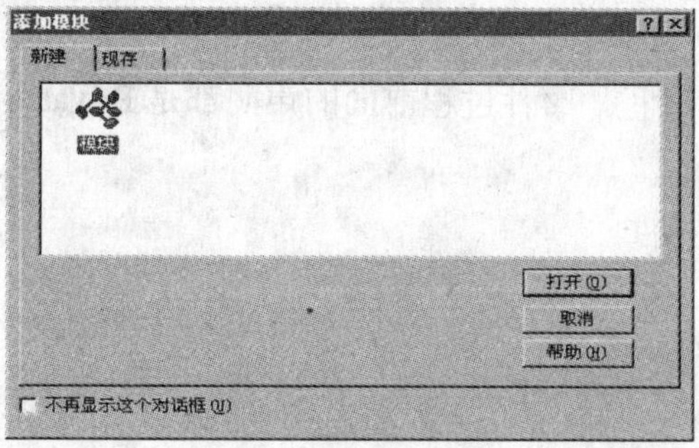

图 4.2 添加模块窗口

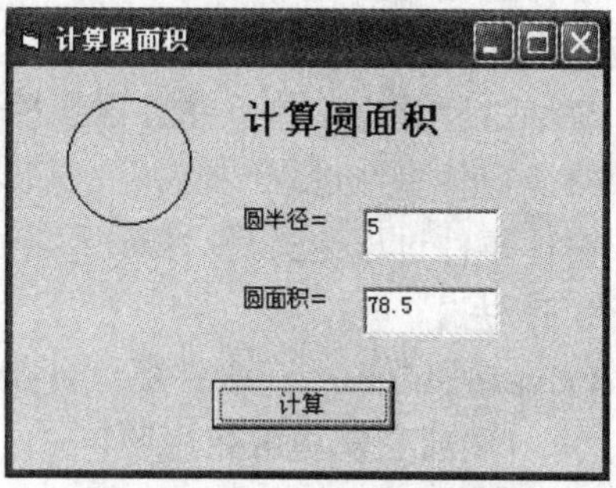

图 4.3 ExArea 运行结果

在保存时会产生两个文件，文件名为 ExArea.vbp 的工程文件和文件名为 frmArea.frm 的窗体文件。工程对象的 Name 属性为 Area，窗体的 Name 属性为 frmArea。

4.2 过程

将较复杂的程序分割成较小的逻辑部件，这些部件称为过程。每个过程为一段程序，一个过程可以被另一个过程调用。因此，用这些过程可以构造成一个完整、复杂的应用程序。而将应用程序分解成单个过程调试就比较容易，极大地简化了程序设计任务。

过程在 VB 中分为子程序过程（Sub Procedure），函数过程（Function Procedure）和属性过程（Property Procedure）。

- Sub 过程不返回值。
- Function 过程返回一个值。
- Property 过程可以返回和设置窗体、标准模块及类模块，也可以设置对象的属性。

所有的可执行代码都必须属于某个过程。过程的定义是平行的，不能在别的 Sub，Function 或 Property 过程中定义其他过程。

4.2.1 Sub 过程

Sub 过程可以放在标准模块和窗体模块中，VB 中有 2 种 Sub 过程：事件过程和通用过程。过程的定义语句如下：

语法

[Private | Public] [Static] Sub 过程名（[参数列表]）

[局部变量和常数声明]

语句块

End Sub

Sub 和 End Sub 之间的语句块是每次调用过程执行的部分。

1. 事件过程

VB 是事件驱动的。所谓事件是能被对象（窗体和控件）识别的动作。例如，对象的事件有单击（Click）、双击（DblClick）、内容改变（Change）和定时事件（Timer）等。为一个事件所编写的程序代码，称为事件过程。当 VB 对象中的某个事件发生时，自动调用相应的事件过程。

事件过程分为窗体事件过程和控件事件过程。事件过程前面的声明都是 Private。

（1）窗体事件过程

窗体事件过程定义是“Form_事件名”。

语法

Private Sub Form_事件名 （[参数列表]）

[局部变量和常数声明]

语句块

End Sub

注意：

不管窗体是什么名字，在事件过程中的只能使用“Form _事件名”，而在程序中对窗体进行引用时才会用到窗体名字。如果正在使用 MDI 窗体，则事件过程定义为“MDIForm _事件名”。

例如，单击窗体的事件是将本窗体隐藏而显示窗体 frmText，代码如下：

```
Private Sub Form_Click()                 ' 单击窗体
    frmText.Show                         ' 显示窗体
    Hide
End Sub
```

（2）控件事件过程

控件的事件过程的定义是“控件名_事件名”。

语法

Private Sub 控件名_事件名 （[参数列表]）

[局部变量和常数声明]
语句块
End Sub

例如，“Private Sub Command1_Click()”就是事件过程。

（3）建立事件过程

在代码编辑器窗口建立事件过程，代码窗口自动显示 VB 的保留字，可以看出哪些是自己的编码。打开代码编辑器窗口有以下三种方法。

① 在设计的窗体上双击窗体或控件，就打开了“代码编辑器”窗口，且会出现该窗体或控件的默认过程代码。例如，双击窗体会出现 Form 的默认过程名代码：

```
Private Sub Form_Load()
End Sub
```

② 单击工程资源管理器中的“查看代码”按钮，再从“对象列表框”中选择一个对象，从“过程列表框”中选择一个过程。

③ 可以自己编写事件过程，在“代码编辑器”窗口中直接编写事件过程。例如，在“代码编辑器”窗口中写入上述“Form_Load”代码。在代码窗口中不要随意改变事件或对象的名称；若想改变对象名称，应该通过属性窗口来改变。

2. 通用过程

当几个不同的事件过程需要执行同样的动作时，为了不重复编写代码，可以采用通用过程来实现，由事件过程调用通用过程。通用过程可以保存在窗体模块（.frm）和标准模块（.bas）两种模块中。

通常，一个通用过程并不与用户界面中的对象联系，通用过程直到被调用时才起作用。因此，事件过程是必要的，但通用过程不是必要的，只是为了程序员方便而单独建立的。

（1）定义

语法

[Private | Public] [Static] Sub 过程名 （[参数列表]）
[局部变量和常数声明]
语句块
[Exit Sub]
语句块
End Sub

- Private 和 Public：用来声明该 Sub 过程是局部的（私有的）还是全局的（公有的），系统默认为 Public。
- Static：表示局部静态变量。“静态”是指在调用结束后仍保留 Sub 过程的变量值。Static 对于在 Sub 外声明的变量不会产生影响，即使过程中也使用了这些变量名。“静态”变量的概念将在 4.6 节详细介绍。
- 过程名：与变量名的命名规则相同。在同一模块中，同一名称不能既用于 Sub 过程又用于 Function 过程。无论有无参数，过程名后面的（）都不可省略。
- 局部变量和常数声明：用来声明在过程中定义的变量和常数，可用 Dim 等语句声明。

- Exit Sub 语句：使执行立即从一个 Sub 过程中退出，程序接着从调用该 Sub 过程语句的下一句继续执行。在 Sub 过程的任何位置都可以有 Exit Sub 语句。
- 语句块：过程执行的操作，称为子程序体或过程体。
- End Sub：用于结束本 Sub 过程。当程序执行 End Sub 语句时，退出该过程，并且立即返回调用处，继续执行调用语句的下一句。

例如，在【例 Ex_Area】的程序代码中添加一个通用过程，在代码编辑器输入的语句如图 4.4 所示。

图 4.4　通用过程

- 参数列表：类似于变量声明，列出从调用过程传递来的参数值，称为形式参数（简称形参），多个形参之间用逗号隔开。

语法

[ByVal | ByRef] 变量名[（ ）] [As 数据类型]

形参列表中各参数的定义如表 4.1 所示。

表 4.1　形式参数表

部　分	描　述
ByVal	表示该参数按值传递
ByRef	表示该参数按地址传递（默认）
变量名[（ ）]	代表参数的变量的名称
数据类型	用于说明传递给该过程的参数的数据类型，默认为 Variant；可以是 Byte, Boolean, Integer, Long, Currency, Single, Double, string, Date 或 Object

注：String 型只支持变长，但在调用时对应的参数可以是定长的。

Sub 过程不能嵌套定义，即不能在别的 Sub, Function 或 Property 过程中定义 Sub 过程。但 Sub 过程可以嵌套调用。

（2）通用过程的建立

创建通用过程的方法有两种。

方法一：

① 打开“代码编辑器”窗口；

② 选择“工具”菜单的“添加过程”命令；

③ 在“添加过程”对话框（见图 4.5）中输入过程名为“Warning”，在“类型”选项中选择过程类型为“子程序”，在“范围”选项中选择“公有的（Public）”还是“私有的（Private）”，单击“确定”按钮。

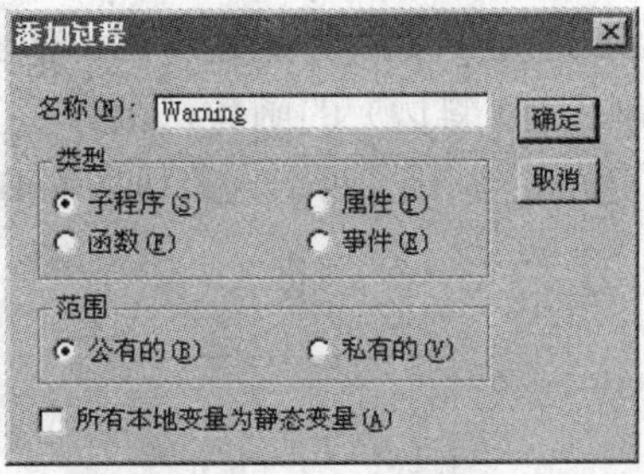

图 4.5 添加过程

于是就在“代码编辑器”窗口中创建一个名为 Warning 的过程代码：

```
Public Sub Warning()
End Sub
```

方法二：

① 打开“代码编辑器”窗口，选择“对象列表框”中的“通用”选项；

② 在文本编辑区的空白行处输入“Public Sub Warning()”；

③ 按回车键，自动出现“End Sub”语句。

4.2.2 Function 过程

在第 2 章已经介绍了 VB 系统提供的诸多内部函数，如 Sin()，Date()，Left()和 CBool()等。现在介绍的是用户利用 Function 过程编写自己的函数过程。

语法

[Private | Public] [Static] Function 函数名 ([参数列表]) [As 数据类型]

[局部变量和常数声明]

语句块

[函数名 = 表达式]

[Exit Function]

语句块

[函数名 = 表达式]

End Function

与 Sub 过程一样，Function 过程也是一个独立的过程；与 Sub 子过程不同的是，Function 过程可以返回一个值到调用的过程。

- As 数据类型：函数返回值的数据类型。与变量一样，如果没有 As 子句，默认的数据类型为 Variant。
- Exit Function 语句：用于提前从 Function 过程中退出，程序接着从调用该 Function 过程语句的下一条语句继续执行。在 Function 过程的任何位置都可以有 Exit Function 语句。但用户退出函数之前，必须保证为函数赋值，否则出错。
- 语句块：描述过程的操作，称为子函数体或函数体。
- 函数名=表达式：在函数体中用该语句给函数赋值。如果在 Function 过程中省略该语句，则该 Function 过程的返回值为数据类型的默认值。例如，数值函数返回值为 0，字符串函数返回值为空字符串。

和 Sub 过程一样，Function 过程不能嵌套定义，但可嵌套调用。

下面是计算直角三角形第三边（斜边）的函数，函数名为 Hypotenuse，函数值的数据类型为 Integer，函数的形参为直角三角形的两个直角边 A 和 B，返回值为斜边的值，Function 过程代码如图 4.6 所示。

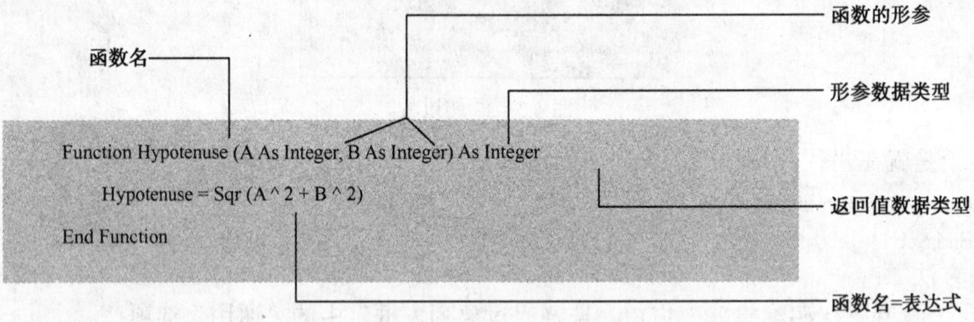

图 4.6　Function 过程

4.3　过程的调用

4.3.1　调用 Sub 事件过程

调用 Sub 事件过程是一个独立的语句。Sub 事件过程可由事件自动调用，或在同一模块中的其他过程中使用调用语句调用。调用 Sub 过程有两种方式：使用 Call 语句，直接用 Sub 过程名。

语法

Call　过程名 [(参数列表)]

或者：

过程名 [参数列表]

- 参数列表：在调用语句中的参数称为实在参数（简称实参）。实参可以是变量、常数、数组和表达式。
- 使用 Call 语句调用时，参数必须在括号内，当被调用过程没有参数时，则（）也可省略。用过程名调用，没有参数时必须省略参数两边的（）。
- 执行调用语句时，VB 将控制传递给被调用的 Sub 过程。

例如，以下都是在程序中调用“Command1_Click”过程：

```
Call   Command1_Click
Command1_Click
```

4.3.2　调用 Sub 通用过程

调用 Sub 通用过程的语法与调用 Sub 事件过程的相同。不同的是，通用过程只有被调用时才起作用，否则不会被执行。

【例 Ex_CheckN】 通过调用通用过程，检查输入的数据是否是数值。

在通用过程 Warning 编写检查输入数据。单击“检查数据”按钮和文本框失去焦点的事件都调用 Warning 通用过程。

程序代码如下：

```
Sub Warning()
' 通用过程
    If IsNumeric(txtInput.Text) = True Then          ' 判断输入的是否为数值
    MsgBox "输入的是数值！", vbOKOnly, "输入"
    Else
    MsgBox "输入的是文字！", vbOKOnly, "输入"
    End If
End Sub

Private Sub cmdCheck_Click()
' 单击 “检查数据” 按钮
     Call Warning                                    ' 调用 Warning 过程
End Sub

Private Sub txtInput_LostFocus()
' 失去焦点的事件中调用 Warning 通用过程
    Call Warning                                     ' 调用 Warning 过程
End Sub
```

4.3.3 调用 Function 过程

调用函数 Function 过程的方法与调用 VB 内部函数方法一样（如 Sin(*x*)），在语句中直接使用函数名，Function 过程可以返回一个值到调用的过程。

语法

Function 函数名（[参数列表]）

采用调用 Sub 过程的语法也能调用 Function 过程。当用这种方法调用过程时，则会放弃 Function 过程的返回值。

语法

Call 过程名（[参数列表]）

或者：

过程名 [参数列表]

例如，下面的语句都是调用计算三角形斜边的函数 Hypotenuse。

```
Print 10 * Hypotenuse(3,4)                     ' 在窗体显示函数值运算结果
X = Hypotenuse(3,4)                            ' 将函数值赋值给变量 X
If Hypotenuse(3,4) = 10 Then Print "Error!"    ' 判断函数值是否=10
X = Abs (Hypotenuse(3,4))                      ' 函数值作为 Abs 函数的参数
```

【例 Ex_CheckNum】 判断输入的数是否是水仙花数并在列表框中显示。所谓水仙花数是指各位数的立方和等于该数本身。例如，$371=3^3+7^3+1^3$。

在文本框 Text1 中输入数据，单击按钮“cmdCheck”判断是否是水仙花数，运行界面如图 4.7 所示。

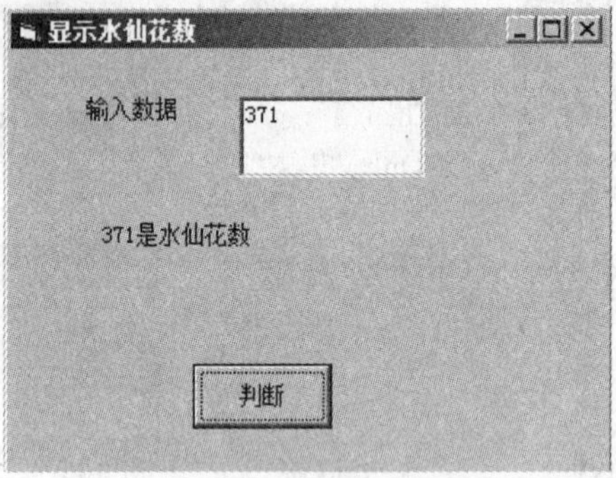

图 4.7 运行界面

程序代码如下：

```
Option Explicit
Option Base 1
Private Sub cmdCheck_Click()
    Dim InputNum As Integer
    InputNum = Val(Text1)
    If Check(InputNum) Then                          '调用函数
        LabResult.Caption = InputNum & "是水仙花数"
    Else
        LabResult.Caption = InputNum & "不是水仙花数"
    End If
End Sub
```

函数 Check 用来判断输入参数是否是水仙花数，计算的结果返回 True 或 False 到调用的 If 语句。

```
Private Function Check(ByVal Num As Integer) As Boolean
'判断是否是水仙花数
    Dim n As Integer, i As Integer
    Dim a As Integer, Sum As Integer
    Dim Sn() As Integer
    If Num <> 0 Then
        a = Num
        Do While a <> 0                              '计算该数的位数
            a = Int(a / 10)
            n = n + 1
        Loop
        ReDim Sn(n)
        a = Num
        For i = n To 1 Step -1
            Sn(i) = Int(a / 10 ^ (i - 1))            '取各位数的值
```

```
            If a > 10 Then                          '判断是否是个位
                Sum = Sn(i) ^ 3 + Sum
            Else
                Sum = Sum + a ^ 3
            End If
            a = a Mod 10 ^ (i - 1)
        Next
    End If
    If Num = Sum Then
        Check = True
    Else
        Check = False
    End If
End Function
```

程序分析

- 数组下标使用 Option Base 1 设置为 1。
- 调用语句为“If Check(InputNum) Then”，当 Check 返回 True 则执行 Then 语句块。
- Sn 数组为动态数组，根据输入的数据位数确定数组个数，每个元素放每位的数据。

4.4　参数的传递

在调用一个有参数的过程时，参数是在本过程有效的局部变量，通过“形参和实参结合”传递信息，实现调用过程的实参与被调过程的形参之间的数据传递，数据传递有按值传递和按地址传递两种方式。

4.4.1　形参和实参

1. 形参

在被调过程中的参数是形参，出现在 Sub 过程和 Function 过程中。在过程被调用之前，形参未被分配内存，只是说明形参的类型和在过程中的作用。形参列表中的各参数之间用逗号（,）分隔，形参可以是变量名和数组名，定长字符串变量除外。

2. 实参

实参是在主调过程中的参数，在过程调用时实参将数据传递给形参。

形参列表和实参列表中的对应变量名可以不同，但实参和形参的个数、顺序及数据类型必须相同。因为“形实结合”是按照位置结合的，即第一个实参与第一个形参结合，第二个实参与第二个形参结合，以此类推。

例如，【例 Ex_CheckNum】中：

子函数为：Private Function Check(ByVal Num As Integer) As Boolean

调用语句为：If Check(InputNum) Then

当运行 If 语句时，首先进行“形实结合”。形参与实参的结合对应关系是：InputNum→Num。

如果调用语句 If Check Then 没有实参，则显示出错信息，如图 4.8 所示。

图 4.8 参数出错

3. 形参的数据类型

在创建过程时，如果没有声明形参的数据类型，则默认为 Variant 型。

对于实参数据类型与形参定义的数据类型不一致时，VB 会按要求对实参进行数据类型转换，然后将转换值传递给形参。

例如，如果将【例 Ex_CheckNum】函数的实参 InputNum 的数据类型改为 String 型，则在调用时会转换数据类型为形参的数据类型 Integer：

InputNum="371"（String）→Num =371（Integer）

4. 使用可选的参数

参数列表中的参数是可选的，在参数表中含有 Optional 关键字表示参数是可选的。如果某个参数为可选参数，则参数表中此参数后面的其他参数也必须是可选的，并且要用 Optional 声明。

例如，【例 Ex_CheckNum】的被调函数定义修改为：

```
Private Function Check(Optional Num As Integer) As Boolean
```

调用语句改为：

```
If Check Then
```

在未提供可选参数时，实际是将该参数作为具有 Variant 型的 Empty 赋值，不会出现如图 4.8 所示的编译错误。

4.4.2 参数按值传递和按地址传递

在 VB 中传递参数有按值传递（Passed By Value）和按地址传递（Passed By Reference）两种方式。其中按地址传递，习惯上称为“引用”。

1. 按值传递参数

按值传递使用 ByVal 关键字。按值传递参数时，VB 给传递的形参分配一个临时的内存单元，将实参的值传递到这个临时单元。

实参向形参传递是单向的。如果在被调用的过程中改变了形参值，则只是临时单元的值变动，不会影响实参变量本身；当被调过程结束返回主调过程时，VB 将释放形参的临时内存单元。

【例 Ex_Max】 用函数过程编写代码，求 *a*，*b* 两数中较大的（最大）数。

Max 函数为求最大数。在 cmdStart_Click 事件中调用 Max 函数，程序代码如下：

```
Private Function Max(ByVal x As Integer, ByVal y As Integer)
' 求最大值
    Dim z As Integer
    If x < y Then
    z = x: x = y: y = z
    End If
    Max = x
```

```
        txtX.Text = x: txtY.Text = y                        ' 显示 x,y 的值
End Function

Private Sub cmdStart_Click()
        Dim a As Integer, b As Integer, c As Integer
        a = Val(txtA.Text)
        b = Val(txtB.Text)
        txtMax = Max(a, b)                                  ' 显示最大值
        txtResultA.Text = a
        txtResultB.Text = b
End Sub

Private Sub cmdEnd_Click()
        End
End Sub
```

当在文本框 txtA 和 txtB 中输入变量 *a* 为 7，*b* 为 8 时，数据的传递过程如下：

```
Private Sub cmdStart_Click()
        Dim a    , c As Integer
        a = Val(txtA.Text)
        b = Val(txtB.Text)
        txtMax = Max(a, b)

        txtResultA.Text = a
        txtResultB.Text = b
End Sub
```

```
Private Function Max (ByVal x As Integer, ByVal y As Integer)
        Dim z As Integer
         If x < y Then
              z = x: x = y: y = z
         End If
         Max = x

         txtX.Text = x: txtY.Text = y
End Function
```

通过函数调用，给形参分配临时内存单元 *x* 和 *y*，将实参 *a* 和 *b* 的数据传递给形参，内存单元值的存储过程如图 4.9 所示。在被调函数中 *x*, *y* 和 *z* 交换数据，调用结束后实参单元 *a* 和 *b* 仍保留原值，参数的传递是单向的。

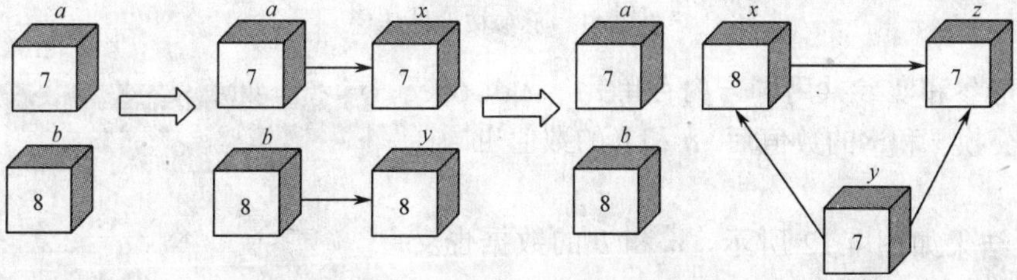

图 4.9　内存单元值的存储过程

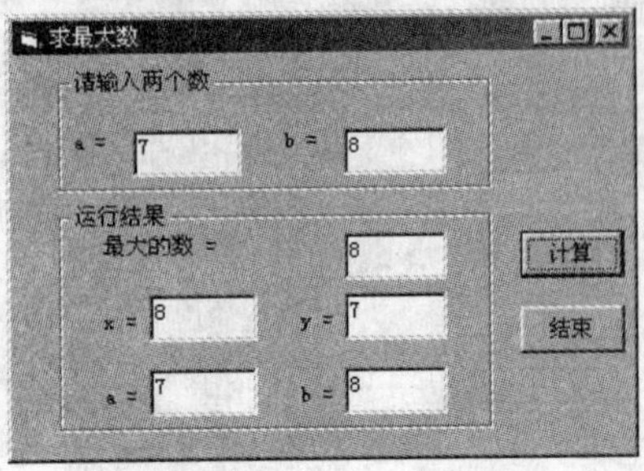

图 4.10　运行界面

运行结果界面如图 4.10 所示。被调函数 Max 中的 *x* 和 *y* 已经交换过，分别为 8 和 7，而主调函数中的 *a* 和 *b* 仍为 7 和 8。

2. 按地址传递参数

在定义过程时，如果没有 ByVal 关键字，默认的是按地址传递参数，或者用 ByRef 关键字指定按地址传递。

按地址传递参数，是指把形参变量的内存地址传递给被调用过程。形参和实参具有相同的地址，即形参和实参共享同一段存储单元。因此，在被调过程中改变形参的值，则相应实参的值也被改变。也就是说，与按值传递参数不同，按地址传递参数可在被调过程中改变实参的值。

将【例 Ex_Max】求两数中最大数的程序按值传递改为按地址传递，程序代码如下，被调函数过程不变：

```
Private Function Max(x As Integer, y As Integer)
    …
End Function

Private Sub cmdStart_Click()
        Dim a As Integer, b As Integer, c As Integer
        a = Val(txtA.Text)
        b = Val(txtB.Text)
        txtMax = Max(a, b)                          ' 显示最大值
        txtResultA.Text = a
        txtResultB.Text = b
End Sub
```

当输入变量 *a* 为 7，变量 *b* 为 8 时，形参与实参的数据传递如图 4.11 所示。

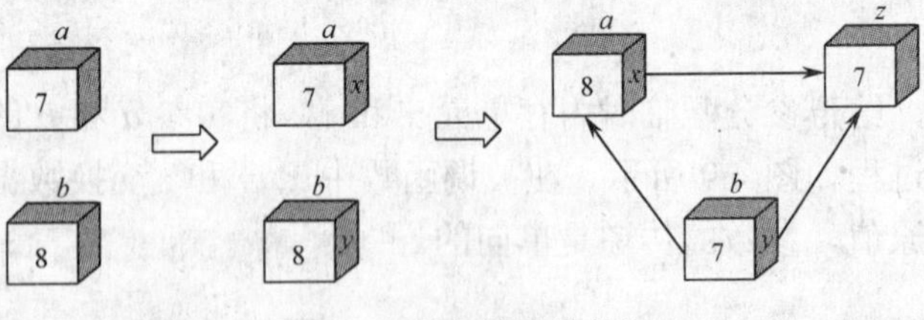

图 4.11　形参按地址传递

由于形参和实参共用同一内存单元，因此在被调函数中交换 *x* 和 *y* 的数值后，*a* 和 *b* 的数值也同样发生变化。

运行结果如图 4.12 所示，*a* 和 *b* 的数据也交换了。

按地址传递参数比按值传递参数更节省内存空间，程序的运行效率更高。

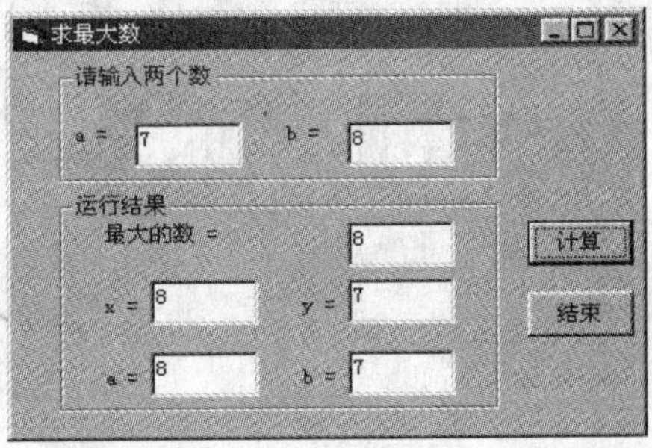

图 4.12　运行结果

注意：

对于按地址传递的形参，如果在过程调用时与之结合的实参是常数或表达式，则 VB 会用按值传递的方法处理，给形参分配一个临时的内存单元，将常数或表达式传递到这个临时的内存单元。

【例 Ex_MulSum】计算 5! + 4! + 3! + 2! + 1!，按照按地址参数传递的方法编写程序，代码如下：

```
Private Sub Form_Click()
    Dim Sum As Integer, i As Integer
    For i = 5 To 1 Step -1
        Sum = Sum + Multiply(i)
    Next
    Print "Sum="; Sum
End Sub

Private Function Multiply(n As Integer) As Integer
    Multiply = 1
    Do While n > 0
        Multiply = Multiply * n
        n = n - 1
    Loop
End Function
```

运行结果：Sum=120

结果是 120 而不是希望的 153，是因为本程序只计算了 5!=120。形参按地址传递的过程如图 4.13 所示。

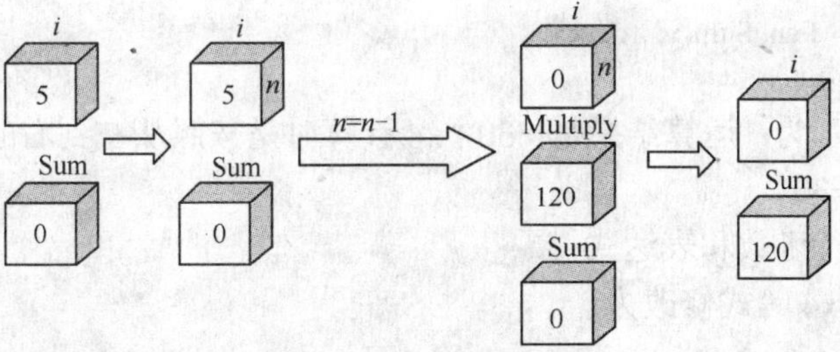

图 4.13 形参按地址传递

因为形参 *n* 是按地址传递的，在第一次调用 Multiply 函数后 *n* 的值为 0；由于实参与形参共享地址单元，实参 *i* 的值也是 0。当执行判断语句“For i = 5 To 1 Step –1”时就退出 For 循环。因此 For 循环只执行了一次，求了 5!的值。

解决办法

（1）将函数定义改为按值传递：

```
Private Function Multiply (ByVal n As Integer) As Integer
```

（2）将实参 *i* 改为表达式，因为表达式是按值传递的。把变量改为表达式最简单的方法是用“( )”将变量括起来。调用语句为：

```
Sum = Sum + Multiply((i))
```

注意

如果程序调用函数时使用表达式，则当按地址传递参数时，根据表达式的运算优先级结果会不同。

【例 Ex_priority】计算 x1+x2+x3，其中 x1、x2 和 x3 在调用函数中改变值，比较按地址传递调用函数的几种情况。

（1）先调用函数再计算表达式

```
Private Sub Form_Click()
    Dim x1 As Integer, x2 As Integer, x3 As Integer
    x1 = 1: x2 = 2: x3 = 3
    Print "运算结果是：" & x1 + x2 + x3 * Fun_Sum(x1, x2, x3)
End Sub

Private Function Fun_Sum(a1 As Integer, a2 As Integer, a3 As Integer) As Integer
'按地址传递函数，变量 a1,a2,a3 都发生变化
    a1 = a1 + 1
    a2 = a2 + 1
    a3 = a3 + 1
    Fun_Sum = a1 + a2 + a3
End Function
```

在窗体上的显示为：运算结果是：41，而不是 1+2+3×(2+3+4)=30，因为表达式是先调用函数 Fun_Sum，其中变量 x1，x2 和 x3 都变了，2+3+4×(2+3+4)=41。

（2）先计算表达式再调用函数

如果将 Form_Click()中的程序修改，增加 x4 变量，则结果又发生改变：

```
Dim x4 As Integer
x4 = x1 + x2 + x3 * Fun_Sum(x1, x2, x3)
Print "运算结果是：" & x4
```

在窗体上的显示为：运算结果是：30，x4 计算时是按照从左到右的顺序计算的，即计算 1+2+3×(2+3+4)=30。

（3）按顺序执行函数和表达式

如果将上面的 x4 等式修改为：

```
x4 = x3 * Fun_Sum(x1, x2, x3) + x1 + x2
```

在窗体上的显示为：运算结果是：32，x4 计算时按照从左到右的顺序计算，则刚开始 x3=3，当运算完乘法后，x1 和 x2 都已经改变，所以计算 3×(2+3+4)+2+3=30。

（4）优先调用函数再执行表达式

将 x4 等式中增加 single 型运算，修改为：

```
x4 = x1 + x2 + x3 * Fun_Sum(x1, x2, x3) * 1.0
```

在窗体上的显示为：运算结果是：41，计算 single 型表达式时，先调用函数，再进行类型转换，然后运算加法。

4.4.3 数组参数

在定义过程时，数组可以作为形参出现在过程的形参列表中。

语法

形参数组名（） [As 数据类型]

形参数组对应的实参必须也是数组，数据类型与形参一致，实参列表中的数组不需要用“()”。过程传递数组只能按地址传递，形参与实参共有同一段内存单元。

【例 Ex_AverScore1】用函数 Average 求正式员工和临时员工的平均工资。运行结果界面如图 4.14 所示。

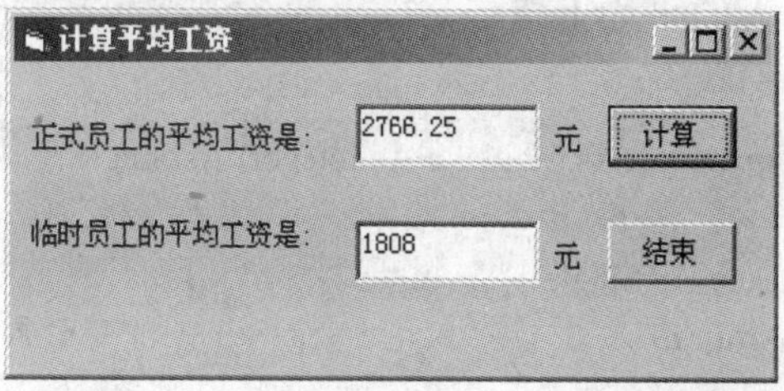

图 4.14 “计算平均工资”运行结果界面

程序代码如下：

```
Private Sub cmdStart_Click()
' 单击计算按钮
    Dim Salary1(5) As Single, Salary2(8) As Single
    Salary1(0) = 1900: Salary1(1) = 1970: Salary1(2) = 1915          ' 置初值
    Salary1(3) = 1600: Salary1(4) = 1655
    Salary2(0) = 2675: Salary2(1) = 2780: Salary2(2) = 2715
    Salary2(3) = 2540: Salary2(4) = 2990
    Salary2(5) = 2770: Salary2(6) = 2895: Salary2(7) = 2765
    txtS1.Text = Int(Average(Salary1, 5) * 100) / 100                ' 求临时员工的平均工资
    txtS2.Text = Int(Average(Salary2, 8) * 100) / 100                ' 求正式员工的平均工资
End Sub

Private Function Average(stuArray() As Single, n As Integer) As Single
' 求平均值
    Dim i As Integer
    Dim aver As Single, sum As Single
    For i = 0 To n - 1
    sum = sum + stuArray(i)
    Next
    aver = sum / n
    Average = aver
End Function
```

程序分析

- 被调函数 Average 的数据类型为 Single 型。
- 为了使用同一个函数 Average，在调用过程 cmdStart_Click 事件中将数组的元素个数作为参数传递，使 Average 函数具有通用性。因此，对于数组元素个数不定的函数，可以采用将元素个数作为参数传递的方法。

● 程序中的“Int（Average（Salary1（），5）* 100）/ 100”是为了显示时取两位小数。

在被调过程中不能用 Dim 语句对形参数组声明，否则产生“重复声明”的编译错误。可以用动态数组 ReDim 语句改变形参数组的维界，重新定义数组的大小。当返回调用过程时，对应的实参数组的维界也随之发生变化。

【例 Ex_AverScore2】在【例 Ex_AverScore】中，通过 ReDim 语句改变数组参数的维界，计算正式员工中前 3 人的平均工资。

程序代码如下：

```
Private Function Average(stuArray() As Single, n As Integer) As Single
    Dim i As Integer
    Dim aver As Single, sum As Single
    ReDim Preserve stuArray(n)                              ' 改变形参数组的维界
    For i = 0 To n - 1
        sum = sum + stuArray(i)
    Next
    aver = sum / n
    Average = aver
End Function

Private Sub cmdStart_Click()
' 求平均值
    Dim Salary1() As Single
    ReDim Salary1(5)
    Salary1(0) = 1900: Salary1(1) = 1970: Salary1(2) = 1915 ' 置初值
    Salary1(3) = 1600: Salary1(4) = 1655
    txtS1.Text = Int(Average(Salary1, 5) * 100) / 100        ' 求正式员工的平均工资
    txtS2.Text = Int(Average(Salary1, 3) * 100) / 100        ' 求正式员工前 3 人的平均工资
End Sub
```

程序分析

数组 Salary1 作为实参传递给形参 stuArray，形参 stuArray 需要改变数组的维界，因此实参 Salary1 必须用“Dim Salary1() As Single”语句声明为动态数组。

程序运行界面如图 4.15 所示。

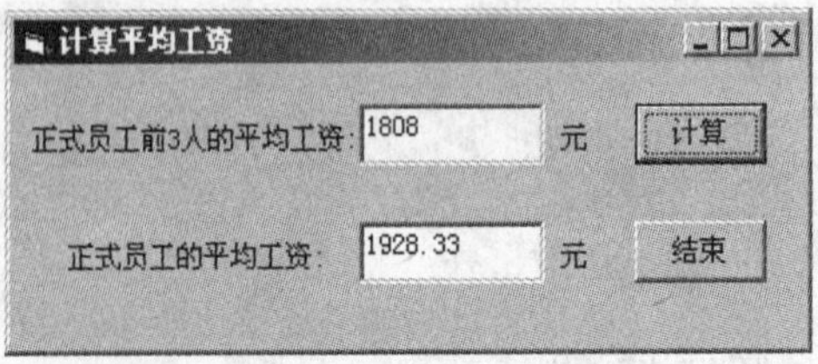

图 4.15　用动态数组求平均工资

4.4.4　对象参数

在 VB 中对象也可作为形参，即对象可向过程传递。对象的传递只能按地址传递。

对象作为形参时形参变量的类型声明为“Control”，或声明为控件类型。例如，形参类型声明为“Label”或“Form”，表示可向过程传递标签控件或窗体。

【例 Ex_FormArgu1】创建一个计算三角函数的界面。

在窗体 Form1 中创建了一个按钮数组 cmdCal，包含四个按钮，四个按钮的 Caption 属性值不同，单击不同的按钮在标签 Label2 上显示按钮的内容，通过调用函数 SetText，将按钮作为参数传递。单击按钮 cmdCal(0)时的运行界面如图 4.16 所示。

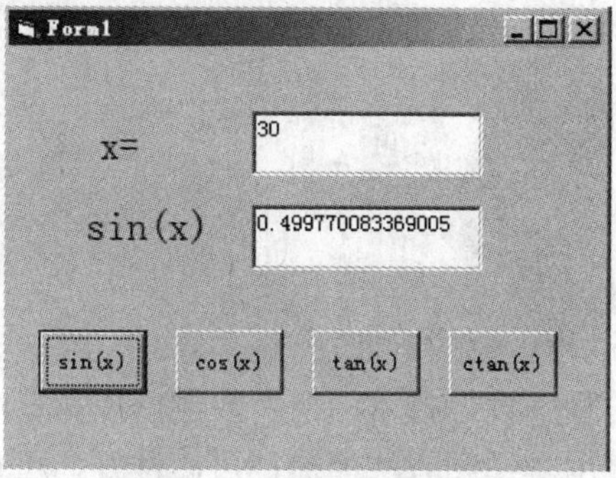

图 4.16　运行窗体显示

程序代码如下：

```
Private Sub cmdCal_Click(Index As Integer)
'单击按钮数组
    Dim Ang As Single
    Ang = Val(Text1) * 3.14 / 180                              '弧度转换成角度
    Call SetText(cmdCal(Index))
    Select Case Index
        Case 0
            Text2 = Sin(Ang)
        Case 1
            Text2 = Cos(Ang)
        Case 2
            Text2 = Tan(Ang)
        Case 3
            Text2 = Atn(Ang)
    End Select
End Sub

Private Sub SetText(cmd As CommandButton)
'设置标签 Label2 的显示内容
    Dim s As String
    s = Cmd.Caption & "="
```

```
    Label2 = s
End Sub
```

程序分析

在 Sub SetText 函数中以按钮为形参，定义为“cmd As CommandButton”，而调用语句为 Call SetText(cmdCal(Index))。

4.5 递归过程

Sub 过程可以是递归调用的。递归调用是指在过程中直接或间接地调用过程本身。例如：

```
Private Function FNC(x As Integer)
    Dim y As Integer,z As Single
    …
    z = FNC(y As Integer)
    …
End Function
```

此时，在函数 FNC 的过程中调用 FNC 函数本身。

递归是一种十分有用的程序设计技术，很多数学模型和算法设计本身就是递归的。因此，用递归过程描述它们比用非递归方法简捷，可读性好，可理解性好。

从上例中可以看到，在函数 FNC 中调用函数 FNC 本身，似乎是无终止的自身调用。显然，程序不应该有无终止的调用，而只应该出现有限次数的递归调用。因此应该用条件语句（If 语句）控制终止的条件，称为边界条件或结束条件。只有在某个条件成立时才继续执行递归调用，否则不再继续。若一个递归过程无边界条件，则是一个无穷的递归过程。

因此，在编写递归程序时应考虑两个方面：递归的形式和递归的结束条件。如果没有递归的形式，就不可能通过不断的递归来接近目标；如果没有递归的结束条件，递归就不会结束。

【例 Ex_MulN1】用递归的方法计算 $n!$，即 $5! = 4!\times5$，$4! = 3!\times4$，…。

根据阶乘得出表达式：$n! = 1\times2\times3\cdots\times(n-1)\times n$，但这不是递归的形式，因此需要对它进行改造如下：

$n! = n\times(n-1)!$

$(n-1)! = (n-1)\times(n-2)!$

…

$n = 1$ 时，$n! = 1$

于是得出下面的递归公式：

递归的结束条件为：$n = 1$ 时，$n! = 1$。

程序代码如下，Muln 函数过程就是递归求解函数：

$$n! = \begin{cases} 1 & (n = 0,1) \\ n\times(n-1)! & (n > 1) \end{cases}$$

```
Private Function Muln(n As Integer) As Integer
    If n = 0 Or n = 1 Then
    ' 结束条件 n=0 或 n=1
        Muln = 1
    Else
        Muln = Muln(n - 1) * n
    End If
End Function

Private Sub Form_Click()
    Dim M As Integer, i As Integer
    i = InputBox("请输入一个正整数")
    M = Muln((i))
    Print "M="; M
End Sub
```

递归求解的过程分成两个阶段：第一阶段是“回推”，第二阶段是“递推”。

回推阶段：回推阶段的每一步都是未知的，即求 Muln(5)必须先得出 Muln(4)*5 的值，而求 Muln(4)的值又必须先得出 Muln(3)*4 的值，……直到推到 Muln(1)为止。前面的都是执行 Muln 函数的 Else 语句，当 $n = 1$ 时才满足 If 条件。

递推阶段：根据 Muln(1)的值得出，Muln(2)= Muln(1)*2，一直到得出 Muln(5)为止。因此，递推执行“Muln =1”将函数值返回到调用函数，计算出 Muln(2)再返回……直到 Muln(5)。

当输入 n=5 时，两个阶段的求解过程如图 4.17 所示。

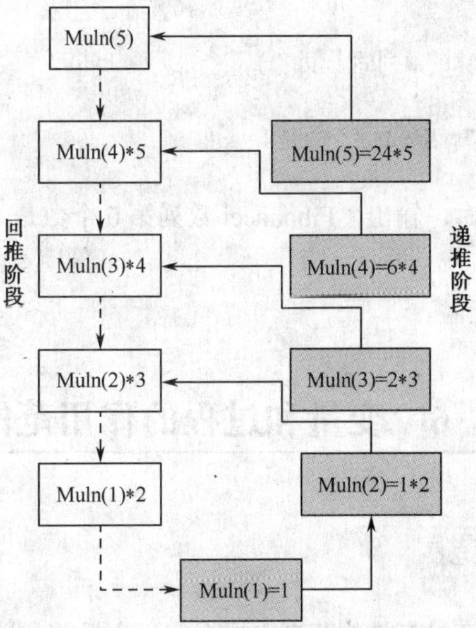

图 4.17 递归求解过程

【例 Ex_Fibonacci2】用递归的方法求 Fibonacci 数列第 n 个数的值，Fibonacci 数列各元素关系如下：

$F_1 = 1$

$F_2 = 1$

$F_n = F_{n-1} + F_{n-2}$

已知 $F_n = F_{n-1} + F_{n-2}$，因此可以推出：

Fib（n−1）= Fib（n−2）+ Fib（n−3）

Fib（n−2）= Fib（n−3）+ Fib（n−4）

……

得出下面的递归关系和终止条件：

$$\text{Fib}(g)=\begin{cases}1 & (g=1,\ g=2)\\ \text{Fib}(g-1)+\text{Fib}(g-2) & (g>2)\end{cases}$$

递归的终止条件为：$g = 1$ 或 $g = 2$ 时，Fib = 1。

程序代码如下：

```
Private Function Fib(g As Integer)
' 计算 Fibonacci 数列
 If g = 1 Or g = 2 Then
       Fib = 1
 Else
       Fib = Fib(g – 1) + Fib(g – 2)
 End If
End Function

Private Sub Form_Click()
 Dim k As Long
 Dim n As Integer
 n = InputBox("请输入计算的数列的个数：")
 k = Fib(n)
 Print  "Fibonacci 数列第"  & n & "个数是"  & k
End Sub
```

运行结果：当输入 6 时，输出“Fibonacci 数列第 6 个数是 8”。

注意

递归可能导致堆栈上溢。

4.6 变量和过程的作用范围

4.6.1 变量的作用范围

变量的作用范围是指变量有效的范围。根据定义变量的位置和定义变量的语句不同，在 VB 中变量可以分为过程级变量、模块级变量和全局变量。

1. 过程级变量

过程级变量只有在声明它们的过程中才有效，也称局部变量。用户无法在其他过程中访问或改变该变量的值，用 Dim 或者 Static 关键字声明它们。

语法

Dim 变量名 As 数据类型

Static 变量名 As 数据类型

对任何临时的计算，采用局部变量是最佳选择。例如，有多个不同的过程，每个过程都包含变量名为 *i* 的变量。只要每个 *i* 都被声明为局部变量，那么每个过程只识别它自己的变量 *i*，改变它自己的变量 *i* 的值，而不会影响别的过程中的变量 *i*。

在 Sub 过程中显式定义的变量（使用 Dim 语句）都是局部变量，而没有在过程中显式定义的变量，除非它在该过程外更高级别的位置显式定义过，否则也是局部变量。可以使用 Option Explicit 语句，强制显式定义变量。

2. 模块级变量

按照默认规定，模块级变量对该模块的所有过程都有效。在模块中的任何过程都可访问该变量，但其他模块的过程则不可用。可在窗体模块和标准模块顶部用 Dim 或者 Private 关键字声明模块级变量。

语法

Dim 变量名 As 数据类型

Private 变量名 As 数据类型

3. 全局变量

全局变量的作用范围可以是应用程序的所有过程，也称公用变量。全局变量可以在模块顶部的声明段用 Public 关键字声明模块级变量。

语法

Public 变量名 As 数据类型

如图 4.18 所示，在代码窗口分别声明 a 为全局变量，b 为模块级变量，c 为过程级变量。

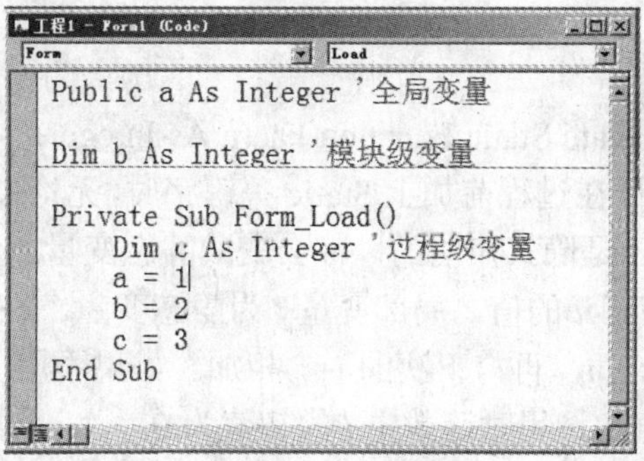

图 4.18　声明变量

注意

常数、固定字符串、数组、自定义类型都不能作为窗体模块声明的全局变量。

4.6.2 静态变量

变量除了使用范围外，还有存活期，即变量能够保持其值的时期。模块级变量和全局变量的存活期是整个应用程序的运行期间。

在过程中用 Dim 声明的局部变量仅当本过程执行期间存在。当一个过程执行完毕，它的局部变量的值就不存在了，局部变量所占的内存也被释放。当下一次执行该过程时，所有局部变量将重新初始化。静态变量是指在过程结束后仍保留变量的值，即其占用的内存单元未释放。静态变量用 Static 定义，用法与 Dim 相似。

语法

Static 变量名 As 数据类型

Static 关键字声明变量只能在过程中使用，而 Dim 语句可以用在过程和通用声明中。通常 Static 关键字和递归的 Sub 过程不能在一起使用。

【例 Ex_Plus】 用函数调用的方法计算$\sum n$。

```
Private Static Function Fac(n As Integer)
        Dim f As Integer
            f = f + n
            Fac = f
End Function

Private Sub Form_Click()
        Dim i As Integer
        For i = 1 To 5
            Print " ∑"; i & "=" & Fac(i)
        Next i
End Sub
```

程序分析

- 过程定义语句“Private Static Function Fac(n As Integer)”是为了使过程中所有的局部变量为静态变量。在过程前加上 Static 关键字时，无论过程中的变量用 Static, Dim 或 Private 声明的还是隐式声明的，都会变成静态变量。
- 被调函数 Fac 计算$\sum n$的值，局部变量f为静态变量。在每次调用 Fac 函数结束时变量f的值保留为$\sum i$，再与下次的i+1 相加。如果不用 Static 声明变量f，则以前的和不会保留，每次调用时函数中f的初值为 0。
- 如果在模块的声明段定义f，则f成为模块级变量，也会收到同样效果。由于其他过程也可访问和改变模块级变量的值，所以运算结果也许不可靠，代码将难于维护。

【例 Ex_Divisor2】 用辗转除法求两个自然数的最大公约数，从窗体的文本框输入两个自然数。

窗体中使用了三个文本框、两个按钮和四个标签。其对象属性表如表 4.2 所示。

表 4.2　窗体中对象属性表

对　　象	对 象 名	属 性 名	属 性 值
Form	frmDivisor	Caption	求最大公约数
CommandButton	cmdStart	Caption	计算
	cmdClose	Caption	关闭
TextBox	txtM	Caption	空
	txtN	Caption	空
	txtResult	Caption	空
		Locked	True
		TabStop	False
Label	labM	Caption	M =
	labN	Caption	N =
	labResult	Caption	最大公约数 =
	label1	Caption	请输入自然数 M 与 N

计算的结果显示在 txtResult 文本框中。由于文本框 txtResult 显示的计算结果不能让用户修改，因此属性 Locked 和 TabStop 需要进行相应设置。运行界面如图 4.19 所示。

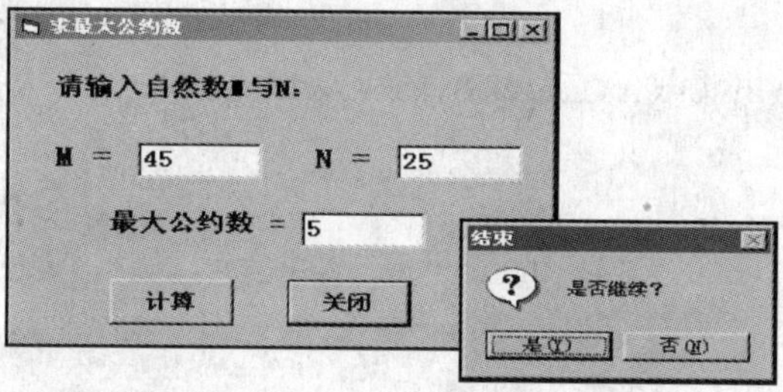

图 4.19　运行界面

定义模块级变量 *m*，*n*，在 Divisor 函数、cmdClose_Click 过程和 txtM_LostFocus 过程中都要使用。

Form1.frm 程序代码如下：

```
Dim m As Integer, n As Integer                    ' 模块级变量
```

在文本框 txtN 和 txtM 失去焦点（LostFocus）事件中，检查输入数据是否是数值型的；如果是字符型的，则会出现 MsgBox 对话框提示出错，且用 SetFocus 方法将焦点移回本文本框。

```
Private Sub txtM_LostFocus()
    Dim Response As Integer                       ' 过程级变量
    If IsNumeric(txtM.Text) = True Then           ' 判断输入的是否为数值
        m = txtM.Text
    Else
        Response = MsgBox("输入数据出错！", vbOKOnly + vbCritical, "数据出错")
        txtM.SetFocus                             ' 设置焦点
    End If
```

```
End Sub

Private Sub txtN_LostFocus()
        Dim Response As Integer                              ' 过程级变量
        If IsNumeric(txtM.Text) = True Then                  ' 判断输入的是否为数值
              n = txtN.Text
        Else
              Response = MsgBox("输入数据出错！ ", vbOKOnly + vbCritical, "数据出错")
              txtM.SetFocus
        End If
End Sub

Private Sub cmdStart_Click()
' 单击计算按钮，调用 Divisor 过程
        Dim g As Integer
        If m <> 0 And n <> 0 Then
              g = Divisor(m, n)
              txtResult.Text = g
        End If
End Sub

Private Function Divisor(ByVal x As Integer, ByVal y As Integer)
' 计算最大公约数
        Dim r As Integer
        r = x Mod y
        Do While r <> 0
              x = y
              y = r
              r = x Mod y
        Loop
        Divisor = y
End Function
```

单击“关闭”按钮，出现 MsgBox 对话框。当单击“是”按钮时，清除文本框中的显示，可以重新输入数据后计算。其中 Response 是过程级变量，只在本过程范围内有效。

```
Private Sub cmdClose_Click()
' 单击关闭按钮，判断是否继续
        Dim Response As Integer                              ' 过程级变量
        Response = MsgBox("是否继续？ ", vbYesNo + vbQuestion, "结束")
        If Response = 6 Then
              txtM.Text = ""
              txtN.Text = ""
              txtResult.Text = ""
              m = 0
              n = 0
        Else
```

```
        End
    End If
End Sub
```

4.6.3　过程的作用范围

1. 过程的有效范围

与变量的作用范围相同，过程也有其作用范围，即过程的有效范围。Sub 过程和 Function 过程的作用范围是通过定义语句声明的。

语法

[Private | Public] [Static] Sub 过程名 （[参数列表]）

[Private | Public] [Static] Function 函数名 （[参数列表]） [As 数据类型]

- Public 表示全局过程（公用过程），所有模块的其他过程都可访问这个过程。所有模块中的子过程默认为 Public。
- Private 表示局部过程（私用过程），只有本模块中的过程才可访问。

2. 过程的外部调用

外部调用是指调用其他模块中的全局过程。调用其他模块中的过程的方法，取决于该过程所属的模块在窗体模块、标准模块，还是类模块中。调用本模块内过程时不必加模块名，而调用其他模块的过程时必须以模块名为前缀。

外部调用全局过程，必须加前缀，调用外部窗体和标准模块中的过程的语法如下：

语法

Call 窗体名.全局过程名 [（实参列表）]

Call [标准模块名].全局过程名 [（实参列表）]

例如：

```
Call Form2. Sub1(实参列表)          ' 在 Form1 中调用 Form2 中的全局 Sub1 过程
Call Module2.Sub1(实参列表)         ' 从 Module1 中调用 Module2 中的全局 Sub1 过程
```

如果不加前缀，则调用本模块中的 Sub1 过程。

调用类模块中的全局过程，要求用指向该类的某个实例作为前缀。首先声明类的实例为对象变量，并且以此变量作为过程名前缀，不可直接用类名作为前缀。

语法

Call 对象变量.过程名（[实参表列]）

例如，类模块为 Class1，类模块的过程 ClassSub，变量名为 ExaClass，调用过程的语句如下：

```
Dim ExaClass As New Class1
Call ExaClass.ClassSub([实参表列])
```

4.6.4　使用同名的变量

在不同的范围内应用程序可能使用多个同名的变量，例如有几个同名的局部变量，局部变量与模块变量同名，局部变量、模块变量与全局变量同名等情况出现。

1. 不同模块中的全局变量同名

如果不同模块中的全局变量使用同一名字，则通过引用“模块名.变量名”声明。

例如，在一个工程中有两个模块：标准模块 Module1 和窗体模块 Form1。在标准模块 Module1 中和窗体模块 Form1 中都有全局变量 Max。

标准模块文件 Module1.bas 中：

```
Max = 1                         '指本模块中的全局变量 Max
Form1.Max=2                     '指 Form1 中的全局变量 Max
```

标准模块文件 Form1.frm 中：

```
Max = 3                         '指本模块中的全局变量 Max
Module1.Max=1                   '指 Module1 中的全局变量 Max
```

2. 全局变量与局部变量同名

当全局变量与局部变量同名时，全局变量和局部变量在不同的范围内有效。在过程内局部变量有效，而在过程外全局变量有效。

例如，定义 Temp 为全局变量，然后在过程中又定义 Temp 为局部变量，有效范围如图 4.20 所示。

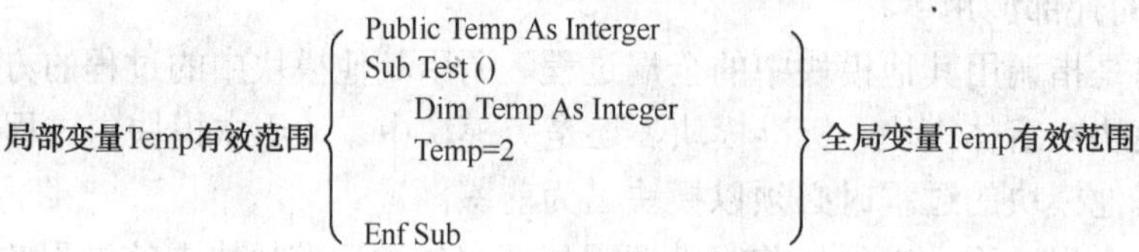

图 4.20 同名变量有效范围

3. 窗体的属性、控件名与变量同名

窗体的属性、控件、符号常数和过程都被视为窗体模块中的模块级变量。窗体属性名、控件名与模块级变量、常数和过程名相同是不合法的，因为它们的作用范围相同。因此，在窗体模块中应当尽量使变量名和窗体中的控件名不一样，养成对不同的变量使用不同的名称的编程习惯。

在窗体模块内，和窗体中控件同名的局部变量将遮住同名控件。因此，必须引用窗体名称或 Me 关键字来限定控件，才能设置或得到该控件的属性值。

例如，窗体中有一个文本框 Text1，也有一个局部变量 Text1：

```
Text1 = "Variable"              ' 变量值为"Variable"
Me.Text1.Top = 0                ' 设置文本框的位置
```

4.7 Sub Main 过程与快速提示窗体

1. 通过 Sub Main 过程启动应用程序

当应用程序启动时不加载任何窗体，可在标准模块中创建一个 Sub Main 的子过程（不能在窗体模块中创建 Sub Main 的子过程），然后在 Sub Main 的过程中编写启动时需要执行的代码。每个工程只能有一个 Sub Main 的子过程。

设置 Sub Main 过程为启动对象的方法是从“工程”菜单中选取“工程属性”命令，

在“工程属性”属性页中选“通用”选项卡，然后从“启动对象”框中选择“Sub Main”。

当工程中含 Sub Main 子过程时，应用程序装载窗体之前总是先执行 Sub Main 子过程。通常用在需要先装入数据文件或需要显示一个登录对话框，确认用户的身份，或者需要根据数据文件的内容决定显示哪个窗体，或者应用程序没有窗体。

例如，根据当前日期是工作日还是休息日来决定是显示窗体 Form1 还是窗体 Form2，程序代码如下：

```
Sub Main()
      Dim intStatus As Date
      intStatus = Now
      If Weekday(intStatus) < 6 Then                    ' 根据日期显示不同的启动窗体
            Form1.Show
      Else
            Form2.Show
      End If
End Sub
```

2. 启动时的快速显示窗体

如果应用程序在启动时有一个漫长的执行过程，可在启动时给出一个快速显示窗体，它通常显示的是应用程序名、版权信息和简单的位图等内容，就像启动 VB 时开始所显示的窗口就是一个快速显示窗体。

启动时，当需要从数据库中装入大量数据或者需要装入一些大型位图时可使用快速显示。快速显示能吸引用户的注意，造成应用程序装载很快的错觉。当启动完成并且装入第一个窗体时，卸载窗体的快速显示。

VB 提供了一些常用的窗体模板，其中有一个“展示屏幕”，可在这个模板的基础上创建快速显示窗体。创建快速显示的方法：

① 选择“工程”菜单中的“添加窗体”命令，出现如图 4.21 所示界面；

② 从“添加窗体”对话框中选择“展示屏幕”图标；

③ 单击“打开”按钮，创建快速显示窗体的框架，如图 4.22 所示。在此窗体的基础上添加公司名字、版本号及产品名字等。

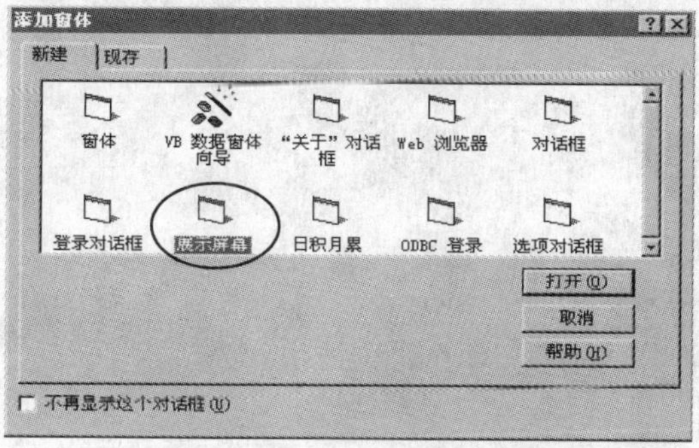

图 4.21　选择“展示屏幕”模板

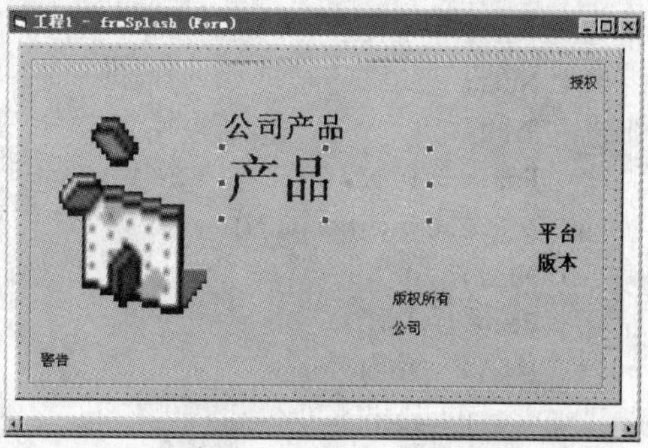

图 4.22　快速显示窗体的框架

快速显示窗体的设计以尽量简单为好。如果使用大量位图或者大量控件，则快速显示本身装入将会变慢。

4.8 程序举例

【例 Ex_InsertSort】 采用顺序插入法对数组中的所有元素进行排序。运行界面如图 4.23 所示。

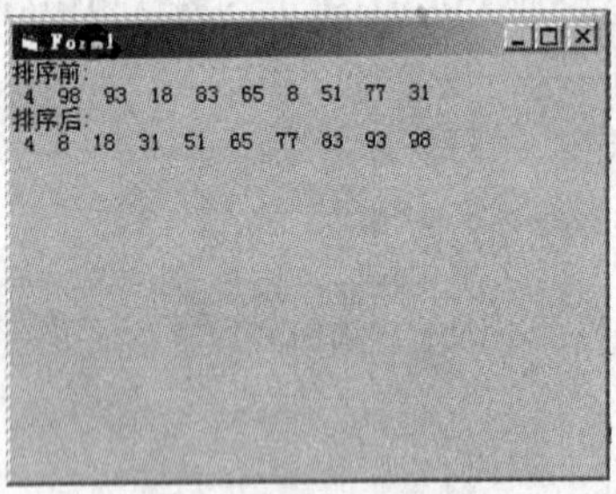

图 4.23 排序界面

顺序插入法直接将数据插入到指定位置。步骤如下：

（1）将待插入的数组元素存放到变量 t。

（2）依次将各元素插入到相应的位置，后面的元素全部后移一个。

例如，三个数分别是 33，66，32，3：

先将 s(2)=66→t，t 与 s(1)比较，t=66 插到 s(2)，则 s(1)和 s(2)由小到大排好序为 33，66；

再将 s(3)=32→t，与 s(2)=66 比较，将 66→s(3)，然后再将 t 和 s(1)=33 进行比较，将 33→s(2)，最后将 t 插到 s(1)，则前三个排好序为 32，33，66；

再将 s(4)=32→t，与 s(3)=66 比较，将 66→s(4)，然后再将 t 和 s(3)=33 进行比较，将 33→s(3)，再将 t 和 s(2)=32 进行比较，将 32→s(2)，最后将 t 插到 s(1)。

程序代码如下：

```
Option Explicit
Option Base 1
Const N = 10

Private Sub Form_Click()
    Dim a(N) As Integer, i As Integer
    Randomize
    Print "排序前:"
    For i = 1 To N
        a(i) = Int(Rnd * 100) + 1              ' 产生 1～100 的随机数
        Print a(i);
    Next i
    Print
    For i = 2 To N
        Call insertion(a, N)
    Next i
    Print "排序后:"
    For i = 1 To N
        Print a(i);
    Next i
    Print
End Sub
```

```
Private Sub insertion(s() As Integer, Ub As Integer)
'顺序插入法排序
    Dim i As Integer, k As Integer
    Dim t As Integer
    For i = 2 To Ub                           ' 依次插入每个数
        t = s(i)
        k = i - 1
        Do While t < s(k)
            s(k + 1) = s(k)
            k = k - 1
            If k <= 0 Then Exit Do
        Loop
        s(k + 1) = t
    Next i
End Sub
```

程序分析

使用符号常数 N=10，便于调试时修改 N 的值。

【例 Ex_CalDay】输入某一天的年、月和日，计算这天是该年的第几天。

窗体中有两个文本框、两个按钮、一个组合框、一个列表框和六个标签。采用组合框 cmbMonth 选择月份，列表框 lstDate 选择日期，文本框 txtYear 输入年份。运行结果界面如图 4.24 所示。窗体中对象的属性表如表 4.3 所示。

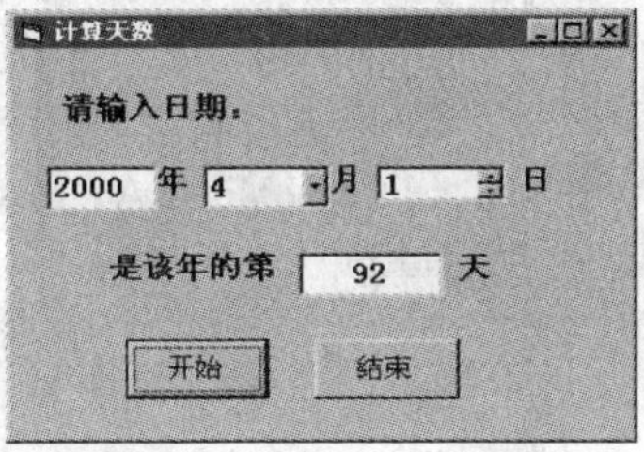

图 4.24　计算天数运行结果

表 4.3　窗体中对象的属性表

对　象	对 象 名	属 性 名	属 性 值
Form	frmDay	Caption	计算天数
CommandButton	cmdStart	Caption	开始
	cmdClose	Caption	结束
TextBox	txtYear	Caption	空
	txtDay	Caption	空
		Locked	True
		Alignment	2-Center
ComboBox	cmbMonth	List	空
ListBox	lstDay	List	空
Label	label1	Caption	请输入日期
	labYear	Caption	年
	labMonth	Caption	月
	labDay	Caption	日

首先判断该年是否是闰年。如果不是闰年通过将每月的天数积累计算出此天前的天数，如果是闰年则将计算的天数加 1。DayTab（）数组为每月天数，SumDay 函数用于计算天数，返回值为总天数；Leap 函数用于判断是否为闰年，返回值表示是否为闰年。

程序代码如下：

```
Option Base 1
'  为使月份与数组下标对应，定义数组下标的默认下界从 1 开始

'  定义模块级变量和数组
Dim MyYear As Integer, MyMonth As Integer, MyDay As Integer
Dim DayTab(12) As Integer

Private Sub Form_Load()
' 置每月的天数
    Dim i As Integer
    DayTab(1) = 31: DayTab(2) = 28: DayTab(3) = 31: DayTab(4) = 30
    DayTab(5) = 31: DayTab(6) = 30: DayTab(7) = 31: DayTab(8) = 31
    DayTab(9) = 30: DayTab(10) = 31: DayTab(11) = 30: DayTab(12) = 31
    MyDay = 1
    For i = 1 To 12                                    ' 置 1～12 月份
        cmbMonth.AddItem (i)
    Next i
End Sub

Private Sub txtYear_LostFocus()
' 失去焦点事件用于检查输入年份是否有效，如果出错则通过 MsgBox 语句提示
    If Val(txtYear.Text) > 0 And IsNumeric(txtYear.Text) Then
        MyYear = Val(txtYear.Text)
    Else
        MsgBox "年份出错！", , "输入年份"
        txtYear.SetFocus
    End If
End Sub

Private Sub cmbMonth_Click()
' 在单击组合框事件中将所选项赋给变量 MyMonth
    Dim i as integer
    MyMonth = Val(cmbMonth.Text))
    For i=1 To DeyTab(MyMonth)
        LstDate.AddItem(i)
    Next i
End Sub

Private Sub lstDate_Click()
' 在单击列表框事件过程中将所选项赋给变量 MyDay
```

```
        MyDay = Val(lstDate.Text)                    ' 选择日期
End Sub

Private Sub cmdStart_Click()
' 计算天数
        Dim Days As Integer
        Days = SumDay(MyMonth, MyDay)
        If (Leap(MyYear) And MyMonth >= 3) Then
                Days = Days + 1
        End If
        txtDay.Text = Days
End Sub

Private Function SumDay(ByVal month As Integer, ByVal day As Integer)
' 计算总天数，将每月的天数累加
        Dim i As Integer
        For i = 1 To month - 1
                day = day + DayTab(i)                              ' Daytab()数组为每月天数
        Next i
        SumDay = day
End Function

Private Function Leap(ByVal year As Integer)
' 判断年份是否是闰年
        Dim L As Integer
        L= (year Mod 4 = 0) And (year Mod 100 <> 0) Or (year Mod 400 = 0)
      ' 如果是闰年为 True，由于 L 是整型进行类型转换，则函数返回-1
        Leap = L
End Function

Private Sub cmdEnd_Click()
     End
End Sub
```

【例 Ex_CMN】计算组合公式 C_m^n 的结果。

组合公式的算法：

$$C_m^n = C_{m-1}^{n-1} + C_{m-1}^n$$

采用递归实现，递归的结束条件：

$$C_m^0 = 1 \qquad\qquad C_m^1 = m$$

当 $m < 2n$ 时，$C_m^n = C_m^{m-n}$，可以简化递归，得出递推的关系：

$$C_m^n = \begin{cases} C_{m-1}^{n-1} + C_{m-1}^n & (m \geqslant 2n) \\ C_m^{m-n} & (m < 2n) \\ 1 & (n = 0) \\ m & (n = 1) \end{cases}$$

工程采用标准模块实现，没有窗体。

先在“工程资源管理器”窗口中，用鼠标右键单击“Form1”，在出现的快捷菜单中选择“移除 Form1”，将 Form1 从“工程 1”中删除。然后选择“工程”菜单中的“添加模块”命令，向“工程 1”中添加一个标准模块 Module1，将程序代码添加到 Module1 的“通用”的“声明”中。工程由“Sub Main”启动。

程序代码如下：

```
Option Explicit

Sub Main()
    Dim m As Integer, n As Integer, result As Integer          ' 在 InputBox 输入框输入 m 和 n 的值
    m = Val(InputBox("请输入 m 的值，m > 0 并且 m > n "))
    n = Val(InputBox("请输入 n 的值，n > 0"))
    If m > 0 And n > 0 And m > n Then
        Result = CalC(m, n)                                    ' 调用 CalC 函数
        MsgBox "结果 = " & Result, "输出结果"
    End If
End Sub

Function CalC(ByVal x As Integer, ByVal y As Integer) As Integer
' 计算组合
    If x < 2 * y Then y = x – y
    If y = 0 Then
    ' 递归结束条件
        CalC = 1
    ElseIf y = 1 Then
        CalC = x
    Else
        CalC = CalC(x - 1, y - 1) + CalC(x - 1, y)
    End If
End Function
```

程序分析

图 4.25　运算结果

CalC 函数用于计算组合的运算结果，在函数中调用本身 CalC 函数，是递归调用，函数的返回值为组合的结果。

当输入 *m* 为 7，*n* 为 5 时，运算结果如图 4.25 所示。

第 5 章 数据库应用

VB 具有强大的数据库操作功能，提供了包含数据管理器（Data Manager）、数据控件（Data Control）、可视化数据库工具及 ADO（ActiveX 数据对象）等功能强大的工具。利用 VB 能够开发各种数据库应用系统，建立多种类型的数据库，并且管理，维护和使用这些数据库。

5.1 数据库基本知识

当今社会是一个信息化的社会，在经济、军事、文化、教育等各种活动中，都会产生大量的数据。要对大量的数据进行统一、集中和独立的管理，就要采用数据库管理。

5.1.1 关系数据库的基本结构

数据库根据数据组织方式的不同而有不同的类型，较常见的包括网络模型数据库、分层结构数据库及关系型数据库。

关系型数据库是目前最流行的数据库，可用现代数学理论和方法对数据进行处理，它提供了结构化查询语言 SQL。SQL 语言是标准的可以应用于各种不同形式的数据库。关系型数据库把数据组织成一张或多张二维的表格，即关系表，表格之间存在着一对一、一对多、多对一或多对多的关系，而这多张彼此关联的表格群组形成关系型数据库。

关系型数据库使用记录、字段、数据表和数据库的术语如下。

- 字段（Field）：每一列为一个字段，数据表头的每一列为字段的名称。
- 记录（Record）：每一行数据为一个记录，每个记录由多个字段组成。
- 数据表（Table）：经过各个字段的分类后，每一行为一个记录，所有的记录组成的二维表格称为数据表。
- 数据库（Database）：多个相关联的数据表的集合，保存为一个文件。

例如，一个处理图书订单的数据库（dbbook.mdb）由 4 张数据表组成，分别为客户信息表（Orders）、订单信息表（Customers）、订购书表（Books）和图书信息表（Bookitems）。

客户信息表（Customers）共有 3 个字段：客户号、客户姓名和客户地址，是反映客户信息的数据表。其中客户号、客户姓名和客户地址是字符型，客户号是唯一的，每个客户对应一个客户号，如图 5.1（a）所示。

订单信息表（Orders）用来反映订单的信息，共有 3 个字段：订单号、客户号和订购日期。其中订单号、客户号是字符型，订购日期是日期型，一个客户对应多个订单号，一个订单号只有一个客户。Orders 数据表如图 5.1（b）所示，如“10001”客户有两个订单。

订购书表（Books）用来反映订购书的信息，共有 3 个字段：订单号、书号和数量，一个订单对应多个书号。Books 数据表如图 5.1（c）所示，如“1002”订单有两个书号。

图书信息表（Bookitems）用来反映图书的信息，共有 3 个字段：书号、书名和单价字段，书号是唯一的，一种图书对应一个书号。Bookitems 数据表如图 5.1（d）所示。

	客户号	客户姓名	客户地址
	10001	李强	北京
	10002	王刚	上海
	10003	赵枚	广州
	10004	刘芳芳	南京
	10005	柳威	重庆
	10006	陈明珍	广州
	10007	丁伟	郑州
*			

（a）Customers 表

	订单号	书号	数量
▸	1001	101	500
	1004	102	300
	1002	103	600
	1003	101	500
	1002	102	600
	1003	104	200
	1003	103	500
*			

（c）Books 表

	订单号	客户号	订购日期
	1001	10004	1999-4-5
	1002	10002	1999-8-25
	1003	10001	1999-6-14
	1004	10001	1999-4-5
*			

（b）Orders 表

	书号	书名	单价
▸	101	自动控制原理	15
	102	计算机程序设计	23
	103	计算机系统概论	16.5
	104	微机控制技术	29.8
*			

（d）Bookitems 表

图 5.1 图书订单数据库

图书订单的数据库（dbbook.mdb）中记录、字段、数据表和数据库的关系如图 5.2 所示。

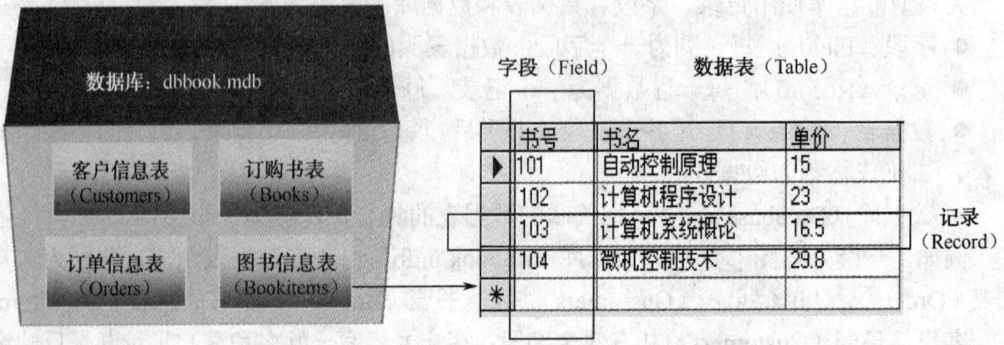

图 5.2 记录、字段、数据表和数据库的关系

需要说明的是上述数据表（Table）包含的字段比较简单，与实际应用情况会有差别。

5.1.2　建立数据库

一个数据库可将所有的一堆数据都塞在一个数据表里，例如，将订单信息和客户信息等所有字段都集合在一个数据表中，但这样是杂乱无章的。关系型数据库将数据组成“有组织”的数据库，根据数据库中数据之间的关系，把数据分成同类的逻辑单元，可以高效地访问数据。

例如，图书订单的数据库（dbbook.mdb）将关于客户的信息放在一个数据表 Customers 中。客户信息表（Customers）与订单信息表（Orders）通过“客户号”字段建立关联，订单信息表（Orders）与订购书表（Books）通过“订单号”字段建立关联，订购书表（Books）与图书信息表（Bookitems）通过“书号”字段建立关联。各个表格之间的关系如图 5.3 所示。

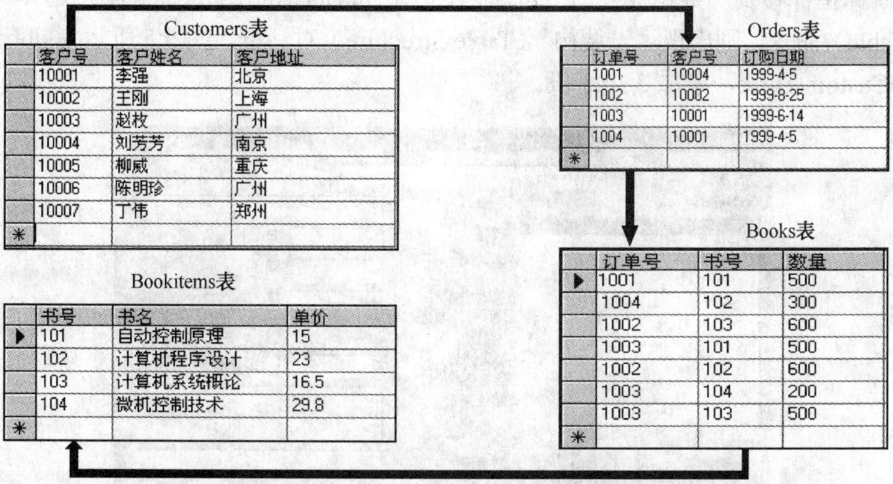

图 5.3　图书订单数据库各个表格之间的关系

数据库表和数据库可以通过数据库管理软件，如 Access, FoxPro, SQL Server, Sybase 或 Oracle 等建立，也可以在 VB 环境下直接建立 Access 数据库。根据需要，数据库表和数据库也可用程序建立。下面介绍使用数据管理器建立数据库的方法。

1. 启动数据管理器

选择“外接程序”（Add-INs）菜单的“可视化数据管理器”（Visual Data Manager）命令启动数据管理器，进入数据库设计界面，出现 VisData 窗口，如图 5.4 所示。

2. 建立数据库

单击数据管理器的“文件”菜单中的“新建”（New）命令，在下一级菜单中选择“Microsoft Access…”命令，接着选择“Version 7.0 MDB”命令，则在数据管理器中出现如图 5.4 所示的“数据库窗口”和“SQL 语句”两个子窗口。新建的数据库不含任何数据表。

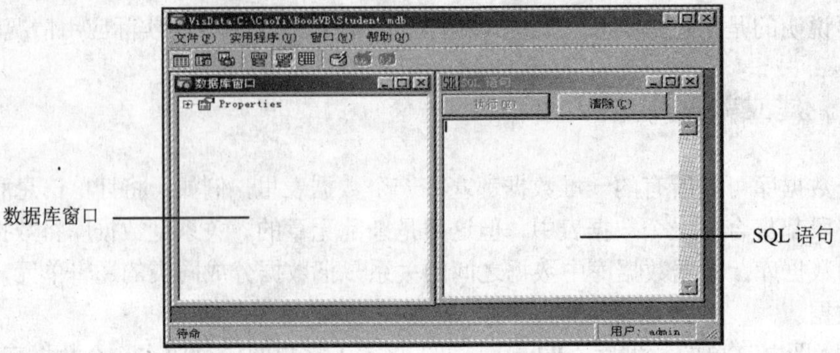

图 5.4　数据管理器

若要打开已经存在的数据库，则选择“打开数据库”菜单，输入数据库文件名为 dbbook.mdb。

3. 建立数据表

将鼠标指针移到“数据库窗口”区域内，单击鼠标右键出现快捷菜单，选择“新表”（New Table）命令，则出现“表结构”（Table Structure）对话框。图 5.5 所示为 dbbook.mdb 文件的 Customers 表，添加 3 个字段。

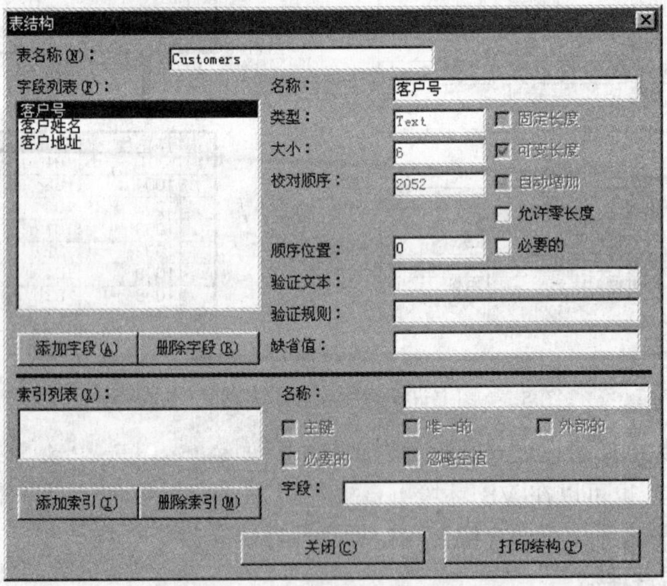

图 5.5　“表结构”对话框

表结构包括 Access 类型的数据表各个字段的名称、类型、宽度等。

- 表名称（Table Name）：指数据表的名称。
- 大小（Size）：指字段的宽度，一般以字段存放数据的最大宽度为准。
- 类型（Type）：指字段的数据类型，包括 Text，Integer，Long，Single，Double，Date/Time，Currency，Boolean，Memo（可变长的文本），Binary 和 Byte 型。

单击表结构中的“添加字段”（Add Field）按钮，出现“添加字段”对话框，如图 5.6 所示。如果需要删除字段，可以单击“删除字段”（Remove Field）按钮。

根据上述方法，创建 4 个数据表。客户信息表（Customers）包含客户号、客户姓名和客户地址字段，且都是 Text 型；订单信息表（Orders）包含订单号（Text 型）、客户号（Text 型）和订购日期字段（Date 型）；订购书表（Books）的字段有订单号（Text 型）、书号（Text 型）和数量（Integer 型）；图书信息表（Bookitems）的字段有书号（Text 型）、书名（Text 型）和单价（Single 型）。

4. 添加索引

为了提高搜索数据库记录的速度，要将数据表中的某些字段设置为索引（Index）。设置索引以后，进行查询时便是直接进行存取，速度将会快很多。在图 5.5 所示对话框中单击“添加索引”（Add Index）按钮，出现“添加索引 到 Customers”对话框，如图 5.7 所示。

- 名称（Name）：是索引字段的名称。
- 索引的字段（Indexed Fields）：从“可用字段”中选出被索引的字段。
- 主要的（Primary）：表示当前建立的索引是主索引（Primary Index），在每个数据表中主索引是唯一的。

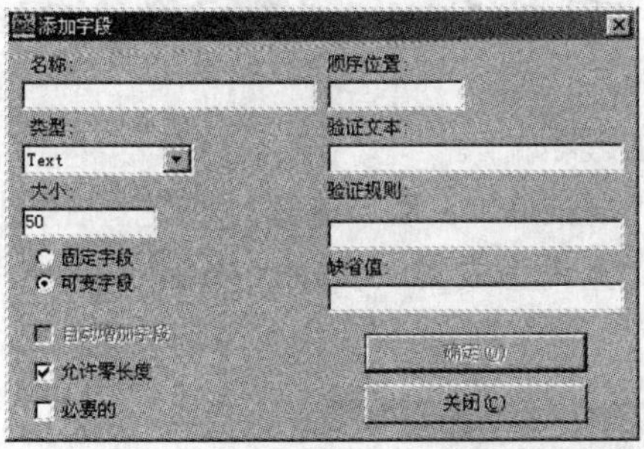

图 5.6 “添加字段”对话框

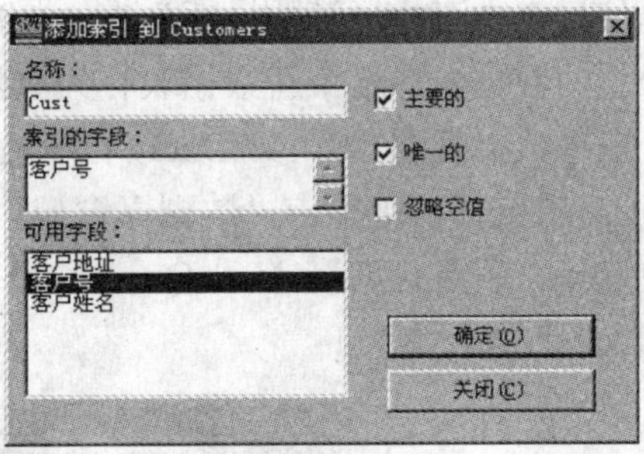

图 5.7 “添加索引 到 Customers”对话框

- 唯一的（Unique）：设置该字段不会有重复的数据。
- 忽略空格（Ignore Nulls）：表示搜索索引时，将忽略空值记录。

添加客户信息表（Customers）的索引，在图 5.7 中选择索引字段为“客户号”，名称为“Cust”，并且选择“主要的”和“唯一的”复选框。如果需要设置多个索引，可在设置完一个并单击“确定”按钮后，再设置下一个。若要删除索引，可在图 5.5 所示对话框中单击“删除索引”（Remove Index）按钮。

当数据表设计完后，单击图 5.5 所示对话框中的“生成表”（Build the Table）按钮则生成一张新表。

建立数据表 Customers，Orders，Bookitems 和 Books 后，在“数据库窗口”可以显示 4 个数据表。若要修改表结构，可在数据表上单击鼠标右键，在快捷菜单中选择“设计”（Design）命令，就可将“表结构”打开并进行修改。

5. 输入记录

数据表设计好后，就可输入记录。在“数据库窗口”单击鼠标右键，选择“打开”（Open）命令，记录可以单个记录方式（Data Control）显示，如图 5.8（a）所示，也可单击工具栏的按钮，用网格控件（DBGrid）以多个记录方式显示，如图 5.8（b）所示。

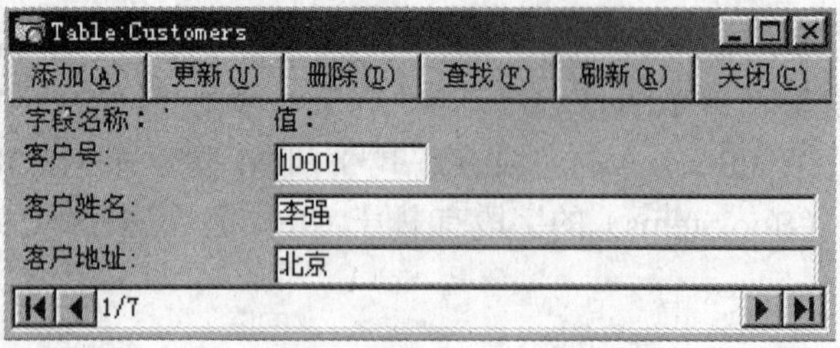

（a）单个记录显示 Customers 表

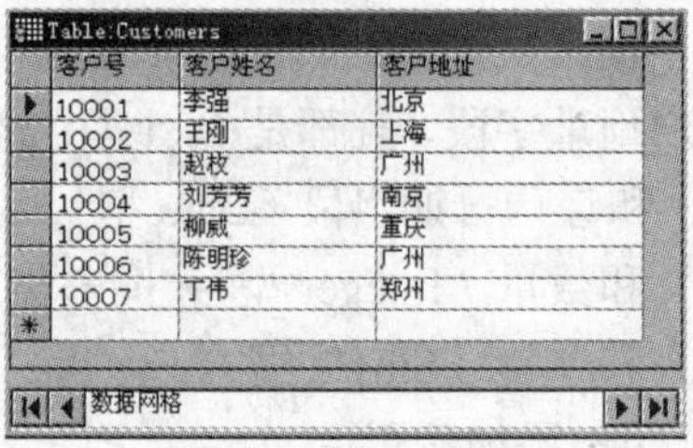

（b）多个记录显示 Customers 表

图 5.8 数据库窗口

在数据管理器窗口的工具栏按钮中有表类型记录集（Table）、动态集类型记录集（Dynaset）和快照类型记录集（Snapshot），它们的差别详见 5.3.1 小节。

5.1.3 建立数据查询

数据表中有众多记录，有时用户需要查找符合某些条件的记录。例如，需要在“Orders”订单信息表中查找“订购日期”在 1999 年 1 月 1 日之后的记录，把符合条件的记录组成一个新的数据表，这个新数据表称为查询（Query）。

在“数据管理器”（VisData）窗口建立查询的步骤如下。

① 用鼠标右键单击“数据库窗口”，或选择“Orders”表后单击鼠标右键。在快捷菜单中选择“新建查询”（New Query）命令，出现“查询生成器”（Query Builder）对话框，如图 5.9 所示。

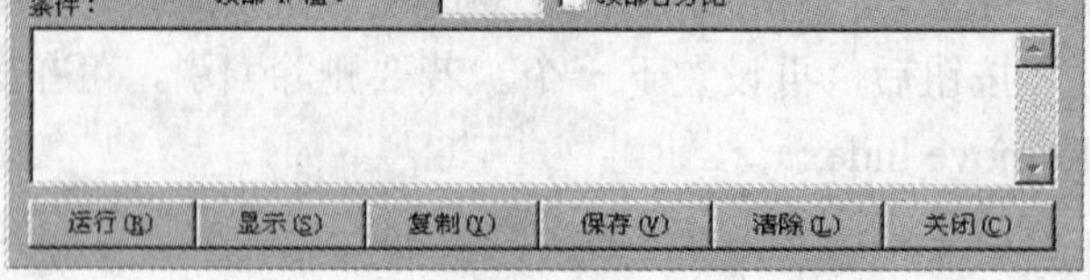

图 5.9 “查询生成器”对话框

② 单击“表”（Tables）列表中的数据表名“Orders”。

③ 单击“字段名称”（Field Name）的下拉箭头，选择“Order.订购日期”，在“运算符”（Operator）中选择“>=”，在“值”（Value）文本框中输入“99-1-1”，单击“将 And 加入条件”（Add Into Criteria）按钮，在“条件”（Criteria）文本框中显示查询的 SQL 语句。

④ 在“要显示的字段”（Fields to Show）中选择在查询表中需要显示的字段，选择“Orders”表中的所有字段，排序方式选择“升序”（Asc）。如果还有其他条件，则单击“将 And 加入条件”或“将 Or 加入条件”按钮，将条件加入列表框中。

⑤ 单击“运行”（Run）按钮，出现“这是 SQL 传递查询吗？”消息框，单击“否”按钮，则可生成查询。单击“保存”（Save）按钮将查询保存，输入查询名为“OrderDate”。

这样，在“数据库窗口”中就出现了数据库中的所有数据表和查询，图 5.10（a）所示为系统生成的“OrderDate”查询的 SQL 语句。单击表“Customers”左边的“+”可以看到字段名，如图 5.10（b）所示为数据库“dbbook.mdb”的 4 个表和查询 OrderDate，以及 Customers 表的字段。

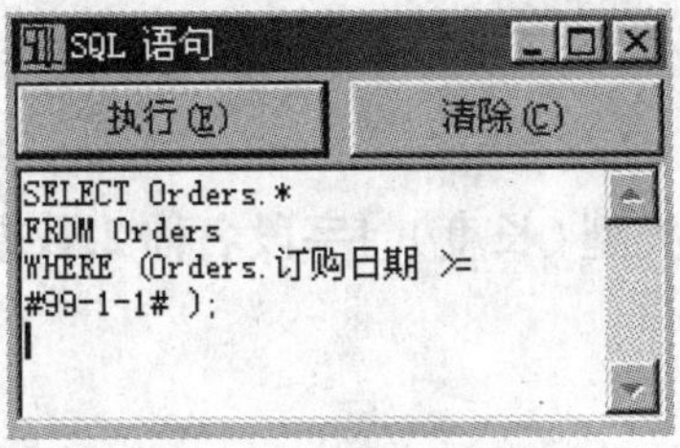

（a）SQL 语句

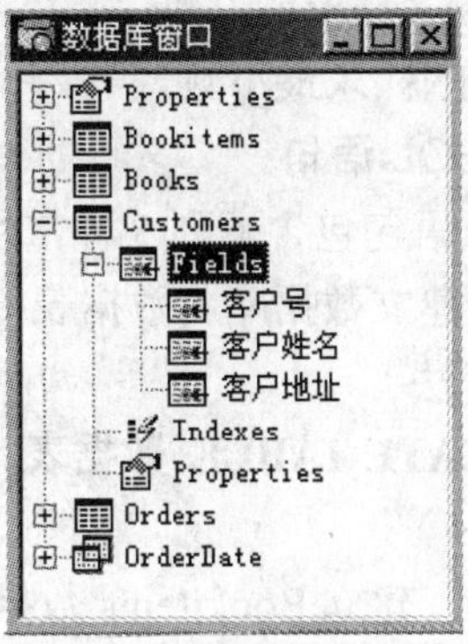

（b）数据库窗口

图 5.10　数据库窗口

5.2　SQL 语言

只要与数据库处理有关的事情，几乎都与 SQL 有关。SQL 是结构化查询语言（Structure Query Language）的缩写，是一种用于数据库查询和编程的语言，已经成为关系型数据库普遍使用的标准。这种标准数据库语言给程序设计和数据库的维护都带来了极大的方便，已广泛应用于各种数据查询。VB 和其他的应用程序（包括 Access, FoxPro, Oracle, SQL Server 等）都支持 SQL。如果用户使用过任何一种 SQL 查询结构，学习起来就不会有太大的问题。SQL 所使用的语法类似于日常交谈的语言，非常容易学习。

5.2.1　SQL 语句

SQL 的语法属于一种非程序性的语法描述，而且是专门针对关系数据库处理时所使用的语法。

SQL 由若干条 SQL 语句组成。SQL 语句中的 SQL 子句用来定义需要处理的数据，条件子句需要使用 SQL 运算符。

1．SQL 运算符

SQL 运算符除了可使用 AND（与），OR（或），NOT（非）逻辑运算符，以及<，<=，>，>=，< >比较运算符外，还可使用下列运算符。

- BETWEEN：指定运算值范围。
- LIKE：格式相符。

● IN：指定记录。

2. SQL 函数

SQL 函数中，条件子句除了可以使用常规函数外，还可使用下列函数。

● AVG：求平均值。

● COUNT：计数。

● SUM：求和。

● MAX：求最大数。

● MIN：求最小数。

3. SQL 语句

SQL 语句包含下列 5 种常用语句。

（1）建立数据库新数据表

语法

CREATE TABLE 数据表（[字段名称 1]数据类型（长度），[字段名称 2]数据类型（长度），……）

例如，建立 Bookitems 数据表：

```
CREATE TABLE Bookitems ([书名] Text(40),[书号] Text(5))
```

（2）从数据库中筛选一个记录集

语法

SELECT 字段列表 FORM 子句 WHERE 子句 GROUP BY 子句 HAVING 子句 ORDER BY 子句

● 字段列表：若有多个字段名称，各字段之间用“,”分隔，用“*”可以表示所有的字段名。当包含多个表中的字段时，可用“数据表.字段名”的格式。

● FORM 子句：指定查询数据表，各数据表之间用“,”分隔。

● WHERE 子句：指定查询的条件，使用 SQL 运算符组成运算表达式。

● GROUP BY 子句：指定分组项目，使同样内容的记录（如相同日期）归类在一起。

● HAVING 子句：功能与 WHERE 子句类似，只是必须与 GROUP BY 子句一起运行。

● ORDER BY 子句：在查询时进行排序，采用“ORDER BY 字段名关键字”的格式。关键字有 ASC 和 DESC 两种。ASC 为升序排列，DESC 为降序排列。

例如，选择图书信息表 Bookitems 中“书名”字段含有“计算机”的书，按降序排列书号，生成如图 5.11 所示的查询。

```
SELECT * FORM Bookitems WHERE Bookitems.书名 LIKE '计算机*' ORDER BY 书号 DESC
```

	书号	书名
▶	103	计算机系统概论
	102	计算机程序设计
*		

图 5.11 查询结果

（3）在数据表中添加一个记录

语法

INSERT INTO 数据表（字段名 1,字段名 2,……） VALUE （数据 1,数据 2,……）

例如，向数据表 Bookitems 中添加一条记录，“书号”为“105”，“书名”为“计算机基础知识”：

```
INSERT INTO Bookitems(书号,书名) VALUE(105,计算机基础知识)
```

（4）删除符合条件的记录

语法

DELETE （字段名） FROM 数据表 WHERE 子句

其中，字段名可以省略不写，因为一般都是删除整条记录。

例如，将 Books 表中“数量”小于 500 的记录删除：

```
DELETE FORM Books WHERE 数量<500
```

（5）更改符合条件的记录

语法

UPDATE 数据表 SET 新数据值 WHERE 子句

例如，将数据表 Books 中所有“数量”少于 500 的字段都改为 500：

```
UPDATE Books SET 数量=500 WHERE 数量<500
```

5.2.2 用 SQL 语句建立查询

在 5.1.3 小节中讲过可在“数据管理器”（VisData）窗口中通过“查询生成器”（Query Builder）对话框建立查询，除此之外也可以在“SQL 语句”窗口中直接输入 SQL 语句来建立查询。

用 SQL 语句建立查询 SQL 语句的步骤如下：

① 单击“外接程序”（Add-INs）菜单中的“可视化数据管理器”（Visual Data Manager）命令，打开 VisData 窗口。单击“文件”（File）菜单中的“新建”（New）命令，指定建立一个 Access 数据库格式文件，或打开已有的数据库（如打开“dbbook.mdb”文件），出现的“SQL 语句”窗口就是用来输入 SQL 语句的文本框。

② 建立数据查询“Test”，单击鼠标右键，选择“新建查询”（New Query）命令，然后将 SQL 语句输入“SQL 语句”文本框中，单击“执行”（Execute）按钮。

例如，建立一个查询“Test”，将订单信息表（Orders）中“订单号=1001”的记录在客户信息表（Customers）中的对应客户信息显示出来，则在“SQL 语句”文本框输入如下 SQL 语句：

```
SELECT   Orders.*, Customers.* FROM   Orders, Customers
WHERE (((Customers.[客户号])=[Orders].[客户号]) AND ((Orders.[订单号])="1001"))
```

其中：“*”表示数据表中的所有字段，“AND”表示条件是“与”的关系。

③ 出现询问对话框，单击“No”按钮，继续执行，就会产生查询。

④ 在“数据库窗口”单击鼠标右键，在快捷菜单中选择“刷新列表”（Refresh List），即可在窗口中看到“Test”查询；用鼠标右键单击“Test”，从快捷菜单中选择“打开”命令，将数据表以网格或单个记录的形式显示出来。“Test”以网格记录（DBGrid）的形式显示如图 5.12 所示。

图 5.12 Test 查询

SQL 语句的正确与否可以通过建立查询来测试。

5.3 Data 控件

控件箱中的 Data 控件是 VB 用于数据库操作的控件。双击 Data 控件或单击后在窗体上拖动出控件的大小，都可看到 Data 控件的外观，如图 5.13 所示的各按钮含义如下。

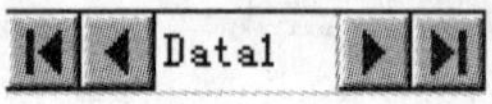

图 5.13 Data 控件

：移到最前面的记录。

：移到前一个记录。

：移到下一个记录。

：移到最后一个记录。

5.3.1 常用属性、方法和事件

在介绍 Data 控件之前，必须了解数据库的基本概念，即记录集（Recordset）。记录集是一个对象，一个记录集是数据库中的一组记录（行），可以是数据表（Table）或查询（Query）。下列语句是访问数据控件的记录集。

语法

数据控件对象.Recordset

1. Data 控件的常用属性和事件

（1）Connect 属性

Connect 属性用来指定该数据控件所要链接的数据库格式，默认值为 Access，其他还包括 dBASE，FoxPro，Excel 等，Connect 属性列表框如图 5.14 所示。

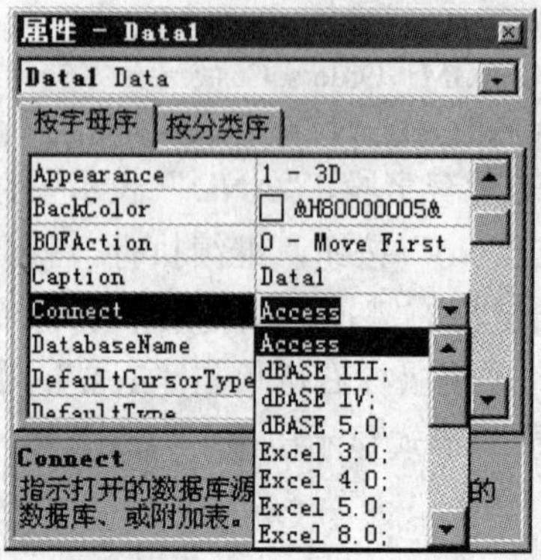

图 5.14 Data 控件 Connect 属性列表框

（2）DatabaseName 属性

DatabaseName 属性用于确定数据控件使用的数据库的完整路径。如果链接的是 Access 数据库，就可单击...按钮定位.mdb 文件。例如，选择“C:\dbbook.mdb”文件。

（3）RecordSource 属性

RecordSource 属性用于指定数据控件所链接的记录来源，可以是数据表名，也可以是查询名。在属性窗口中单击下拉箭头，在列表中选出数据库中的记录来源。例如，选择客户信息表“Customers”。

（4）RecordsetType 属性

RecordsetType 属性用于指定数据控件存放记录的类型，包含表类型记录集、动态集类型记录集和快照类型记录集，默认为动态集类型记录集。

- 表类型记录集（Table）：包含实际表中的所有记录。这种类型可对记录进行添加、删除、修改、查询等操作，直接更新数据。
- 动态集类型记录集（Dynaset）：可以包含来自一个或多个表中记录的集合，即从多个表中组合数据，也可只包含所选择的字段。这种类型可以加快运行的速度，但不能自动更新数据。
- 快照类型记录集（Snapshot）：与动态集类型记录集相似，但这种类型的记录集只能读，不能更改数据。

（5）BOFAction 和 EOFAction 属性

在运行时，用户通过单击数据控件的指针按钮可移动记录到开始或结尾。BOFAction 属性是指当用户移动到开始时程序将执行的操作，EOFAction 指当用户移动到结尾时程序将执行的操作。

BOFAction 值为 0（Move First）是将第一笔记录作为当前记录，为 1（BOF）指记录的开头。

EOFAction 值为 0（Move Last）是将最后一笔记录作为当前记录，为 1（EOF）指记录的末尾，为 2（AddNew）则移动到记录结尾并且自动添加一个记录。

（6）Reposition 事件

Reposition 事件是当某个记录成为当前记录之后触发。通常利用该事件对当前记录的数据内容进行计算，触发该事件有以下 4 种原因。

① 单击数据控件的某个按钮，进行记录的移动。

② 使用 Move 方法群组。

③ 使用 Find 方法群组。

④ 其他可改变当前记录的属性或方法。

（7）Validate 事件

Validate 事件与 Reposition 事件不同，是当某个记录成为当前记录之前，或是在 Update，Delete，Unload 或 Close 操作之前触发。

语法

Private Sub Data1_Validate（Action As Integer, Save As Integer）

- Action：用来指示引发这种事件的操作。
- Save：用来指定被链接的数据是否修改了。

例如，在 Validate 事件触发时确定记录内容是否修改，如果不修改则恢复原先内容：

```
Private Sub Data1_Validate(Action As Integer, Save As Integer)
    Dim mag
    If Save = True Then
        mag = MsgBox("要保存修改吗?", vbYesNo)
        If mag = vbNo Then
            Save = False
            Data1.UpdateControls                    ' 恢复原先内容
        End If
    End If
End Sub
```

2. Data 控件记录集的常用方法和属性

（1）AddNew 方法

AddNew 用于添加一个新记录。新记录的每个字段如果有默认值将以默认值表示，如果没有则为空白。

例如，给 Data1 控件对应的记录集添加新记录：

```
Data1.Recordset.AddNew
```

（2）Delete 方法

Delete 用于删除当前记录的内容，在删除后当前记录移到下一个记录。

（3）Edit 方法

Edit 用于对可更新的当前记录进行编辑修改。

（4）Find 方法群组

Find 方法群组用于查找记录，包含 FindFirst, FindLast, FindNext 和 FindPrevious 方法，这 4 种方法查找的起点不同。各种方法的查找起点和查找方向如表 5.1 所示。

表 5.1 4 种 Find 方法

Find 方法	查找起点	查找方向
FindFirst	第一个记录	向后查找
FindLast	最后一个记录	向前查找
FindNext	当前记录	向后查找
FindPrevious	当前记录	向前查找

例如，查找“客户号”字段为“10002”的记录：

```
Data1.Recordset.FindFirst "客户号='10002'"
If Data1.Recordset.NoMatch Then                ' 如果没找到
    MsgBox "找不到 10002 号客户"
End If
```

当查找不到符合条件的记录时，需要显示信息提示用户，因此使用 NoMatch 属性。当使用 Find 或 Seek 方法找不到相符的记录时，NoMatch 属性为 True。

（5）Move 方法

语法

记录集.Move 移动的记录数，开始位置

- 移动的记录数：为长整型。
- 开始位置：adBookmarkCurrent（默认）从当前记录开始，adBookmarkFirst 为从第一条记录开始，adBookmarkLast 为从最后一条记录开始。

【例 Ex_DAOMove】 在窗体中单击“移动”（cmdMove）按钮，用 InputBox 输入想要移动的记录数，然后在控件 Data1 的记录集之中移动当前记录的位置。

程序代码如下：

```
Private Sub cmdMove_Click()
    Dim MoveNumber
    Dim LngMove As Long
    With Data1.Recordset
        .MoveFirst
        MoveNumber = InputBox("请输入移动记录数", "移动记录")
        If MoveNumber = "" Then End
        LngMove = CLng(MoveNumber)
            .Move LngMove
            If .BOF Or .EOF Then                    ' 判断是否 BOF 或 EOF
                MsgBox "移动出界!"
        End If
       .Close
    End With
End Sub
```

（6）Move 方法群组

Move 方法群组用于移动记录，包含 MoveFirst, MoveLast, MoveNext 和 MovePrevious 方法。这 4 种方法分别表示移到第一个记录，移到最后一个记录，移到下一个记录和移到前一个记录。

注意

当在最后一个记录时，如果使用 MoveNext 方法，EOF 的值变为 True。如果再使用 MoveNext 方法就会出错，出现如图 5.15 所示的出错提示。对于 MovePrevious 方法，如果在第一个记录时，前移，BOF 值变为 True，如果再前移就会出错。因此使用 MoveNext 的程序代码如下：

```
Datal.Recordset.MoveNext
If Datal.Recordset.EOF Then Datal.Recordset.MoveLast
```

图 5.15　出错提示

（7）Refresh 方法

如果 DatabaseName, ReadOnly, Exclusive 或 Connect 属性的设置值发生改变，可以使用 Refresh 方法打开或重新打开数据库，用 Refresh 方法可以更新数据控件的集合内容。

（8）Seek 方法

Seek 方法适用于数据表类型（Table）记录集，通过一个已被设置为索引（Index）的字段，查找符合条件的记录，并且使该记录为当前记录。

语法

记录集.Seek 比较式，key1，key2，…，key13

例如，当索引为“客户号”字段时，查找客户号为“10005”的记录：

```
Data1.Recordset.Seek "=", "10005"
```

（9）Update 方法

Update 方法用于将修改的记录内容保存到数据库中。

（10）UpdateControls 方法

UpdateControls 方法可从数据控件的记录集之中再取回原先的记录内容，即恢复原先的值。当在与数据控件链接的控件中修改了记录内容，可用 UpdateControls 方法使这些控件恢复原来的值。

（11）RecordCount 属性

RecordCount 属性返回记录集的记录总数。使用该属性获得记录总数时，先将指针移到记录集的最后一条记录，然后访问该属性。

例如，获得记录总数：

```
Dim RecNum As Integer
Data1.Recordset.MoveFirst
RecNum Data1.Recordset. RecordCount
```

（12）BookMark 属性

BookMark 属性返回或设置当前记录的书签值。

例如，查找客户号为 10002 的记录，并用书签标记位置：

```
Dim RecNo As Long
Data1.Recordset.FindFirst "客户号='10002'"
RecNo= Data1.Recordset.BookMark                    ' 保存书签
  …
Data1.Recordset.BookMark=RecNo                     ' 重新定位到书签位置
```

5.3.2 常用的数据感知控件

与 Data 控件绑定的控件称为数据感知控件。控件箱中的常用控件如 Label, TextBox, CheckBox，Image, OLE, PictureBox, ListBox 和 ComboBox，都能和 Data 的 Recordset 的一个字段绑定。

1. 数据感知控件的相关属性

- DataSource 属性：用于在下拉列表中选择想要绑定的 Data 控件名称。如图 5.16 所示为数据感知控件 Text1 的属性页，DataSource 属性选择 Data1。

● DataField 属性：用于在下拉列表中选择显示的字段名称。

标签（Label）和文本框（TextBox）控件经常用于显示 Data 控件的一个字段。

复选框（CheckBox）绑定的数值如果为-1 则表示 True，为 0 则表示 False。

图像框（Image）和图片框（PictureBox）用于绑定二进制类型的图片字段。

注意

列表框（ListBox）和组合框（ComboBox）的下拉列表中并不显示 Data 控件的字段，必须用 AddItem 语句编程添加进去。

2. 绑定数据控件的步骤

数据感知控件绑定的过程不需要加入任何程序代码，将文本框 txtOrderNo 与 Data1 绑定的步骤如下。

① 将数据控件（Data1）放置在窗体中，将数据感知控件 TextBox 放置在窗体中，并且改名为 txtOrderNo。

② 设置 Data1 的 DatabaseName 属性为“C:\dbbook.mdb”文件，设置 Data1 的 RecordSource 属性为“Orders”表。

③ 设置 txtOrderNo 的 DataSource 属性为 Data1，设置 txtOrderNo 的 DataField 属性为“订单号”字段。

【例 Ex_DataInput】创建一个订购图书的订单信息的输入界面，可以显示数据表记录、添加记录、删除记录和修改记录。用文本框绑定 Data 控件，3 个文本框 txtOrderNo, txtCuNo 和 txtDate 分别显示“Orders”表的各字段。

输入及运行界面如图 5.17 所示，窗体由 4 个按钮、3 个标签、3 个文本框和 1 个 Data 控件组成。窗体文本框控件和 Data 控件的属性表如表 5.2 所示，标签和按钮属性设置省略。

图 5.16　数据感知控件属性

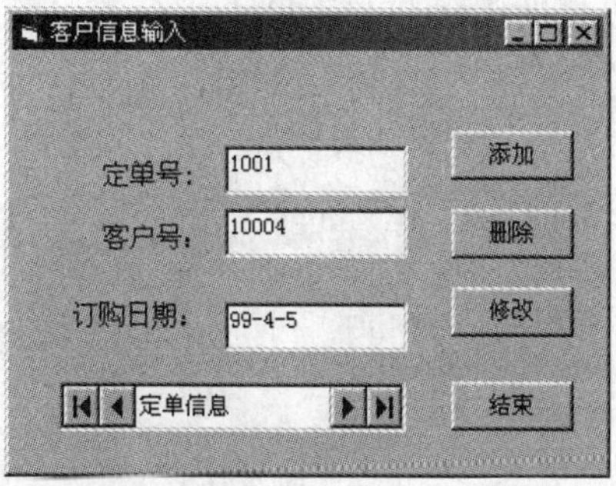

图 5.17　客户信息输入及运行界面

表 5.2　窗体对象的属性表

对　象	控 件 名	属 性 名	属 性 值
TextBox	TxtCuNo	Text	空
		DataSource	Data1
		DataField	客户号
	txtOrderNo	Text	空
		DataSource	Data1
		DataField	订单号

续表

对　象	控 件 名	属 性 名	属 性 值
TextBox	txtDate	Text	空
		DataSource	Data1
		DataField	订购日期
Data	Data1	Caption	订单信息
		DataBaseName	C:\dbbook.mdb
		RecordSource	Orders

程序代码如下：

```
Option Explicit
Private Sub cmdAdd_Click()
' 添加记录
        Data1.Recordset.AddNew
        Data1.Recordset.Update
        Data1.Recordset.MoveLast
End Sub

Private Sub cmdDelete_Click()
' 删除记录
        Dim mag
        mag = MsgBox("要删除吗?", vbYesNo, "删除记录 ")
        If mag = vbYes Then
            Data1.Recordset.Delete
            Data1.Recordset.MoveLast
        End If
End Sub

Private Sub cmdUpdate_Click()
' 修改记录
        Data1.Recordset.Edit
        Data1.Recordset.Update
End Sub

Private Sub Data1_Validate(Action As Integer, Save As Integer)
' 确定是否修改，若不修改恢复原先内容
        Dim mag
        If Save = True Then
                mag = MsgBox("要保存吗?", vbYesNo, "保存记录 ")
                If mag = vbNo Then
                        Save = False
                        Data1.UpdateControls
                End If
        End If
End Sub
```

```
Private Sub cmdEnd_Click()
    End
End Sub
```

程序分析

当删除最后一个记录后，如果再删除就会出错，因此每次删除后将当前记录移到最后一个。

5.3.3 ActiveX 数据感知控件

除了基本控件之外，ActiveX 控件中还有 DBGrid, DBList, DBCombo 和 MsFlexGrid 控件可与 Data 控件绑定。

1. DBGrid 控件

DBGrid 控件是一种类似于表格的数据绑定控件，可以通过行和列显示 Recordset 对象的记录和字段，用于浏览和编辑完整的数据库表和查询。

在使用 DBGrid 控件之前必须在控件箱中添加部件，在部件选项卡中选择“Microsoft Data Grid Control 5.0（SP3）”复选框，则 DBGrid 控件就添加在控件箱中。

创建 DataGrid 控件的一般步骤如下。

① 在窗体上放置一个 Data 控件“Data1”，设置 DatabaseName 为“C:\dbbook.mdb”和 RecordSource 属性为“Orders”。

② 在窗体上放置一个 DBGrid 控件，设置 DataSource 属性为 Data1。

③ 用鼠标右键单击该 DBGrid 控件，然后选择“检索字段”（Retrieve Fields）命令，就会用数据源的记录集自动填充该控件，并且自动设置该控件的列标头。

④ 用鼠标右键单击 DBGrid 控件，然后单击“属性”。使用“属性页”选项卡设置该控件的适当属性，重新设置该网格的大小和需要显示的列。DBGrid 控件可以快速进行属性的设置。

在“通用”（General）、“列”（Columns）、“布局”（Layout）等属性选项卡中设置其所需的外观和行为，如图 5.18 所示。选择“Button”（按钮）复选框可以设置该列的内置按钮，通过按钮事件实现某些操作。

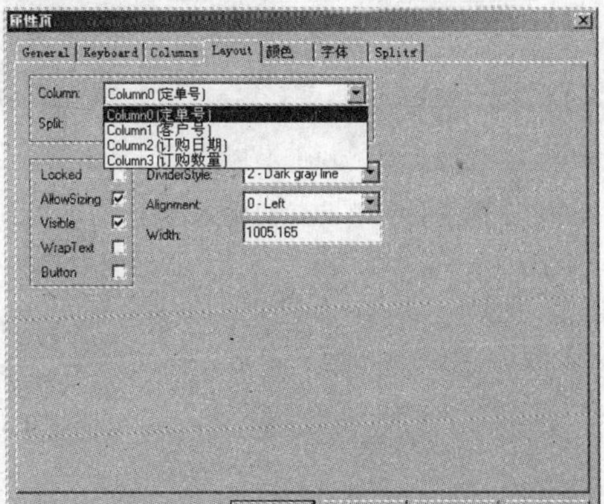

图 5.18　DBGrid 控件属性页

在运行时可以动态地更改该网格的数据源，可以在程序中切换 DataSource 来查看不同的表。例如，当有若干 Data 控件，每个控件可以连接不同的数据库，可以将 DBGrid 控件的“DataSource”从一个 Data 控件重新设置为另一个 Data 控件。

DBGrid 控件可以直接通过指针的移动，移动记录和修改记录。

（1）常用事件

① RowColChange 事件

RowColChange 事件在当前单元改变为其他不同单元时触发。

语法

Private Sub 对象_RowColChange (lastrow As String, lastcol As Integer)

② ButtonClick 事件

ButtonClick 事件在单击当前单元的内置按钮时触发。

语法

Private Sub 对象_ButtonClick(ByVal collndex As Integer)

其中，collndex 表示按钮所在的列。

（2）常用方法

① Rebind 方法

Rebind 方法用于重新生成 DataGrid 控件属性和列，Rebind 方法执行的操作与设置 DataSource 属性时的相同。

② Scroll 方法

Scroll 方法用于水平或垂直地滚动 DBGrid 控件。

语法

对象. Scroll 某列, 某行

【例 Ex_DBGrid】用 DBGrid 控件显示 Orders 表，并且通过 3 个按钮实现添加、删除和修改记录。完成的功能与【例 Ex_DataInput】一样，不需要“修改”按钮，修改直接在 DBGrid 控件上进行。输入界面如图 5.19 所示。

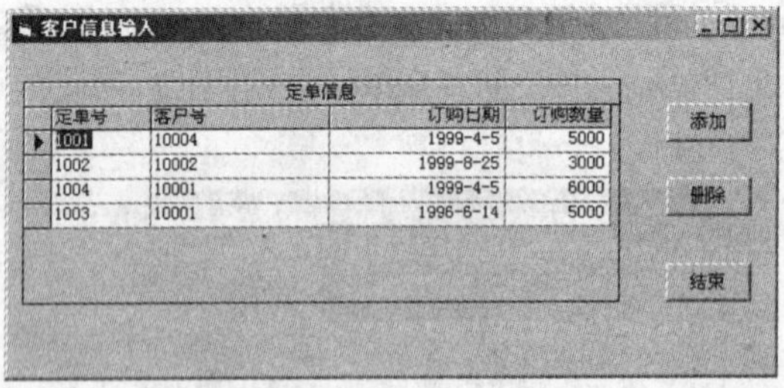

图 5.19　客户信息输入界面

程序代码如下：

```
Option Explicit
Private Sub cmdDelete_Click()
    ' 删除记录
    Dim mag
    mag = MsgBox("要删除吗?", vbYesNo, "删除记录 ")
    If mag = vbYes Then
```

```
            Data1.Recordset.Delete
            Data1.Recordset.MoveLast
        End If
End Sub

Private Sub DBGrid1_AfterColEdit(ByVal ColIndex As Integer)
' 确定是否修改，若不修改恢复原先内容
        Dim mag
        mag = MsgBox("要保存吗?", vbYesNo, "保存记录 ")
        If mag = vbNo Then
            Data1.UpdateControls                              ' 恢复原先内容
        End If
End Sub

Private Sub cmdAdd_Click()
' 添加记录
        Data1.Recordset.AddNew
        Data1.Recordset.Update
        Data1.Recordset.MoveLast
End Sub

Private Sub cmdEnd_Click()
        End
End Sub
```

程序分析

AfterColEdit 事件是当修改 DBGrid1 中某个单元内容后触发的。

2. DBList 和 DBCombo 控件

DBList 和 DBCombo 控件与控件箱中的列表框（ListBox）和组合框（ComboBox）相似，所不同的是这 2 个控件的列表项是由所绑定的数据库字段自动填充的。DBList 控件和 DBCombo 控件的不同仅在于，DBCombo 控件可以提供文本框让用户编辑字段。

DBCombo 和 DBList 控件是 ActiveX 控件，因此必须在"部件"选项卡中选择"Microsoft Data Bound List Controls 6.0"。

常用属性如下。

- DataSource：设置绑定的 Data 控件。
- DataField：由 DataSource 属性指定用于更新记录集的字段，是 DataList 和 DataCombo 控件所绑定的字段。
- RowSource：设置用于填充下拉列表的 Data 控件。
- ListField：表示 RowSource 属性指定的记录集之中用于填充下拉列表的字段。
- BoundColumn：表示 RowSource 属性指定的记录集之中的一个字段。当在下拉列表中选择回传到 DataField，必须和用于更新列表的 DataField 的类型相同。
- BoundText：BoundColumn 字段的文本值。

【例 Ex_DBCombo】为了更好地理解这几个属性的不同含义，将【例 Ex_DataInput】的窗体中输入“客户号”改为使用 DBCombo 控件（dbComboCuNo）。由于“客户号”很难记住，为了输入方便，在 dbComboCuNo 的下拉列表显示“客户姓名”，当单击列表后选中“客户姓名”，则对应的“客户号”就写到 Orders 表的“客户号”字段中。设计界面如图 5.20（a）所示，运行界面如图 5.20（b）所示。

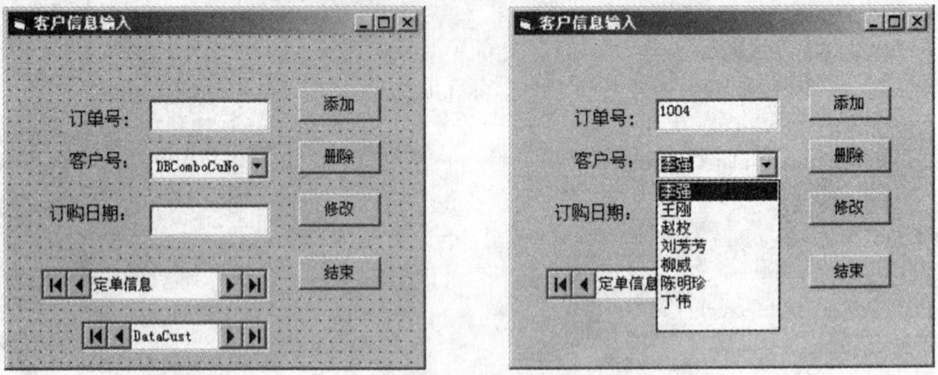

（a）设计窗体　　　　（b）运行窗体

图 5.20　“客户姓名”写入“客户号”

dbComboCuNo 控件需要 2 个 Data 控件，连接到 Orders 表的名为 DataOrder，连接到 Customers 表的名为 DataCust，控件的属性设置如表 5.3 所示。

表 5.3　属性设置

控　件	控 件 名	属 性 名	属 性 值
Data	DataCust	DatabaseName	C:\dbbook.mdb
		RecordSource	Customers
Data	DataOrder	DatabaseName	C:\dbbook.mdb
		RecordSource	Orders
dbCombo	dbComboCuNo	RowSource	DataCust
		ListField	客户姓名
		BoundColumn	客户号
		DataSource	DataOrder
		DataField	客户号

由 ListField 和 RowSource 属性指定显示的下拉列表，如图 5.20（b）所示，在 dbComboCuNo 的下拉列表显示客户姓名。

由 DataSource 和 DataField 属性指定绑定到哪个数据表的什么字段中，绑定到 DataOrder 控件的“客户号”字段。当单击 DataOrder 控件的▶或◀按钮时，记录向前或向后移动。

由 BoundColumn 属性指定 RowSource 中的哪个字段被送到 DataField 指定的字段中，是“客户姓名”对应的“客户号”字段，单击下拉列表时应该将客户号输入 Orders 表中的“客户号”字段。因此 BoundColumn 属性为“客户号”。

5.4　DAO 编程模型

数据控件（Data）几乎不需要任何程序代码，仅靠属性的设置即可使工程具有基本的数据访问能力。利用 VB 提供的数据访问对象（DAO）可以直接编写程序代码，访问数据库数据，使数据访问更快，更有效率。

DAO 是数据访问对象（Data Access Object），是数据访问接口的一种。数据访问接口使应用程序用一个简单、一致的接口，访问和修改众多类型的数据源。DAO 用于访问本地 Microsoft 的 Access（.mdb）文件和任何 ODBC 数据源（如 Btrieve，FoxPro，Paradox 和 dBase 数据库），连接数据库的操作非常简捷。

5.4.1　DAO 分层结构

在使用 DAO 之前，必须设置 DAO 函数库，可以按照以下步骤进行。

① 单击“工程”菜单中的“引用”（References）命令，出现如图 5.21 所示的“引用”对话框。

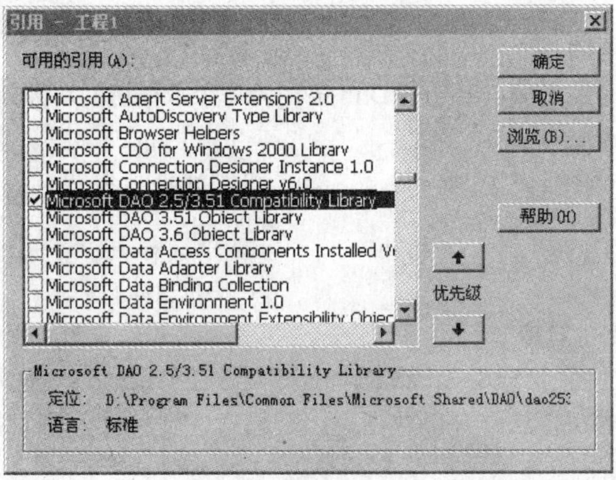

图 5.21　“引用”对话框

② 滚动列表找到 DAO Libraries 的选项即“Microsoft DAO 2.5/3.51 Compatibility Library”。

③ 单击“确定”按钮。

数据访问对象是以分层形式组织的，整个 DAO 分层结构如图 5.22 所示。

在 DAO 分层结构中，对象可以包含另一个对象，构成层层包含的关系。

- Workspacc 对象：在 DAO 分层结构中可知，dbEngine 对象包含 Workspace 对象，用户连接数据库从登录到最后退出的阶段是 Workspace 对象的存活期，可以根据用户的名称和密码确定用户的使用权限。第一个建立的 Workspace 对象名称默认为 dbEngine.Workspace（0）。

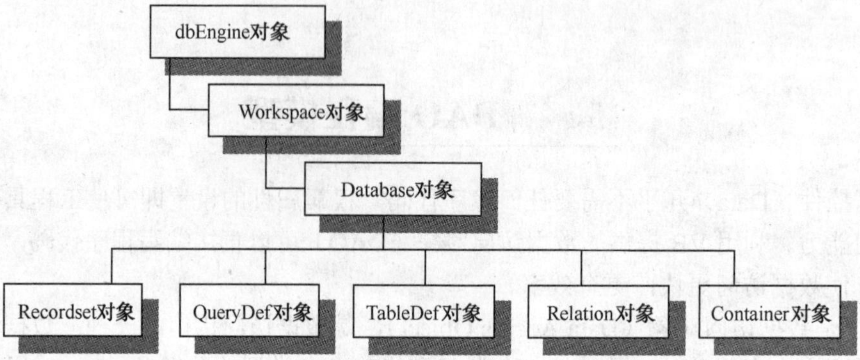

图 5.22 DAO 分层结构

- Database 对象：Database 对象就是打开数据库运行时的代表。
- Recordset 对象：与 5.3.1 小节中的 RecordsetType 对象是同一概念。表类型记录集（Table），动态集类型记录集（Dynaset）和快照类型记录集（Snapshot）3 种数据类型组合为 Recordset 对象。
- TableDef 对象：数据库中的表（Table）。

5.4.2 DAO 编程

1. 对象变量的声明

在使用数据访问对象之前，应先用 Dim 语句为每个数据访问对象建立对象变量。例如：

```
Dim wsBook As Workspace                   ' 声明 Workspace 对象
Dim dbBook As Database                    ' 声明 Database 对象
Dim tbBook As TableDef                    ' 声明 TableDef 对象
Dim idBook As Index                       ' 声明 TableDef 对象的索引
Dim fdBookName As Field                   ' 声明字段 Field 对象
```

2. 建立 Database 对象

建立 Database 对象前要先用 CreateDatabase 方法在 Workspace 对象下建一个新数据库，然后使用 OpenDatabase 方法打开该数据库；若已存在数据库，则直接使用 OpenDatabase 方法打开该数据库。

（1）建立数据库

语法

Set Database 对象 = Workspace. CreateDatabase（name, locale,options）

- name：Database 对象的名称。
- locale：数据库的国别。
- options：数据库格式。

（2）打开数据库

语法

Set Database 对象 = Workspace 对象. OpenDatabase（name, options,readonly, connect）

- name：Database 对象的名称。

● options：默认值为 False，在打开期间允许其他人打开该数据库；Ture 则不允许。

● readonly：默认值为 False，允许读/写该数据库；Ture 则不允许。

● connect：设置数据库类型及其他可省略的设置值，可以包含密码信息。

例如，打开已存在的数据库 dbbook. mdb：

```
Dim dbBook As Database
Set dbBook = OpenDatabase("c: dbbook.mdb")
```

打开数据库可用以下几个语句来实现：

```
Set dbBook = DBEngine.Workspaces(0).OpenDatabase ("c: dbbook.mdb")
Set dbBook = DBEngine. OpenDatabase ("c: dbbook.mdb")
Set dbBook = Workspaces(0).OpenDatabase("c: dbbook.mdb")
```

3. 建立 Recordset 对象

使用 OpenRecordset 方法建立一个 Recordset 对象。

语法

Set Recordset 对象 = 对象. OpenRecordset（source, type,options,lockedits）

● 对象：已打开的数据库对象。

● source：数据源，可以是表（Table）或一个 SQL 命令。

● type：指定打开的类型。

● options：指定打开的 Recordset 的特性。

● lockedits：指定对于数据锁定的方式。

4. Field 对象

Field 对象为组成一个记录（Record）的字段，Field 是最重要的控件。字段内容的引用语法有如下几种。

语法

Recordset 对象（"字段名"）

Recordset 对象 . Fields（Index）

Recordset 对象 ！字段名

例如，以默认的方式打开 dbbook.mdb 数据库中的 Bookitems 表，显示“书名”字段：

```
Dim dbBook As Database
Dim rsBook As Recordset
Set dbBook = OpenDatabase("c: dbbook.mdb")
Set rsBook = dbBook.OpenRecordset("bookitems")
```

用以下几种语句都可以引用“书名”字段：

```
Print rsBook("书名")
Print rsBook.Fields(1)
Print rsBook.Fields("书名")
Print rsBook!书名
```

【例 Ex_DataShow】编程实现打开数据库，通过 DBGrid 来显示表。

通过文件控件打开.mdb 数据库，在.List 控件中显示数据表（Table）名，单击 List 控件在 DBGrid 中显示记录，如图 5.23 所示。

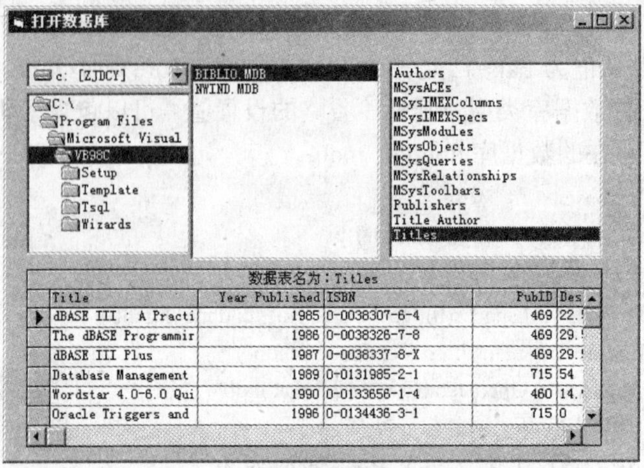

图 5.23　显示数据表运行界面

① 单击“工程”菜单中的“引用”(References)命令，在“引用”对话框中选择“Microsoft DAO 2.5/3.51 Compatibility Library”。

② 界面由驱动器列表框（Drive1），目录列表框（Dir1），文件列表框（File1），列表框（List1），Data 控件（Data1）和 DBGrid 控件（DBGrid1）组成。其中 File1 的 Pattern 属性设置为“*.mdb”，用于显示 mdb 文件；List1 用于显示数据表名；DBGrid1 控件的 DatabaseName 属性为“Data1”，用于显示记录。运行界面如图 5.23 所示。

③ 编写程序，程序代码如下：

```
Dim Db As Database

Private Sub Dir1_Change()
' 目录列表框改变
    File1.Path = Dir1.Path
End Sub

Private Sub Drive1_Change()
' 驱动器列表框改变
    Dir1.Path = Drive1.Drive
End Sub

Private Sub File1_Click()
' 单击文件列表框
    Dim i As Integer
    Set Db = OpenDatabase(File1.Path & "\" & File1.FileName)      ' 打开数据库
    List1.Clear
    For i = 0 To Db.TableDefs.Count - 1                           ' 列出数据表
        List1.AddItem Db.TableDefs(i).Name
    Next i
End Sub

Private Sub List1_Click()
```

```
' 单击列表框，设置 DBGrid1 的数据源为该数据表
    If List1.SelCount <= 0 Then
        MsgBox "请选择数据表名称"
        Exit Sub
    End If
    Data1.DatabaseName = File1.Path & "\" & File1.FileName
    Data1.RecordSource = List1.Text                          ' 设置数据表为数据源
    DBGrid1.Caption = "数据表名为：" & List1.Text
    Data1.Refresh
End Sub
```

5.5　ADO

5.5.1　ADO 基本概念

在 VB 中有 3 种数据访问接口，即数据访问对象（DAO）、远程数据对象（RDO）和 ActiveX 数据对象（ADO）。这 3 种接口代表了数据访问技术的三个发展时代。其中最新的是 ADO，它最简单，也最灵活。因此，用户最好采用 ADO 作为数据访问接口。

ADO 又称 OLE 自动化接口，是访问由 Microsoft 推出的最新、功能最强的应用程序接口。ADO 是为 OLEDB 而设计的。OLEDB 与开放式数据库很相似，是一个便于使用的新的低层接口，以统一的方式访问存储在不同信息源中的数据（包括关联和非关联数据库，电子邮件和文件系统，文本和图形，自定义商业对象等）。使用 ADO 以后，OLEDB 的使用变得更简单。

ADO Data 控件是 ActiveX 数据对象。ADO Data 控件和 Data 控件在概念上很相似，都是将一个数据源连接到一个数据感知控件，也都有相同的外观，共 4 个按钮。不过，ADO 的适应性更广，在应用程序中也可直接使用 ADO。

5.5.2　创建 ADO Data 控件

由于 ADO Data 控件不是 VB 的内部控件，因此在使用之前必须将其添加到控件箱中。通过鼠标右键单击控件箱，在快捷菜单中选择"部件"命令，打开"部件"对话框，选择"Microsoft ADO Data Control 6.0（OLEDB）"复选框，则在控件箱中增加了 ADO Data 控件（Adodc）的图标。

将 ADO Data 控件放置到窗体中，其外观如图 5.24 所示，默认控件名为"Adodc1"。

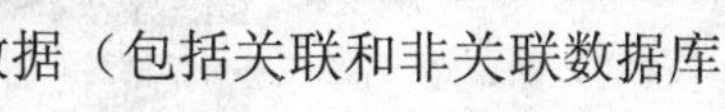

图 5.24　ADO Data 控件

当创建连接时，可以使用 3 种数据源：OLEDB 文件（.UDL），ODBC 数据源（.DSN）或连接字符串。如果创建 OLEDB 数据连接，则打开"Windows 资源管理器"，新建一个.UDL 文件，设置属性与数据库连接；如果需要创建 ODBC 数据源，则从 Windows 系统的"控制面板"通过

“ODBC 数据源管理器”来实现。

1. ADO Data 控件的常用属性

（1）ConnectionString 属性

ConnectionString 属性是一个字符串，用来建立到数据源的连接信息；可以是 OLEDB 文件（.UDL），ODBC 数据源（.DSN）或连接字符串。当连接打开时，ConnectionString 属性为只读。

（2）RecordSource 属性

RecordSource 属性返回或设置一个记录集的查询，用于决定从数据库中查询什么信息。

（3）UserName 属性

UserName 属性是用户名称。当数据库受密码保护时，需要指定该属性。这个属性可在设置 ConnectionString 属性时设置。

（4）Password 属性

Password 属性设置 ADO Recordset 对象创建过程中所使用的口令。当访问一个受保护的数据库时是必需的。与 UserName 属性相似，这个属性可在设置 ConnectionString 属性时设置。该属性设置值是只写的，不能从 Password 属性中读出。

2. 设置 ADO Data 控件的属性

（1）设置 ConnectionString 属性

在窗体中单击 ADO Data 控件 Adodc1，在属性窗口单击 ConnectionString 属性右侧的 ... 按钮，打开对话框，如图 5.25 所示。

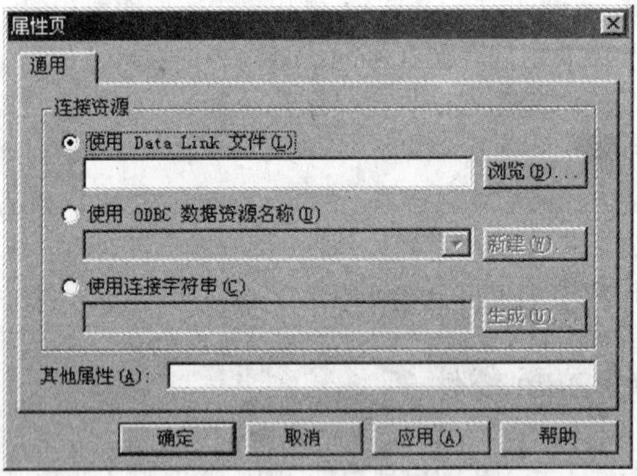

图 5.25 ConnectionString 属性页

① 若要建立 OLEDB 连接，在属性页中选择“使用 Data Link 文件”单选项。

② 若要创建 ODBC 数据连接，即开放式数据库连接，则在属性页中选择“使用 ODBC 数据资源名称”项，然后单击下拉箭头选择一个.DSN 文件，或单击“新建”按钮创建一个 ODBC。

③ 若要创建连接字符串，则在属性页中选择“使用连接字符串”单选项，然后单击“生成”按钮，则出现数据链接属性选项卡。在“提供者”选项卡中选择“Microsoft Jet 3.51 OLE DB Provider”，在“连接”选项卡中选择“C:\dbbook.mdb”文件，单击“测试连接”按钮，成功后单击“确定”按钮，则创建 ADO Data 控件的连接就完成了。

（2）设置 RecordSource 属性

在 Adodc1 的属性窗口中单击 RecordSource 右侧的...按钮，则显示如图 5.26 所示的属性页。

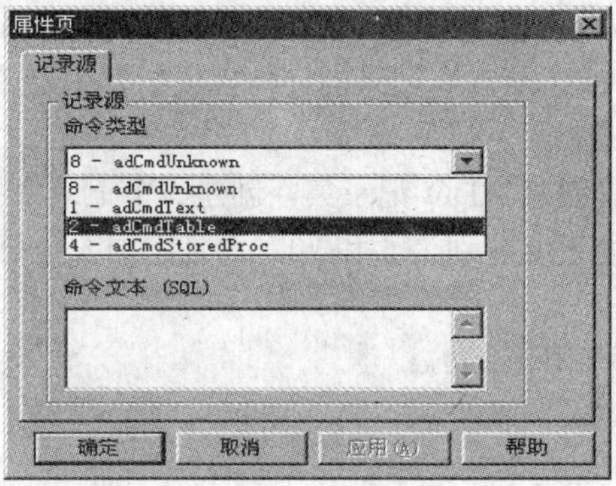

图 5.26　RecordSource 属性页

如果选择“命令类型”为“2-adCmdTable”，则设置一个表或存储过程名为记录源，在“表或存储过程名称”的下拉列表中选择“Customers”表，然后单击“确定”按钮，Adodc1 控件就可连接到“dbbook.mdb”文件的 Customers 表。

如果选择“1-adCmdText”选项，则在“命令文本”中输入 SQL 语句，将查询作为记录源。

3. ADO Data 控件的常用方法

（1）AddNew 方法

AddNew 创建新记录的方法与 Data 控件的 AddNew 方法相同。

（2）Delete 方法

Delete 可用于 Recordset 或 Field 对象，分别用于删除记录或删除字段。

语法

字段 . Delete 字段名

记录集 . Delete 记录数目

（3）Move 方法和 Move 方法群组

Move 方法和 Move 方法群组与 Data 控件的相应方法相同，用于移动 Recordset 对象中当前记录的位置。MoveFirst, MoveLast, MoveNext 和 MovePrevious 方法分别移到指定 Recordset 对象中的第一个，最后一个，下一个或上一个记录，且使该记录成为当前记录。

（4）Requery 方法

Requery 用于重新执行 Recordset 对象的查询，更新其中的数据，可刷新全部内容。

（5）Resync 方法

Resync 用于从现行数据库刷新当前 Recordset 对象中的数据。使用 Resync 方法将当前 Recordset 中的记录与现行数据库同步。

语法

记录集. Resync 刷新记录范围 ，刷新参数

- 刷新记录范围：adAffectAll（默认）刷新所有记录，adAffectCurrent 只刷新当前记录，adAffectGroup 刷新满足当前 Filter 属性设置的记录。

● 刷新参数：adResyncAllValues（默认）覆盖数据，取消挂起的更新。adResyncUnderlyingValues 不覆盖数据，不取消挂起的更新。

（6）Update 方法

Update 用于保存对 Recordset 对象的当前记录所做的所有更改。使用 Update 方法保存自从调用 AddNew 方法，或自从现有记录的任何字段值发生更改之后，对 Recordset 对象的当前记录所做的所有更改。

【例 Ex_ADO】 用代码创建 ADO 记录集。创建一个记录集 adorBook，添加“书名”和“书号”2 个字段，字段长度分别为 5 和 20，并且添加 5 个记录。

程序代码如下：

```
Dim adorBook As New ADODB.Recordset
Private Sub Form_Load()
    With adorBook
        .Fields.Append "书号", adBSTR, 5
        .Fields.Append "书名", adBSTR, 20
        .Open
    End With
    Dim i As Integer
    For i = 1 To 5
        adorBook.AddNew                     ' 添加新记录
        adorBook!书号 = "100" & i           ' 书号为 1001～1005
        adorBook.Update
    Next i
    adorBook.MoveFirst
End Sub
```

程序分析

● “Dim adorBook As New ADODB.Recordset”定义 adorBook 为 ADO 记录集。

● Append 方法是在记录集之中添加新字段。

4. ADO Data 控件的常用事件

（1）WillMove 事件

在执行 Recordset 对象的 Open，MoveNext，MoveLast，Move，MoveFirst，MovePrevious，Bookmark，AddNew，Delete，Requery 和 Resync 方法时触发。

（2）WillChangeField 事件

在对 Recordset 中的一个或多个 Field 对象值进行修改之前触发。

（3）FieldChangeComplete 事件

在对 Recordset 中的一个或多个 Field 对象值进行修改完之后触发。

（4）WillChangeRecord 事件

在 Recordset 中的一个或多个记录（行）更改之前，执行 Recordset 对象的 Requery, Resync, Close, Open 和 Filter 方法时触发。

（5）RecordChangeComplete 事件

在 Recordset 中的一个或多个记录（行）更改后触发。

5. 数据感知控件

在控件箱中的常用控件 PictureBox, Label, TextBox, CheckBox, Image, OLE, ListBox 和 ComboBox 都能与 ADO Data 控件绑定。ActiveX 控件中的 DataCombo, DataList, DataGrid, FlexGrid, ImageCombo, Masked Edit, MonthView, MSChart, RichTextBox 也能与 ADO Data 控件绑定。

（1）DataList 和 DataCombo 控件

DataList 和 DataCombo 控件与 DBList 和 DBCombo 相似。DataCombo 和 DataList 控件是 ActiveX 控件，必须在“部件”选项卡中选择“Microsoft DataList Control 6.0（OLEDB）”。

常用属性有 DataSource，DataField，RowSource，ListField，BoundColumn 和 BoundText。

【例 Ex_DataBook1】运用 DataCombo 控件根据订单号查询订购图书的客户信息。

在窗体上添加 2 个 ADO Data 控件（adoCust, adoOrder），1 个 DataCombo 控件用来选择订单号（dcbOrdersNo），4 个绑定在 ADO Data 控件上的文本框分别显示客户号、客户姓名、客户地址和订购日期（txtCustNo，txtCustName，txtAddress 和 txtOrderDate）。

控件属性的设置如表 5.4 所示。

表 5.4　属性设置

控　件	控 件 名	属 性 名	属 性 值
Adodc1	adoCust	ConnectionString	C:\dbbook.mdb
		RecordSource	SELECT * FROM Customers,Orders Where Customers.客户号=Orders.客户号
		Visible	False
Adodc2	adoOrder	ConnectionString	C:\dbbook.mdb
		RecordSource	SELECT * FROM Orders
		Visible	False
Text1	txtCustNo	DataSource	AdoCust
		DataField	Customers.客户号
Text2	txtCustName	DataSource	AdoCust
		DataField	客户姓名
Text3	txtAddress	DataSource	AdoCust
		DataField	客户地址
Text4	txtOrderDate	DataSource	AdoCust
		DataField	订购日期
DataCombo1	dcbOrderNo	RowSource	AdoOrder
		ListField	订单号
		BoundColumn	客户号

注意

两个 ADO Data 控件的 RecordSource 属性都用 SQL 语言查询。AdoCust 是所有满足

“Customers.客户号= Orders.客户号”的记录集。AdoOrder 是 Orders 表的所有记录集。

界面设计如图 5.27（a）所示，运行结果如图 5.27（b）所示。当单击 DataCombo 控件（dcbOrderNo）从列表中选择订单号时，窗体中的客户信息、订购日期也同步变化。

程序代码如下：

```
Private Sub dcbOrderNo _Click(Area As Integer)
    Dim strQuery As String
    strQuery = "SELECT * FROM Customers,Orders WHERE " & _
     " Customers.客户号  = Orders.客户号" & _
          " And Customers.客户号  = " & dbcOrderNo.BoundText
    With adoCust
        .RecordSource = strQuery
        .Refresh
    End With
End Sub
Private Sub cmdEnd_Click()
    End
End Sub
```

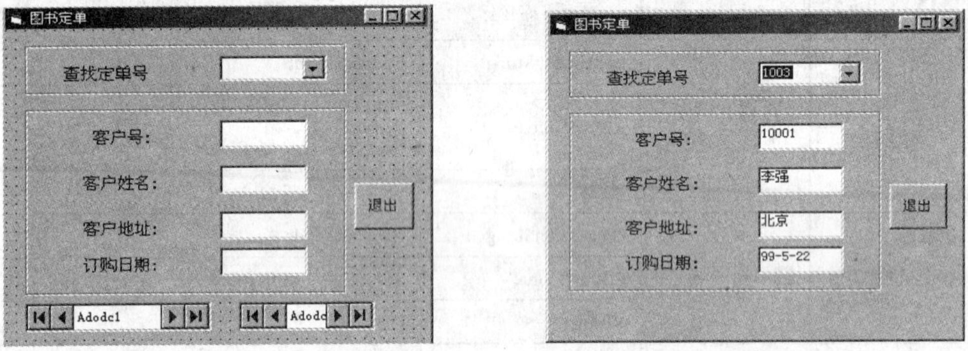

（a） 界面设计　　（b）运行结果

图 5.27　设计界面及运行结果窗口

程序分析

- BoundText 是 BoundColumn 字段的文本。
- 在单击 dcbOrders 下拉列表时，重新设置 AdoCust 控件的 RecordSource 属性。

（2）DataGrid 控件

DataGrid 控件与前面介绍的 DBGrid 控件相似，用于浏览和编辑完整的数据库表和查询。

在使用 DataGrid 控件之前必须在控件箱中添加部件，在“部件”选项卡中选择“Microsoft DataGrid Control 6.0（OLEDB）”复选框，则 DataGrid 控件被添加到控件箱中。

创建 DataGrid 控件后，用鼠标右键单击该 DataGrid 控件，选择“检索字段”命令，就会用数据源的记录集自动填充该控件。也可使用“属性页”选项卡设置该控件的适当属性，重新设置该网格的大小和需要显示的列。

【例 Ex_DataBook2】在【例 Ex_DataBook1】的窗体中添加 DataGrid 控件（dbcOrderNo），将某订单号对应的所有图书的信息在 DataGrid 控件中显示出来，某订单号可能对应多个书名记录。

① 在窗体中放置 DataGrid 控件。

② 设置 DataGrid 控件的名称为 dbcOrderNo，DataSource 属性为 adoCust。将 dcbOrders 控件的 BoundColumn 属性设为"订单号"。

③ 将 adoCust 数据控件的 RecordSource 属性改为查询，查询语句预置为订单信息表（Orders）中"订单号=1001"的记录在 4 个表中的所有字段：

```
SELECT Bookitems.*, Books.*, Customers.*, Orders.*
    FROM Bookitems, Books, Customers, Orders
    WHERE (((Books.[订单号])=[Orders].[订单号]) AND ((Bookitems.[书号])=[Books].[书号]) AND
((Customers.[客户号])=[Orders].[客户号]) AND ((Orders.[订单号])="1001"))
```

④ 用鼠标右键单击 dbcOrderNo 控件，选择"检索字段"命令，用数据源的记录集自动填充该控件。

⑤ 用鼠标右键单击 dbcOrderNo 控件，选择"属性"命令，打开属性页；选择"布局"选项卡，将不必要的字段（列）设置为不可见，只保留 Books.书号、书名和数量字段可见。

⑥ 添加程序代码。程序代码如下：

```
Option Explicit

Private Sub dbcOrderNo_Click(Area As Integer)
    Dim strQuery As String
    strQuery = "SELECT Bookitems.*, Books.*, Customers.*," & _
        "Orders.* From Bookitems, Books,Customers , Orders Where" & _
        "(((Books.[订单号]) = [Orders].[订单号]) And ((Bookitems.[书号])" & _
        "= [Books].[书号]) And ((Customers.[客户号]) = [Orders].[客户号])" & _
        "And ((Orders.[订单号]) ='" & dbcOrderNo.BoundText & "'))"
    With AdoCust
        .RecordSource = strQuery
        .Refresh
    End With
End Sub

Private Sub cmdEnd_Click()
    End
End Sub
```

运行结果如图 5.28 所示。

注意

与 ADO 控件绑定的 DataCombo, DataList 和 DataGrid 控件，不能与 Data 控件绑定。与 Data 控件绑定的 DBCombo，DBList 和 DBGrid 控件，不能与 ADO 控件绑定。

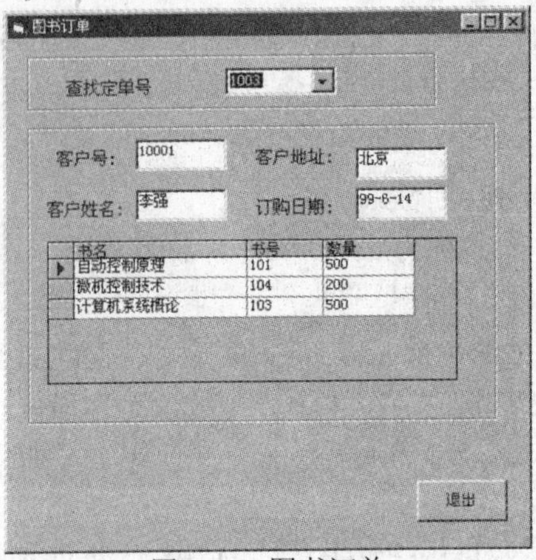

图 5.28　图书订单

5.5.3　数据窗体向导

通过数据窗体向导可以产生一个完全可操作的窗体。这是 ADO Data 控件提供的将一组控件绑定到某个数据源的简单方法，包括用户界面和所需要的代码。

① 单击“外接程序”（Add-Ins）菜单，选择“外接程序管理器”（Add-In Manage）命令。

② 出现“外接程序管理器”窗体，如图 5.29 所示。选择“VB 6 数据窗体向导”（VB 6 Data Form Wizard），单击“加载/卸载”（Loaded/UnLoaded）复选框。

③ 在“外接程序”菜单出现“数据窗体向导”（Data Form Wizard），单击该命令出现“数据窗体向导”窗口第一屏，单击“下一步”（Next）按钮。在第二屏选择数据库类型为“Access”。

④ 在第三屏输入数据库名称为“C:\dbbook.mdb”。

⑤ 在第四屏确定窗体名称、布局和绑定类型，如图 5.30 所示。选择以网格（数据表）形式绑定 ADO 数据控件，窗体名称为 frmCustomers。

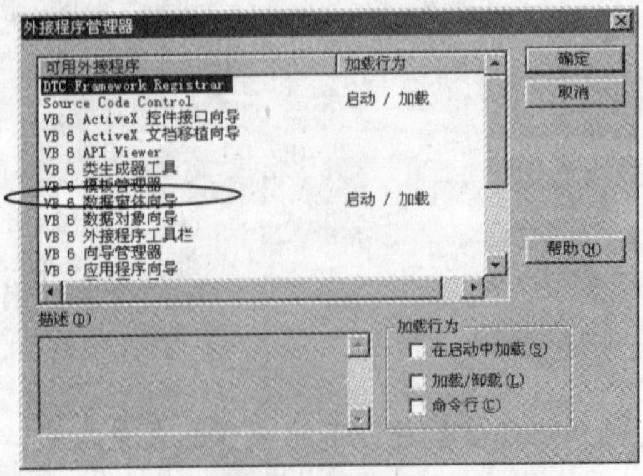

图 5.29　数据窗体向导

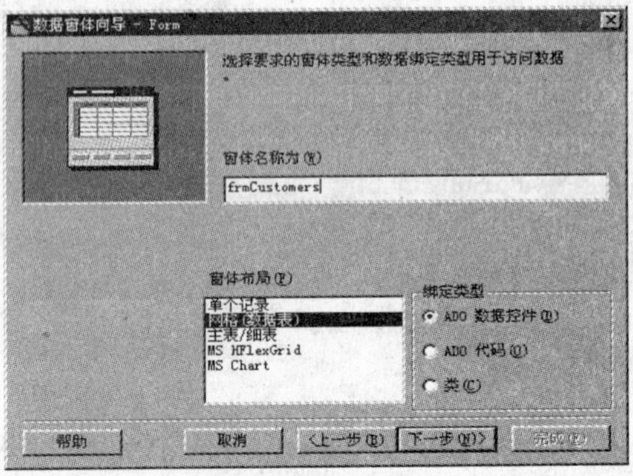

图 5.30　数据窗体向导

⑥ 在第五屏选择记录源为表“Customers”和需要显示的字段，在第六屏选择控件。

⑦ 单击“完成”（Finish）按钮，自动生成窗体。界面如图 5.31 所示。

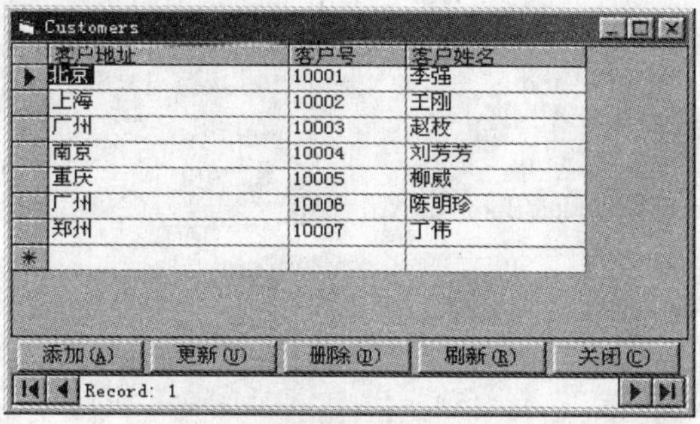

图 5.31 数据窗体界面

这个窗体是完全可运行的，用户可以修改窗体的布局。窗体的控件自动生成的名称和属性如表 5.5 所示。

表 5.5 属性设置

控　件	控 件 名	属 性 名	属 性 值
Adodc	datPrimaryRS	ConnectionString	C:\dbbook.mdb
		RecordSource	SELECT * FROM Customers
DBGrid	grdDataGrid	DataSource	datPrimaryRS
CommandButton	cmdAdd	Caption	添加（&A）
	cmdDelet	Caption	删除（&D）
	cmdUpdate	Caption	更新（&U）
	cmdClose	Caption	退出

程序代码自动生成，用户可以查看代码，根据用户的需要修改代码。

```
Option Explicit
Private Sub datPrimaryRS_MoveComplete（ByVal adReason As _
ADODB.EventReasonEnum, ByVal pError As ADODB.Error, _
adStatus As ADODB.EventStatusEnum, ByVal pRecordset As ADODB.Recordset）
' 为这个 recordset  显示当前记录位置
    datPrimaryRS.Caption = "Record: " & CStr（datPrimaryRS.Recordset.AbsolutePosition）
End Sub

Private Sub cmdAdd_Click（）
' 添加记录
    datPrimaryRS.Recordset.MoveLast
    datPrimaryRS.Recordset.AddNew
    grdDataGrid.SetFocus
End Sub

Private Sub cmdDelete_Click（）
' 删除记录
    With datPrimaryRS.Recordset
        .Delete
        .MoveNext
        If .EOF Then .MoveLast
    End With
```

```
End Sub

Private Sub cmdUpdate_Click（）
' 更新记录
    datPrimaryRS.Recordset.UpdateBatch adAffectAll
End Sub

Private Sub cmdClose_Click（）
' 退出
    Unload Me
End Sub
```

程序分析

- MoveComplete 事件是移动记录指针后触发的，AbsolutePosition 属性表示当前的记录号。
- UpdateBatch 方法将所有挂起的批更新写入磁盘，adAffectAll 表示所有记录。
- “刷新”按钮的程序未编写。

5.5.4 ADO 编程模型

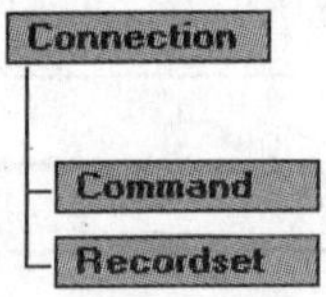

图 5.32 ADO 对象关系

ADO 的核心是 Command，Recordset 和 Connection 对象。这 3 个对象的关系如图 5.32 所示。

（1）Connection 对象

Connection 对象用于建立与数据源的连接。通过连接可从应用程序访问数据源。

（2）Command 对象

在建立 Connection 后，可以发出命令操作数据源。一般情况下，Command 对象可在数据源中添加、删除或更新数据，或者在表中查询数据。

（3）Recordset 对象

Recordset 对象只代表记录集，是基于某个连接的表或 Command 对象的执行结果。在 ADO 对象模型中，所有对数据源的操作几乎都是 Recordset 对象完成的。Recordset 对象用于指定行、移动行，添加、更改、删除或更改行。

【例 Ex_ADORecordset】使用 ADO 对象模型访问数据库。

在窗体上有 txtID 和 txtName 两个文本框，分别用于输入 dbBook.mdb 文件的 Bookitems 表的“书号”和“书名”字段；按钮“添加”（cmdAdd）用于添加新记录，“删除”（cmdDelete）用于删除当前记录，“退出”（cmdEnd）用于退出系统，用于移动的“上一条”、“下一条”、“最末条”和“第一条”四个按钮为控件数组，控件名为 cmdMove，Index 分别为 0，1，2 和 3。

运行界面如图 5.33 所示。

使用代码编程对 ADO 对象模型的 Command, Recordset 和 Connection 对象操作。在使用 ADO 模型对象编程之前，要将 ADO 函数库设置为引用项目。通过单击“工程”菜单中的“引用”命令，出现如图 5.34 所示的对话框，选择“Microsoft ActiveX Data Objects 2.1 Library”复选框。

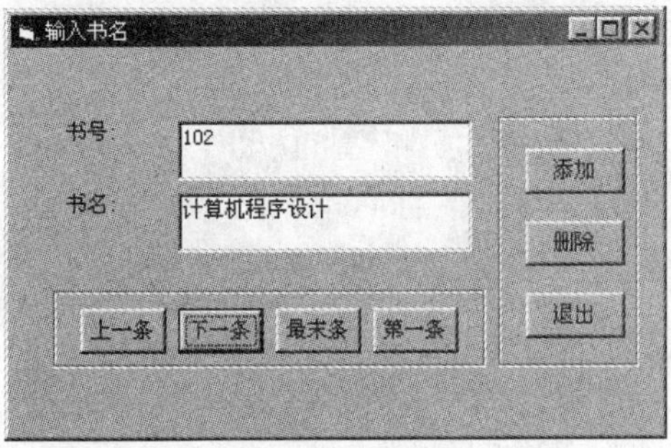

图 5.33 运行界面

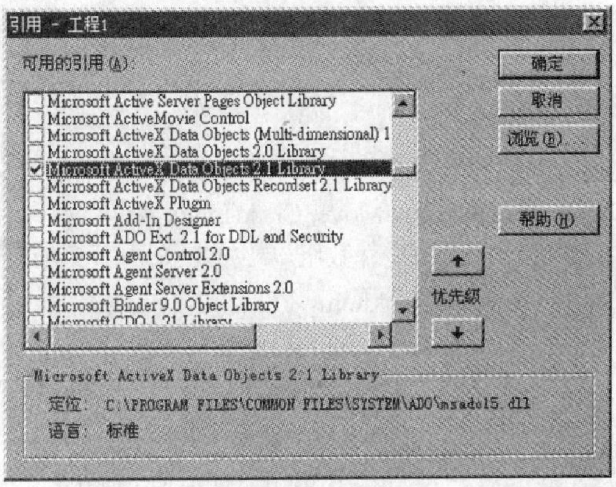

图 5.34 引用部件

程序代码如下：

```
Option Explicit
' 在通用声明定义
Private cnnBook As New ADODB.Connection
Private cmmBookitems As New ADODB.Command
Private rsBookitems As New ADODB.Recordset
' 定义三个变量，分别是 Command, Recordset 和 Connection 对象类型

Private Sub Form_Load()
    cnnBook.Provider = "Microsoft.Jet.OLEDB.3.51"
    cnnBook.ConnectionString = "User ID=admin;Data Source =c:\dbBook.mdb"
    cnnBook.Open                                        ' 建立与数据库的连接
    rsBookitems.LockType = adLockOptimistic
    rsBookitems.CursorType = adOpenKeyset
    Set rsBookitems.ActiveConnection = cnnBook
    rsBookitems.Open "SELECT * FROM bookitems"
    Set txtID.DataSource = rsBookitems
    txtID.DataField = "书号"
    Set txtName.DataSource = rsBookitems
    txtName.DataField = "书名"
End Sub
Private Sub cmdAdd_Click()
' 添加记录
    rsBookitems.AddNew
End Sub

Private Sub cmdDelete_Click()
' 删除记录
    Dim Response As Integer
    Response = MsgBox("是否删除当前记录?", vbYesNo, "删除记录")
    If Response = vbYes Then
        rsBookitems.Delete
```

```
            rsBookitems.MoveLast
        End If
    End Sub

    Private Sub cmdMove_Click(Index As Integer)
    ' 移动按钮为控件数组，根据 Index 值移动记录集 rsBookitems 的记录指针
        With rsBookitems
            Select Case Index
                Case 0:
                    .MovePrevious
                    If .BOF Then .MoveFirst
                Case 1:
                    .MoveNext
                    If .EOF Then .MoveLast
                Case 2:
                    .MoveLast
                Case 3:
                    .MoveFirst
                End Select
        End With
    End Sub

    Private Sub cmdEnd_Click()
        End
    End Sub
```

程序分析

通过程序代码建立 cnnBook 的提供者，设置 ConnectionString 属性。

设置记录集 rsBookitems 为 Bookitems 表的所有字段，锁定形式设置为 adLockOptimistic（开放式锁定类型）。

将文本框的 DataSource 设置为 Bookitems 表，两个文本框的 DataField 属性分别设置为“书号”和“书名”字段。

5.6 可视化数据库工具

5.6.1 数据环境设计器

数据环境设计器（Data Environment）是设计数据库的工具，能够可视化地创建和修改表、表集和报表的数据环境，为建立连接和定义命令提供了很好的图形接口。Data Environment 设计器保存在.dsr 的文件中。

1. 给工程添加一个数据环境设计器

添加一个数据环境设计器对象到一个 VB 工程，从“工程”菜单中，选择“添加 Data Environment”命令。数据环境设计器窗口出现在“工程资源管理器”窗口，且将一个 Connection 对象添加到数据环境。单击 Data Environment 对象，在属性窗口修改“名称”属性，给 Data Environment 对象命名。

例如，将 Data Environment 对象名称设置为“denBook”，将 Connection 对象名称设置为“cnnBook”。

2. 建立一种连接

Data Environment 中的 Connection 对象用于管理到数据库的连接，在 Data Environment 设计器中定义一个 Connection 对象的方法与 ADO Data 控件的 Connecting String 属性设置相同。

在 Connection 对象（cnnBook）上单击鼠标右键，在快捷菜单中选择“属性”命令，出现“数据链接属性”选项卡。在“提供者”选项卡中选择“Microsoft Jet 3.51 OLE DB Provider”，单击“下一步”按钮，在出现的“连接”选项卡中，选择数据库名称，例如，输入“C:\dbbook.mdb”；然后，单击“测试连接”按钮，如果测试连接成功则建立连接。

3. 定义命令（Command）

一旦创建了数据库的连接，就可使用 Command 对象。Data Environment 设计器中的 Command 对象用于查询数据库并且返回记录集对象中的记录。

① 选择数据环境窗口中的 Connection 对象（cnnBook），单击“数据环境”设计器工具条上的“添加命令”按钮，或用鼠标右键单击 cnnBook，选择菜单中的“添加命令”。

② 在属性窗口输入 Command 对象名，例如，输入“cmmBookitems”。

③ 用鼠标右键单击 Command 对象，选择“属性”命令，打开属性选项卡，如图 5.35 所示。在属性选项卡中输入它所使用的连接及数据源。

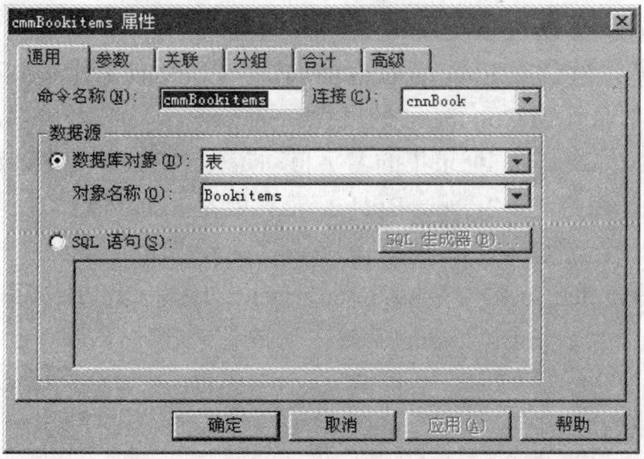

图 5.35 Command 对象属性

将数据库对象设置为“表”，对象名称通过下拉箭头选择表“Bookitems”，则在 Data Environment 设计器中就可看到 Command, Recordset, Connection 和 Field 对象，数据环境 denBook 的结构如图 5.36 所示。

可以在图 5.36 中用数据环境设计器定义以 SQL 语句为基础的数据源。

4. 创建用户界面

使用数据环境的命令（Command）创建一个用户界面是非常简单的。只要打开一个窗体，且把命令“cmmBookitems”从 Data Environment 设计器窗口拖到窗体中去，在 cmmBookitems 中定义的所有字段便自动添加到窗体中，如图 5.37 所示。

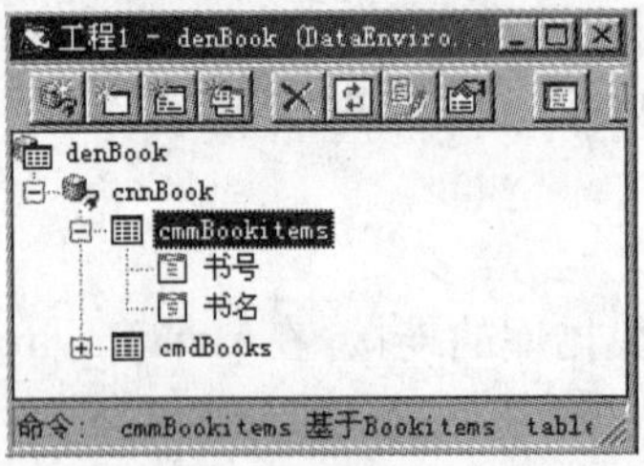

图 5.36 Data Environment 设计器

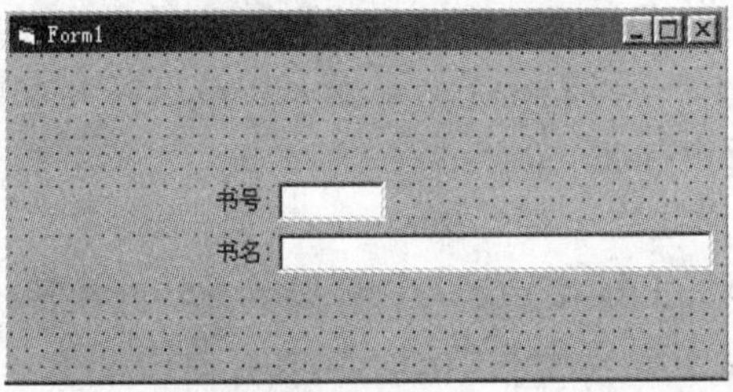

图 5.37 窗体显示

图 5.37 中控件的属性已经自动设置，查看“书号”标签，其 Name 属性为“lblFieldLabel”；显示“书号”字段的文本框 Name 属性为“txt 书号”，DataSource 属性为“denBook”（Data Environment 设计器名），DataField 属性为“书号”（字段名），DataMember 属性为“cmmBookitems”（命令名）。可以重新设置这些控件的绑定，也可在代码中动态地设置。

现在运行应用程序，可以看到窗体中就显示出第一个记录的数据。

5. 使用代码访问 Data Environment 设计器

就像创建其他窗体一样，也可以用代码编辑和创建自己的 Data Environment 对象。例如，定义 deBook 为 Data Environment 对象：

```
Dim deBook As denBook
```

或者：

```
Set deBook = New denBook
```

- deBook 为自己的 Data Environment 对象名。
- denBook 为创建的 Data Environment 设计器名。

Connection 对象作为 Data Environment 的属性，Command 对象作为 Data Environment 的方法，Recordset 对象作为 Command 的属性。

创建 Command 对象以后，记录集的名字自动定为“rs+Command 对象名”。例如，添加“cmmBookitems”命令后，“rscmmBookitems”就是 Recordset（记录集）。

在窗体中添加一个按钮 cmdNext，用于向下移动表“Bookitems”中的记录，单击按钮就会移到下一个记录。denBook 为 Data Environment 对象，cmmBookitems 为 Command 对象，rscmmBookitems 为 cmmBookitems 命令对象的记录集。

程序代码如下：

```
Private Sub cmdNext_Click()
    With denBook.rscmmBookitems
        .MoveNext
        If .EOF Then
            .MoveFirst
        End If
    End With
End Sub
```

5.6.2　数据视图窗口

数据视图（Data View）窗口显示所有与数据库建立连接的可编辑数据，可与任意数据库相连接。“数据视图”对话框提供一种图形化方法，组织数据库对象，可以查阅数据库的结构，查看和更新数据库中包含的数据。

当工程具有数据链接或添加了数据环境设计器时，数据视图可以通过单击“视图”菜单，选择“数据视图”对话框命令打开，图 5.38 所示为工程的数据视图窗口。

“数据视图”对话框显示一个树状结构。在“数据视图”对话框中可以看到工程与数据库的当前连接，有数据链接（Data Links）和数据环境连接（Data Environment Connection）两个文件夹。

数据链接文件夹（DataLink1）包含数据链接的集合，每个数据链接都指定一种到 OLE DB 数据的连接。无论当前是什么工程，数据视图窗口中数据链接文件夹的内容都是相同的。

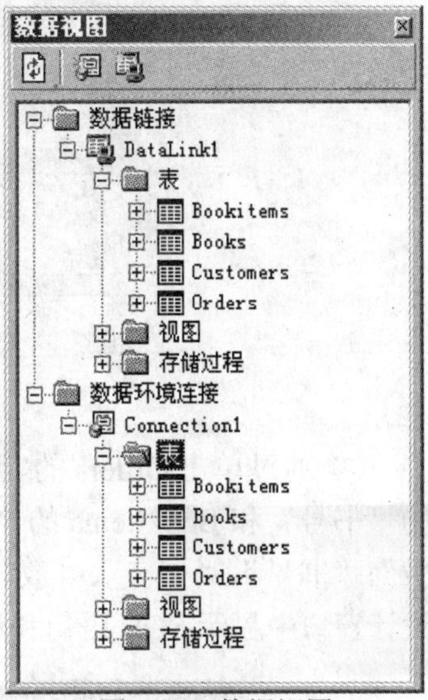

图 5.38　数据视图

数据环境连接包含本工程的 Data Environment 对象集合，每个 Data Environment 对象都由一个或多个 Connection 对象组成。当浏览数据视图（Data View）窗口的树结构时，将会看到数据对象的一个层次视图。

在数据视图中可以打开任何表或视图。通过双击“Bookitems”表打开数据表，编辑实时数据；通过拖放及单击鼠标右键，可以创建和编辑数据库对象。

5.6.3　查询设计器

查询的生成在 5.1.3 和 5.2.2 小节中已介绍过，分别是采用数据管理器（VisData）和 SQL 语句来生成的。VB 还提供了可视化的查询设计器，生成查询更加方便。下面生成一个名为“cmmBook”的查询，将 Orders, Books 和 Bookitems 表中的“订单号”对应的“客户号”、“书号”、“书名”、“单价”和“数量”字段组成查询。

① 首先配置一个数据源，可用数据环境（Data Environment）作为数据源。

在“工程”菜单中，单击“添加 Data Environment”，向工程中添加一个数据环境设计器对象（denBook）。设置“连接”属性为“dbbook.mdb”，Connection 对象名为“cnnBook”。添加 Command 命令“cmmCust”，用右键单击“cmmCust”，在快捷菜单中选择“属性”命令，打开属性页。在“通用”选项卡中选择“Customers”表。

在快捷菜单中选择“添加子命令”，添加“cmmBook”命令。在属性页的“通用”选项卡中选择“SQL 语句”，单击“SQL 生成器”按钮，出现如图 5.39 所示的查询设计窗口。

② 设计由 Orders，Books 和 Bookitems 表组成的查询记录集。打开“数据视图”对话框，参见图 5.38。将 Orders, Books 和 Bookitems 表拖放到查询设计窗口中。

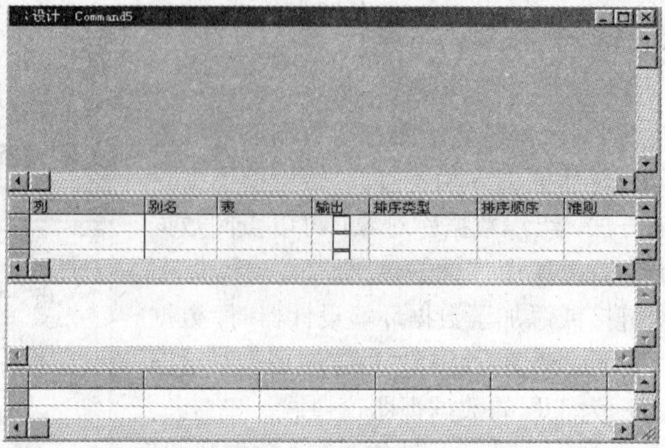

图 5.39　查询设计窗口

③ 通过单击 Orders 的"订单号"并且拖放到 Books 的"订单号"建立关联，且将 Books 的"书号"和 Bookitems 的"书号"关联。单击想要显示的字段，包括"订单号"、"客户号"、"书号"、"书名"、"数量"和"单价"。单击鼠标右键，选择"运行"选项，在查询设计窗口中显示 SQL 语句和满足条件的记录，如图 5.40 所示。

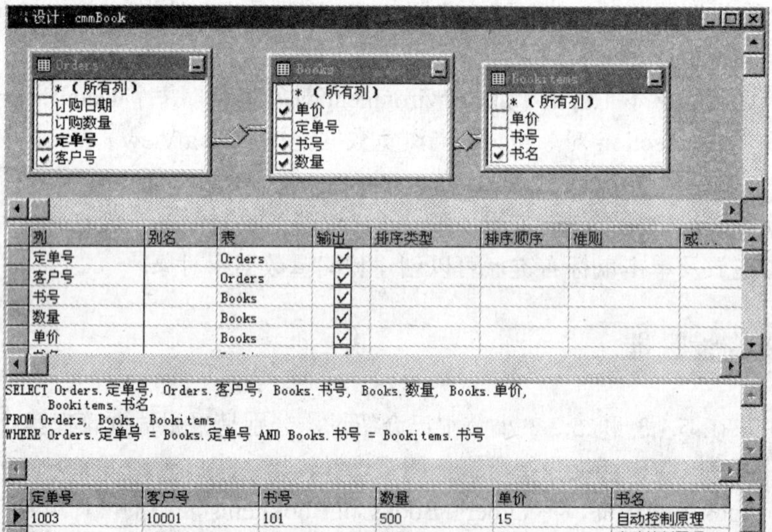

图 5.40　查询设计窗口

④ 关闭查询设计窗口，出现保存对话框，将查询保存为 cmmBook。在数据环境设计器有 cmmCust 和 cmmBook 两个 Command 对象，如图 5.41 所示。

⑤ 在数据环境设计器窗口中用鼠标右键单击 cmmBook，在快捷菜单中选择"属性"，在弹出的属性页中选择"关联"选项卡，单击"添加"按钮，如图 5.42 所示。

单击"确定"按钮，完成 cmmBook 对象的创建。

注意

对于把 OLE DB 提供者用于 Jet 的情况，不能使用查询设计器。

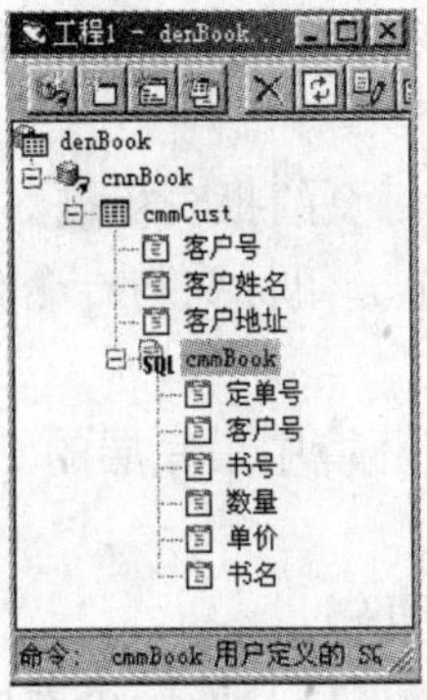

图 5.41　环境设计器

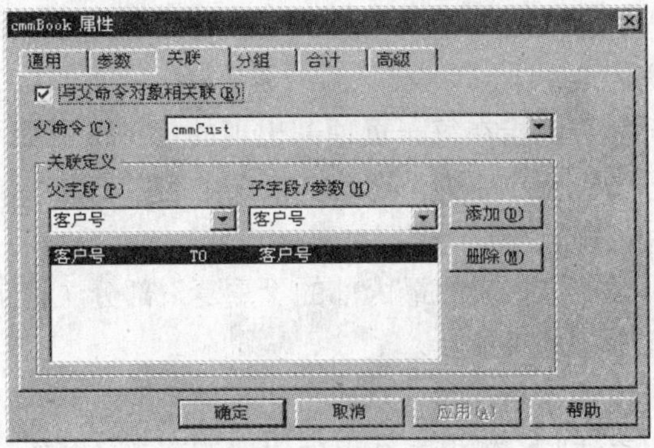

图 5.42　属性页

5.7　报表设计

对一个完整的数据库应用程序来说，制作并且打印报表是不可缺少的环节。VB 6.0 提供了 DataReport 对象作为数据报表设计器（Data Report designer）。DataReport 对象除了具有强大的功能外，还提供简单易操作的界面。

DataReport 对象可从任何数据源，包括数据环境创建报表。数据报表设计器可以联机查看打印格式化报表，或将其导出到正文或 HTML 页中。

5.7.1　报表设计器

数据报表设计器由 DataReport 对象，Section 对象和 Data Report 对象组成。

1. DataReport 对象

DataReport 对象与 VB 的窗体相似，同时具有一个可视的设计器和一个代码模块，可以使用设计器创建报表的布局，也可以在代码模块中添加代码。

在“工程”菜单中，单击“添加 Data Report”命令，将数据报表设计器添加到工程中，则出现如图 5.43 所示的 DataReport1 窗体，由“报表标头”、“页标头”、“细节”、“页注脚”和“报表注脚”组成。

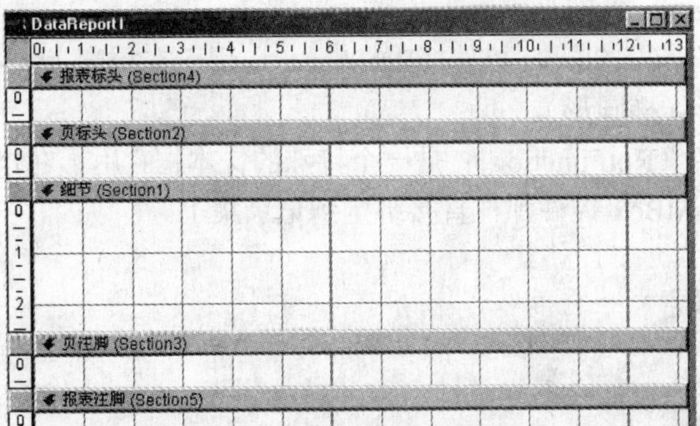

图 5.43　DataReport1 窗体

- 报表标头：指显示在一个报表开始处的文本，例如，用来显示报表标题、作者或数据库名。
- 页标头：指在每一页顶部出现的信息，例如，用来显示每页的报表标题。
- 分组标头、注脚：指数据报表中的“重复”部分。每一个分组标头与一个分组注脚相匹配，用于分组。
- 细节：指报表的最内部的“重复”部分（记录），与数据环境中最底层的 Command 子对象相关联。
- 页注脚：指在每一页底部出现的信息，例如，用来显示页码。
- 报表注脚：指报表结束处出现的文本，例如，用来显示摘要信息或一个地址或联系人姓名。报表注脚出现在最后一个页注脚之前。

2. Section 对象

数据报表设计器的每个部分由 Section 对象表示，如图 5.43 中的 Section1～Section5。设计时，每一个 Section 由一个窗格表示，可以单击窗格以选择页标头，编程改变其外观和行为，也可以在窗格中放置和定位控件，对 Section 对象及其属性进行动态重新配置，更改每个 Section 对象的布局来设计报表。

3. Data Report 控件

当一个新的数据报表设计器被添加到工程时，在窗体控件箱中出现“数据报表”和“General”（通用）选项卡，如图 5.44 所示。但在数据报表设计器上不能使用 General 的控件，即内部控件或 ActiveX 控件。数据报表选项卡中的控件仅包含可在数据报表设计器上工作的特殊控件。

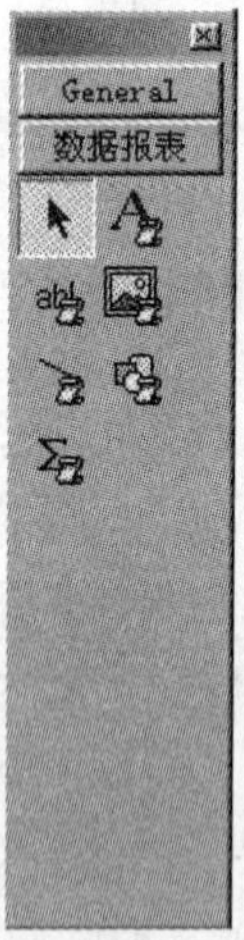

图 5.44 控件箱

数据报表选项卡有下列 6 种控件。

① TextBox 控件（RptTextBox）：文本框用于在报表上设置规定文本格式，或指定一个 DataFormat。

② Label 控件（RptLabel）：用于在报表上放置标签、标识字段或 Section。

③ Image 控件（RptImage）：用于在报表上放置图形，该控件不能被绑定到数据字段。

④ Line 控件（RptLine）：用于在报表上绘制直线，进一步区分 Section。

⑤ Shape 控件（RptShape）：用于在报表上放置矩形、三角形或圆形（椭圆形）。

⑥ Function 控件（RptFunction）：是一个特殊的文本框，用于在报表生成时计算数值。Function 控件不像 TextBox 控件那样直接绑定到记录集上。

5.7.2 设计报表

用数据报表设计器设计一个订单明细表，利用 dbbook.mdb 中的 4 个数据表，输出每个客户的订单信息，即每个客户订购的图书数量、书名和书号。

1. 指定数据源

首先配置一个数据源，用数据环境（Data Environment）作为数据源，添加一个数据环境设计器对象（denBook），用查询设计器生成查询 cmmBook。

2. 将数据报表设计器添加到工程中

在“工程”菜单中，单击“添加 Data Report”命令，将数据报表设计器添加到工程中，则出现未设计的 DataReport1 对象。

如果设计器不在“工程”菜单中，在控件箱用鼠标右键单击“部件”，在弹出的快捷菜单中选择“设计器”命令，并且在选项卡中单击“Data Report”，把设计器添加到菜单。

3. 设置 DataReport 对象属性

在属性页设置 DataReport 对象的属性，将 Name 属性设置为“rptBook”，设置 DataSource 属性为数据环境对象“denBook”，DataMember 属性设置为“cmmCust”命令。

4. 检索结构

在 rptBook 上单击鼠标右键，选择“检索结构”命令，出现对话框“用新的数据层次代替现在的报表布局吗？”，单击“是”按钮，报表设计器添加与 cmmCust 命令关系对应的分组。

5. 添加控件

① 在页标头（PageHeader）中设置报表名。从控件箱中选择 RptLabel 控件，将 Caption 属性设置为“客户订单明细”。

② 在分组标头中显示“客户号”、“客户姓名”和“客户地址”字段，以及“订单号”、“书名”、“数量”和“单价”文字。从数据环境设计器中拖放“客户号”、“客户姓名”和“客户地址”字段到分组标头（cmmCusto_Header），则自动出现标签和文本框。文本框的 DataMember 和 DataField 属性自动为“客户号”、“客户姓名”和“客户地址”的 Command 和 Field 对象，然后将标签都删除。

③ 在细节中显示“订单号”、“书名”、“数量”和“单价”字段。从数据环境设计器中将“订单号”、“书名”、“数量”和“单价”字段拖放到细节（cmmBook_Detail），将所有的标签拖放到分组标头，文本框仍放置在细节中。

6. 设置布局

① 设置 rptBook 属性的“GridX”和“GridY”都为 5。

② 设置各控件的布局，将分组标头中的标签与细节中相应的文本框对齐，将标签的“BorderStyle”属性设置为 1，设置字体大小。

③ 使用控件箱中的 RptLine 在分组注脚（cmmCustomers_Footer）添加一条直线。在页标头标签添加两条直线。

④ 调整细节部分的高度，使它尽可能地窄。因为细节的高度是同一客户的每个订单之间的距离，要避免不必要的空间，如图 5.45 所示。

7. 运行显示数据报表

有两种方法可以显示数据报表。

① 在“工程”菜单中选择“属性”命令，将“启动对象”设置为 rptBook，运行显示数据报表。

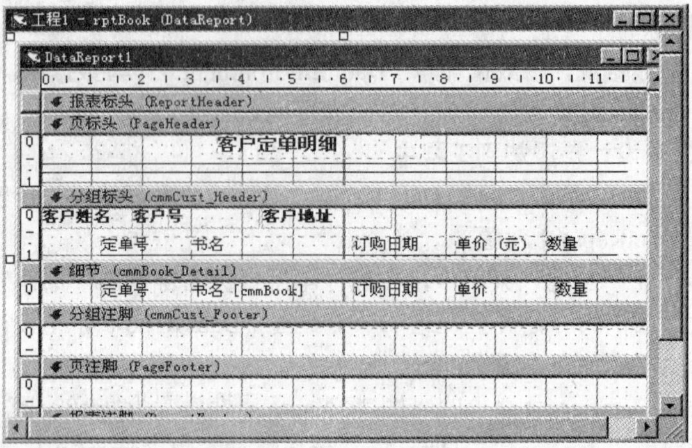

图 5.45 设计界面

② 使用程序代码显示数据报表，在“工程资源管理器”窗口，双击“form1”窗体图标，在窗体上放置一个按钮 cmdShow。按钮的 Click 事件代码如下：

```
Private Sub cmdShow_Click()
rptBook.Show
End Sub
```

在运行时单击“form1”窗体中的 cmdShow 按钮，显示报表，如图 5.46 所示。

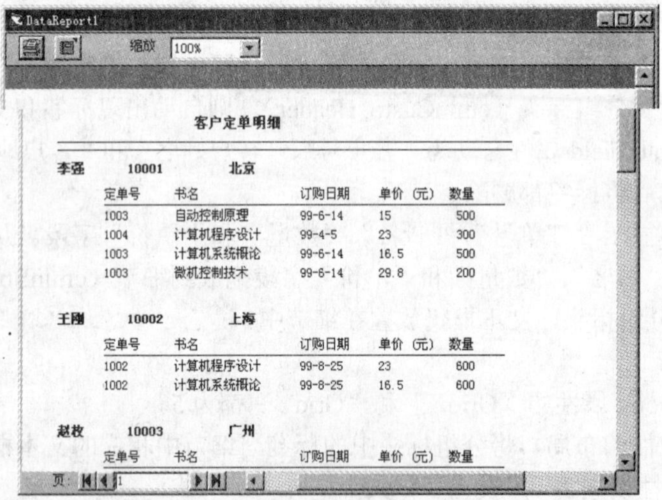

图 5.46 报表预览

5.7.3 向报表添加 Function 控件

数据报表设计器的控件箱中的 Function 控件使用各种内置函数，在报表生成时显示运行计算结果，一般放置在注脚部分。

Function 控件仅在分组内的所有记录都被处理后，才可以计算值。而 SQL 语句则可以在记录处理时作为一个计算字段。因此，Function 控件只能被放置在比所计算数据层次高一级的部分中，例如被放置在报表注脚中，此时 Function 控件的计算范围扩大到整个报表。

Function 控件包含的函数如表 5.6 所示。

表 5.6 Function 控件包含的函数

函数名	功能
Sum	合计一个字段的值
Min	显示一个字段的最小值
Max	显示一个字段的最大值
Average	显示一个字段的平均值
Standard Deviation	显示一列数字的标准偏差
Standard Error	显示一列数字的标准错误
Value Count	显示包含非空值的字段数
Row Count	显示一个报表部分中的行数

1. 向数据报表设计器添加一个 Function 控件

① 在数据报表设计器的一个适当的注脚部分绘制一个 Function 控件。

② 设置 DataMember 和 DataField 属性为来自数据环境 Command 对象的一个数值字段。

2. 在图 5.46 所示报表中添加显示某个客户订单的总金额

① 在 cmmBook 的查询中添加一个别名为“合计金额”的字段，用于计算该客户的总金额，在图 5.40 中的查询设计窗口添加字段，在“列”栏中输入“Bookitems.数量*Books.单价”，在“别名”栏输入“合计金额”。运行该查询后，在 cmmBook 对象中增加了“合计金额”字段。

② 从数据视图中拖动“合计金额”字段，放置在数据报表设计器窗口的“cmmBook_Detail”中，并且安排布局。

③ 在报表设计器窗口中的“cmmCust_Footer”部分绘制一个 Function 控件，用来计算汇总金额。Function 控件的属性如表 5.7 所示。

在 Function 控件的左边放置一个 Label 控件，Caption 属性设置为“合计:”。

④ 保存并且运行，当单击“form1”窗体中的“显示报表”按钮时，如图 5.47 所示。

⑤ 如果需要进一步增加所有订单的总计，向报表注脚添加一个 Function 控件，如表 5.8 所示，设置控件的属性，在 Function 控件的左边放置一个 Label 控件。

⑥ 运行报表，如图 5.47 所示。

表 5.7 Function 控件的属性

属性	设置值
Name	FncTotal
DataMember	cmmBook
DataField	合计金额
Font （Font Style）	Bold
FunctionType	0-rptFuncSum

表 5.8 Function 控件的属性设置

属性	设置值
Name	FncReportTotal
DataMember	CmmBook
DataField	合计金额
Font （Font Style）	Bold
FunctionType	0-rptFuncSum

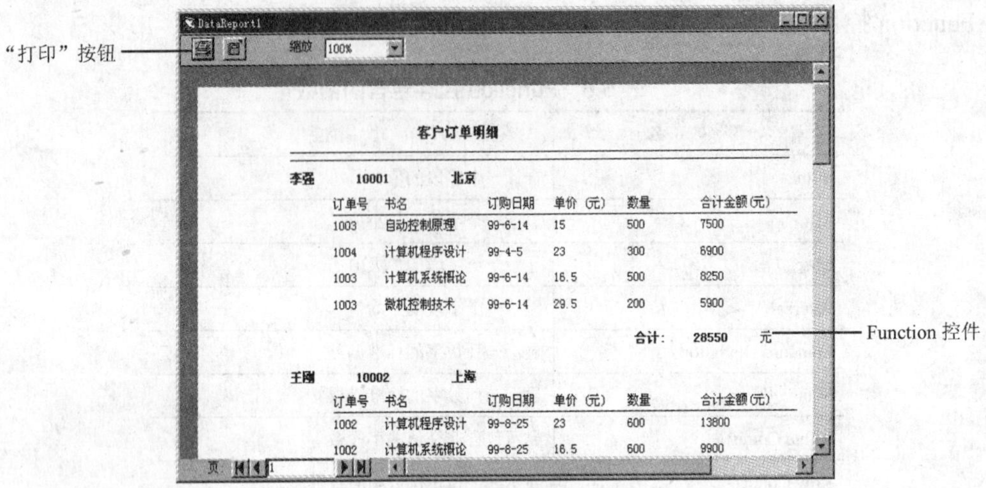

图 5.47　报表预览

5.8　多媒体数据库

从目前越来越多元的社会需求来看，能够存储影像、声音或动画应该是数据库的一项必不可少的功能。因此数据库不仅能够存储数据文本，也可以提供多姿多彩的多媒体数据。

当有多媒体数据（如声音、图像等）需要存放在数据库中时，可以采用两种方式：将多媒体数据直接存放在字段中和只在字段中存放文件名。

1. 将数据直接存放在字段中

通过数据库处理软件，像 Access 等程序或系统将图形、图像、声音或动画直接存放在数据库的字段中，这是较方便的方式。

例如，在 dbbook.mdb 数据库中，将图书的封面图像数据存放到图书信息表 Bookitems 的"封面"字段中。在 Access 软件中建立"封面"的步骤如下。

① 在数据表的设计界面中，将"封面"字段的数据类型设置为"OLE 对象"，如图 5.48 所示。

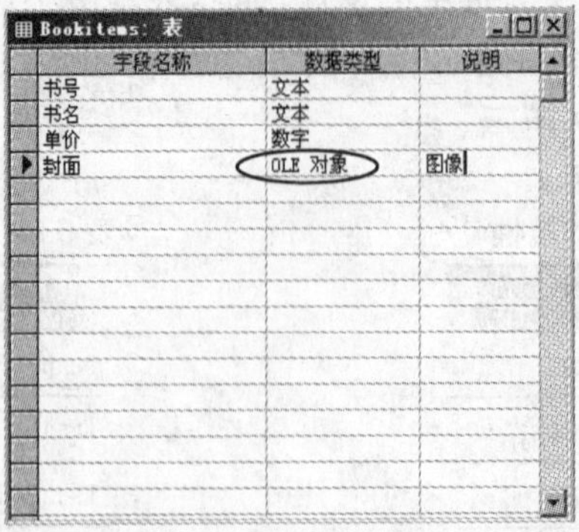

图 5.48　设计表

② 在输入记录的界面中，用鼠标右键单击需要输入图像数据的记录，如图 5.49 中最后一个记录，则出现快捷菜单。

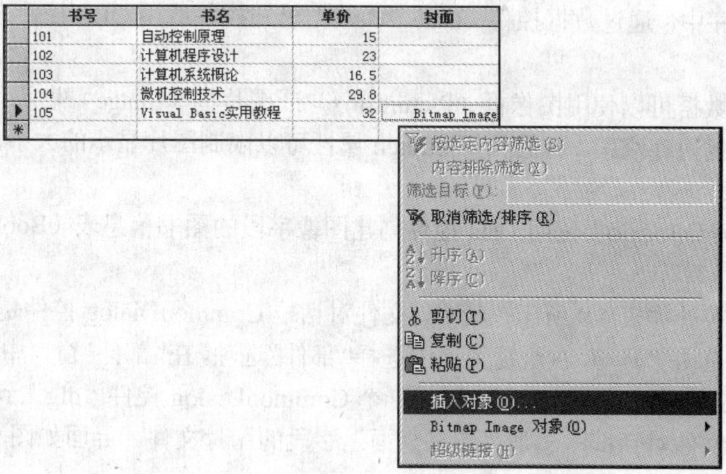

图 5.49 输入记录

③ 在快捷菜单中选择“插入对象”选项，出现如图 5.50 所示的“插入对象”对话框；选择“由文件创建”单选项，单击“浏览”按钮，选择“C:\Cover.bmp”图像文件。

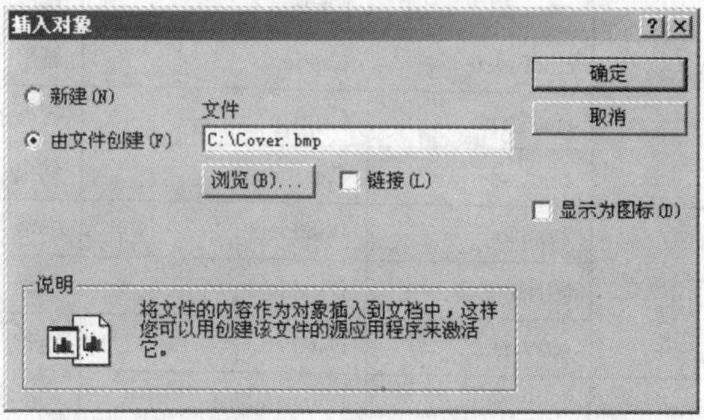

图 5.50 “插入对象”对话框

注意

在 VB 的“数据管理器”（VisData）的数据表设计窗口中，没有“OLE 对象”，因此图形或图像数据应设置为长二进制型（Binary），如图 5.51 所示。

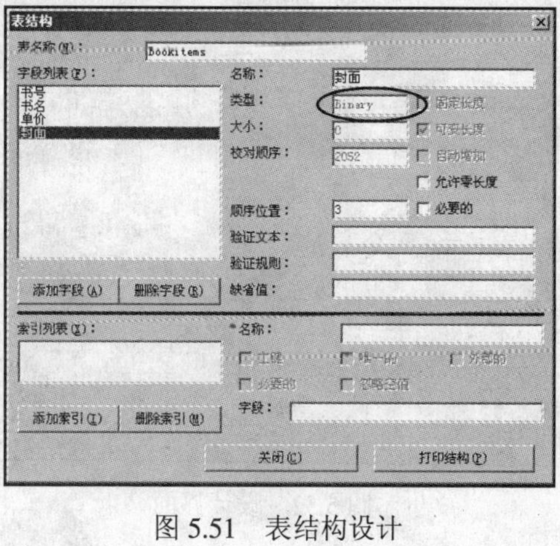

图 5.51 表结构设计

在 VB 程序中，通过数据控件（Data）和数据感知控件或用 OLE 控件来完成图像字段的显示。

对于图片数据可以使用图像框（PictureBox）或图片框（Image）载入。通常，由于图像框占用较少的内存空间，并且具有 Stretch 属性可以限制图片显示的大小，因此，建议使用图像框控件。

【例 Ex_DAOImage】使用 Data 控件创建图像字段的图书信息表（Bookitems）的输入界面。

界面控件设计如表 5.9 所示，其中，文件对话框 CommonDialog 控件是 ActiveX 控件，通过鼠标右键单击工具箱，在快捷菜单中选择“部件”选项，在“部件”窗口中选择“Microsoft Common Dialog Control 6.0” 选项，添加一个 CommonDialog 控件 “dlg” 到窗体中。“dlg” 控件用来提供文件对话框，添加 “图书封面” 字段的图片文件。界面如图 5.52 所示。

表 5.9 控件功能表

对 象	控 件 名	属 性	属 性 值
CommandButton	cmdAdd	Caption	添加
	cmdEdit	Caption	修改
	cmdDelete	Caption	删除
	cmdShow	Caption	打开图片
	cmdEnd	Caption	结束
TextBox	TextNo	DataField	书号
	txtName	DataField	书名
	txtPrice	DataField	单价
Data	Data1	DatabaseName	…dbbook.mdb
		RecordSource	Bookitem
ImageBox	Image1	DataField	封面
CommonDialog	dlg	Name	dlg

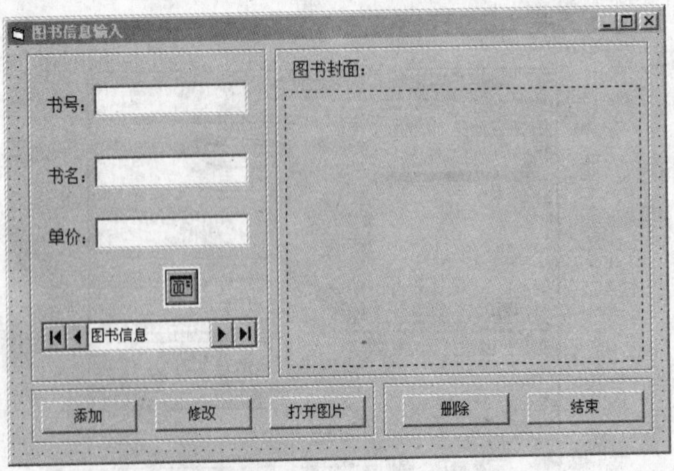

图 5.52 设计界面

当“添加”和“修改”按钮被按下后，“打开图片”按钮生效，可以选择图片文件载入数据库；当记录移动后“打开图片”按钮失效。

程序代码如下：

```
Option Explicit
Private Sub cmdAdd_Click()
' 添加记录
    Data1.Recordset.AddNew
    cmdShow.Enabled = True
End Sub

Private Sub cmdShow_Click()
' 打开图片
    dlg.Filter = "*.bmp"
    dlg.ShowOpen                                    ' 打开文件对话框
    Image1.Picture = LoadPicture(dlg.FileName)      ' 载入图片
    cmdShow.Enabled = False
End Sub

Private Sub cmdDelete_Click()
' 删除记录
    Dim mag
    mag = MsgBox("要删除吗?", vbYesNo, "删除记录 ")
    If mag = vbYes Then
        Data1.Recordset.Delete
        Data1.Recordset.MoveLast
    End If
End Sub

Private Sub cmdEdit_Click()
' 修改记录
    Data1.Recordset.Edit
    cmdShow.Enabled = True
End Sub

Private Sub Data1_Reposition()
' Data1 记录移动
    cmdShow.Enabled = False
End Sub

Private Sub Data1_Validate(Action As Integer, Save As Integer)
    Dim mag
    If Save = True Then
        mag = MsgBox("要保存吗?", vbYesNo, "保存记录 ")
        If mag = vbNo Then
```

```
                Save = False
                Data1.UpdateControls                    ' 恢复原先内容
            End If
        End If
    End Sub

    Private Sub cmdEnd_Click()
        End
    End Sub
```

添加记录运行界面如图 5.53 所示。

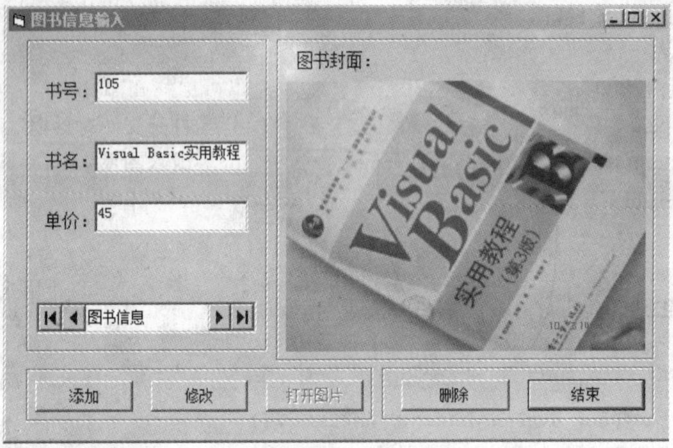

图 5.53　运行界面

注意

- 对于声音数据的载入可采用 OLE 控件，也可采用 API 函数。
- 对于动画数据的载入可采用播放动画的控件，将在 6.3 节介绍，也可采用 API 函数。

2. 只在字段中存放文件名

这种方式并不把多媒体数据存放在字段中，而是将该多媒体数据文件的文件名存放在字段中；在需要读出时读出该字段中的文件名，通过多媒体控件打开或播放多媒体文件。这样，不但不影响效率，还便于管理。

第 6 章

图形、鼠标和多媒体应用

随着计算机硬件和计算机技术的迅速发展，应用程序越来越多地使用图形和多媒体技术，通过图形和动画使界面设计越来越精美，人机交互也更加方便。

6.1 图形和文本

图形和文本是信息表示的重要形式，几乎所有的应用程序都要涉及图形和文本的处理。VB 为应用程序提供复杂的图形和文本功能，使之更生动，更具吸引力，让用户更方便地进行操作。

6.1.1 坐标系

坐标系是用于确定容器中的点位置。坐标系包括横坐标（*x* 轴）和纵坐标（*y* 轴），*x* 值是指点与原点的水平距离，*y* 值是指点与原点的垂直距离。任何容器的默认原点坐标，都是容器的左上角（0,0）。

前面已经介绍，框架（Frame）、窗体（Form）和图片框（PictureBox）等都可作为其他控件的容器。如果在窗体（Form）中放置控件或绘图，坐标（*x,y*）的值就以窗体为容器；如果在窗体的图片框（PictureBox）中绘制控件，坐标（*x,y*）就以图片框为容器。

1. 设置刻度

在 VB 中，坐标系统的每个轴都有自己的刻度。根据规定，使用缇为单位（567 缇等于 1 厘米）。所有控件的移动、调整大小和图形绘制语句，都使用缇为单位。

可以使用对象的刻度属性和 Scale 方法，设置对象的坐标系统。

（1）ScaleTop，ScaleLeft，ScaleWidth 和 ScaleHeight 属性

ScaleLeft 和 ScaleTop 属性用来给对象指定左上角的水平和垂直坐标。

例如，在窗体中有一个图片框 Picture1，设置其位置：

```
Private Sub Form_Load()
    ScaleLeft = 100                                    ' 窗体左上角水平坐标从 100 开始
End Sub
```

```
Private Sub Command1_Click()
    Picture1.Left = 100                    ' 图片框左边坐标从 100 开始
End Sub
```

窗体的大小不会改变，但原点的位置做了相应改变，原点的横坐标变为 100。因此以后用于窗体中的绘图方法以及控件的位置都以新的坐标系来计算，即横坐标为 100 是最左端。当单击按钮（Command1）时，图片框（Picture1）如图 6.1 所示。

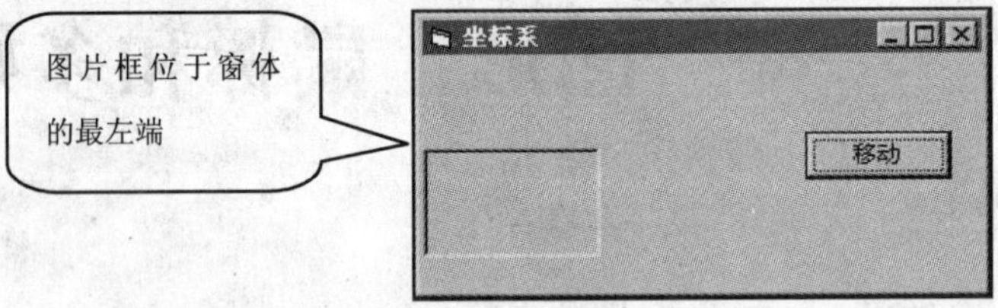

图 6.1 改变窗体坐标系

ScaleWidth 和 ScaleHeight 属性用于根据对象内的可用区域的当前宽度和高度（不包括边框、菜单栏和标题栏）来定义刻度。

例如，定义窗体的刻度：

```
Form1.ScaleWidth = 1000
Form1.ScaleHeight = 500
```

则当前窗体内部宽度的 1/1000 为水平单位；内部高度的 1/500 为垂直单位。如果窗体的大小被调整，这些单位仍保持。

（2）使用 ScaleMode 属性

语法

[对象.]ScaleMode

- 对象省略时，指当前窗体。
- ScaleMode 属性用于设置标准刻度，设置值如表 6.1 所示。

表 6.1 ScaleMode 属性设置值

设 置 值	描 述
0-User	用户定义，可以设置 ScaleWidth, ScaleHeight, ScaleTop 或 ScaleLeft 属性来定义新坐标系
1-Twip	缇（默认），567 缇等于 1 厘米
2-Pointer	磅，72 磅等于 1 英寸
3-Pixel	像素，像素是监视器或打印机分辨率的最小单位
4-Character	字符，打印时一个字符有 1/6 英寸高、1/12 英寸宽
5-Inch	英寸
6-Millimeter	毫米
7-Centimeter	厘米

例如，设置图片框 Picture1 的刻度单位为像素。

```
Picture1.ScaleMode = 3
```

（3）Scale 方法

Scale 方法用于为窗体、图片框或 Printer 对象设置新的坐标系。

语法

[对象.]Scale （x1, y1）–（x2, y2）

- x1 和 y1 的值为对象左上角的坐标，决定 ScaleLeft 和 ScaleTop 属性值。
- x2 和 y2 的值为对象右下角的坐标。两个 *x* 坐标的差值和两个 *y* 坐标的差值，分别决定 ScaleWidth 和 ScaleHeight 属性值。

例如，将窗体 Form1 的左上角和右下角设置为（100,100）和（200,200），则窗体为 100 单位宽和 100 单位高：

```
Form1.Scale (100, 100)-(200, 200)
```

2. **设置当前坐标**

CurrentX 和 CurrentY 属性用于设置当前水平和垂直坐标，即下一次打印或绘图的起点坐标，在设计时不可用。

例如，将当前坐标设置为原点的位置：

```
Form1.Scale (100, 100)-(200, 200)
Form1.CurrentX=100
Form1.CurrentY=100
```

6.1.2　颜色的设置

窗体和控件的颜色属性以及图形方法的颜色参数，都要涉及颜色的设置。

1. **RGB 函数**

RGB 函数用于在运行时指定颜色值。

语法

RGB（红，绿，蓝）

其中红，绿，蓝指 3 种颜色的成分，取值都在 0～255。如果超过 255，也看成 255。每种颜色是由 3 种颜色的相对亮度组合而成的。表 6.2 为 3 种颜色的相对亮度组合。

表 6.2　3 种颜色的相对亮度组合

颜　色	红 色 值	绿 色 值	蓝 色 值
黑色	0	0	0
蓝色	0	0	255
绿色	0	255	0
青色	0	255	255
红色	255	0	0
洋红色	255	0	255
黄色	255	255	0
白色	255	255	255

例如，将窗体的背景色设置为黄色：

```
Form1.BackColor=RGB(255,255,0)
```

2. QBColor 函数

QBColor 用来表示所对应颜色值的 RGB 颜色码。

语法

QBColor（颜色参数）

其中，颜色参数是在 0～15 的颜色值，每种颜色值对应的颜色如表 6.3 所示。

表 6.3 QBColor 指定的颜色

颜色参数	颜色	颜色参数	颜色
0	黑色	8	灰色
1	蓝色	9	亮蓝色
2	绿色	10	亮绿色
3	青色	11	亮青色
4	红色	12	亮红色
5	洋红色	13	亮洋红色
6	黄色	14	亮黄色
7	白色	15	亮白色

例如，将窗体的前景色设置为蓝色：

```
Form1.ForeColor=QBColor(1)
```

3. 颜色属性

窗体和控件都有决定其显示颜色的属性。

BackColor：设置背景色。

ForeColor：设置前景色。前景色是指图形方法或 Print 方法使用的颜色。

BorderColor：设置边框颜色，用于 Shape 控件。

FillColor：设置填充颜色，用于 Circle 方法创建的圆或 Line 方法创建的方框以及 Shape 控件形成图形的内部填充颜色。

4. 通过内部常数设置颜色

VB 将经常使用的颜色值定义为内部常数，内部常数如表 6.4 所示。

表 6.4 内部常数

颜色常数	十六进制数	颜色
vbBlack	&H0	黑色
vbRed	&HFF	红色
vbGreen	&HFF00	绿色
vbYellow	&HFFFF	黄色
vbBlue	&HFF0000	蓝色
vbMagenta	&HFF00FF	洋红色
vbCyan	&HFFFF00	青色
vbWhite	&HFFFFFF	白色

6.1.3 绘图

1. 直线和形状控件

（1）直线（Line）控件

直线控件用于在窗体、框架或图片框中绘制简单的线段。

通过设置 BorderWidth, BorderStyle 和 BorderColor 属性可以改变线段的粗细、线型和颜色；通过设置起点坐标 x_1，y_1 和终点坐标 x_2，y_2 的属性来改变线段的长短。

（2）形状（Shape）控件

形状控件用于在窗体、框架或图片框中绘制预定义的几何形状，如矩形、正方形、椭圆、圆角矩形和圆角正方形等。

形状控件的 Shape 属性提供了 6 种预定义的形状，如表 6.5 所示。

表 6.5　预定义形状

设置值	常数	描述	形状
0-Rectangle	VbShapeRectangle	（默认）矩形	
1-Square	VbShapeSquare	正方形	
2-Oval	VbShapeOval	椭圆形	
3-Circle	VbShapeCircle	圆形	
4-RoundedRectangle	VbShapeRoundedRectangle	圆角矩形	
5-RoundedSquare	VbShapeRoundedSquare	圆角正方形	

2. 图形方法

（1）Cls 方法（清除）

Cls 方法用于清除所有图形方法和 Print 方法显示的文本或图形，且将光标移到原点位置。

语法

[对象].Cls

例如，清除图像框中的文本或图画：

```
Picture1.cls
```

（2）Pset 方法（画点）

Pset 方法用于设置指定点处像素的颜色，即画点。

语法

[对象].Pset [Step]（x, y）[, 颜色]

- （x, y）是单精度型，画点处的坐标。
- Step 表示与当前坐标的相对位置。
- 如果没有颜色参数，则为前景色。

例如，在当前坐标处（600, 900）画一个红点：

```
CurrentX = 100 : CurrentY = 100
PSet (500, 800), RGB(255, 0, 0)
```

（3）Line 方法（画线）

语法

[对象].Line　[[Step]（x1, y1）]－[Step]（x2,　y2）　[,颜色],[B][F]

- （x1, y1）：为起点坐标，如果省略则为当前坐标。带 Step 关键字时表示与当前坐标的相对位置。
- （x2, y2）：为终点坐标。带 Step 关键字时表示与起点坐标的相对位置。

● B：表示利用对角坐标画出矩形。

● F：表示使用 B 选项后，用边框颜色填充矩形。

例如，使用下面两条语句画一条线的功能相同：

```
Line (500, 500)-(1000, 1000)
Line (500, 500)-Step(500, 500)
```

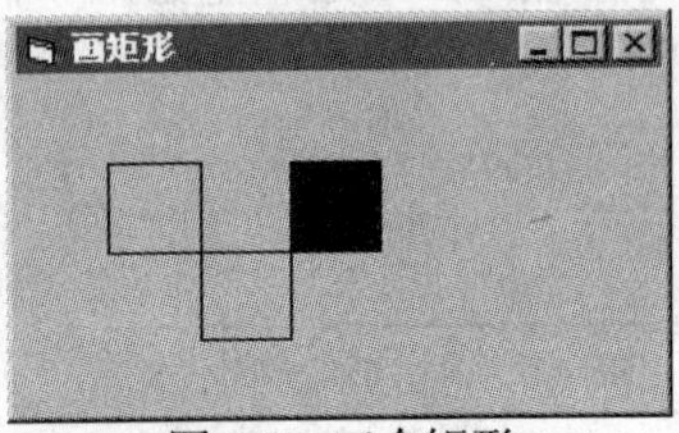

图 6.2 三个矩形

【例 Ex_PaintLine】使用 Line 方法，在窗体上画 3 个矩形方框。

在窗体上显示如图 6.2 所示。

程序代码如下：

```
Private Sub Form_Click()
 Form1.ForeColor = QBColor(1)                    ' 窗体的前景色为蓝色
 Line (500, 500)-Step(500, 0)                    ' 画第一个矩形
 Line -Step(0, 500)
 Line -Step(-500, 0)
 Line -Step(0, -500)
 Line (1000, 1000)-Step(500, 500), , B           ' 画第二个矩形
 Line (1500, 500)-(2000, 1000), , BF             ' 画第三个矩形用前景色填充
End Sub
```

程序分析

● （x1，y1）省略时，前一条线的终点就是后一条线的起点。

● 画第一个矩形是通过分别画矩形的四条边实现的。

（4）Circle 方法（画圆）

Circle 方法用于在对象上画圆、椭圆或圆弧。

语法

[对象].Circle [Step] （x, y），半径[,颜色，起点，终点，纵横比]

● （x, y）：是圆、椭圆或圆弧的中心坐标。带 Step 关键字时表示与当前坐标的相对位置。

● 起点和终点：以弧度为单位的圆弧起点和终点位置，取值在-2π～2π。当起点或终点加负号时，按无负号画圆弧后再画一条连接圆心到端点的线。

● 纵横比：决定是画圆还是椭圆，可以是整数也可以是小数，但不能是负数。当纵横比大于等于 1 时，椭圆沿垂直轴线拉长，而小于 1 时则沿水平轴线拉长。

● 半径是圆、椭圆或圆弧的半径，总是对应椭圆的长轴，如果纵横比小于 1，半径是水平方向的；若大于等于 1，则是垂直方向的半径。

● 执行完 Circle 方法后，当前坐标被设置为中心点。

【例 Ex_PaintCircle】在窗体上有 3 个按钮，单击不同按钮分别在窗体上画颜色随机变化的同心圆、扇形和椭圆。

画圆、扇形和椭圆在窗体上分别如图 6.3 的（a），（b）和（c）所示。

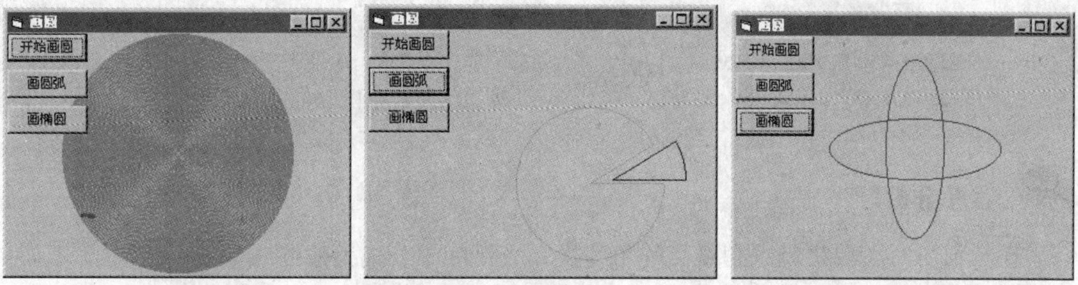

（a）画同心圆　　（b）画扇形　　（c）画椭圆

图 6.3　窗体显示

程序代码如下：

```
Private Sub Command1_Click()
' 画同心圆
    Dim Xpos As Integer, Ypos As Integer
    Dim Limit As Integer, Radius As Integer
    Dim R As Integer, G As Integer, B As Integer
    ScaleMode = 3
    R = 255 * Rnd                  ' 颜色为随机数
    G = 255 * Rnd
    B = 255 * Rnd
    Xpos = ScaleWidth / 2
    Ypos = ScaleHeight / 2
    If Xpos > Ypos Then            ' 确定半径的最大值
        Limit = Ypos
    Else
        Limit = Xpos
   End If
   For Radius = 0 To Limit
   ' 循环画出多个半径逐渐增大的同心圆
        Circle (Xpos, Ypos), Radius, RGB(R, G, B)          ' 窗体的中心为圆心
   Next Radius
End Sub

Private Sub Command2_Click()
' 画扇形
 Const PI = 3.1415926
 Cls
 Circle (3000, 2000), 1000, vbCyan, -PI / 6, -PI * 2
 ' 起点终点都是负数，画圆弧后再画一条连接圆心到端点的线
 Circle Step(300, -50), 1000, vbBlue, -PI * 2, -PI / 6
End Sub

Private Sub Command3_Click()
' 画两个垂直的椭圆
```

```
    Cls
    Circle (2500, 1500), 1200, vbRed, , , 1 / 3          ' 纵横比为 1/3，水平椭圆
    Circle (2500, 1500), 1200, vbRed, , , 3              ' 纵横比为 3，垂直椭圆
End Sub
```

程序分析

在画圆饼时，要将起点和终点的角度换算成弧度，公式为弧度=π/180×角度。

（5）PaintPicture 方法

PaintPicture 方法用于在 Form，PictureBox 或 Printer 上绘制图形文件的内容，图形文件类型包括.bmp, .ico, .wmf, .emf, .cur, .ico 和.dib 等。PaintPicture 方法可以取代 Windows 的 API 函数 BitBlt。

语法

[对象].PaintPicture　图片, x1, y1, [宽度 1, [高度 1, x2[, y2[, 宽度 2[, 高度 2[, 位操作常数]]]]]]

- 对象（目标）：可以是 Form，PictureBox 或 Printer，默认为当前窗体。
- 图片（源）：指图形文件，可以是 Form 或 PictureBox 的 Picture 属性指定的图形文件。
- x1, y1：指在对象上绘制图片的坐标（*x*，*y*），由对象的 ScaleMode 属性决定度量单位。
- 宽度 1，高度 1：对象的宽度或高度，由对象的 ScaleMode 属性决定度量单位。如果省略，则使用图片的宽度或高度。
- x2, y2：指图片内剪贴区的左上角坐标，默认为（0, 0）。
- 宽度 2，高度 2：指图片内剪贴区的宽度或高度，默认为整个图片的宽度或高度。如果宽度 1、高度 1 比宽度 2、高度 2 大或小，将适当地拉伸或压缩图片。
- 位操作常数：定义在将图片绘制到对象上时执行的位操作。位操作常数见表 6.6。

表 6.6　位操作常数

常　数	描　述
VbDstInvert	反转源位置
VbMergeCopy	合并模式和源位置
VbMergePaint	用 Or 运算合并反转的源位图和目标位图
vbSrcInvert	用 Xor 运算合并目标像素与源位图
vbSrcPaint	用 Or 运算合并目标像素与源位图
VbNotSrcCopy	将反转的源位图复制到目标中
VbNotSrcErase	用 Or 运算合并源位图和目标位图，然后反转
VbPatCopy	将模式复制到目标位图
vbPatInvert	用 Xor 运算合并目标位图与模式
vbPatPaint	用 Or 运算合并反转的源位图与模式，然后用 Or 运算合并上述结果与目标位图
vbSrcAnd	用 And 运算合并目标像素与源位图
vbSrcCopy	将源位图复制到目标位图
vbSrcErase	反转目标位图且用 And 运算合并所得结果与源位图

【例 Ex_PaintPicture】在窗体中画出图片框 Picture1 的多个拷贝。

在窗体中有一个图片框（Picture1），其 Visible 属性为 False。

程序代码如下：

```
Private Sub Form_Click()
    Dim i As Integer, j As Integer
    Dim NumC As Integer
    ScaleHeight = 800
    NumC = Form1.ScaleWidth / Picture1.Width                    ' 计算一行可画几个图片
    For i = 1 To NumC
        Form1.PaintPicture Picture1.Picture, (i - 1) * Picture1.Width _
        , 200, Picture1.Width, Picture1.Height
    Next i
End Sub
```

程序分析

PaintPicture 方法中的对象是窗体 Form1，图片是 Picture1 控件的 Picture 属性，即 Picture1 显示的图形，每个拷贝后的图形的 x1 是（i - 1）* Picture1.Width，y1 是 200。

图 6.4　图片拷贝

程序运行时在窗体上的显示如图 6.4 所示。

3. AutoRedraw 属性

AutoRedraw 属性对于图形的重新显示非常重要。当窗体被其他窗体覆盖，当重新移出窗体以及内容需要重新显示时，进行控制。窗体和控件的重新显示由 Windows 管理和控制，而窗体、图片框中的图形和用 Print 方法显示的文本的重新显示由 AutoRedraw 属性来确定。

在设计时窗体、图片框的 AutoRedraw 属性默认时为 False，则图形不具有持久性，当窗体被覆盖或扩大窗体都会使图形丢失。当 AutoRedraw 属性设置为 True 时，图形具有持久性。

运行时在程序中设置 AutoRedraw，可以在画持久图形（如背景色或网格）和临时图形之间切换。当 AutoRedraw 设置为 False 时，则以前的输出成为背景图形的一部分，用 Cls 方法清除绘图区时不会删除背景图形；把 AutoRedraw 改为 True，再用 Cls 方法可以清除背景图形。

【例 Ex_PaintSin】在窗体图片框中显示正弦曲线。

在窗体上设计一个图片框（picDraw），一个定时器控件（timDraw）和两个按钮（cmdDraw、cmdStop）。定时器 timDraw 控件用于控制动态地画出正弦曲线。

窗体运行结果如图 6.5 所示。控件属性如表 6.7 所示。

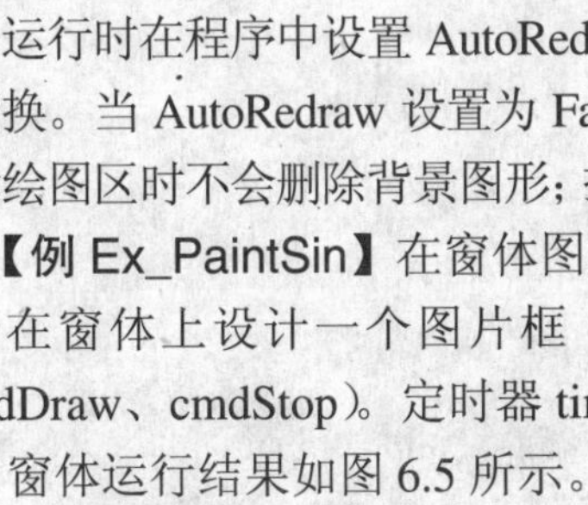

图 6.5　正弦信号显示

表 6.7　控件属性

对 象 名	属 性 名	属 性 值
timDraw	Interval	50
	Enable	False
cmdDraw	Caption	正弦信号
cmdStop	Caption	停止

程序代码如下：

```
Option Explicit
Dim sinX As Integer

Private Sub cmdDraw_Click()
' 单击“正弦信号”按钮启动定时器
 picDraw.AutoRedraw = True                              ' AutoRedraw 设置为 True
 Call DrawAxis(picDraw)
 sinX = 1
 timDraw.Enabled = True
End Sub

Private Sub DrawAxis(MyPicture As PictureBox)
'  画 X, Y 坐标轴，图片框对象 MyPicture 为形参传递到过程中
      Dim x1 As Integer, y1 As Integer, x2 As Integer, y2 As Integer
      Dim y As Integer
      MyPicture.BackColor = QBColor(0)
      MyPicture.Cls
      MyPicture.DrawStyle = 0
      x1 = 200
      y1 = (MyPicture.ScaleHeight - 200)
      y = y1 / 2
      x2 = MyPicture.ScaleWidth - 200
      y2 = 200
      MyPicture.Line (x1, y1)-(x1, y2), QBColor(11)
      MyPicture.Line (x1, y)-(x2, y), QBColor(11)
      MyPicture.Line (x1 - 50, y2 + 120)-(x1, y2), QBColor(11)
      MyPicture.Line (x1 + 50, y2 + 120)-(x1, y2), QBColor(11)
      MyPicture.Line (x2 - 120, y + 50)-(x2, y), QBColor(11)
      MyPicture.Line (x2 - 120, y - 50)-(x2, y), QBColor(11)
End Sub

Private Sub timDraw_Timer()
' 画正弦曲线
 Dim x As Integer, y As Integer
 Dim scaleY As Integer
 scaleY = picDraw.ScaleHeight / 4
 picDraw.CurrentX = 200
 picDraw.CurrentY = (picDraw.ScaleHeight - 200) / 2
 x = sinX / 180 * scaleY*3.14
 y = Sin(3.14 / 180 * sinX) * scaleY
 picDraw.PSet Step(x, -y), QBColor(14)
 sinX = sinX + 1
End Sub

Private Sub cmdStop_Click()
     timDraw.Enabled = False
End Sub
```

程序分析

定时器控件 timDraw 每隔一个 Interval 就用 Pset 方法画出一个点，实现动画效果。

6.1.4　设置文本字体

文本按特定的字体显示，不同的字体显示不同的效果。例如，楷体秀丽，魏碑刚劲，对不同的内容采用不同的字体可以具有更强的感染力。Windows 系统提供一套完整的基本字体，具有特定的大小、风格、粗细，这些字体大部分都是 TrueType 字体。当选择一种 TrueType 字体后，它将变换成选定的磅数大小，且以位图显示在屏幕上。

1. 设置字体的属性

窗体、控件和 Printer 对象都含有用于设置字体的 Font 属性。Font 属性实际上是一个 Font 对象。在设计时 Font 对象不能直接使用，需要在属性窗口中通过双击“属性”窗口中的…按钮打开“字体”对话框，在对话框中对字体进行设定，如图 6.6 所示。

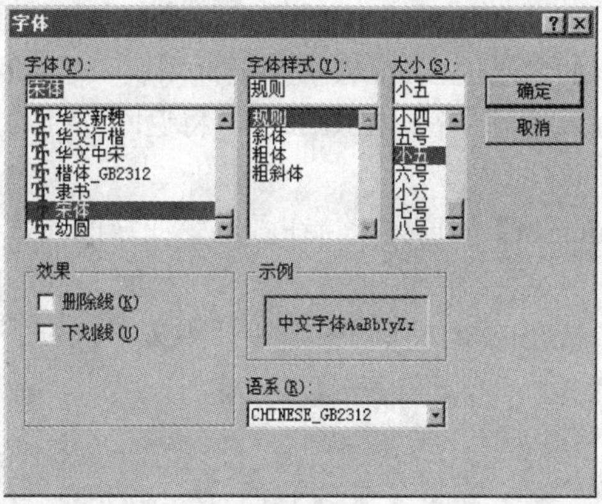

图 6.6　“字体”对话框

在运行时，通过设定 Font 对象属性设置字体的特征。Font 对象的属性如表 6.8 所示。

表 6.8　Font 对象的属性

属 性 名	数 据 类 型	描　述
Name	String	字体的名字。例如，宋体、Arial 等
Size	Single	字体的大小（每磅=1/72 英寸）
Bold	Boolean	是否为粗体
Italic	Boolean	是否为斜体
StrikeThrough	Boolean	是否有删除线
Underline	Boolean	是否有下划线
Weight	Integer	字体的粗细。值越大，字体越粗

例如，使用 With 语句，设置窗体（Form1）的字体为 12 号的宋体：

```
With Form1.Font
    .Name = " 宋体"
```

```
        .Size = "12"
    End With
```

注意

- 如果文本是由对象的属性指定的，那么字体属性的改变将适用于该对象中的所有文本。
- 如果文本是用 Print 方法显示的，那么字体属性的改变将对改变之后使用 Print 方法的所有文本都有影响。

2. TextHeight 和 TextWidth 方法

TextHeight 和 TextWidth 方法用于返回 Form, PictureBox 或 Printer 的当前字体的高度和宽度。

语法

[对象]. TextHeight（字符串）

[对象]. TextWidth（字符串）

TextWidth 和 TextHeight 用于确定文本显示需要的水平和垂直空间。TextWidth 是由对象的 ScaleMode 属性设置的，通过 Scale 方法的坐标系统表示，TextWidth 将返回最长行的宽度；如果字符串含有嵌入的回车符，TextHeight 将返回各行的累加高度，包括每行上下的前导空间。

例如，在【例 Ex_PaintSin】的窗体上，在画正弦曲线的图片框下方居中显示“正弦函数”文本。

在单击“正弦信号”按钮的事件代码中添加打印文本。为了使文本居中显示，必须用 TextWidth 方法得出文本宽度。

则程序代码修改如下：

```
Dim msg As String
FontSize = 10
msg = "正弦函数"                                 ' 文本信息
CurrentX = (ScaleWidth - TextWidth(msg) )/ 2    ' 横坐标为宽度的一半
CurrentY = picDraw.Height                       ' 纵坐标为图片高度
Print msg                                       ' 显示文本
```

程序运行后的结果如图 6.7 所示。

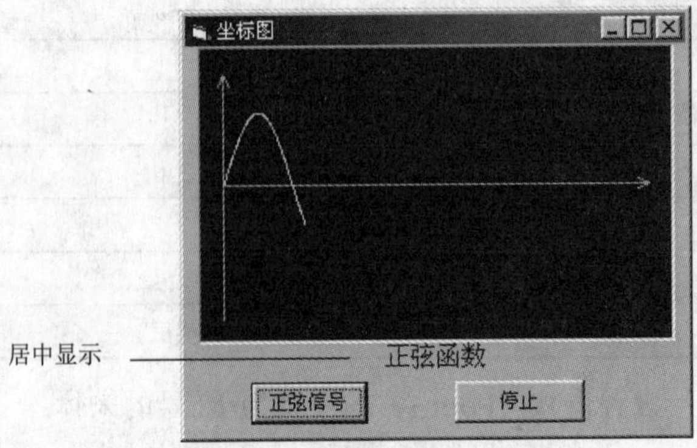

图 6.7 居中显示文本

6.1.5 打印

1. Printer 对象

（1）Printer 对象用于把程序的运行结果打印出来，Printer 对象属性见表 6.9。

表 6.9 Printer 对象属性

属性名	含义	属性名	含义
PaperSize	打印纸规格	Height	纸张物理高度
Width	纸张物理宽度	Orientation	横向还是纵向
ColorMode	单色还是彩色	Duplex	是否双面
Page	当前页号	Zoom	扩大或缩小
Port	打印机端口	Copies	打印份数
PaperBin	送纸方式	PrintQuality	打印质量

Printer 对象的属性通过程序代码进行设置，在设计时不可用。初始化时为 Windows“控制面板”中设置的打印机属性。在一页当中，一旦设置了某个属性，就不能改变，对这些属性的改变只能影响以后各页。

（2）打印、换页和取消打印

① EndDoc 方法

将图形或文本放到 Printer 对象后，用 EndDoc 方法将打印内容送往打印缓冲区。如果没有调用 EndDoc 方法，结束应用程序时自动调用。

例如，打印文字：

```
Private Sub cmdPrint_Click()
 Printer.FontName = "楷体"
 Printer.FontSize = 12
 Printer.Print "床前明月光"                    ' 将文本放到 Printer 对象中
 Printer.EndDoc                                ' 打印
End Sub
```

② NewPage 方法

NewPagc 方法用于终止当前页，进到下一页。

③ KillDoc 方法

KillDoc 方法用于立即终止当前的打印工作，删除 Windows 处理打印作业时送入打印机的所有作业。但不能结束用 PrintForm 方法开始的打印作业。

2. PrintForm 方法

PrintForm 用于将指定的窗体 Form 的图像逐位发送给打印机。

语法

[对象].PrintForm

其中，对象如果省略，则为带焦点的 Form 对象。

PrintForm 将打印 Form 对象的全部内容，即使窗体的某部分在屏幕上不可见。只有当 AutoRedraw 属性为 True 时 PrintForm 才打印 Form 或 PictureBox 控件上的图形。

6.1.6 剪贴板

剪贴板（ClipBoard）对象用于操作 Windows 的剪贴板上的文本和图形。用户通过剪贴板能够复制、剪切和粘贴应用程序中的文本和图形。Windows 应用程序共享剪贴板。

1. 使用剪贴板的方法

ClipBoard 对象没有属性和事件，但具有以下 4 种方法。

（1）Clear 方法

Clear 方法用于清除剪贴板中的内容。在复制任何信息到剪贴板中之前，应使用 Clear 方法清除剪贴板中的内容。

语法

[对象].Clear

（2）GetText 和 SetText 方法

GetText 和 SetText 是最常用的两种 ClipBoard 方法，用于处理文本。GetText 用于从剪贴板中返回文本，也可将它作为函数使用。SetText 将文本复制到剪贴板上，替换先前存储在其中的文本。

语法

对象.GetText （[格式]）

ClipBoard.SetText 字符串数据 [, 格式]

其中，格式用于指定数据格式，设置值见表 6.10。

表 6.10 格式设置值

常数	值	描述
vbCFLink	&HBF00	DDE 对话信息
vbCFRTF	&HBF01	RTF 格式（.rtf 文件）
vbCFText	1	（默认值）文本

（3）GetData 和 SetData 方法

GetData 和 SetData 用于处理图形。GetData 方法用于从剪贴板中返回一个图形，SetData 方法是用指定的图形格式将图片放到剪贴板上。语法格式与 GetText 和 SetText 相同。

（4）GetFormat 方法

GetFormat 方法用于判断 ClipBoard 中存放的是哪种格式的数据。

语法

ClipBoard.GetFormat（格式）

如果 ClipBoard 中存放的是与指定格式匹配的数据，返回 True；否则返回 False。

2. 选定文本

当使用 ClipBoard 时，文本框和组合框可以选定文本的属性。这些属性与 ClipBoard 对象联合使用，可以实现文本的复制、剪切和粘贴操作。

用于选定文本的属性有 SelLength，SelStart，SelText。

- SelLength 是所选定文本的字符数。

● SelStart 是选定文本的起点；如果没有文本被选中，则指出插入点的位置。

● SelText 是所选择的文本，为字符串型；如果没有字符被选中，则为空字符串。

【例 Ex_ClipBoard】在窗体文本框 Text1 中复制文本，将复制的内容粘贴到文本框 Text2 中。

两个文本框为 Text1 和 Text2，三个按钮 cmdCopy，cmdPaste，cmdEnd 分别用于复制、粘贴和退出。在文本框 Text1 中选择文本，单击“复制”按钮复制到剪贴板。单击“粘贴”按钮，将剪贴板的文本粘贴到 Text2 中当前的插入位置。

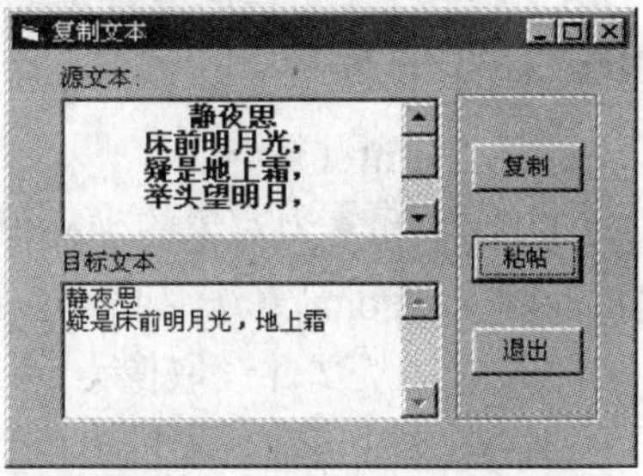

图 6.8 复制文本

程序运行结果如图 6.8 所示。

程序代码如下：

```
Private Sub cmdCopy_Click()
    Clipboard.Clear
    ' 复制选中的文本到剪贴板上
    Clipboard.SetText Text1.SelText
End Sub

Private Sub cmdPaste_Click()
 Dim Location As Integer
 Dim str1 As String, str2 As String
 Dim Length As Integer
 Location = Text2.SelStart                          ' 设置选定的起始位置
 Length = Len(Text2.Text)
 str1 = Left(Text2.Text, Location)
 str2 = Right(Text2.Text, Length - Location)        ' 在文本中插入字符串
 Text2.Text = str1 & Clipboard.GetText() & str2
End Sub

Private Sub cmdEnd_Click()
 End
End Sub
```

6.1.7 图像处理

在实践中不仅要对图形进行简单操作（放大或缩小），还应对图形进行分析和处理。图像处理涉及图形的亮度、分辨率、锐化和灰度等方面。

图像处理就是对图像像素值的简单操作。在黑白图像中，每个像素用 1 位（bit）表示；在常见的 256 色的彩色图形中，每个像素由 1 个字节表示；高质量的图形，每个像素由 3 个字节表示，每个字节分别表示一个基本色（红、绿、蓝），这就是真彩色。图像是由表示行列坐标的整型数构成的二维数组，因此对图形的处理就是简单地对图像像素的整数运算。

在窗体中可用图片框控件（PictureBox）显示图形，图像装入图片框后，读取图像像素可以有两种方法：

（1）用 Point 方法

Point 方法从图片框中直接读取像素的 RGB 颜色值。

语法

对象.Point（x，y）

其中：x 和 y 为对象的坐标值。如果由 x 和 y 坐标所引用的点位于对象之外，Point 方法将返回-1。Point 方法返回值为长整型。

（2）直接从文件读取像素

直接从文件读取像素的方法比较快，但每种图像的类型（如 BMP, GIF 和 JPEG）不同，文件结构也不同，因此需要提供不同的程序。

1. 用 Point 方法对图像处理

① 读取图像的每个像素，采用双重循环读取每行的每个像素。

② 将每个像素的颜色值存放在数组中，定义一个 ImageP 全局的三维数组：Public ImageP(2, 800, 800)As Integer

③ 对颜色进行效果运算后，将每个像素的颜色画到图片框中。

【例 Ex_Picture】对装入 Picture1 的原图进行各种图像处理。

将图片框 Picture1 的原图像素读取到数组中。

先在窗体中添加 PictureBox 控件 Picture1，用来装入原图，将 Picture1 的 Height 和 Width 属性都设置为 800，将 ScaleMode 属性设置为 3（Pixel）。

添加模块 Ex_Picture 用于声明全局变量数组 ImageP，模块 Ex_Picture.bas 中的程序代码如下：

```
Public ImageP(2, 800, 800) As Integer                    ' 定义一个 ImageP 全局数组

Private Sub cmdShow_Click()
' 扫描图形，对装入 Picture1 的原图扫描读取每个像素，存放在 ImageP 数组中
    Dim i, j As Integer
    Dim Red, Green, Blue As Integer
    Dim Pixel As Long
    Form1.MousePointer = 11
    Picture1.ScaleHeight = 800
    Picture1.ScaleWidth = 800
    Picture1.AutoRedraw = True
    Form1.Refresh
    For i = 0 To Picture1.Height - 1
        For j = 0 To Picture1.Width - 1
            Pixel = Form1.Picture1.Point(j, i)
            Red = Pixel& Mod 256
            Green = ((Pixel And &HFF00) / 256&) Mod 256&
            Blue = (Pixel And &HFF000) / 65536
            ImageP(0, i, j) = Red
            ImageP(1, i, j) = Green
            ImageP(2, i, j) = Blue
```

```
        Next
    Next
    Form1.MousePointer = 0
End Sub
```

程序分析

- ImageP（2，800，800）三维数组的第一个索引对应于颜色构成（0 表示红，1 表示绿，2 表示蓝）；第二个索引对应于图形像素的列；第三个索引对应于图形像素的行。
- 正常的 RGB 颜色的有效范围为 0～16777215（&HFFFFFF&）。每种颜色的设置值都是一个四字节的整数，其高字节都是 0，而三个低字节，从最低到第三个字节，分别定义了红、绿、蓝三种颜色的值。红、绿、蓝都用 0～255（&HFF）的数表示。用 Mod 和 And 操作将字节取出。
- 当扫描图形时，需要等待一段时间，用鼠标指针变成沙漏形状表示。

2. 特殊效果处理

对 Picture1 像素读取的数组数据进行各种处理，单击 7 个按钮实现。图像处理运行界面如图 6.9 所示。

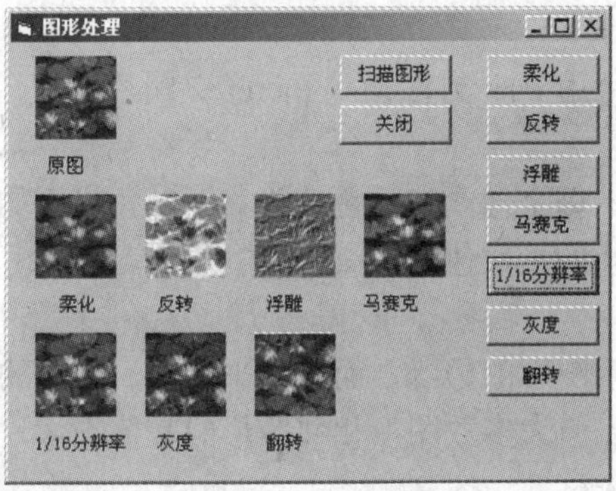

图 6.9　图像处理运行界面

（1）柔化处理

柔化图形比原图更柔和。若要柔化图形，必须减少相邻像素间的较大差别。

取像素块的平均值是模糊操作的好方法。例如，3×3 的像素块，要将其柔化则需要取其相邻的八个像素和自身像素值的平均值，做到中等模糊。若要进一步模糊，可以扩大计算平均值的块的大小，即可以取 5×5 的像素块。

程序代码如下：

```
Private Sub cmdSmooth_Click()
' 柔化按钮
    Dim i, j, k, l As Integer
    Dim Red, Green, Blue As Integer
    Form1.MousePointer = 11
    Picture2.ScaleHeight = 800
    Picture2.ScaleWidth = 800
```

```
        Picture2.AutoRedraw = True
        For i = 1 To Picture2.ScaleHeight - 2
            For j = 1 To Picture2.ScaleWidth - 2
                Red = 0
                Green = 0
                Blue = 0
                For k = -1 To 1                         ' 计算 3×3 像素块的颜色和
                    For l = -1 To 1
                        Red = Red + ImageP(0, i + k, j + l)
                        Green = Green + ImageP(1, i + k, j + l)
                        Blue = Blue + ImageP(2, i + k, j + l)
                    Next
                Next
                Picture2.PSet (j, i), RGB(Red / 9, Green / 9, Blue / 9)
            Next
            Picture2.Refresh
        Next
        Form1.MousePointer = 0
    End Sub
```

程序分析

将计算的红、绿、蓝色用 Pset 方法画到 Picture2 图片框。

（2）反转处理

反转处理就是将图形中每个像素的颜色改为其互补色。例如，纯黑色像素的互补色为白色。反转处理的算法：新像素数值=255−原像素值。

（3）浮雕效果

浮雕效果是指烘托显示图形的边缘，而淡化平淡区，处理的图形就有浮雕的效果。采用图形相邻像素间的差值，但大多数图形相邻图形的差值不大，会变成黑色，因此加一个常量，给黑色的图区增加灰度。

算法：新像素数值=相邻两个像素数值差+128。

（4）马赛克效果

马赛克效果是将图像处理成由一块块同一颜色块组成的图像。

马赛克效果的算法：与柔化处理相似，先计算一块区域的像素平均值，然后设置该区域的各像素值都等于这一平均值。为了使马赛克效果明显，使用一个 20×20 的像素块。

（5）分辨率调节

降低图形的分辨率就是将一个像素块中的颜色值设置为相同。这与马赛克效果相似，不同的是，马赛克效果是使用该像素块的颜色平均值，而降低分辨率是使用该像素块左上角像素的颜色值。

降低分辨率的算法：如果降低为原来的 1/2，则 2×2 的像素块颜色相同；如果降低为原来的 1/4，则 4×4 的像素块颜色相同；如果降低为原来的 1/16，则 16×16 的像素块颜色相同。

（6）灰度图像

将图形改变为灰度图像，是将每个像素的颜色设置为红、绿、蓝色的平均值。

灰度图像的算法：

新像素数值=（原像素红色分量+原像素绿色分量+原像素蓝色分量）/3

（7）翻转图形

翻转图形是指将图形上下翻转或左右翻转，只需要将每个像素值画在需要翻转的位置上即可。

6.2 鼠标和键盘

窗体和大多数控件都能响应鼠标和键盘事件。利用鼠标事件，可以跟踪鼠标的操作，判断按下的是哪一个鼠标键等；利用键盘事件，可以响应键盘的操作，解释和处理 ASCII 字符。VB 还支持拖放 Drag 方法，大大地增强了用户操作的方便性。

6.2.1 鼠标事件

在程序运行时，鼠标常用的除了 Click 和 DblClick 事件之外，有些程序还需要对鼠标指针的位置和状态变化做出响应，因此需要使用鼠标事件 MouseUp, MouseDown 和 MouseMove。

当鼠标事件发生时，如果鼠标指针位于窗体就由窗体识别鼠标事件；如果鼠标指针位于控件上，就由控件识别。如果按下鼠标不放，则对象将继续识别所有鼠标事件，直到用户释放鼠标为止（即使指针离开对象仍继续识别）。

不能将 Click 和 DblClick 事件与鼠标事件混为一谈。鼠标事件不同的是可以区分鼠标的左、右、中键与 Shift，Ctrl，Alt 键，且可识别和响应各种鼠标状态。

语法

Private Sub 对象_鼠标事件（Button As Integer, Shift As Integer, X As Single, Y As Single）

Button：表示哪个鼠标键被按下或释放。用 0，1，2 三位表示鼠标的左、右、中键，每位用 0, 1 表示被按下或释放，三位的二进制数转换成十进制数就是 Button 的值，如图 6.10 所示。表 6.11 列出了按钮与常数值的对应关系。

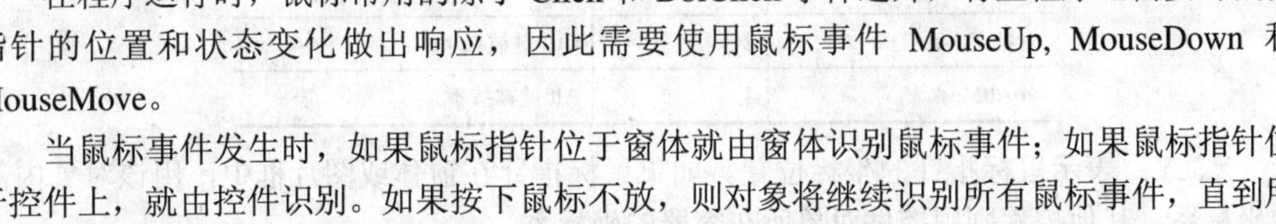

图 6.10　Button 键

表 6.11　按钮与常数值的对应关系

十进制	二进制	常　数	按 下 按 钮
0	000		无
1	001	vbLeftButton	左按键

续表

十进制	二进制	常　数	按 下 按 钮
2	010	vbRightButton	右按键
3	011	vbMiddleButton	中按键
4	100	VbLeftButton+vbRightButton	左、右按键
5	101	VbLeftButton+vbMiddleButton	左、中按键
6	110	VbRightButton+vbMiddleButton	右、中按键
7	111	VbLeftButton+vbRightButton+vbMiddleButton	左、中、右按键

Shift：表示当鼠标键被按下或被释放时，Shift，Ctrl，Alt 键的按下或释放状态。用 0，1，2 三位表示鼠标的 Shift，Ctrl，Alt 键，三个位的二进制数转换成十进制数就是 Shift 的值。Shift，Ctrl，Alt 键切换常数如表 6.12 所示。

表 6.12　Shift 的常数值

常　数	值	描　述
vbShiftMask	1	Shift 键被按下
vbCtrlMask	2	Ctrl 键被按下
vbAltMask	4	Alt 键被按下

X、Y：表示鼠标指针的坐标位置。如果鼠标指针在窗体或图片框中，用该对象内部的坐标系，其他控件则用控件对象所在容器的坐标系。

1. MouseUp 和 MouseDown 事件

MouseUp 和 MouseDown 事件是当鼠标释放和按下时触发，通常用来在运行时调整控件的位置，或实现某些图形效果。MouseDown 事件更常用些。

【例 Ex_MouseDown】制作一个简单的画图程序，使用鼠标按下在该点周围画圆。

在窗体上放置两个按钮 cmdClear 和 cmdCircle，以及一个图片框 Picture1。

单击“擦除”按钮后，当鼠标在窗体的 Picture1 图片框中按下鼠标左键时，则以鼠标指针的位置为中心将该处的图像擦除，单击“画圆”按钮时则画不同颜色的小圆。其实实现的方法就是单击“擦除”按钮时画与背景一样颜色的白色圆，单击“画圆”按钮时，则画出有颜色的圆。

窗体有一个图片框 Picture1，两个按钮 cmdClear 和 cmdCircle 分别用于擦除和退出。单击“擦除”按钮，通过画一个白色的圆将图像擦除，程序运行结果如图 6.11 所示。

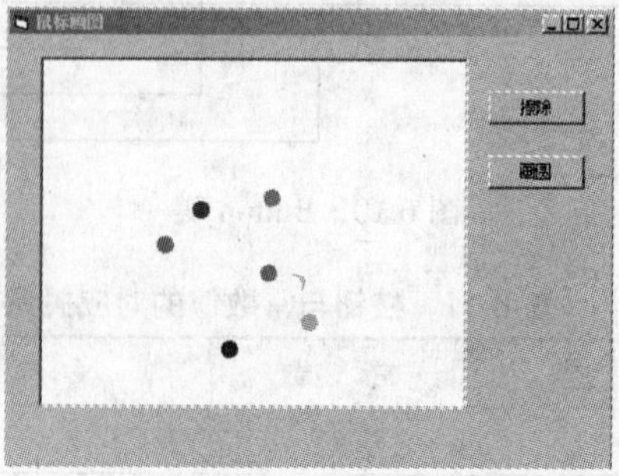

图 6.11　擦除图像

程序代码如下：

```
Dim MS As Integer
Private Sub cmdClear_Click()                '擦除按钮
    MS = 1
End Sub

Private Sub cmdcircle_Click()               '画圆按钮
    MS = 2
End Sub

Private Sub Form_Load()
    Picture1.BackColor = vbWhite
    Picture1.ForeColor = vbWhite
End Sub

Private Sub Picture1_MouseDown(Button As Integer, Shift As Integer, X As Single, Y As Single)
    Picture1.AutoRedraw = True
    Picture1.FillStyle = 0
    If Button = 1 And MS = 1 Then                                   '当是鼠标左键时
        Picture1.FillColor = RGB(255, 255, 255)                     '擦除颜色设置为白色
        Picture1.Circle (X, Y), 100
    ElseIf Button = 1 And MS = 2 Then
        Picture1.FillColor = RGB(255 * Rnd, 255 * Rnd, 255 * Rnd)   '画颜色为随机的圆
        Picture1.Circle (X, Y), 100
    End If
End Sub
```

程序分析

- MouseDown 事件中 X 和 Y 分别是当前鼠标所在的位置，由系统检测到传递给事件过程。
- Picture1.FillStyle 设置图形的填充格式。

2. MouseMove 事件

MouseMove 事件是鼠标在屏幕上移动时触发的。当鼠标指针在对象的边界范围内时，该对象就能接收 MouseMove 事件，除非有另一个对象捕获了鼠标。窗体和控件都能识别 MouseMove 事件。

当移动鼠标时，MouseMove 事件不断发生。这并不是对鼠标经过的每个像素都会触发，当鼠标指针移得越快时则在两点之间触发的 MouseMove 事件越少。应用程序能接二连三地触发大量的 MouseMove 事件。因此，MouseMove 事件不应去做需要大量时间的工作。

对于 MouseMove 事件，Button 参数与 MouseDown 和 MouseUp 事件不同，MouseMove 事件的 Button 值表示所有按键的状态，而 MouseDown 和 MouseUp 事件的 Button 的值无法检测是否同时按下两个以上的按键。

【例 Ex_MouseMove】使用鼠标选择图片框中的图片，将选择的图片块移到另一图片中去。

在窗体中有两个图片框 Picture1 和 Picture2，两个按钮 CmdCopy 和 CmdPaste，单击 CmdCopy 后在 Picture1 中用鼠标拖动选择一个矩形块，单击按钮 CmdPaste 将该图片粘贴在 Picture2 中，程序运行效果如图 6.12 所示。

图 6.12　随意画图

程序代码如下：

```
Dim x1 As Integer, y1 As Integer
Dim x2 As Integer, y2 As Integer
Dim Cs As Boolean

Private Sub CmdCopy_Click()
    Picture1.DrawMode = 7                    ' xor 型擦除方式
    Picture1.DrawStyle = 4                   ' 点画线型
    Picture1.ForeColor = vbWhite
    Cs = True
End Sub

Private Sub CmdPaste_Click()
    '复制图片
    Picture2.PaintPicture Picture1, 0, 0, x2 - x1, y2 - y1, x1, y1, x2 - x1, y2 - y1, vbSrcCopy
    Picture1.Line (x1, y1)-(x2, y2), , B
    Cs = False
End Sub

Private Sub Picture1_MouseDown(Button As Integer, Shift As Integer, X As Single, Y As Single)
    x1 = X: y1 = Y
    x2 = X: y2 = Y
End Sub

Private Sub Picture1_MouseMove(Button As Integer, Shift As Integer, X As Single, Y As Single)
    ' 移动鼠标时
    If Button = 1 And Cs = True Then
```

```
            Picture1.Line (x1, y1)-(x2, y2), , B            ' 在图片框中擦除原来的点画线框
            x2 = X: y2 = Y
            Picture1.Line (x1, y1)-(x2, y2), , B            ' 在图片框中拖画出点画线框
        End If
End Sub

Private Sub Picture1_MouseUp(Button As Integer, Shift As Integer, X As Single, Y As Single)
        With Picture2                                       ' 根据鼠标移动的位置设置 Picture2 的大小
            .Cls
            .Width = x2 - x1
            .Height = y2 - y1
        End With
End Sub
```

程序分析

- Picture1.DrawMode 是指图片框的擦除类型，Xor 型是指将原来的图形擦除。
- Picture2.PaintPicture 用来将 Picture1 中的图片块复制到指定的位置。

6.2.2 改变鼠标指针

熟悉 Windows 环境的用户都知道，可用不同的鼠标指针反映信息。例如在调整窗口的大小时使用箭头形状的鼠标指针，在移动窗体时用十字线的鼠标指针。鼠标指针可以通过 MousePointer 和 MouseIcon 属性设置。

1. MousePointer 属性

对象的 MousePointer 属性用于设置鼠标指针的形状。在运行时，鼠标经过控件就会显示 MousePointer 属性设置的形状；对于窗体，当鼠标经过空白区域或窗体中的 MousePointer 属性为 0 的控件时，就会显示窗体的 MousePointer 属性设置的形状。

MousePointer 属性的设置值如表 6.13 所示。

表 6.13 MousePointer 属性值

常　数	值	描　述
vbDefault	0	（默认）形状由操作系统决定
VbArrow	1	箭头
VbCrosshair	2	十字线
VbIbeam	3	I 型
VbIconPointer	4	图标（矩形内的小矩形）
VbSizcPointcr	5	尺寸线（指向东、南、西、北的箭头）
VbSizeNESW	6	右上-左下尺寸线（指向东北、西南的双箭头）
VbSizeNS	7	垂直尺寸线（指向南、北的双箭头）
VbSizeNWSE	8	左上-右下尺寸线（指向东南、西北的双箭头）
VbSizeWE	9	水平尺寸线（指向东、西的双箭头）

续表

常　数	值	描　述
VbUpArrow	10	向上的箭头
VbHourglass	11	沙漏（表示等待状态）
VbNoDrop	12	禁止形状（不允许放下）
VbArrowHourglass	13	箭头和沙漏
VbArrowQuestion	14	箭头和问号
VbSizeAll	15	四向尺寸线（表示缩放）
VbCustom	99	通过 MouseIcon 属性指定的自定义图标

例如，改变经过文本框 Text1 时鼠标指针的形状为 I 型：

```
Text1.MousePointer = 3
```

2. MouseIcon 属性

当 MousePointer 属性设置为 99 时，可以使用 MouseIcon 属性来确定鼠标指针的形状。有如下两种方法设置 MouseIcon 属性。

（1）在属性窗口中选择 MouseIcon 属性，单击…按钮，出现“加载图标”对话框，选择一个图形文件为鼠标指针形状，可以是.ico 或.cur 文件。

（2）在程序中调用 LoadPicture 函数加载图形文件。例如:

```
Form1.MouseIcon = LoadPicture("c:\windows\winupd.ico")
```

6.2.3 键盘事件

键盘事件有三种：即 KeyPress，KeyDown 和 KeyUp 事件。窗体以及可接受键盘输入的控件（如 TextBox，CommandButton，PictureBox，ComboBox 等控件）都可识别这三种键盘事件。

1. KeyPress 事件

KeyPress 事件是在键盘有按键动作发生时触发的。KeyPress 事件检测的键有 Enter，Tab，BackSpace 以及键盘上的字母、数字和标点符号键，对于其他功能键、编辑键和定位键，则不响应。

语法

Private　Sub　对象_KeyPress（KeyAscii As Integer）

- 对象：是接受键盘事件的对象，由具有焦点的对象接收。
- KeyAscii：是按键对应的 ASCII 码值。例如，按回车键则 KeyAscii 为 13，按字母“a”则 KeyAscii 为 97，按字母“A”则 KeyAscii 为 65，相应的小写字母比大写字母的 ASCII 码值大 32。0～9 按键的 ASCII 码值在 48～57，将 KeyAscii 改为 0 时可以取消本次击键，这样对象便接收不到字符。

一个窗体仅在它没有有效的控件或 KeyPreview 属性被设置为 True 时才能接收 KeyPress 事件。如果 KeyPreview 属性被设置为 True，窗体将先于该窗体上的控件接收此事件。

KeyPress 事件过程在截取 TextBox 或 ComboBox 控件所输入的击键时，可以立即测试击键的有效性，也可用于识别键盘是否按键，或是否按下特定键，如回车，数字，字母等。

例如，在第4章的【例 Ex_Divisor2】用辗转除法求两个自然数的最大公约数，在文本框中输入自然数，当按键按下的不是0～9的键时，使用 KeyPress 事件使其在文本框显示不出输入的值，这样就不需要在文本框的 LostFocus 事件中判断输入的合法性。

文本框 txtN 输入自然数 N 的 KeyPress 事件代码如下：

```
Private Sub txtN_KeyPress(KeyAscii As Integer)
    If KeyAscii < 48 Or KeyAscii > 57 Then                ' 按键是否是 0～9
        KeyAscii = 0
        txtN.SetFocus
    End If
End Sub
```

2. KeyDown 和 KeyUp 事件

KeyDown 事件是当按下按键时触发，KeyUp 事件是当释放按键时触发。这两个事件提供最低级的键盘响应，可以报告键盘的物理状态。

语法

Private Sub 对象_KeyDown（Keycode As Integer, Shift As Integer）

Private Sub 对象_KeyUp（Keycode As Integer, Shift As Integer）

- Keycode：是所按键的 ASCII 码值。KeyDown 和 KeyUp 事件除可识别 KeyPress 事件可以识别的键外，还可识别键盘上的大多数键，如功能键、编辑键、定位键和数字小键盘上的键。键盘上的数字键与小键盘上的数字键的 ASCII 码值不同，尽管它们按的数字字符相同。
- Shift：表示 Shift，Ctrl，Alt 键的按下或释放状态。分别用 0，1，2 三位表示 Shift，Ctrl，Alt 键。常用的 Shift，Ctrl，Alt 键组合常数在表 6.12 已经介绍。

Keycode 对于大小写字母的值相同，例如，“A”和“a”的 Keycode 都是 Asc（"A"），区分大小写字母必须使用 Shift 参数；键盘上同一按键的数字与标点符号键的 Keycode 值也相同，例如，“1”和“!”Keycode 都是 Asc（"1"），同样需要 Shift 参数区分。

键盘事件彼此之间互不排斥。当按下键盘上的某个键时，将产生 KeyPress 和 KeyDown 事件。如果是 KeyPress 事件不能检测的键（如箭头键），那么仅触发 KeyDown 事件。

虽然 KeyDown 和 KeyUp 事件可以应用于大多数键，但它们经常应用于扩展的字符键（如 F1，Esc 等）、定位键、键盘修饰键和按键的组合，区别数字小键盘和常规数字键。

注意

- 如果窗体上有菜单控件定义了快捷键，则按下快捷键时将触发菜单控件的 Click 事件而不是键盘事件。
- 如果窗体上的命令按钮的 Default 属性设置为 True，则按 Enter 键是触发命令按钮的 Click 事件而不是键盘事件。如果命令按钮的 Cancel 属性设置为 True，则按 Esc 键是触发命令按钮控件的 Click 事件。
- 如果窗体上的每个控件的 TabStop 属性都设置为 True，则按 Tab 键时将焦点从一个控件移到另一个控件。

【例 Ex_Mouse】在窗体中单击“绘画”按钮时，用鼠标和键盘结合，当同时按下 Shift

键和鼠标左键为画水平线，当同时按下 Ctrl 键和鼠标左键为画垂直线。

程序运行界面如图 6.13 所示，显示的是单击“绘画”按钮，按 Shift 键和鼠标左键时的情况。

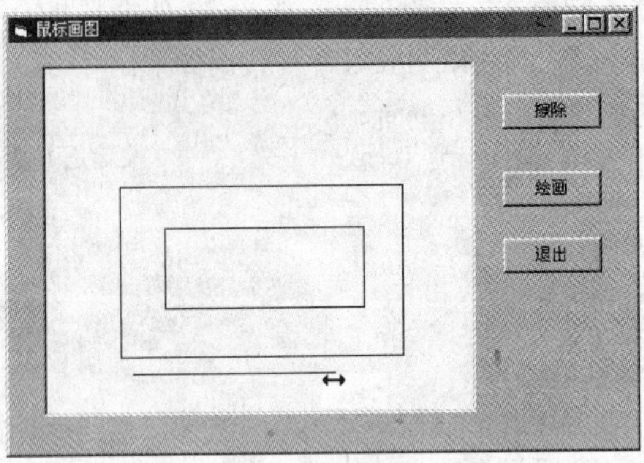

图 6.13　组合键

Picture1 的 MouseDown 和 MouseMove 事件的程序代码如下：

```
Private Sub Picture1_MouseDown(Button As Integer, Shift As Integer, _
X As Single,Y As Single)
        If Button = 1 And MouseState = 1 Then                    ' 当擦除时
                Picture1.FillStyle = 0
                Picture1.FillColor = RGB(255, 255, 255)          ' 擦除颜色设置为白色
                Picture1.ForeColor = RGB(255, 255, 255)
                Picture1.Circle (X, Y), 50
        ElseIf Button = 1 And MouseState = 2 Then                ' 当绘画时
                Isdraw = True
                Picture1.CurrentX = X
                Picture1.CurrentY = Y
                If Shift = 1 Then
                ' 当按 Shift 键时，将鼠标指针设置为水平箭头
                        Picture1.MousePointer = 9
                ElseIf Shift = 2 Then
                ' 当按 Ctrl 键时，鼠标指针设置为垂直箭头
                        Picture1.MousePointer = 7
                Else
                ' 当只按鼠标时，鼠标指针设置为系统默认
                        Picture1.MousePointer = 0
                End If
        End If
        Picture1.AutoRedraw = True
End Sub

Private Sub Picture1_MouseMove(Button As Integer, Shift As Integer, _
X As Single, Y As Single)
        Picture1.ForeColor = RGB(0, 0, 0)                    ' 画线颜色设置为黑色
```

```
        If Isdraw And MouseState = 2 Then
            If Picture1.MousePointer = 9 Then
                Picture1.Line -(X, Picture1.CurrentY)      ' 当鼠标指针为水平箭头时只能画水平线
            ElseIf Picture1.MousePointer = 7 Then
                Picture1.Line -(Picture1.CurrentX, Y)      ' 当鼠标指针为垂直箭头时只能画垂直线
            Else
                Picture1.Line -(X, Y)                      ' 当鼠标指针为默认时可以随意画线
            End If
        End If
    End Sub
```

6.2.4 控件拖放

VB 支持控件拖放（Drag）和 OLE 拖放（Drop）两种拖放。

控件拖放（Drag）是指运行时将控件拖到新的位置。拖放分解为拖动和放下两个操作，拖动是按住鼠标键并且移动控件，而放下是指释放鼠标键。拖放涉及被拖动的对象（即源对象）和要放在其上的目标对象。

1. 属性

（1）DragMode 属性

DragMode 属性确定拖放操作为自动方式还是手动方式。默认值为 0（手动方式），可用手动方式确定拖放操作何时开始或结束。当 DragMode 属性设置为 1（自动方式）时，控件不能正常响应鼠标事件。

（2）DragIcon 属性

DragIcon 属性是设置拖动操作时显示的图标，默认为将源对象的灰色轮廓作为拖动的图标，也可设置为.ico 图标文件。

2. 事件

（1）DragDrop 事件

DragDrop 事件是当一个完整的拖放动作完成时触发（将一个控件拖到一个对象上，并且释放鼠标按钮），或用 Drag 方法将其动作参数设置为 2（Drop）时触发。DragDrop 事件用来控制在拖动操作完成时将会发生的情况。

语法

Private Sub 对象_DragDrop（Source As Control, X As Single, Y As Single）

- Source：指正在被拖动的控件（源对象）。可在事件过程采用设置控件的属性和方法，例如，Source.Visible = False。
- X, Y：鼠标指针在目标对象中的坐标值，通常用目标坐标系统表示。

（2）DragOver 事件

DragOver 事件在拖放操作正在进行时发生。

语法

Private Sub 对象_DragOver（Source As Control, X As Single, Y As Single, State As Integer）

- 对象：鼠标指针的位置所在的目标对象。
- X, Y：鼠标指针在目标对象中的坐标值，通常用目标坐标系表示。
- State：表示控件的转变状态。0（vbEnter）为进入，指拖动正进入目标对象内；1（vbLeave）为离去，指拖动正离开目标对象；2（vbOver）为跨越，指拖动正经过目标对象。State 参数可用于确定关键转变点处的操作，如由 vbEnter 转变为 vbLeave 时的操作。

DragOver 事件可对鼠标在目标对象上进入、离开或停顿等进行监控，通常用于确定在拖动开始后和控件放在目标上之前发生些什么。

3. 方法

常用的方法有 Drag 方法。Drag 方法可启动、停止或取消手工拖动。

语法

对象 . Drag [动作]

其中，动作用于确定启动、停止或取消手工拖动操作。0（vbCancel）为取消手工拖动，1（vbBeginDrag）为启动拖动，2（vbEndGrag）为停止拖动。

启动手工拖动的代码通常放在源对象的 MouseDown 事件中。

【例 Ex_DragPicture】使用 Drag 方法将一个图形文件（.bmp, .ico, .wmf）的文件名拖到图片框中，然后显示该图片。

在界面上设计一个驱动器列表框（Drive1），一个目录列表框（Dir1），一个文件列表框（File1），一个图片框（Picture1）和一个标签控件（Label1）。标签 Label1 在拖动文件时显示文件被拖动的轨迹。

运行时将一个文件拖到图片框，未释放鼠标时的界面如图 6.14 所示。

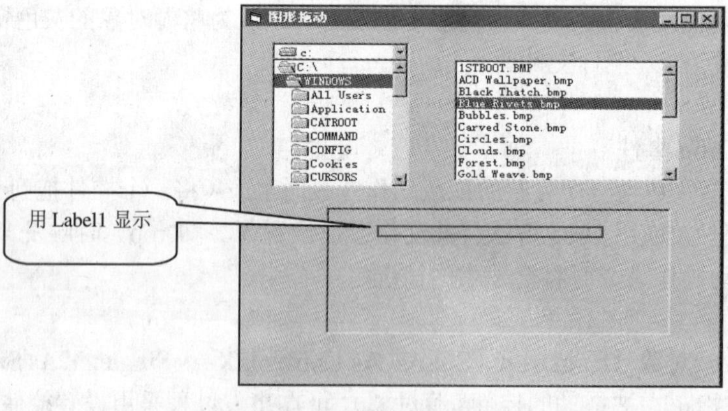

图 6.14 图片拖动

程序代码如下：

```
Option Explicit
Private Sub Form_Load()
        Picture1.AutoSize = True
        Label1.Visible = False
        File1.Pattern = "*.ICO;*.BMP;*.WMF"                    ' 设置文件的各种类型
End Sub
```

```
Private Sub Dir1_Change()
 File1.Path = Dir1.Path
End Sub

Private Sub Drive1_Change()
      Dir1.Path = Drive1.Drive
End Sub

Private Sub File1_MouseDown(Button As Integer, Shift As Integer, X As Single, Y As Single)
' 在 File1 按下鼠标
      Dim D
      D = TextHeight("A")                                    ' 取得一行的高度
      Label1.Move File1.Left, File1.Top + Y - D / 2, File1.Width, D
    ' 在文件列表框按下鼠标时，先将标签 Label1 移到 File1 位置
      Label1.Drag 1                                          ' 拖动标签轮廓
End Sub

Private Sub Dir1_DragOver(Source As Control, X As Single, Y As Single, State As Integer)
      If State = 0 Then Source.MousePointer = 12
      ' 当拖动进入控件时,鼠标指针为禁止形状
      If State = 1 Then Source.MousePointer = 0
      ' 当拖动离开时，鼠标指针为系统默认
End Sub

Private Sub Drive1_DragOver(Source As Control, X As Single, Y As Single, State As Integer)
     If State = 0 Then Source.MousePointer = 12
     ' 当拖动进入控件时,鼠标指针为禁止形状
     If State = 1 Then Source.MousePointer = 0
     ' 当拖动离开时，鼠标指针为系统默认
End Sub

Private Sub Form_DragOver(Source As Control, X As Single, Y As Single, State As Integer)
' 用鼠标指针形状显示不能拖动窗体的空白区
      If State = 0 Then Source.MousePointer = 12
      If State = 1 Then Source.MousePointer = 0
End Sub

Private Sub Picture1_DragDrop(Source As Control, X As Single, Y As Single)
      ' 将拖动的图形装载到图片框
      Picture1.Picture = LoadPicture(File1.Path + "\"+ File1.FileName)
End Sub
```

程序分析

采用标签 Label1 显示拖动的路径，Label1 的宽度为 File1 的宽度，Label1 的高度为一

行文本的高度。

注意

仅当控件没有焦点时才能被拖动，应将控件的 TabStop 属性设置为 False，防止控件获得焦点。

6.2.5 OLE 拖放

OLE 拖放是移动和复制数据最快捷的方式。通过 OLE 拖放，可在控件与控件之间，控件与其他应用程序之间拖动文本和图形。OLE 拖动涉及从对象拖动数据（拖动源）和接受 OLE 数据对象（放下目标）。

VB 几乎所有控件都支持 OLE 拖放，OLE 拖放分自动与手工两种。自动拖放无须编写任何代码响应 OLE 拖放事件，而手工拖放需要通过编程，响应 OLE 拖放事件，它可以进一步控制拖放过程的每步操作。

当数据从拖动源拖放到目标时，需要通过 DataObject 对象存储和获取。DataObject 对象是 OLE 拖放数据的容器，具有存储、获取和分析数据的方法。

DataObject 对象的常用方法有 Clear 方法，SetData 方法和 GetData 方法。

- Clear 方法：清除 DataObject 对象的内容。
- SetData 方法：将数据放到拖动源的 DataObject 对象中。
- GetData 方法：从 DataObject 对象中获取数据。

语法

对象 . Clear

对象 . SetData　[数据], [格式]

对象 . GetData（格式）

其中，格式参数的设置值如表 6.14 所示。

表 6.14　格式参数的设置值

常　数	值	含　义
vbCFText	1	文本.txt
vbCFBitmap	2	位图.bmp
vbCFMetafile	3	Windows 元文件.wmf
vbCFEMetafile	14	增强型文件.emf
vbCFDIB	8	与设备无关的位图.DIB
vbCFPalette	9	调色板
vbCFFiles	15	文件列表
vbCFRTF	-16639	丰富文本格式.rtf

1. 与 OLE 拖动有关的属性

（1）OLEDragMode 属性

OLEDragMode 属性用于确定控件能否作为 OLE 拖动源，以及自动拖动还是手工拖动。默认值 0（vbOLEDragManual）为手工拖动，需要调用 OLEDrag 方法启动拖动；1

(vbOLEDragAutomatic）为自动拖动，可从控件中向外拖动数据。

（2）OLEDropMode 属性

OLEDropMode 属性确定控件能否作为 OLE 放下目标，以及是自动发生还是人工发生的。默认值为 0（vbOLEDropNone）表示控件不接受 OLE 放下操作，1（vbOLEDragManual）为人工放下，需要通过编程处理；2（vbOLEDragAutomatic）为自动放下，控件自动接受 OLE 放下操作。

例如，用自动拖动的方法在窗体中将一个文本框（Text1）中的内容移到另一个文本框（Text2）中，如图 6.15 所示。

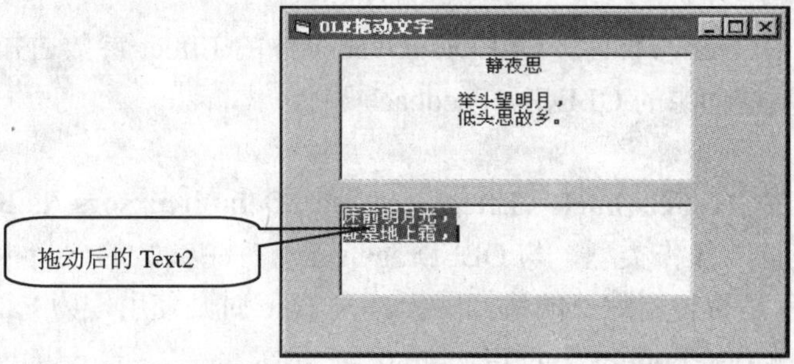

图 6.15　OLE 拖动

文本框 Text1 的 OLEDragMode 的属性设置为 1（自动拖动），文本框 Text2 的 OLEDropMode 属性设置为 2（自动放下）。运行时即可拖动 Text1 中选择的文本，复制到文本框 Text2 中。

2. 方法

常用的方法是 OLEGrag 方法。通过调用 OLEGrag 方法启动手工拖动。OLEGrag 方法没有参数，用于启动手工拖动，触发 OLEStartDrag 事件设置拖动的条件。

OLEGrag 方法的调用通常在拖动源的 MouseMove 事件过程中，当用户选定数据并且按住鼠标时就会触发 OLEStartDrag 事件。

3. 事件

（1）OLEStartDrag 事件

OLEStartDrag 事件是在拖放源选定数据并且按下鼠标键拖动数据时触发的。

语法

Private Sub 对象_OLEStartDrag（Data As DataObject, Allowedeffects As Long）

- Data：确定拖动源所提供的数据格式以及相应的数据。
- Allowedeffects：确定允许的放下效果，目标可以通过向拖动源查询此信息做相应的响应。0（vbDropEffectNone）为不允许放下，1（vbDropEffectCopy）为允许复制，2（vbDropEffectMove）为允许移动。

（2）OLEDragOver 事件

OLEDragOver 事件是当拖动源在目标上拖动时由目标触发的，在拖放期间 OLE 拖放自动提供鼠标指针形状。如果想对鼠标指针形状进行控制，在目标的 OLEDragOver 事件和拖放源的 OLEGiveFeedback 事件中编程实现。

语法

Private Sub 对象_OLEDragOver（Data As DataObject, Effect As Long, Button As Integer, Shift As Integer, X As Single, Y As Single, State As Integer）

- Data：含有拖动源提供的数据格式。
- Effect：通知拖动源目标支持的放下效果。0（vbDropEffectNone）为不支持放下，1（vbDropEffectCopy）为支持复制，2（vbDropEffectMove）为支持移动，&H80000000&（vbDropEffectScroll）为滚动正在或将要发生。

Button，Shift，X，Y 参数与前面介绍的相同。

（3）OLEGiveFeedback 事件

当触发目标的 OLEDragOver 事件时，OLEDragOver 事件的 Effect 参数通知拖动源支持哪种放下操作，然后触发拖动源的 OLEGiveFeedback 事件。

语法

Private Sub 对象_OLEGiveFeedback（Effect As Long, Defaultcursors As Boolean）

- Effect：指出目标支持的操作类型，与 OLEDragOver 事件中参数的含义相同。
- Defaultcursors：表示是否使用默认的鼠标图标。为 True 时则使用，为 False 时则不使用鼠标图标而用 MousePointer 来设定。

（4）OLEDragDrop 事件

OLEDragDrop 事件是当拖动源放到放下目标时触发的，目标将根据拖动源所含的数据格式查询拖动源，然后获取数据或拒绝数据。

语法

Private Sub 对象_OLEDragDrop（Data As DataObject, Effect As Long, Button As Integer, Shift As Integer, X As Single, Y As Single）

Data 包含源所提供的数据格式，Effect 通知源目标执行的操作类型，Button 确定鼠标键的状态，Shift 确定是否按下 Shift，Ctrl，Alt 键。

（5）OLESetData 事件

当目标用 GetData 方法从拖动源获取数据，还未加载数据时，拖动源触发 OLESetData 事件。

语法

Private Sub 对象_OLESetData（Data As DataObject, Dataformat As Integer）

（6）OLEComplete 事件

OLEComplete 事件是当拖动源放到目标上或取消 OLE 拖放时触发的，这是拖放操作中的最后一个事件。

语法

Private Sub 对象_OLECompleteDrag（[Effect As Long]）

【例 Ex_OLEDrag】在窗体中用手工拖动的方式将一个文本框（Text1）中内容复制到另一文本框（Text2）。

界面包含三个文本框：一个为拖动源（Text1），OLEDragMode 的属性设置为 0（手动拖动）；另一个为目标（Text2），OLEDropMode 属性设置为 1（手动放下）；Text3 文本框属性为默认值，不可拖动也不可放下。

当在文本框 Text1 中选择了“低头思故乡”文本后，直接拖放到 Text2 时，运行结果显示如图 6.16（a）所示；当按下 Ctrl 键复制内容并拖动时，运行结果如图 6.16（b）所示。

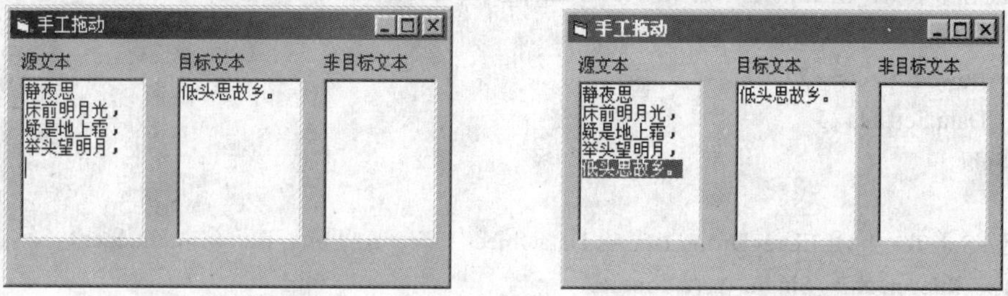

（a）直接拖放　　（b）复制并拖动

图 6.16　手工拖动结果窗口

程序代码如下：

```
Private Sub Text1_MouseUp(Button As Integer, Shift As Integer, X As Single, Y As Single)
    Text1.OLEDrag                                         ' 启动手工拖动
End Sub

Private Sub Text1_OLECompleteDrag(Effect As Long)
        If Effect = 2 Then                                ' 移动操作时，清除 Text1.SelText
            Text1.SelText = ""
        End If
        Screen.MousePointer = 0
End Sub

Private Sub Text1_OLEGiveFeedback(Effect As Long, DefaultCursors As Boolean)
' 设置鼠标形状支持哪种放下操作
 DefaultCursors = False
 Select Case Effect
 Case 0
        Screen.MousePointer = 12
 Case 1
        Screen.MousePointer = 4
 Case 2
        Screen.MousePointer = 4
 Case Else
        DefaultCursors = True
 End Select
End Sub

Private Sub Text1_OLESetData(Data As DataObject, DataFormat As Integer)
' 将选定内容传送到 DataObject 对象中
        If DataFormat = 1 Then
            Data.SetData Text1.SelText, 1
        End If
```

```
End Sub

Private Sub Text1_OLEStartDrag(Data As DataObject , AllowedEffects As Long)
' 指定拖动效果和数据格式
     AllowedEffects = 2 Or 1
      Data.SetData , 1
End Sub

Private Sub Text2_OLEDragDrop(Data As DataObject, Effect As Long, Button As Integer, _
Shift As Integer, X As Single, Y As Single)
' 将拖动内容送到 Text2
      If Data.GetFormat(vbCFText) Then
 If Shift And vbCtrlMask Then
      Text2.Text = Data.GetData(vbCFText)
      Effect = 1
 Else
      Text2.Text = Data.GetData(vbCFText)
      Effect = 2
 End If
    Else
 Effect = 0
    End If
End Sub

Private Sub Text2_OLEDragOver(Data As DataObject, Effect As Long, _
Button As Integer, Shift As Integer, X As Single, Y As Single, State As Integer)
' 设置放下效果
    If Data.GetFormat(vbCFText) Then
        If Shift And vbCtrlMask Then                    ' 当按 Ctrl 键时为复制操作
            Effect = 1 And Effect
        Else
            Effect = 2 And Effect                       ' 为移动操作
        End If
    Else
        Effect = 0
    End If
End Sub
```

6.3 多媒体应用

随着硬件的发展，多媒体成为重要的技术，运用多媒体技术可给应用程序加上灿烂的一笔。下面主要介绍使用 Animation 控件播放简单的动画，用 Multimedia 控件播放有声的动画。

6.3.1 Animation 控件

Animation 控件可以显示无声的视频动画.avi 文件。.avi 动画类似于电影，是由若干帧位图组成的。虽然.avi 动画可以有声音，但这样的动画不能在 Animation 控件中使用，如果试图装载这样的文件将会产生错误。

Animation 控件是 ActiveX 控件，在使用之前在“部件”选项卡中选择“Microsoft Windows Common Control-2 5.0”复选框，控件箱中就添加了 Animation 控件。将该控件放置到窗体中，如图 6.17 所示。

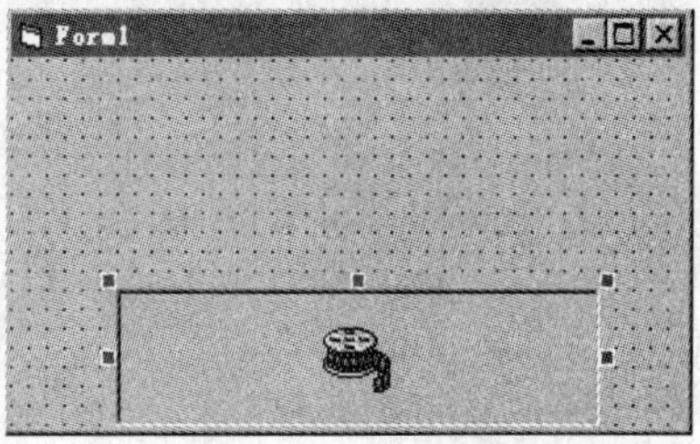

图 6.17 Animation 控件

在运行时，Animation 控件是不可见的。在播放时，Animation 控件使用一个独立的进程。因此，应用程序不会阻塞，可以继续在自己的进程中运行。也就是说，Animation 控件的播放与应用程序可以同时进行。

1. 属性

（1）AutoPlay 属性

AutoPlay 属性用于确定 Animation 控件是否开始播放.avi 文件。如果设置为 True，一旦将.avi 文件加载到 Animation 控件中，.avi 文件就将连续循环地自动播放，用 Stop 方法也不能停止；设置为 False 时，不用 Play 方法就不会播放.avi 文件。

（2）Center 属性

Center 属性用于在 Animation 控件内确定.avi 文件是否居中。当设置为 True（默认）时，在控件定义区域的中心显示.avi 文件。当设置为 False 时，.avi 文件根据动画的大小调整自身的大小，且将动画显示在控件的左上角。

2. 方法

（1）Open 方法

Open 方法用于打开一个想要播放的 .avi 文件。

语法

对象.Open　文件

（2）Play 方法

Play 方法用于播放.avi 文件。

语法

对象 .Play [重复剪辑的次数 , 开始帧 , 结束帧]

重复剪辑的次数：默认值是-1，表示连续播放。

开始帧和结束帧的默认值是 0，表示在第一帧上开始，到最大值是 65535 为止。

例如，从第 7 帧开始到第 13 帧为止：animavi.Play 5,7,13

（3）Stop 方法

Stop 方法用于终止播放.avi 文件。

（4）Close 方法

Close 方法用于关闭当前打开的 AVI 文件。如果没有加载任何文件，则不执行任何操作。

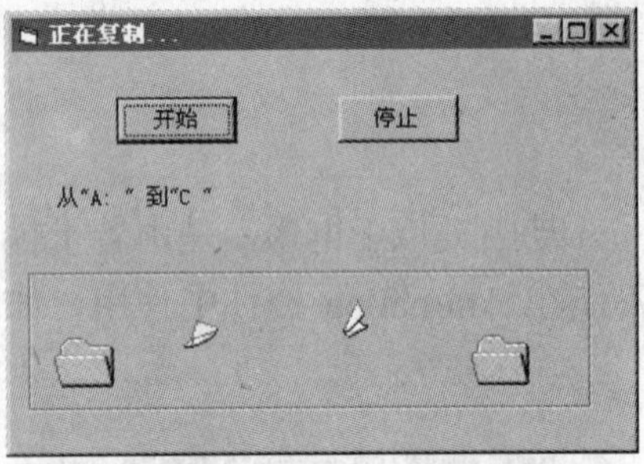

图 6.18 动画播放

【例 Ex_Animation】用 Animation 控件创建一个类似 Windows 的文件复制应用程序。

窗体有“开始”和“停止”（cmdPlay，cmdStop）两个按钮，分别用于开始和停止播放，还有一个 Animation 控件（animavi）和一个标签控件，本程序播放的是“filemove.avi”文件。

程序界面如图 6.18 所示。

程序代码如下：

```
Private Sub cmdPlay_Click()
' 打开.avi 文件并开始播放
    Animavi.Open "c:\microsoft visual studio\common\graphics\videos" _
    & "\filemove.avi"
    Animavi.Play
End Sub

Private Sub cmdStop_Click()
' 停止播放
    Animavi.Stop
End Sub
```

6.3.2 Multimedia 控件

Multimedia 控件用于管理媒体控制接口（MCI）设备上的多媒体文件的记录和回放。它是一组按钮，用来向声卡、MIDI 序列发生器、CD-ROM 驱动器、视频 CD 播放器和视频磁带记录器及播放器等设备发出 MCI 命令。MCI 控件还支持 Windows 视频文件的回放。

Multimedia 控件支持的多媒体设备分为简单和复合两种。简单设备不需要数据文件就可播放，如视频或音频播放器；复合设备必须通过数据文件才能播放。表 6.15 列出了 Multimedia 控件支持的 MCI 设备，其中列出文件类型的是复合设备。

表 6.15 Multimedia 控件支持的 MCI 设备

设备类型	文件类型	DeviceType 属性	含义
CD audio		Cdaudio	音频 CD 播放器
Digital Audio Type		Dat	数字音频磁带播放器
Digital Video		DigitalVideo	数字视频
Other		Other	未定义 MCI 设备
Overlay		Overlay	覆盖设备
Scanner		Scanner	图像扫描仪
Sequencer	.mdi	Sequencer	MIDI 发生器
VCR		VCR	视频磁带录放器
AVI	.avi	AVIVideo	视频文件
videodisc		Videodisc	视盘播放器
waveaudio	.wav	Waveaudio	播放数字波形文件的音频设备，如声卡

Animation 控件是 ActiveX 控件，使用之前必须将其添加到工具箱中。在“部件”选项卡中选择“Microsoft Multimedia Control 6.0”复选框，就在工具箱添加了 Multimedia控件。将该控件放到窗体中，则如图 6.19 所示。

每个 MCI 设备只能使用一个 Multimedia 控件。若要并行使用多个 MCI 设备，就必须添加多个 Multimedia 控件到窗体中。

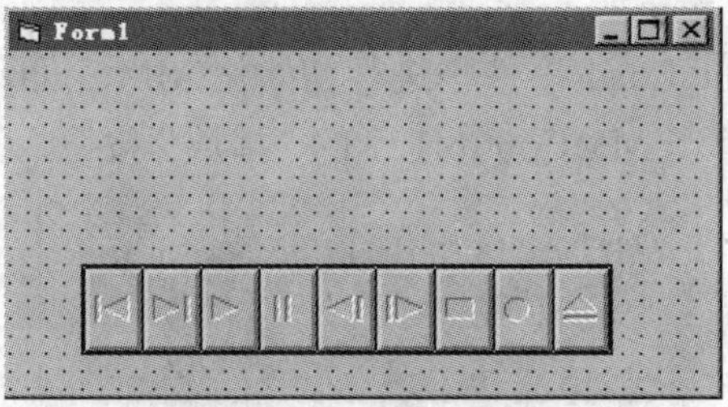

图 6.19　Multimedia 控件

如图 6.19 所示的按钮与大家熟悉的 VCD 机上的按钮相似，从左到右分别是 Prev（前一个）、Next（下一个）、Play（播放）、Pause（暂停）、Back（向后步进）、Step（向前步进）、Stop（停止）、Record（录制）和 Eject（弹出）。

可以使用 Multimedia 控件的按钮，也可不用。如果想使用其中的按钮，就将 Visible 和 Enabled 属性设置为 True。9 个按钮都有其属性，可使单个按钮不可见或可见，例如 Back 按钮有 BackVisible 属性。如果不想使用按钮，可将 Visible 和 Enabled 属性设置为 False。通过开发按钮的事件代码，可以增加甚至完全重新定义按钮的功能。

1. MCI 命令和 Command 属性

MCI 命令是与设备无关的命令，可以控制各种不同的多媒体设备，包含的命令如表 6.16 所示。

表 6.16　MCI 命令表

命　令	功　能	命　令	功　能
Open	打开	Close	关闭
Play	播放	Pause	暂停
Back	向后步进	Step	向前步进
Stop	停止	Record	录制
Eject	弹出	Seek	查找曲目
Prev	跳到当前曲目的起始位置	Save	保存文件

Multimedia 控件的 Command 属性用于启动 MCI 命令，例如，MciVideo.Command= "Open"。

2. 初始化 MCI 设备

添加 Multimedia 控件到窗体后，需要初始化 MCI 设备。

Notify 属性：如果设置为 True，那么在下一条命令完成时产生一个回调事件（Done）。Done 事件提供有用的反馈信息，指出命令是否被成功地执行。

Wait 属性：确定 Multimedia 控件是否等到下一条命令执行完后才将控制权还给程序。

DeviceType 属性：指定 MCI 设备的类型。

FileName 属性：指定需要打开的文件。

3. 打开和关闭 MCI 设备

播放之前必须使用 Open 命令打开 MCI 设备。Open 命令将激活 Multimedia 控件上 MCI 设备支持的按钮，例如，播放、前一个、下一个等。退出程序之前要用 Close 命令将打开的 MCI 设备关闭。

【例 Ex_MCI】在 Form_Load 事件中进行初始化 MMControl1 控件，在 Form_Unload 事件中关闭设备。运行时单击 MMControl1 上的“播放”按钮，出现如图 6.20 所示的动画。

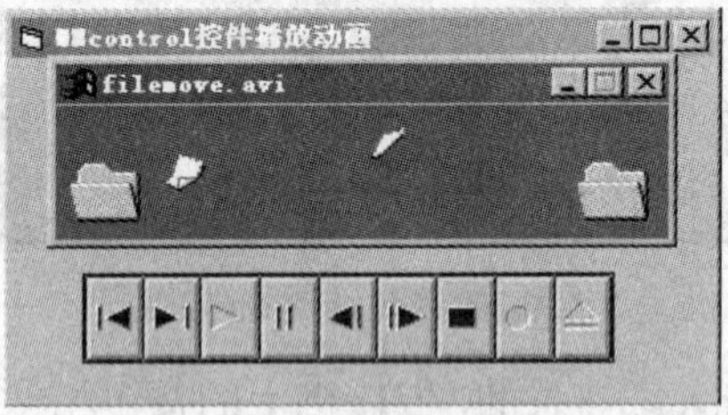

图 6.20　Multimedia 控件播放动画

程序代码如下：

```
Private Sub Form_Load()
    With MMControl1
        .Notify = False
        .Wait = True
        .DeviceType = "avivideo"
        .FileName = "c: \microsoft visual studio\common\graphics" _
        & "\videos\filemove.avi"
        .Command = "Open"
    End With
End Sub

Private Sub Form_Unload(Cancel As Integer)
    MMControl1.Command = "Close"
End Sub
```

4. 错误处理

每个命令执行后都可检查错误情况。Error 和 ErrorMessage 属性用于处理 Multimedia 控件产生的错误。

6.3.3 MediaPlayer 控件

在 VB 中使用 Windows 提供的 MediaPlayer 控件播放音乐和视频也是非常方便的，随着 Windows 的 MediaPlayer 软件的更新，MediaPlayer 控件支持多种格式的文件，包括 MP3、AVI、WAV、MPEG-1、MPEG-2、MIDI、ASF、VOD、AU 和 QuickTime 等文件。

MediaPlayer 控件是 ActiveX 控件，需要在“部件”选项卡中选择“Windows Media Player”添加到控件箱中，将该控件放到窗体中如图 6.21 所示。

图 6.21 MediaPlayer 控件

MediaPlayer 控件的使用非常方便，它本身提供了播放、暂停、快进、快退，定位、调节音量等功能，可以播放的文件类型也很多。可以在 VB 的窗口中直接使用，也可以独立打开 Windows 的 Media Player 软件。

url 属性：可以返回或设置 MediaPlayer 控件播放的文件名，设置了文件名就可以自动播放该文件。

openPlayer 方法：用来打开 Windows 的 Media Player 软件窗口播放文件，该窗口独立于 VB 程序。

【例 Ex_MediaPlayer】使用 MediaPlayer 控件播放声音或视频文件。

使用文件系统控件来选择播放的文件，在文件列表框（File1）中单击该文件，就开始播放，对该播放文件的其他操作可以直接使用 MediaPlayer 控件本身的按钮。运行界面如图 6.22 所示，在文件列表框中选择.mp3 文件进行播放。

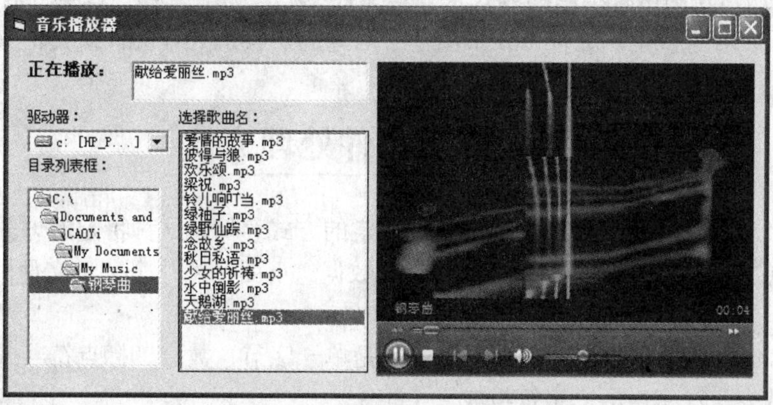

图 6.22 播放.mp3 文件

程序代码如下：

```
Private Sub Dir1_Change()
'改变目录
    File1.Path = Dir1.Path
End Sub

Private Sub Drive1_Change()
'改变驱动器
    Dir1.Path = Drive1.Drive
End Sub

Private Sub File1_Click()
'单击文件选择曲名并播放
    WindowsMediaPlayer1.URL = File1.Path & "\" & File1.FileName
    Text1.Text = File1.FileName         '显示播放文件名
End Sub
```

第7章 文件

在第3章介绍控件时，已经较详细地介绍了操作文件的文件系统控件，即驱动器列表框（DriveListBox），目录列表框（DirListBox）和文件列表框（FileListBox），使应用程序可以像Windows的资源管理器一样自由地查看文件系统的磁盘、目录和文件等信息。本章主要介绍文件的管理，文件的类型以及对文件的操作。

VB允许用户使用两种不同的方式来处理文件：第一种是传统方式，第二种是FSO（File System Object）对象模型，这种方式采用基于对象的工具来处理文件或文件夹。

7.1 传统文件处理方式

为能有效地存取文件，数据必须以某种特定的方式存储，这种特定的方式称为文件结构。只要按照文件结构存取，就能读取或写入数据。下面介绍几个关于文件的基本概念。

1. 字符

字符（Character）是数据的最小单位。凡是单一字节、数字、标点符号或其他特殊符号都以字符代表。汉字由两个字符组成一个字。

2. 域

域（Field）是指由几个字符组成的一项数据。一般数据很少由单一字符组成，如数据库的字段有学号、姓名等数据项。

3. 记录

在数据库中处理数据以记录（Record）为单位，记录由一群相关的域组成。例如，每个学生成绩数据可视为一个记录，其中包含学号、姓名以及各科成绩。

4. 文件

由一些具有一个或一个以上的记录集合而成的数据单位称为文件（File）。例如，某个班有50个学生，这50个学生的记录就构成一个学生的成绩文件。

7.1.1 文件访问类型

在VB中有三种文件访问的类型：即顺序访问文件（Sequential File），随机访问文件（Random Access File）和二进制访问文件（Binary File）。

（1）顺序访问文件：简称顺序文件，是普通的文本文件。文件中每个字符都代表一个文本字符或者文本格式序列，用于读写在连续块中的文本。

（2）随机访问文件：简称随机文件，由相同长度的记录集合组成。适用于读写固定长度记录结构的文本文件或二进制文件，或者是由用户定义类型的字段组成记录的文件。

（3）二进制访问文件：简称二进制文件，适用于读写任意结构的文件。除了没有数据类型或者记录长度之外，它与随机文件很相似。二进制存取方式与随机存取方式的不同在于二进制存取可以定位到文件的任一字节位置，而随机存取必须定位到记录的边界上。

VB 提供的大部分语句和函数对于三种文件类型都适用。表 7.1 列出了用于三种文件访问类型的语句和函数。

表 7.1　语句和函数

语句和函数	顺序型	随机型	二进制型
Close	√	√	√
Get		√	√
Input( )	√		√
Input #	√		
Line Input #	√		
Open	√	√	√
Print #	√		
Put		√	√
Type...End Type		√	
Write #	√		

7.1.2　顺序文件

顺序文件是一系列的 ASCII 码格式的文本行，数据按顺序排列存放，与文档中出现的顺序相同。每行的长度可以变化，是最简单的文件结构，任何文本编辑器都可读写这种文件。

例如，某人事数据文件，每个员工的记录（Record）包括工号、姓名、性别和年龄四个域（Field）。顺序文件只提供第一个记录的存储位置，要找其他记录必须从头读取，直到找到为止。数据存放按 ASCII 码格式，例如，存放一个四位数需要 4 个字节的存储空间。

1. 顺序文件的常用语句和函数

（1）打开文件语句（Open）

在对文件进行操作之前，必须使用 Open 语句打开或建立一个文件。

语法

Open 文件名 [For 模式] [Access 存取类型] [锁定] As [#]文件号 [Len=记录长度]

- 文件名（Filename）：指定需要打开的文件名，该文件名可能还包括文件夹及驱动器。
- 模式（Mode）：用于指定文件访问的方式。如果未指定方式，则以 Random 访问方式打开文件。

Append——从文件末尾添加　　Binary——二进制

Input——顺序输入　　Output——顺序输出

Random——随机

● 存取类型（Access）：指定访问文件可以进行的操作。

Read——只读　　Write——只写

Read Write——读写

● 锁定（Lock）：只在网络或多任务环境中使用，限定其他计算机打开文件的操作。

Shared——共享　　Lock Read——防止读出

Lock Write——防止写入　　Lock Read Write——防止读出与写入

● 文件号（filenumber）：整型表达式，范围在1～511。在执行Open语句时，文件与分配的文件号相关联。所有当前使用的文件号都必须唯一。

● 记录长度（reclength）：整型表达式，小于或等于32767字节；若为缓冲区字符数，默认值为512个字节，不适用于二进制访问的文件。

注意：

- 如果文件名指定的文件不存在，在用Append，Binary，Output或Random方式打开文件时，可以建立新文件。
- 如果文件已经打开，且是不允许指定的访问类型，则Open操作失败，有错误发生。
- 在Input模式下可用不同的文件号打开同一个文件，但以Output，Append模式打开的文件在关闭前不能用不同的文件号重复打开。
- 如果以Output模式打开一个不存在的文件，则建立一个新文件；如果文件已经存在，则写入的数据覆盖原来的数据。

例如，以Output模式打开TESTFILE文件：

```
Open "TESTFILE" For Output As #1
Close #1
```

● 以Append模式打开文件，如果文件不存在，则建立一个新文件；如果文件已经存在，则写入的数据会在原来的文件末尾添加。

例如，要在顺序文件中存储变量的内容，应以顺序Output或Append方式打开：

```
Open 文件名 FOR Output As[#]文件号
Open 文件名 FOR Append As[#]文件号
```

● 以Input模式打开文件，如果文件不存在，将产生“File Not Found”错误。

（2）关闭文件语句（Close）

文件读写完后，应及时关闭。

语法

Close [[[#]文件号] [, [#]文件号] ...]

若省略参数，则将关闭用Open语句打开的所有活动文件。

关闭某文件时，所有与该文件相关联的缓冲区空间都被释放，文件与其文件号之间的关联将终结。例如，打开和关闭三个文件：

```
Dim I, FileName
For I = 1 To 3                                   ' 循环三次
    FileName = "TEST" & I                        ' 创建文件名
    Open FileName For Output As #I               ' 打开文件
    Print #I, "This is a test."                  ' 将字符串写入文件
Next I
Close                                        ' 将三个已打开的文件全部关闭
```

（3）关闭打开的所有文件语句（Reset）

Reset 用于关闭 Open 语句打开的所有活动文件，且将文件缓冲区的所有内容写入磁盘。

语法

Reset

（4）FileLen 函数

FileLen 函数返回一个文件的长度，单位为字节，是长整型。

语法

FileLen（文件名）

其中，文件名是字符串表达式，可以包含文件的目录或文件夹及驱动器。

当调用 FileLen 函数时，如果所指定的文件已经打开，则返回的值是这个文件在打开前的大小。

（5）FreeFile 函数

FreeFile 函数返回下一个可供 Open 语句使用的文件号，提供一个尚未使用的文件号。使用 FreeFile 函数获取可用的文件号是编程的良好习惯。

语法

FreeFile[（文件号范围）]

其中，文件号范围指定一个范围，以便返回该范围之内的下一个可用文件号。当为 0（默认）时返回一个在 1～255 的文件号，当为 1 时则返回一个在 256～511 的文件号。

注意：

只有当 Open 语句被使用时，FreeFile 的返回值才会改变。例如，循环打开五个输出文件，且在每个文件中写入一些数据：

```
Dim MyIndex, FileNumber
For MyIndex = 1 To 5
    FileNumber = FreeFile                        ' 取得未使用的文件号
    Open "TEST" & MyIndex For Output As #FileNumber
……
Next MyIndex
```

（6）Lof 函数

Lof 函数返回 Open 语句打开的文件大小，以字节为单位。

语法

Lof（文件号）

（7）Loc 函数

Loc 函数在已打开的文件中指定最近一次读写的位置。返回文件中当前字节位置除以

128 后的值。

语法

Loc（文件号）

（8）Seek 函数

Seek 函数在 Open 语句打开的文件中指定当前的读写位置，即文件的当前指针位置。因此，Seek 函数= Loc 函数+1。

语法

Seek（文件号）

（9）Seek 语句

在用 Open 语句打开的文件中，设置下一个读写操作的位置。

（10）EOF 函数

EOF 函数表明是否到达顺序文件的结尾。使用 EOF 是为了避免在文件结尾处读出而产生错误，顺序文件 EOF 函数告诉用户是否到达文件的最后一个字符或数据项。

语法

EOF（文件号）

EOF 函数当到达文件尾部时返回 True，否则返回 False。

2. 顺序文件的读写操作

将数据写入顺序文件，分为打开文件（Open）、读写文件和关闭文件（Close）三个步骤。若要编辑文件，先把内容读入内存变量，然后再把改变后的变量写回该文件。

（1）Print # 语句

Print # 语句用于将一个或多个格式化数据写到顺序文件中。

语法

Print #文件号, [表达式列表]

其中，表达式列表省略时向文件输出一个空行或回车换行符。多个表达式之间可用空白或分号隔开。表达式列表参数的语法格式与 Print # 语句中的参数相同。

例如，把字符串“Howareyou”写入文件中：

```
Print #1, "How"; "are";"you"
```

（2）Write # 语句

Write # 语句用于将表达式写到顺序文件中。

语法

Write #文件号, [表达式列表]

其中，表达式列表由一个或多个数字或字符串表达式构成，表达式之间可用空白、分号或逗号隔开；如果没有表达式列表，则插入一个空行。

Write # 语句以紧凑格式存放，自动地用逗号分开每个表达式，且在字符串表达式两端加上双引号。在最后一个字符写入文件后，插入一个回车换行符[Chr（13）+ Chr（10）]。对于正数，在其前面不再留空格。

例如，把"AnyString",23445（包括所有标点符号）写入到文件中：

```
Write #1 , "AnyString", 23445
```

（3）Input# 语句

Input 用于从已打开的顺序文件中读出数据并且赋给变量。

语法

Input #文件号，变量列表

其中，变量列表由一个或多个变量组成，可以是简单变量、数组元素和用户定义类型的元素，用逗号分隔多个变量。

注意：

- 为了确保各个单独的数据域正确分隔，通常使用 Write # 语句将 Input # 语句读的数据写入文件，即 Write # 语句与 Input # 语句匹配，而不使用 Print # 语句。
- 数据中的双引号符号（" "）读出时将被忽略。
- 文件中数据项目的顺序必须与变量列表中变量的顺序相同，而且相同数据类型必须匹配。
- 在读出数据项目时，如果已达文件结尾，则会终止读出，产生一个错误。

（4）Line Input # 语句

Line Input 用于从打开的顺序文件中读出一行数据，并且赋给字符变量或变体变量。

语法

Line Input #文件号，变量名

其中，变量名为字符或变体型变量，也可以是字符串型数组元素。

注意：

- Line Input # 语句是一行一行地读出数据，可以读出除了数据行中的回车符[Chr（13）]或回车换行符[Chr（13）+ Chr（10）]之外的所有字符。
- 通常用 Print # 语句将 Line Input #读出的数据写入文件。

例如，以下代码段逐行读取一个文件：

```
Dim Lines, NextLine As String
......
Do Until EOF(1)
    Line Input #1, NextLine
      Lines = Lines + NextLine + Chr(13) + Chr(10)
Loop
```

（5）Input 函数

Input 函数返回以 Input 或 Binary 方式打开的文件中的字符。

语法

Input（字符个数，[#]文件号）

Input 函数只用于以 Input 或 Binary 方式打开的文件。与 Input #语句不同，Input 函数返回它所读出的所有字符，包括逗号、回车符、空白列、换行符、引号和前导空格等。

【例 Ex_File1】将某班学生的考试成绩登记到名为“考试成绩”的顺序文件中，每个学生的记录包含学号、姓名和成绩三个域。

修改或删除文件中某个数据的步骤：

① 打开或建立一个临时文件；

② 从原文件中一个一个地读出数据，与要修改的条件对比，对符合修改条件的数据修改后写入临时文件中去，其余数据原样写入临时文件，直到原文件中所有数据都处理完为止；

③ 关闭所有文件，用 Kill 语句删除原文件，用 Name 语句将临时文件重新命名为原文件的名字。

界面有 txtNumber, txtName 和 txtScore 三个文本框，分别用来输入学生的学号、姓名和成绩；三个按钮“录入”、“修改”和“结束”（cmdInput, cmdModify 和 cmdEnd），单击“录入”按钮将文本框中的内容输入到文件中，单击“修改”按钮将文件中与文本框中学号相同的“姓名”和“成绩”进行修改。界面设计如图 7.1 所示。

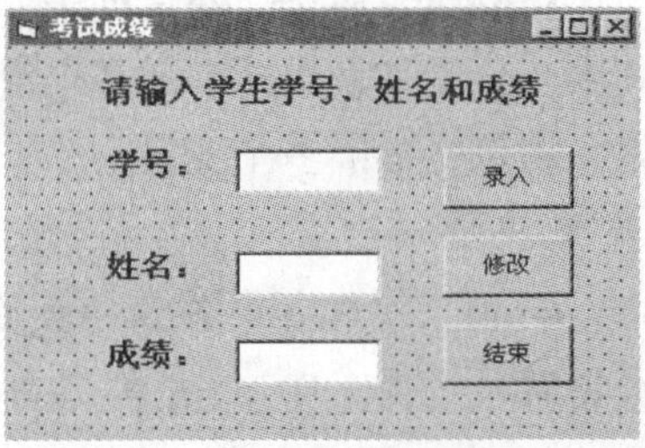

图 7.1 界面设计图

程序代码如下：

```
Option Explicit
Dim Myscore As Integer
Dim Myname As String * 10, Mynumber As String * 4
Private Sub txtName_Change()
    Myname = txtName.Text
End Sub

Private Sub txtNumber_Change()
    Mynumber = txtNumber.Text
End Sub

Private Sub txtScore_Change()
    Myscore = Val(txtScore.Text)
End Sub

Private Sub cmdInput_Click()
' 单击“录入”按钮，将文本框中的内容写入“考试成绩”文件中
      If txtName.Text = "" And txtNumber.Text = "" And txtScore.Text  = "" Then
          MsgBox "无输入数据", , "输入数据"
     Else
          Open "考试成绩" For Append As #1
          Write #1, Mynumber, Myname, Myscore
          txtNumber.Text = ""
          txtName.Text = ""
          txtScore.Text = ""
          Close
     End If
End Sub

Private Static Sub cmdModify_Click()
' 单击“修改”按钮，先将文本框中数据写入数组中，然后将数组中的数据写入文件
```

```
    Dim MyN(50) As String * 10, MyNu(50) As String * 4
    Dim MyS(50) As Integer
    Dim Response As Integer, Myi As Integer
    Response = 2
    If txtName.Text = "" And txtNumber.Text = "" And txtScore.Text = "" Then
        MsgBox "无输入数据", , "输入数据"
    Else
        Do While Response = 2
            MyNu(Myi) = Mynumber
            MyN(Myi) = Myname
            MyS(Myi) = Myscore
            txtName.Text = ""
            txtNumber.Text = ""
            txtScore.Text = ""
            Response = MsgBox("是否继续？", vbOKCancel + vbQuestion,  "输入")
            If Response = 1 Then
                Myi = Myi + 1
            Else
                Call ModifyFile(MyNu(), MyN(), MyS(), Myi)
                Exit Do
            End If
        Loop
    End If
End Sub

Private Sub ModifyFile(a1() As String * 4, a2() As String * 10, _
a3() As Integer, I As Integer)
' 用于修改“考试成绩”文件
    Dim j As Integer
    Dim b1 As String, b2 As String
    Dim b3 As Integer
    Open "考试成绩" For Input As #2
    Open "考试成绩 1" For Output As #3                ' 临时文件
    Do While Not EOF(2)
        Input #2, b1, b2, b3
        For j = 0 To I
            If a1(j) = b1 Then                        ' 将文件中的一组数据与数组 a1, a2, a3 进行比较
                Write #3, a1(j), a2(j), a3(j)         ' 将学号相同的直接写入“考试成绩 1”文件
                Exit For
            End If
        Next j
        If j > I Then Write #3, b1, b2, b3            ' 不同的数据修改后写入
    Loop
    Close #2
    Close #3
```

```
    Kill "考试成绩"                        ' 将“考试成绩”删除
    Name "考试成绩 1" As "考试成绩"          ' 将“考试成绩 1”改名为“考试成绩”
End Sub

Private Sub cmdEnd_Click()
    End
End Sub
```

运行程序，输入“李强”、“王刚”和“赵玲”的成绩后，用记事本打开“考试成绩”文件，可以看到输入的文件内容，如图 7.2 所示。

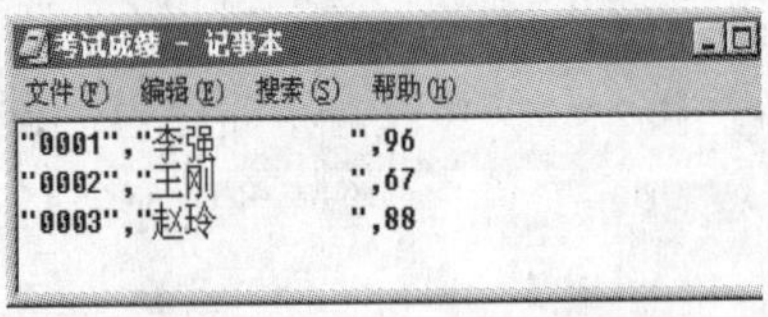

图 7.2 “考试成绩”文件内容

如果一个应用程序要从外部输入较多的数据，可以事先使用文本编辑程序将数据以某种格式存放在文本文件中，然后编程实现从该文件中读出数据给相应的变量。

7.1.3 随机文件

随机文件是以随机方式存取的文件，由一组长度相等的记录组成。

- 随机文件的记录长度为固定长度，使用前每个字段所占字节必须事先定好。
- 记录包含一个或多个字段（Field），记录必须是用户自定义标准类型。
- 每个记录都有一个记录号，随机文件打开后，既可读又可写，可以根据记录号访问文件中的任何一个记录，不需要像顺序文件那样按顺序进行。

例如，某人事数据文件，每个记录（Record）的工号字段占 2 字节，姓名占 10 字节，性别占 1 字节，年龄占 2 字节。一个记录共占字节 2+10+1+2=15 个。每个记录都有记录号，只要指明是第几个记录号，就可以对该记录数据进行读写。

1. 随机文件常用的语句和方法

（1）打开和关闭文件

随机文件的打开使用 Open 语句，以随机访问的方式（Random）打开。

关闭文件使用 Close 和 Reset 语句。

（2）FileAttr 函数

FileAttr 函数返回 Open 语句所打开文件的方式。

（3）FileLen 和 Lof 函数

FileLen 函数返回一个文件打开前的长度，单位为字节。

Lof 函数返回 Open 语句打开的文件长度。

（4）Free File 函数

FreeFile 函数返回下一个可供 Open 语句使用的文件号。

（5）Loc 函数

Loc 函数在打开的文件中指定最近一次读写的位置，为最近被访问的记录号。

（6）Seek 语句

在用 Open 语句打开的文件中，设置下一个读写操作的位置，将相应的文件指针移到指定的记录位置。

语法

Seek [#]文件号, 位置

其中，位置是指下一个读写操作将要发生的位置，是介于 1～2147483647 的数字。可以是整型或长整型。

注意：

- 在 Get 及 Put 语句中指定的记录号将覆盖由 Seek 语句指定的文件位置。
- 若在文件结尾之后进行 Seek 操作，则文件写入会把文件扩展。

（7）EOF 函数

EOF 函数表明是否到达随机文件的结尾。使用 EOF 是为了避免在文件结尾处读出而产生错误。对于随机文件，直到最后一次执行的 Get 语句无法读出完整的记录时，EOF 都返回 False。例如，循环输入数据：

```
Dim InputData
Open "MYFILE" For Input As #1                      '为输入打开文件
Do While Not EOF(1)                                '检查是否是文件尾
    Line Input #1, InputData                       '读入一行数据
      Debug.Print InputData                        '在立即窗口中显示
Loop
Close #1                                           '关闭文件
```

（8）Loc 函数

Loc 函数在打开的文件中指定当前读写的位置。对随机文件返回上一次对文件进行读写的记录号。

（9）Seek 函数

Seek 函数在 Open 语句打开的文件中指定当前的读写记录号。Seek 函数返回 1～2147483647 的长整型数。例如，随机方式打开文件，Seek 返回下一个记录的编号：

```
Private Sub Form_Click()
Dim MyRecord As String * 20
Open "TESTFILE" For Random As #1 Len = Len(MyRecord)
Do While Not EOF(1)                                   '循环至文件尾
      Get #1, , MyRecord                              '读入一个记录
      Print Seek(1)                                   '在窗口中显示记录号
Loop
Close #1
End Sub
```

2. **随机文件的读写**

随机文件的建立分四个步骤：定义数据类型，打开文件，将数据写入和关闭文件。

（1）声明变量

首先应当声明所有用来处理该文件的数据变量，包括标准类型和用户定义类型的变量。

① 定义记录类型：如果需要打开的随机文件由多个字段（域）的记录组成，采用用户定义类型的变量对应文件中的记录。在标准模块中使用“Type…End Type”语句定义一个类型，这个类型应与随机文件的记录类型一致。

例如，建立一个记载学生成绩的文件，则一个学生记录可以定义名为 Student 的用户定义类型，包括学号、姓名和语文成绩 3 个字段，定义语句如下：

```
Type Student
    Number As String * 4
    Name As String * 10
    ChineseScore As Integer
End Type
```

通常，对用户定义类型中的各字符串元素都定义为固定的长度。如果实际字符串的字符数比定义的字符串长度少，则会用空白来填充；如果实际字符串比定义字段的长，则就会被截断。如果使用长度可变的字符串，则任何用 Put 存储的或用 Get 检索的记录总长度都不能超过在 Open 语句的 Len 中所指定的记录长度。

② 声明其他变量：声明程序的其他变量，用来处理随机打开的文件。

例如，在标准模块中，定义变量 Score 为 Student 类型：

```
Public Score As Student                ' 定义记录变量
Public Position As Integer             ' 定义记录位置变量
```

（2）打开文件

语法

Open 文件名 [For Random] As 文件号 [Len = 记录长度]

若要打开随机的文件，应以 Random 方式打开。Random 是默认的访问类型，可用不同的文件号打开同一个文件。

记录长度默认为 128 个字节。每个记录的长度是将各字段所占的字节数相加。

（3）写操作

Put #语句用于将变量的内容写入磁盘文件中，进行记录的添加或替换。

语法

Put [#] 文件号, [记录号], 变量名

记录号：指明在此记录号开始写入，用变量中的数据替换由记录号所指定的记录。记录号可以是整型、变体或长整型，取值范围是 1～2147483647。如果省略记录号，则为最近一个 Get 或 Put 语句的（最近一个 Seek 语句指出的）下一个记录。

变量名：是要写入磁盘的数据变量名，其数据类型应与记录类型一致。

注意：

- 如果写入的数据长度小于 Open 语句的记录长度，则以记录长度为边界写入随后的记录，记录终点与下一个记录起点之间的空白将用现有文件缓冲区的内容填充。否则，就会导致错误发生。
- 如果写入的变量是一个变长的字符串，则 Put#先写入一个含有字符串长度的双字节描述符，然后再写入变量。
- 如果写入的变量是 Variant 型，则 Put#先写入两个字节来辨认 Variant 型，然后才写入变量。如果 Variant 型是字符串，则 Put 先写入四个字节分别来辨认 Variant 的类型和指出字符串的长度。
- 如果写入的变量是大小固定的数组，则 Put 只写入数据，不插入描述符。如果写入的变量是动态数组，则 Put 写入一个描述符，其长度等于(2+8)*维数。

（4）添加记录

在随机文件中添加记录，是先找出文件的最后一个记录的记录号，然后将新的记录写在它的后面，使用 Put #语句向随机文件的末尾添加新记录。

① Lof 函数可以获取文件的长度；

② 记录长度= Len（记录型变量）；

③ 最后一个记录的记录号=文件长度/记录长度。

例如，学生成绩的记录变量为 Score，找到最后的记录号：

```
Public Score As Student                                  ' 定义记录变量
Type Student
    Number As String * 4
    Name As String * 10
    ChineseScore As Integer
End Type
……
Dim Length As Long, Num As Long
    ' 用随机访问方式打开文件 Filenum
    Open "考试成绩" For Random As Filenum Len = Length      ' 找到最后的记录号
Length = Len(Score)
Num = LOF(Filenum) / Length + 1
……
```

（5）删除记录

对随机文件中记录的删除的方法，最好是把文件中不需要删除的记录复制到一个临时新文件中，然后删除旧文件。

① 创建一个新文件。

② 把不删除的所有记录从原文件复制到新文件，而需删除的记录不复制。

③ 关闭原文件，且用 Kill 语句删除。

④ 使用 Name 语句把新文件重命名为原文件名。

（6）读操作

用 Get # 语句将一个打开的磁盘文件读到一个变量中。读出数据时所用的数据类型必须与建立文件时所用的数据类型一致，通常用 Put 将 Get 读出的数据写入一个文件。

语法

Get [#]文件号, [记录号], 变量名

【例 Ex_File2】将【例 Ex_File1】中的“修改”按钮改为“删除”按钮，将某班学生的考试成绩输入“考试成绩”文件中，文件为随机方式。

TxtNumber，txtName 和 txtScore 三个文本框分别用于输入学生的学号、姓名和成绩；cmdInput，cmdDelete 和 cmdEnd 三个按钮分别用于输入记录、删除记录和退出系统。

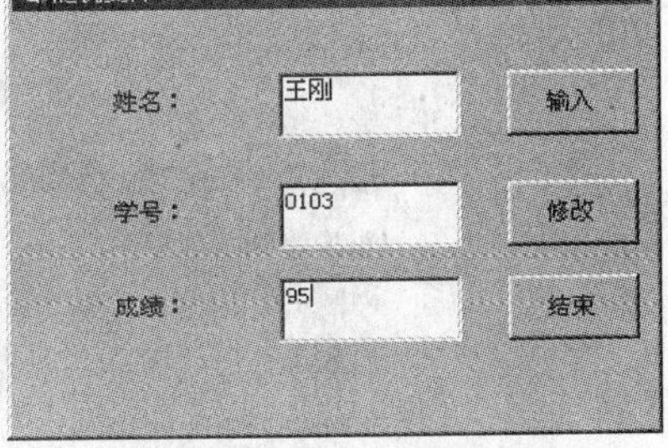

图 7.3 随机文件操作

程序运行界面如图 7.3 所示。

在标准模块（Module1）中的程序代码如下：

```
Option Explicit
Public Score As Student                                   ' 定义记录变量
Type Student
    Number As String * 4
    Name As String * 10
    ChineseScore As Integer
End Type

Dim Length As Long, Num As Long
Dim Filenum As Integer
Private Sub Form_Load()
        Filenum = FreeFile
        Length = Len(Score)
        Num = 1
        ' 用随机访问方式打开
        Open "考试成绩" For Random As Filenum Len = Length
End Sub

Private Sub txtName_Change()
    Score.Name = txtName.Text
End Sub

Private Sub txtNumber_Change()
    Score.Number = txtNumber.Text
End Sub

Private Sub txtScore_Change()
    Score.ChineseScore = Val(txtScore.Text)
End Sub

Private Sub cmdInput_Click()
' 将文本框中的内容写入文件中
        Dim i As Integer
        Num = LOF(Filenum) / Length + 1                    ' 找到最后的记录号
        If txtNumber.Text = "" And txtName.Text = "" And txtScore.Text = "" Then
              MsgBox "无输入数据", "输入数据"
        Else
              Put #Filenum, Num, Score
              txtNumber.Text = ""
              txtName.Text = ""
              txtScore.Text = ""
              Num = Num + 1
        End If
End Sub
```

```
Private Sub cmdDelete_Click()
' 根据输入的记录号删除记录
        Dim FileNum1 As Integer, ReadNum As Long
        Dim WriteNum As Long, DeleteNum As Long
        FileNum1 = FreeFile
        DeleteNum = Str(InputBox("请输入需删除的记录号"))
        If DeleteNum <> 0 Then
                Open "考试成绩 1" For Random As #FileNum1 Len = Length
                Seek #Filenum, 1
                ' 用 Seek 函数指定记录号位置为 1
                Do While Not EOF(Filenum) And ReadNum < LOF(Filenum) / Length
                        ReadNum = ReadNum + 1
                        Get #Filenum, ReadNum, Score                              ' 读出记录号
                        If ReadNum <> DeleteNum Then
                        ' 与删除记录号进行比较，如果不是删除记录号就将该记录写入临时文件中
                                WriteNum = WriteNum + 1
                                                Put #FileNum1, WriteNum, Score
                        End If
                Loop
                Close #Filenum
                Kill "考试成绩"
                Close #FileNum1
                Name "考试成绩 1" As "考试成绩"
        End If
End Sub

Private Sub cmdEnd_Click()
    Close
    End
End Sub
```

运行程序时，当输入三个学生的成绩后，用记事本打开“考试成绩”文件，可以看到输入的文件内容，如图 7.4 所示。图中记事本对数字的显示按 ASCII 码的字符显示。

图 7.4 随机访问方式文件的内容

3. 二进制文件

当使用文件时，二进制访问方式具有最大的灵活性。二进制存取可以获取任何一个文件的原始字节。任何类型的文件都可以用二进制访问的方式打开。

二进制访问的文件中的字节可以代表任何东西，通过使用二进制型访问，可使磁盘空间的使用降到最小。二进制存取方式与随机存取方式一样，使用 Get #语句和 Put #语句进

行读写操作，使用 Open 语句打开文件。

二进制存取方式与随机存取方式的不同在于：二进制存取可以定位到文件的任何字节位置，即定位到字符；二进制存取从文件中读出数据或向文件中写入数据的长度取决于 Get#或 Put #语句中变量的长度；二进制访问中的 Open 语句没有指定记录长度，即使指定记录长度也被忽略。

7.2 FSO 对象模型

FSO（File System Object）对象模型是 VB 的一个新功能。该模型提供一个基于对象的工具，处理文件夹和文件。这使得处理文件夹和文件除了使用传统的语句和命令之外，还可使用属性、方法和事件的对象语法来实现。

FSO 对象模型使应用程序能够创建文件、插入和修改数据以及输出（读）数据，并且能够创建、改变、移动和删除文件夹，或者检测是否存在指定的文件夹，获取文件夹的信息（如名称、创建日期或最近修改日期等），使得对文件的处理变得更加简单。

7.2.1 FSO 包含的对象

FSO（File System Object）对象模型包含在 Scripting 类型库（SCRRUN.DLL）中。如果尚未引用，可以选择“工程”菜单中的“引用”命令，打开“引用”对话框，再选择“Microsoft Scripting Runtime” 复选框，如图 7.5 所示。

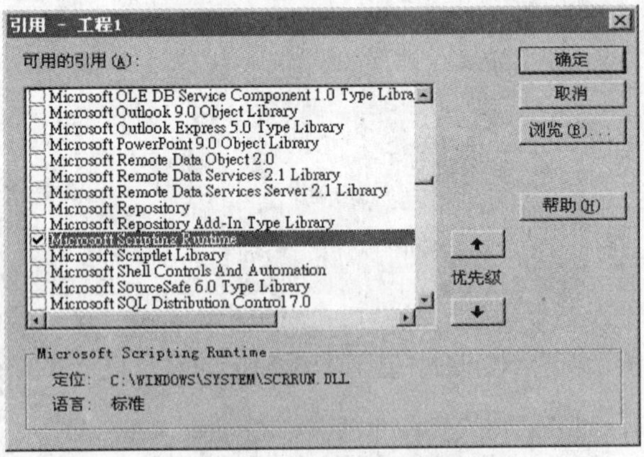

图 7.5 引用 Scripting 类型库

- Drive 对象：包含系统所用驱动器的信息，如驱动器的可用空间、共享名称等。“驱动器” 并不一定是硬盘，可以是 CD-ROM 驱动器等。驱动器不一定和系统物理连接，也可以通过网络进行逻辑连接。
- Folder 对象：允许创建、删除或移动文件夹，查询文件夹的名称、路径等。
- Files 对象：允许创建、删除或移动文件，查询文件的名称、路径等。
- FileSystemObject 对象：提供一整套用于创建、删除、收集相关信息以及操作驱动器、文件夹和文件的方法，是 FSO 的主要对象。

● TextStream 对象：允许读和写文本文件。在实际应用中，TextStream 被一个变量占位符所替代，该变量占位符表示从 FileSystemObject 返回的 TextStream 对象。

FSO 支持通过 TextStream 对象创建和操作文本文件，但不支持二进制文件的创建和操作。操作二进制文件，需要使用 Open 命令以 Binary 方式打开。

7.2.2 FSO 对象模型编程

1. 创建 FSO 对象

创建一个 FSO 对象可以通过将一个变量声明为 FileSystemObject 对象类型或创建一个 FileSystemObject 对象来完成。

● 将一个变量声明为 FileSystemObject 对象类型，例如：

```
Dim fso As New FileSystemObject
```

● 使用 CreateObject 方法来创建一个 FileSystemObject 对象，例如：

```
Set fso = CreateObject("Scripting.FileSystemObject")
```

2. FSO 对象的方法

创建一个 FSO 对象后，可以使用该对象的方法实现新建文件夹，删除文件，复制，移动文件和文件夹等。FSO 对象模型中的很多功能是冗余的。

例如，删除对象可以使用 FileSystemObject 对象的 DeleteFile 和 DeleteFolder 方法，也可以用 File 和 Folder 对象本身的 Delete 方法。

3. 访问驱动器、文件和文件夹

使用 FSO 对象中的 Get 方法可以访问一个已有的驱动器、文件或文件夹，即 GetDrive, GetFolder 或 GetFile 方法。

● GetDrive 方法：返回一个与指定路径中的驱动器相对应的 Drive 对象。驱动器可以是一个驱动器字符（例如 C），一个驱动器字符加一个冒号（例如 C:），一个驱动器字符加冒号和路径分隔符（C:\），也可以是网络共享名。

语法

FileSystemObject.GetDrive（驱动器）

● GetFolder 方法：返回一个和指定路径中文件夹相对应的 Folder 对象，文件夹路径可以是绝对的或相对的路径。如果指定的文件夹不存在，则发生一个错误。

语法

FileSystemObject.GetFolder（文件夹路径）

● GetFile 方法：返回一个和指定路径中文件相对应的 File 对象，可以是绝对或相对路径。

语法

FileSystemObject.GetFile（文件路径）

例如：

```
Dim fso As New FileSystemObject
Dim fil As File
Set fil = fso.GetFile("c:\test.txt")
```

使用 CreateFolder 方法创建新文件夹，使用 CreateTextFile 方法创建新文本文件（FSO 对象模型不支持创建或删除驱动器），不需要对新创建的对象使用 Get 方法。如果使用 CreateFolder 方法创建了一个新的文件夹，就没有必要再使用 GetFolder 方法。

4. 访问对象的属性

使用 Get 方法之后，就能够访问对象的属性。例如，要显示一个文件的最新修改时间：

```
Dim fso As New FileSystemObject
Dim fil As File
Set fil = fso.GetFile("c:\detlog.txt")                    ' 获得查询的 File 对象
Print "文件的最新修改时间: "; fil.DateLastModified          ' 显示 DateLastModified 信息
```

7.2.3 驱动器和文件夹

1. 获得驱动器信息

驱动器（Drive）对象可以获得系统所用驱动器的信息。这些驱动器可以是物理的，也可以是网络上的。Drive 对象的属性如表 7.2 所示。

表 7.2 Drive 对象的属性表

属 性 名	功 能 描 述
TotalSize	以字节表示的驱动器空间
AvailableSpace 或 FreeSpace	以字节表示的驱动器可用空间
DriveLetter	给驱动器指定的字母号
DriveType	驱动器类型
SeriaNumber	驱动器序号
FileSystem	驱动器使用的文件类型
IsReady	驱动器是否可用
ShareName 和 VolumeName	共享名称和卷标名称
PathRootFolder	驱动器的路径或根文件夹

例如，单击窗体时显示驱动器 C 的信息：

```
Option Explicit
Private Sub Form_Click()
    Dim fso As New FileSystemObject
    Dim Drv As Drive
    Set Drv = fso.GetDrive(fso.GetDriveName("c:"))
    Print "Drive " & UCase("c:")
    Print
    Print "文件系统类型: " & Drv.FileSystem
    Print
    Print "总空间: " & Drv.TotalSize / 1024 & " K 字节"
End Sub
```

运行程序，出现如图 7.6 所示的信息。

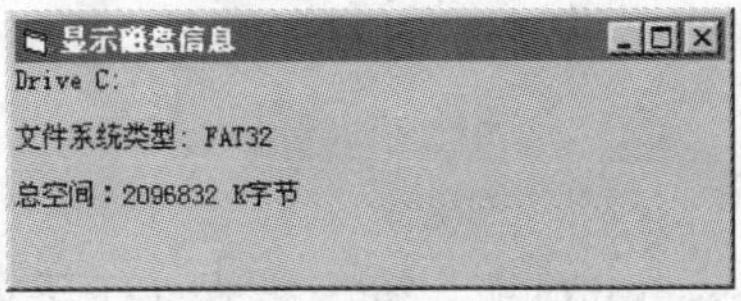

图 7.6　显示磁盘信息

2. 操作文件夹

文件夹（Folder）对象的操作可以通过属性和方法来实现。Folder 对象的属性和方法如表 7.3 所示。

表 7.3　Folder 对象的属性和方法表

	名　称	描　述
属　性	Name	文件夹的名称
	Path	返回指定文件夹的路径
方　法	CreatFolder	创建文件夹
	Delete	删除文件夹
	Move	移动文件夹
	Copy	复制文件夹
	FolderExists	查找文件夹是否在驱动器: True　存在返回 False　不存在返回
	GetParentFolderName	查找文件夹的父文件夹名称
	GetSpecialFolder	查找系统文件夹的路径

7.2.4　文件操作

1. 文件（File）对象属性

文件（File）对象属性如表 7.4 所示。

表 7.4　File 对象的属性表

属　性	描　述
Name	文件的名称
Path	指定文件的路径
DateCreated	指定文件或文件夹的创建日期和时间
Drive	指定文件或文件夹所在的驱动器符号
Size	以字节为单位指定文件大小
Type	关于某个文件或文件夹类型的信息
DateLastModified	最后一次修改指定文件或文件夹的日期和时间
Attributes	文件或文件夹的属性

2. 访问文件

（1）CreatTextFile 方法

语法

File 对象 .OpenAsTextStream（[输入输出方式, [打开文件的格式]]）

其中，输入输出方式为 ForReading 表示打开一个只读文件，不能对其写操作；ForWriting 表示打开一个用于写操作的文件，如果已有，则将其覆盖；ForAppending 表示打开一个文件并且在其末尾添加数据。

（2）OpenTextFile 方法

例如，创建一个“test.txt”文件的程序代码如下：

```
Dim fso As New FileSystemObject
Dim ts As TextStream
Set ts = fso.OpenTextFile("c:\My Documents\test.txt")
```

（3）GetFile 方法

例如，创建一个“test.txt”文件的程序代码如下：

```
Dim fso As New FileSystemObject
Dim fil As File
Set fil = fso.GetFile("c:\My Documents\test.txt")
```

例如，创建一个文本文件且以写方式打开：

```
Dim fso As New FileSystemObject
Dim fil As File
Dim ts As TextStream
Set fso = CreateObject("Scripting.FileSystemObject")
fso.CreateTextFile ("c:\My Documents\test.txt")
Set fil = fso.GetFile("c:\My Documents\test.txt")
Set ts = fil.OpenAsTextStream(ForWriting)
```

（4）关闭文件

使用完文件后需要关闭文件。关闭文件可以使用 TextStream 对象的 Close 方法。

3. 添加数据到文件

文本文件一旦创建，就可以向其中添加数据。添加数据可以分为打开文件、写入数据和关闭文件三个步骤。

向打开的文件中写入数据时，可以使用 TextStream 对象的 Write 或 WriteLine 方法。

（1）Write 方法

语法

TextStream 对象 .Write（文本）

Write 方法用于向对象中添加文本。

（2）WriteLine 方法

语法

TextStream 对象 .WriteLine（文本）

WriteLine 方法与 Write 方法的唯一差别是 WriteLine 在文本的末尾添加换行符。

（3）WriteBlankLines 方法

语法

TextStream 对象 .WriteBlankLines （行数）

用于向文本文件中添加指定行数的空行。

例如，建立新文件"c:\My Documents\test.txt"，并且写入文本内容：

```
Option Explicit
Private Sub Form_Click()
    Dim fso As New FileSystemObject
    Dim txtFile As TextStream
    Set fso = CreateObject("Scripting.FileSystemObject")
    Set txtFile = fso.CreateTextFile("c:\My Documents\test.txt", True)
    txtFile.Write ("欢迎使用 VB6.0!")
    txtFile.WriteBlankLines (1)
    txtFile.WriteLine ("这是一行带换行符的文本。")
    txtFile.WriteBlankLines (1)
    txtFile.Close
End Sub
```

用记事本打开"c:\My Documents\test.txt"，如图 7.7 所示。

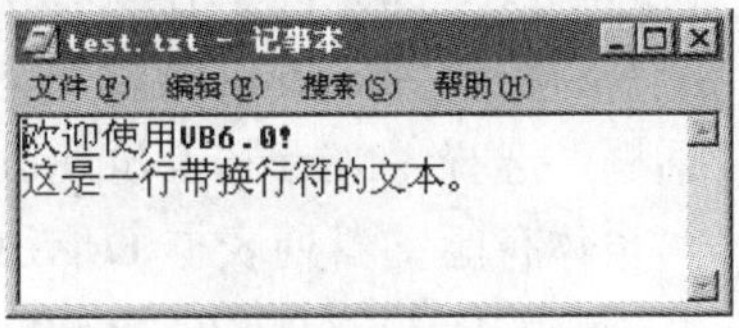

图 7.7 test.txt 文件内容

4. **使用 FSO 读取文件数据**

从文本文件中读取数据时，可以使用 TextStream 对象的 Read, ReadLine 和 ReadAll 方法。

Read 方法：从一个文件中读取指定数量的字符。

ReadLine 方法：读取一整行，但不包括换行符。

ReadAll 方法：读取一个文本文件的所有内容。

用 Read 和 ReadLine 方法时，可以使用 Skip 和 SkipLine 方法跳过部分内容。

语法

TextStream 对象 .Read（字符）

TextStream 对象 .ReadLine

TextStream 对象 .Readall

TextStream 对象 .Skip（字符数）

5. **移动、复制和删除文件**

移动一个文件时，使用 File.Move 或 FileSystemObject.MoveFile 方法。

语法

File.Move 目标

FileSystemObject.MoveFile 目标

复制一个文件时，File.Copy 或 FileSystemObject.CopyFile 方法。

语法

File.Copy 目的地[, 覆盖]

其中，覆盖如果为 True（默认），则存在的文件或文件夹将被覆盖。如果为 False，则它们不被覆盖。

删除一个文件：使用 File.Delete 或 FileSystemObject.DeleteFile 方法。

语法

File.Delete 删除设置

其中，删除设置为 True 时，表示可删除具有只读属性设置的文件或文件夹；当其值为 False 时（默认），不能删除具有只读属性设置的文件或文件夹。

例如，删除文件 C:\Temp\test.txt，采用 FileSystemObject.DeleteFile 方法：

```
Dim Fso As New FileSystemObject
Dim File1 As File
Dim Response As Integer
Set Fso = CreateObject("scripting.FileSystemObject")
Set File1 = Fso.GetFile("C:\Temp\test.txt")
Response = MsgBox("是否删除?", vbOKCancel, "删除文件")
If Response = 1 Then
    Fso.DeleteFile (File1)
End If
```

如果使用 File.Delete 方法，则将“Fso.DeleteFile (File1)”语句改为“File1.Delete”，其余语句不变。

【例 Ex_FSOFile】在窗体中创建文件夹和文件，并且输入文本文件的内容。

首先引用 Scripting 类型库，通过选择“工程”菜单中的“引用”命令，打开“引用”对话框，选择“Microsoft Scripting Runtime”复选框对其进行引用。

窗体有驱动器列表框 Drive1，目录列表框 Dir1 和文件列表框 File1，用于选择文件系统； cmdFile、cmdFold、cmdInput 和 cmdEnd 四个按钮分别用于创建文件、新建文件夹、输入文本内容和退出系统。

程序运行界面如图 7.8 所示，创建了“C:\123\aa\bb”文件，且在 bb 文件中输入文本信息。

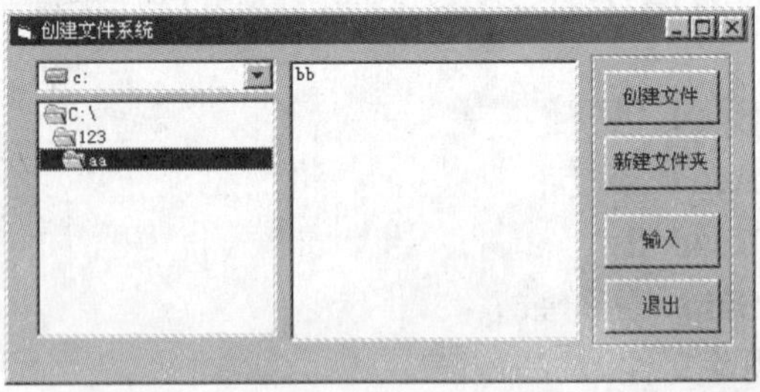

图 7.8　程序运行界面

程序代码如下：

```
Option Explicit
Dim fso As New FileSystemObject
Dim txtFile1 As TextStream

Private Sub Form_Activate()
    Set fso = CreateObject("Scripting.FileSystemObject")
End Sub
```

```
Private Sub Dir1_Change()
    File1.Path = Dir1.Path
End Sub

Private Sub Drive1_Change()
    Dir1.Path = Drive1.Drive
End Sub

Private Sub cmdFold_Click()
' 新建文件夹
    Dim txtFolder1 As Folder
    Dim FolderName As String
    FolderName = InputBox("请输入文件夹名", "输入")
    Set txtFolder1 = fso.CreateFolder(Dir1 & "\" & FolderName)
End Sub

Private Sub cmdFile_Click()
' 新建文件
    Dim FileName As String
    FileName = InputBox("请输入文件名", "输入")
    Set txtFile1 = fso.CreateTextFile(Dir1 & "\" & FileName)
End Sub

Private Sub cmdInput_Click()
' 输入文件内容
    Dim FileStr As String
    If File1.FileName <> "" Then
        FileStr = InputBox("请输入文件内容", "输入")
        txtFile1.Write (FileStr)
    End If
End Sub

Private Sub cmdEnd_Click()
    End
End Sub
```

第2部分 习 题

习题1

Visual Basic 概述

一、选择题

1. VB 是面向__________的程序设计语言。

   A．过程　　B．工程　　C．事件　　D．对象

2. 组成应用程序背景的是__________。

   A．控件　　B．方法　　C．MDI　　D．Form

3. 在 VB 中，若要生成一个不依赖于 VB 环境就可运行的文件，应选择__________。

   A．"工程"→"属性"　　B．"工具"→"选项"

   C．"文件"→"另存为"　　D．"文件"→"生成.EXE"

二、简答题

1. VB 的集成开发环境由哪些元素组成？
2. VB 的工具栏有哪些常用按钮？这些按钮的作用是什么？
3. VB 的标准控件箱中常用控件有哪些？
4. 用 VB 开发程序有什么特点？简述其开发步骤。

三、上机题

1．练习在 VB 的集成开发环境中将【例 Ex_Hello】中的文本框 Text1 的属性背景和字的颜色分别改成黄色和蓝色，将字体分别改成"粗体"和"小二"。

2．创建一个工程，在窗体中放置一个文本框，且在下面放置两个按钮，第一个按钮上显示"第一"，第二个按钮上显示"第二"；单击第一个按钮在文本框上显示"第一"，单击第二个按钮在文本框上显示"第二"。

习题 2

Visual Basic 语言基础

一、选择题

1．下列字符串中______是合法变量。

A．char_1,student,No,a1234　　B．exp,123a,x*y

C．x\y,x>y　　D．end,1bcx

2．下面赋值语句中错误的是______。

A．Myv1& = 5 * a% \ 3 + a% Mod b%　　B．Myv2% = 5 * a% \ 3 + a% Mod b%

C．Myv3& = "5 * a% \ 3 + a% Mod b%"　　D．Myv4$ = 5 * a% \ 3 + a% Mod b%

3．下列数据中________是 Boolean 常量。

A．123　　B．And　　C．True　　D．Or

4．设 Mys1.Mys2 均为字符串型变量，Mys1=“ABCDEFGHIJKL”，Mys2=“g”，则下面关系表达式中结果为 True 的是____。

A．Mid（Mys1,7,1）>Mys2

B．Len（Mys1）<>2*InStr（Mys1,“F”）

C．Chr（65）+Right（Mys1,5）=“AHIJKL”

D．InStr（Left（Mys1,6），“C”）+60>Asc（Ucase（Mys2））

5．*x*+*y* 小于 10 且 *x*-*y* 要大于 0 的逻辑表达式是__________。

A．*x*+*y*<10, *x*-*y*>0　　B．（*x*+*y*<10）:（*x*-*y*）>0

C．*x*+*y*<10 And *x*-*y*>0　　D．*x*+*y*<10 *x*-*y*>0

6．I 被 j 整除的逻辑表达式________。

A．I/j=0　　B．I\j=0　　C．I< >j　　D．I mod j=0

7．在 Form_Click 事件中执行 Print Format（1236.54,“+##,##0.0%”）语句的正确结果是__________。

A．123456　　B．+123,654.0%

C．+123,654%　　D．123,654

8．代数表达式为 $\dfrac{e^{x+y}+\sqrt{|x+y|}}{2\pi+1}$，则对应的 Visual Basic 表达式为________。

A．E^（x+y）+|x+y|^1/2/2π+1

B．Exp（x+y）+sqr（Abs（x+y））/2*3.14 159+1

C．（Exp（x+y）+sqr（Abs（x+y）））/（2*3.14 159+1）

D．（Exp（x+y）+sqr（Abs（x+y）））/2*π+1

9．可以实现从字符任意位置截取字符的函数是________。

A．Instr　　B．Mid　　C．Left　　D．Right

10．可以用于设置系统当前时间的语句是________。

A．Date　　B．Date$　　C．Time　　D．Timer

11．若要退出 For 循环，使用的语句为________。

A．Exit　　B．Exit Do　　C．Exit Sub　　D．Exit For

12．结构化程序设计方法的核心是规定三种基本结构：____结构，分支结构，循环结构。

A．条件　　B．顺序　　C．当形　　D．逻辑

二、填空题

1．VB 中的注释语句采用________；VB 的续行符采用________；若要在一行书写多条语句，则各语句间应加分隔符，VB 的语句分隔符为________。

2．在 VB 中，字符型常量应用________将其括起来，整型常量应用________符号将其括起来。

3．实现字符重复以产生新字符串的函数是________。

4．代数表达式为（ln（1+d^2）-e^2）×（5/2），则对应的 Visual Basic 表达式是________。

5．下列程序打印出杨辉三角形（要求打印出 8 行）。根据算法，完成程序。

```
1
1    1
1    2    1
1    3    3    1
1    4    6    4    1
1    5    10   10   5    1
……
```

杨辉三角形的第一列和对角线元素为 1，其他元素为上一行相邻两元素的和。

```
Private Sub Form_Click()
Const N = 8
Dim i, j, a(N, N) As Integer
For i = 0 To N – 1                        ' 第一列和对角线元素为 1
a(i, i) = 1
a(i, 0) = 1
Next i
For i = 2 To   N – 1                      ' 其他元素
    For   j =____ To   ____
          a(i, j) = a(____) + a(____)
    Next j
Next i
Print "显示杨辉三角形"
```

```
For    i = 0 To N – 1
       For    j = 0 To i
              Print a(i, j);
       Next j
       Print
Next i
End Sub
```

6．以下循环迭代了______次。

```
Int1=10
Do while int>=1
    int1=int1 – 1
Loop
```

7．运行下面的程序，单击窗体后在窗体上显示的内容是________。

```
Private Sub Form_Click( )
    For I=1 To 10 Step 2
        Print I;
    Next I
End Sub
```

8．运行下面的程序，单击窗体后在窗体上显示的内容是_______；若将程序中的 A 语句与 B 语句的位置互换，再次执行程序，单击窗体后在窗体上显示的内容是______。

```
Private Sub Form_Click( )
        Dim x As Integer,y As Integer
        x=1:y=0
        Do while x<3
            y=y+x                               ' A 语句
            x=x+1                               ' B 语句
        Loop
        Print x,y
End Sub
```

9．运行下面的程序，就会出现______，按________键可以终止程序的运行。

```
Private Sub Form_Click( )
        Dim I As Ineger
        Do while I<10
            I=I*2
        Loop
End Sub
```

10．执行下面的程序，单击窗体后在窗体上显示的第一行结果是_____；第三行结果是________。

```
Private Sub Form_Click( )
    Dim Mystr As String,Mystr1 As String,Mystr2 As String
    Mystr1="B"
    For I=1 To 3
        Mystr2=Lcase(Mystr1)
```

```
        Mystr1=Mystr1+Mystr2
        Mystr=Mystr+Mystr1
        Print Mystr
        Mystr1=Chr(Asc(Mystr1)+I)
    Next I
End Sub
```

三、简答题

1. 下面符号名中哪些是合法的 VB 符号常数和变量名。

CmdV1，25a，LngNum，name&2，Year%, a>b，M.John

2. 将下面的十进制数用八进制和十六进制数表示。例如，10=&O12=&HA。

15，32，75，2 483，21 003

3. VB 中是否可以出现下列形式的数：

D32，3.457E-10，0.368，2.5E，1.87E+5，12E3.8，8.75D+6

4. VB 有哪几种数据类型？每种数据类型所占的字节数分别是多少？列举每种数据类型的实例。

5. 已知 Dim a, b, c As Boolean

a = 0

b = 1

c = 0

写出下面逻辑表达式的值：

MyResult = a And Not b

MyResult = a + b > c And b = c

MyResult = a Or b + c And b - c

MyResult = Not（a > b）And Not c Or True

MyResult = Not（a + b）+ c - 1 And b + c / 2

6. 写出判别 Year 是否是闰年的条件表达式。闰年的条件符合下面二者之一：（1）能被 4 整除，但不能被 100 整除。（2）能被 4 整除又能被 400 整除。

7. 将下面的条件关系用 VB 的表达式表示：

（1）文本框 Text1 的 Text 属性中的数值大于 0，小于 100。

（2）数值型变量 X、Y 的符号相反。

（3）字符变量 X 为小写字母之一。

（4）字符串 String1 中含有字符变量 X。

8. 求下面算术表达式的值：

x = 2.5: a = 7: y = 4.7

x + a Mod 3 *（Int（x + y）Mod 2）/ 4

x = 3.5: a = 2: b = 3: y = 2.5

CSng（a + b）/ 2 + Int（x）Mod Int（y）

9. 写出下面数学表达式对应的 VB 算术表达式。

（1）$\dfrac{a}{b+\dfrac{c}{d}}$　（2）$\dfrac{2y}{(ax+by)(ax-cz)}$　（3）$\dfrac{1}{1+\dfrac{1}{n}}+1$

（4）$\dfrac{1}{2}\left(\dfrac{n}{3}\right)^{2x}$　（5）$\ln(y+\cos^2 x)$　（6）$\sqrt[3]{x+\sqrt[2]{x^2+1}}$

10．使用 VB 表达式表示以下各题。

（1）产生一个 11～99 的随机数。

（2）将一个两位数的个位和十位数对换。

（3）将一个 Single 型变量 X 的值取两位小数。

（4）取字符串变量 String1 的右边 5 个字符。

11．用下面语句定义的数组中各有多少个元素？

（1）Dim array（12）

（2）Dim array（3 To 8）

（3）Dim array（3 To 5, -2 To 2）

（4）Option Base 1

Dim array（3, 3）

（5）Option Base 1

Dim array（-5 To -2, 3）

四、上机题

1. 机票优惠，某航空公司规定在 7～9 月份，如果订票数超过 20 张，则票价优惠 15%；如果超过 10 张，则票价优惠 5%；在 1～5 月份、10 月份和 11 月份，如果订票数超过 20 张，则票价优惠 25%；如果超过 10 张，则票价优惠 15%。从窗体中输入票价、月份以及订票数，显示所需金额。

2．使用 Select Case 结构将一年中的 12 个月份，分成四个季度输出。

3．使用 For 循环，实现以下算式：

$S = 1^1 + 2^2 + 3^3 + 4^4 + 5^5 + \cdots$

使用 InputBox 输入需要计算的次数，使用 MsgBox 显示计算的结果。

4．将一个 3×4 的二维数组 a，转置后使用 Print 方法在窗体中显示。

5．求出所有的水仙花数。

水仙花数是指三位的正整数，其各位数字的立方和等于该正整数本身。例如：

407 = 4*4*4+ 0*0*0 +7*7*7

6．从窗体中的文本框中输入学生成绩，根据分数计算各分数段的人数。窗体界面有两个文本框 txtInput 用于输入分数，还有五个文本框分别显示“90～100 分”，“80～90 分”，“70～80 分”，“60～70 分”和“60 分以下”成绩的人数；两个按钮分别用于显示和退出。

7．编程实现将二进制整数转换成 n 进制整数。

习题 3

创建用户界面

一、选择题

1．控件的______确定当一个事件发生时执行代码。

A．函数　　B．事件过程　　C．子程序　　D．通用过程

2．放置控件到窗体中的最迅速的方法是________。

A．双击工具箱中的控件　　B．单击工具箱中的控件

C．拖动鼠标　　D．单击工具箱中的控件并且拖动鼠标

3．不能在窗体上选择多个控件的方法有_______。

A．按住【Alt】键同时单击每个控件　　B．单击每个控件

C．通过鼠标拖动一方框将它们选定　　D．按住【Ctrl】键同时单击每个控件

4．当移动控件，重新设定其尺寸时，______属性会自动改变。

A．Click.Change　　B．Name.Caption　　C．Top.Left　　D．Cancel.Default

5．最适合做标题的控件是______。

A．文本框　　B．列表框　　C．标签　　D．命令按钮

6．当用户单击命令按钮时，______属性可以使得命令按钮对激发事件无效。

A．Name　　B．Enable　　C．Default　　D．Cancel

7．将命令按钮的_______属性设置为 True，当用户按下【Esc】键时可以激发对应命令按钮的 Click 事件。

A．Name　　B．Enable　　C．Default　　D．Cancel

8．在窗体中有一个命令按钮，该命令按钮的事件过程中有以下语句：Command1.Caption=“OK”若本语句执行前，命令按钮的 Caption 属性取默认值，则该命令按钮的名称属性和 Caption 属性在执行本语句前的取值分别为________。

A．Command1.Ok　　B．Command1.Caption

C．Command1.Command1　　D．Caption.Command1

9．一只白色的足球被踢进球门，则白色、足球、踢、进球门分别是____________。

A．属性、对象、方法、事件　　B．属性、对象、事件、方法

C．对象、属性、方法、事件　　D．对象、属性、事件、方法

10．窗体 Form1 的名称属性为 frm，它的 Load 事件过程名为______。

A．Form-Load　　B．Form1-Load　　C．Frm-Load　　D．Me-Load

11．______的控件的行为具有 Boolean 类型。

A．选项按钮 命令按钮　　B．复选框 标签

C．选项按钮 复选框　　D．列表框 组合框

12．文本框是 VB 的内部控件；消息框______控件，它是在需要从用户那里得到信息时出现的对话框。

A．不是　　B．是

13．使用______属性，可取得列表框中的项数。

A．ListCount　　B．AddItem　　C．Clear　　D．RemoveItem

14．只有当对象的 Enabled 和 Visible 属性为______时，它才能够接收焦点。

A．True　　B．False　　C．True 或 False　　D．True 且 False

15．可以将______控件放入一个框架中。

A．选项按钮 复选框　　B．标签 选项按钮 复选框

C．文本框 命令按钮　　D．任何控件

16．终止应用程序的正确方法是______。

A．卸载窗体，然后执行 End 语句　　B．卸载窗体

C．执行 End 语句　　D．执行 Stop 语句

17．Image 控件加载图片后的尺寸______。

A．与原图大小不同　　B．比原图大

C．比原图小　　D．与原图大小相同

18．菜单编辑器通过______来确定某个菜单栏选项的子菜单。

A．缩进　　B．编号　　C．复选框　　D．下箭头

19．在菜单过程中使用的事件是利用鼠标______菜单条来实现的。

A．拖动　　B．双击　　C．单击　　D．移动

20．窗体的示意图标可用______属性来设置。

A．Picture　　B．Image　　C．Icon　　D．MouseIcon

21．当滚动滚动框时，将触发滚动框的______事件。

A．Move　　B．Change　　C．Scroll　　D．Getfocus

22．在三种不同风格的组合框中，用户不能输入数据的组合框是______。

A．下拉式组合框　　B．简单组合框　　C．下拉式列表框

23．______控件可以帮助用户控制动画的效果。

A．命令按钮　　B．标签　　C．时间　　D．文本框

24．使用______方法，可将新的项添加到一个列表框中。

A．Print　　B．AddItem　　C．Clear　　D．RemoveItem

25．在运行时，若要调用命令按钮的 Click 事件过程，则可设置该命令按钮的______属性为 True 来实现。

A．Visible　　B．Enabled　　C．Default　　D．Value

二、简答题

1．简述事件驱动过程程序的设计原理。

2. 窗体的 Initialize，Load 和 Activate 事件分别在什么时刻触发？

3. 窗体的属性主要有哪几类？Caption 属性和 Name 属性有什么区别？

4. 有下列程序代码：

```
Private Sub Form_Load ( )
    AutoRedraw = True
End Sub
```

请解释 Form，Load，AutoRedraw，True 分别代表什么？

5. 列表框（ListBox）和组合框（ComboBox）有什么不同？各有什么作用？如何在属性窗口中和在代码中添加列表项？

6. 如果在界面上要求用户输入“性别”是“男”还是“女”时，采用 OptionButton 还是 CheckBox 控件来实现？并编写使用 MsgBox 显示所选定的选项。

7. 工具条（ToolBar）控件是内部控件吗？如何添加工具条（ToolBar）控件？

8. 菜单编辑器窗口中的快捷键属性和标题属性中的&符号，在运行时分别有什么作用？

三、上机题

1. 设计一个窗体，使窗体运行时在屏幕的左上角，窗体标题为“第 3 章习题”，且在窗体中装入一个图形；当单击窗体关闭按钮时，出现对话框询问“是否关闭？”，如果回答为“是”，则退出系统，否则不退出。

2. 将选项按钮用控件数组来实现，修改第 3 章的【例 Ex_EmployForm】中的窗体中控件的设置，并且修改在单击“显示”按钮时的程序代码。

3. 使用定时器控件实现将窗体 Form1 显示 5s 后，卸载 Form1 并且显示 Form2。

4. 编写一个秒表操作程序，运行界面如图 E1 所示，分别显示开始计时的时间，当前时间和开始与停止的间隔时间。

5. 使用滚动条来控制数据的输入，调整 Image 控件尺寸的大小，垂直滚动条用来调整 Image 控件的高度，水平滚动条用来调整宽度。

6. 在窗体中使用驱动器列表框、目录列表框和文件列表框，实现它们的同步，显示“*.doc”文件。

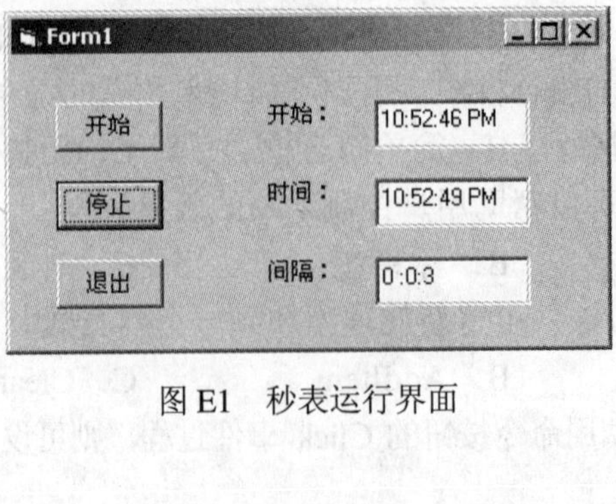

图 E1　秒表运行界面

习题 4

VB 程序设计

一、选择题

1．数组作为全局变量可在窗体模块中声明，是否正确______。

A．是　　B．不是

2．VB 中可以使用自己定义的 Sub 过程和 Function 过程，________过程称为函数，这种过程可以返回值。

A．事件过程　　B．通用过程　　C．Function　　D．属性过程

3．通用过程可以完成一项指定的任务，必须由________调用才能运行。

A．应用程序　　B．系统引发　　C．定时器　　D．Sub Main

4．在调用 Sub 过程或 Function 过程时，采用________传送相应的变量名、数组名、常数或表达式。

A．形式参数　　B．实际参数　　C．对象参数　　D．数组参数

5．如果在被调过程中改变了形参值，只影响副本，而不会影响实参变量本身，这种参数传递方式称为_____传递。

A．按值　　B．按地址　　C．ByRef　　D．按形参

6．系统默认的参数传递方式是______传递。

A．按值　　B．按地址　　C．ByVal　　D．按实参

7．在过程中定义的变量，如果希望在离开该过程后，还能保存过程中局部变量的值，则应该使用_______关键字在过程中定义局部变量。

A．Dim　　B．Private　　C．Public　　D．Static

8．一般来说，当变量名称相同而作用域不同时，局限性______的变量总会用"阴影"遮住局限性不太大的变量。

A．大　　B．小　　C．更小　　D．比较小

9．窗体文件名的后缀是______。

A．vbp　　B．frm　　C．bas　　D．vbw

10．为形参时形参变量的类型声明为控件类型，例如，向过程传递标签控件时形参类型声明为"Label"，或可声明为______。

A．Project　　B．form　　C．Object　　D．Control

11．在调用过程时，下列叙述中正确的是_________。

A．只能使用 Call 语句调用 Sub 过程

B．调用 Sub 过程时，实在参数必须用括号括起来

C．在表达式中调用 Function 过程时，可以不用括号把实在参数括起来

D． Function 过程也可以用 Call 语句调用

12．下列语句中的 ____ 语句可以用来正确地声明一个动态数组。

A．Private A（n）As Integer　　B．Dim A（ ）As Integer

C．Dim A（ ,）As Integer　　D．Dim A（1 to n ）

13．在过程中可用______语句定义变量。

A．Dim Private　　B．Dim Static

C．Dim Public　　D．Dim Static Private

14．若在应用程序中用"Private Sub Sub1（X As Integer，Y As Single）"定义子程序 Sub1，则正确调用子程序 Sub1 的 Call 语句是_______。

① Call Sub1（I, J）　　② Call Sub1（3.141 5, I）

③ Call Sub1（3.14 234）　　④ Call Sub1（"245", "231.5"）

A．①，③　　B．③，④　　C．①，②，③　　D．无

15．多窗体程序由多个窗体组成。在默认情况下，VB 在执行应用程序时，总把_____指定为启动窗口。

A．不包含任何控件的窗体　　B．设计时的第一个窗体

C．命名为 Frm1 的窗体　　D．包含控件最多的窗体

16．在多窗体程序中，可在标准模块或某个窗体模块的通用声明处，分别用______语句定义一个在所有窗体模块都可引用的变量 IntA。

A．Private IntA As Integer　Public IntA As Integer

B．Public IntA As Integer　Private IntA As Integer

C．Public IntA As Integer　Public IntA As Integer

D．Private IntA As Integer　Private IntA As Integer

二、填空题

1．运行下面程序，当单击窗体时，窗体上显示的内容的第一行是 ______，第二行是 _______。

```
Private Sub Test(x As Integer)
    x=x*2+1
    If x<6 Then
        Call Test(x)
    End If
    x=x*2+1
    Form1.Print x
End Sub

Private Sub Form_Click( )
    Test 2
End Sub
```

2. Sub 过程 Main()是本程序的起始过程，其他为窗体模块中的事件过程。当语句 A 被注释无效，语句 B 有效时，执行本程序，分别单击命令按钮 Command1 和 Command2，在窗体上显示的输出内容是______；若将语句 B 注释无效，而使说明语句 A 有效（删去语句前的注释号），执行本程序，分别单击命令按钮 Command1 和 Command2，在窗体上显示的输出内容是______。

```
Public x As Integer
Sub Main( )
    x=5
    Form1.Show
    Form1.Print x;
End Sub

Dim y As Integer          ' 语句 A
Private Sub Command1_Click( )
    Dim y As Integer          ' 语句 B
    y=x*2
    Print y;
End Sub

Private Sub Command2_Click( )
    y=x/2
    Print y;
End Sub
```

3. 当 Sub 过程中的 Value 行参表中存在 ByVal 关键字时，执行本程序，单击窗体，在窗体上显示的第一行内容是______，第二行内容是______；若将行参表中的 ByVal 关键字删除，再执行本程序，单击窗体后在窗体上显示的第一行内容是________，第二行内容是__________。

```
Private Sub Value (ByVal m As Integer ,ByVal n As Integer )
    m=m*2
    n=n-5
    Print"m=";m,"n=";n
End Sub

Private Sub Form_Click( )
    Dim x As Integer , y As Integer
    x= 10:y=15
    Call Value (x,y)
    Print"x=";x,"y=";y
End Sub
```

4. 写出下面程序的运行结果______。

```
Option Explicit
Private Function Func(ByVal a As Integer, ByVal b As Integer)
    Static m As Integer, i As Integer
```

```
        i = m + 1 + i
        m = i + a + b
        Func = m
End Function

Private Sub Form_Click( )
        Dim k As Integer, m As Integer, p As Integer
        m = 1
        k = 4
        p = Func(k, m)
        Print "p="; p
        p = Func(k, m)
        Print "p="; p
End Sub
```

三、简答题

1．工程名和工程文件名是不是同一个概念，如何修改工程名以及工程文件名？

2．Sub 过程和 Function 过程有什么不同，其调用的方法有什么不同？

3．在 VB 程序中向过程传递参数有哪几种方式？它们之间有什么不同？

4．解释变量的有效范围和存活期概念。

5．局部变量和全局变量如何定义，它们的有效范围是什么？举例解释。

6．标准模块的作用是什么？创建标准模块用 Sub Main 启动，并且显示一个快速显示窗体。

四、上机题

1．一个数如果恰好等于它的因子之和则称为“完数”。例如，6 的因子是 1，2，3，并且 6 = 1 + 2 + 3，因此 6 是“完数”。使用过程调用，找出 1 000 以内的所有“完数”。每找出一个，在窗体中显示该数和各因子。

2．利用随机函数 Rnd ()生成 25 个正整数，赋给一个 5 行 5 列的数组的每个元素，并找出最大元素的位置，在窗体中用 Print 语句显示数组元素的行列，并且显示最大元素及所在的位置。

3．采用函数的递归调用来求两个整数的最大公约数，在窗体的文本框中输入两个整数的值，且在文本框显示最大公约数的值。

4．编程实现一个通用的输入界面，对输入文本框的内容进行检查，在文本框的 LostFocus 事件过程中调用通用过程 CheckInput，在 CheckInput 过程中用 MsgBox 显示输入的是字母、整数、实数还是其他字符。

5．向窗体的文本框中输入一个数，采用调用函数的方法判断是否是素数，对输入的数据必须检查其合法性（是否是数值，是否是整数）；如果输入出错需要进行出错提示，在文本框中显示判断的结果。

6．编写程序，统计从文本框输入的字符串中的字母、数字、空格和其他字符的个数，由不同的文本框显示个数，设计界面且实现功能。

7．求方程 $ax^2 + bx + c = 0$ 的解，用三个函数分别求当 $b^2 - 4ac > 0$，$b^2 - 4ac = 0$ 和 $b^2 - 4ac < 0$ 时的根，在窗体上的文本框中输入 a，b，c 的值，并且显示运算结果。

8．创建两个窗体 Form1 和 Form2。在 Form1 上有命令按钮 Command1 “切换”，单击该按钮和单击 Form1 的结果相同，都是隐藏 Form1 显示 Form2；在 Form2 上也有一个按钮 Command1“切换”，单击该按钮实现隐藏 Form2 显示 Form1。用调用过程的方法，使用同一个过程实现在 Form1 上单击按钮、单击窗体以及在 Form2 上单击按钮的功能。

9．从文本框 Text1 中输入多个英文语句，单击“转换”按钮，将文本框 Text1 中的内容做如下转换：遇到句号时，将 Text1 中每句的开头字母大写，每段的开头字母也大写，在文本框 Text2 中重新显示。

习题 5

数据库应用

一、选择题

1．数据库文件与应用程序文件分开，它可以为______应用程序所使用。

A．单个　　B．一个用户　　C．多个　　D．固定的

2．使用数据控件______建立与数据库的连接，______可通过数据控件对数据库记录进行显示修改、增加和删除。

A．首先，建立连接后　　B．不用，也

C．最后，才　　D．固定，不

3．结构化查询语言已经成为______数据库语言的通用标准。

A．关系　　B．层次　　C．网状　　D．图像

4．VB 支持 SQL，SQL 语言由______等组成。利用它们可以组成所需要的语句，以建立、更新和处理数据库数据。

A．命令、子句、运算和函数　　B．命令

C．子句　　D．运算和函数

5．数据控件用于设置记录集类型的属性是______。

A．RecordSource　　B．DataSource　　C．Type　　D．RecordSetType

6．报表设计器的控件箱中没有__________控件。

A．Label　　B．PictureBox　　C．Image　　D．Text Box

二、填空题

1．用 SQL 语言实现查询，包含"Orders"表中"订购数量"大于 500 并且"订单号"小于 1005 的所有记录，则 SQL 语句为________________。

2．通过记录集对象的______属性，可以获得工作表的记录总数；当一个记录集不再使用时，应调用其______方法关闭。

3．利用数据控件的记录集对象，可以实现对数据库记录内容的存取访问等操作。若要判断记录指针是否指向记录集的末尾，可以通过访问其______属性来实现，若返回值为 True，则说明指针______；若要判断查找是否成功，可以通过访问记录集对象的______来实现。

4．记录集的类型有：________________，________________和______________类型。

5．数据控件需要通过数据感知控件来实现数据显示，只要具备________________

和________属性的控件就具有数据显示能力。

三、简答题

1．说明数据库中的记录、字段、数据表、数据库和查询的含义。

2．什么是 SQL 语言？根据 Test.mdb 文件的 Student 数据表，用 SQL 语句实现“年龄>15 的学号和姓名”的查询，并且测试查询结果。

3．说明 ADO 的概念以及 Connection，Command，Recordset 和 Field 对象的含义。

4．ADO 有哪三种数据源？分别是如何建立连接的？

四、上机题

1．建立一个数据库 Test.mdb 文件，且在其中建立数据表 Student 如表 E1。

题表 E1 数据表 Student

学 号	班级代码	姓 名	性 别	年 龄
001	0101	王垒	男	15
002	0101	张强	男	16
003	0101	陈娟红	女	15

使用数据管理器进行如下操作：

（1）设置每个字段的数据类型；

（2）在数据管理器中添加一个记录，“学号”为“004”，“姓名”为“刘胜利”，“性别”为“男”，“年龄”为“14”；

（3）创建一个查询“性别”为“男”的记录，且按“年龄”排序；

（4）创建一个查询“班级代码”为“0101”的记录，并按“学号”排序。

2．建立一个 Data 控件，在窗体中创建适当的数据感知控件，显示 Test.mdb 文件中的 Student 数据表，添加六个按钮，分别实现记录的添加、删除、修改、上一题、下一题和退出。

添加“修改年龄”按钮，将所有记录的“年龄”+1。

3．建立一个数据库 Test.mdb 文件，建立两个数据表，一个为学生信息表 Student，表结构如 5.1 所示；另一个为学生成绩表 Score，包括“班级代码”、“学号”、“语文”、“数学”、“外语”和“计算机”字段。在数据环境设计器中设计 Data Environment，对象名为 denTest，将“Command1”名设置为 cnnScore，数据源设置为 Score 数据表，在数据环境设计器中显示 denTest 结构。

4．使用 DBGrid 显示 Test.mdb 文件的学生信息表 Student。DBGrid 控件与 ADO Data 控件绑定，使用添加、删除、修改和退出按钮，可对记录进行添加、删除和修改操作，删除操作必须用 MsgBox 消息框确定是否删除。

5. 在两个窗体上各创建一个 DBGrid 控件，与 ADO Data 控件绑定，Form1 显示 Test.mdb 文件的学生信息表 Student，Form2 显示学生成绩表 Score。在 Form1 中使用添加、删除、显示成绩表和退出按钮，单击“添加”和“删除”按钮在 Student 表中添加或删除记录，并且自动添加和删除 Score 表的相应记录。

6．建立一个数据库 Test.mdb 文件；建立三个数据表，一个为学生信息表 Student，一个为学生成绩表 Score，另一个为班级表 Class，有“班级代码”、“年级”和“班级”字段。

利用 ADO Data 控件，在窗体创建学生信息表 Student 的输入界面，使用 DataCombo 控件、Text 控件输入，使用 DataCombo 控件输入“班级代码”字段，DataCombo 的下拉列表绑定到 Class 表的“班级代码”字段，输入到 Student 表的“班级代码”字段。

7．用查询设计窗口创建一个查询，选择 Score 表和 Student 表中的“班级代码”、“学号”、“姓名”、“语文”、“数学”、“外语”和“计算机”字段，再添加一个“总分”字段，计算每人的各门成绩的总分。

8．在报表设计器中，“打印预览”显示 Test.mdb 文件学生成绩表 Score，并显示每个学生的成绩报表。

（1）计算每个学生的平均成绩

（2）按照班级显示学生成绩

（3）计算每个班级所有学生的平均成绩

（4）计算每个年级所有学生的平均成绩

习题 6

图形、鼠标和多媒体应用

一、选择题

1．以下________对象不含有用于设置字体的 Font 属性。

A．窗体　　B．CommandButton　　C．菜单　　D．Printer

2．当移动鼠标时，有关 MouseMove 事件的说明中正确的是________。

A．MouseMove 事件不断发生

B．MouseMove 事件只发生一次

C．MouseMove 事件经过的每个像素都会触发

D．当鼠标指针移得越快，则在两点之间触发的 MouseMove 事件越多

3．若要以程序代码方式设置在窗体中显示文本的字体大小，则可用窗体对象的________属性来实现。

A．FontName　　B．Font　　C．FontSize　　D．Text Width

4．若窗体上有一个命令按钮，一个标签，一个文本框，当鼠标指针位于无控件的窗体上方时，______将识别鼠标事件。

A．命令按钮　　B．标签　　C．窗体　　D．文本框

5．能够区分各鼠标按钮与【Shift】、【Ctrl】、【Alt】键的过程是 ______。

A．Click　　B．DbClick　　C．Load　　D．MouseMove

6．通过__________属性可以改变窗体的显示文本（作为文本或标题）字体。

A．font　　B．Caption　　C．Name　　D．Height

7．在使用 Visual Basic 进行图形操作时，有关坐标系的说明中错误的是__________。

A．Visual Basic 只有一个统一的，以屏幕左上角为坐标原点的坐标系

B．在调整窗体上的控件的大小和位置时，使用以窗体左上角为原点的坐标系

C．所有图形及 Print 方法使用的坐标系均与容器有关

D．Visual Basic 坐标系的 *Y* 轴，上端为 0，越往下越大

8．程序运行时添加图片有多种方法。常用的是__________。

A．使用 LoadPicture 函数

B．采用对象间图片的相互复制

C．从 Clipboard 对象中使用 GetData 方法复制图片

D．采用 A、B、C 方法均可

9．AVI 动画类似于电影，由若干帧位图组成，Animation 控件可以显示____的音频视频动画（AVI 文件）。

A．无声　　B．有声　　C．无声和有声均可　　D．立体声

10．在工具箱中添加 Multimedia 控件，需要在“部件”对话框中选择______，并且单击“确定”按钮。

A．Microsoft Windows Common Control-2 5.0

B．Microsoft Multimedia Control 5.0

C．Microsoft Windows Common Control 5.0

D．Microsoft FlexGrig Control 5.0

二、填空题

1．使用______方法可以清除所有图形方法和 Print 方法显示的文本或图形。

2．使用下面两条画线的语句功能相同：

Line（500, 500）-（800, 600）

Line（500, 500）-Step（______）

3．任何容器的默认坐标系统，（0, 0）坐标都是从容器的______开始。

4．________方法用于返回 Form 的当前字体的垂直高度。

5．使用 PaintPicture 方法将窗体中的 Picture1 控件的图形放大且用 or 运算合并反转的源位图和目标位图，运行后如图 E2 所示，完成以下程序代码。

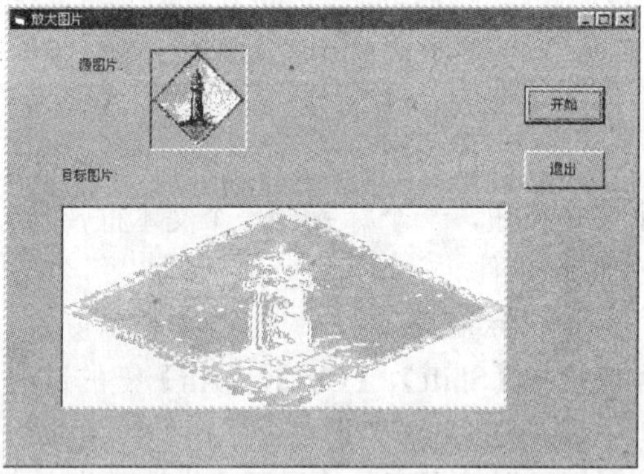

图 E2　PaintPicture 运行结果

```
Private Sub cmdStart_Click（）
        Picture2.PaintPicture Picture1. ____________ , 0, 0,
        _________, ___________________, , , , ,    vbMergePaint
End Sub
```

三、上机题

1．设置窗体的坐标系，在窗体上画出 10 行 10 列的网格图，要求网格图画满整个窗体。

2．使用 Pset 方法在窗体上画一条从左上角到右下角的对角线。

3．在窗体上用画椭圆的方法画出重叠的三个椭圆，每个椭圆相差 60 度，单击窗体的“画图”按钮（cmdPaint）时，在窗体中绘制。

4．运行下列程序，说明程序的功能和运行的结果。

```
Private Sub Form_Click()
    Dim x, y, f, f1, f2, i
    ScaleMode = 3
    x = ScaleWidth / 2
    y = ScaleHeight / 2
    For i = 5 To 0 Step -2
        f = i / 50
        f1 = 1 - f
        f2 = 1 + f
        ForeColor = QBColor（i Mod 15）
        Line   (x * f1, y * f2) - (x * f2, y * f2), , BF
    Next i
End Sub
```

5．使用定时器定时循环改变窗体的背景色，要求颜色逐渐变化。

6．在窗体的垂直居中处显示“Visual Basic”，如图 E3 所示。

7．当鼠标单击窗体时，在鼠标指针处画各种随机颜色的小圆，如图 E4 所示。编写事件代码：

```
Dim PaintN As Boolean
Private Sub Form_MouseDown（Button As Integer, Shift As Integer, X As Single, _
Y As Single）
    ' 绘图
End Sub
```

图 E3　显示文字

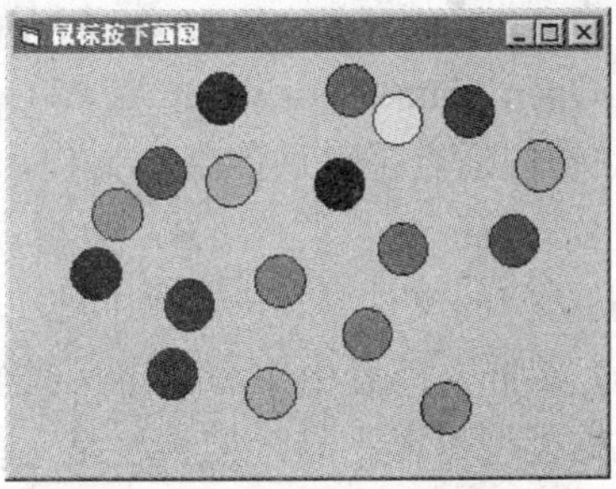

图 E4　鼠标按下随意画圆

8．比较两个数的大小。在窗体中有 Text1，Text2，Text3 三个文本框，两个按钮分别用于计算和退出。Text1 和 Text 2 用于从键盘输入两个数，当按下键盘上的键不是数字键时，文本框接收不到键值。Text3 用于显示大的数，不能编辑。要求：

（1）编写 Text1 和 Text 2 的 KeyPress 事件代码和单击“计算”按钮的事件代码，单击“计算”后鼠标指针为沙漏形状，计算完则恢复；

（2）单击“退出”按钮或按 Esc 键都可以退出系统；

（3）当鼠标移到 Text3 时显示禁止形状。

9．在窗体上放置 Pic1 和 Pic2 两个图片框，使用 OLE 拖放将 Pic1 的图片拖放到 Pic2 上。

10．在窗体上同时播放两个不同的.avi 文件，其中一个是无声的循环播放的动画，另一个是有声动画。

习题 7

文 件

一、选择题

1．向一个顺序文件中写数据时，_________是从文件末尾添加的方式，打开顺序文件。

A．Output　　B．Input　　C．Write　　D．Append

2．在 VB 中的三种文件访问的类型是______ 。

A．顺序、随机、文本　　B．顺序、随机、二进制

C．数据库、表格、文本　　D．文本、随机、二进制

3．下面能够正确打开文件的一组语句是_________。

A．Open "data1" For Output As #5 Open "data1" For Input As #5

B．Open "data1" For Output As #5 Open "data1" For Input As #6

C．Open "data1" For Input As #5 Open "data1" For Input As #6

D．Open "data1" For Input As #5 Open "data1" For Random As #6

4．顺序访问适合于普通的文本文件，文件中的数据是以________方式存储的。

A．Boolean　　B．数组　　C．ASCII 码　　D．二进制数

5．随机访问的文件是由一组相同长度的记录组成的。记录可由标准的数据类型的单一字段（域）组成，或者由用户自定义类型变量所创建的各种各样的字段（域）组成。每个字段的数据类型可以不同，但长度是________。

A．不固定的　　B．数组　　C．ASCII 码　　D．固定的

6．________文件是由一组长度相等的记录组成的。

A．任何　　B．随机　　C．顺序　　D．二进制

7．创建一个 FSO 对象时，可以通过将一个变量声明为________对象类型来实现。

A．FileSystemObject　　B．File　　C．TextStream　　D．Folder

二、上机题

1．向一个顺序文件中写入多个字符串，然后将每个字符串的开头字母都改为大写。

2．有一个文件名为“Score”的学生成绩随机文件，它有学号、姓名、英语成绩和数学成绩四个字段，各字段的长度为：

No String*4

Name String*10

English Integer

Math Integer

将“Score”文件中有一门课程不及格的学生记录删除。

3．在“Score”文件中修改学号“No”为“0004”的学生的英语成绩为 95（English 字段）。

4．在“Score”文件中查找学号“No”为“0006”的学生，并将后面的 10 个记录的英语成绩（English 字段）都加 5 分。

5．用 FSO 对象模型显示 C 驱动器的信息。

6．用 FSO 对象模型在 C 盘创建目录结构，如图 E5 所示。

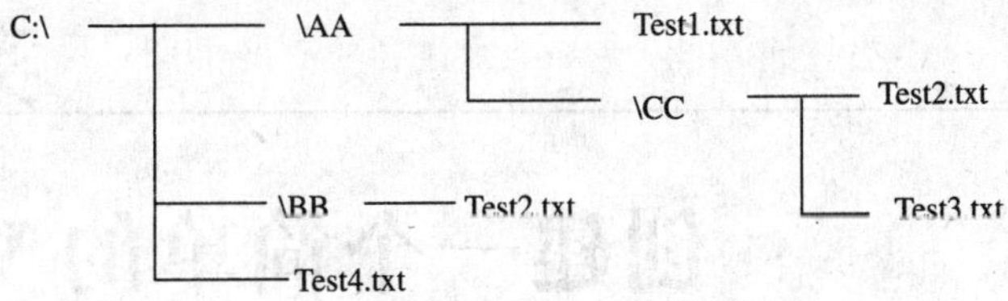

图 E5 目录结构

要求：在标准模块中实现该文件系统的创建。

7．在第 6 题的文件 Test1.txt 和 Test2.txt 中写入两行文字，并且删除 Test4.txt 文件。

8．将第 6 题的 Test4.txt 文件移动到“\AA”目录下，复制“\BB”目录到“C:\”。

第3部分 实 验

实验 1

创建一个简单的 VB 界面

目的和要求

（1）熟悉 VB 集成开发环境，熟悉常用菜单、工具栏，保存工程和生成 exe 文件。

（2）学会建立一个简单界面的应用程序，在代码编辑窗口中添加代码。

（3）掌握启动工程和结束工程的方法。

内容和步骤

一、基础级

学习用 VB 进行编程，必须先熟悉 VB 的集成开发环境，VB 的集成开发环境包括标题栏、菜单栏、工具栏、控件箱和窗体。使用集成开发环境达到以下要求：

1. 启动 Visual Basic

启动 VB 后，会出现如图 T1.1 所示的界面，选择“标准 EXE”图标，单击“打开”按钮，新建一个“标准 EXE”工程。

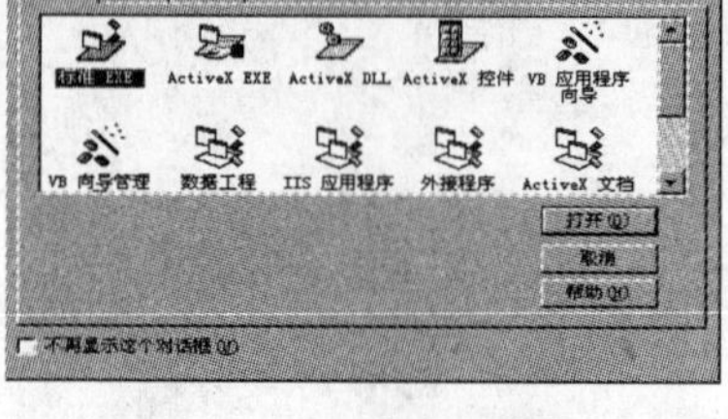

图 T1.1　新建工程界面

2. 创建界面

创建书本中第 1 章的【例 Ex_area】界面，如图 T1.2 所示，熟悉控件的使用。

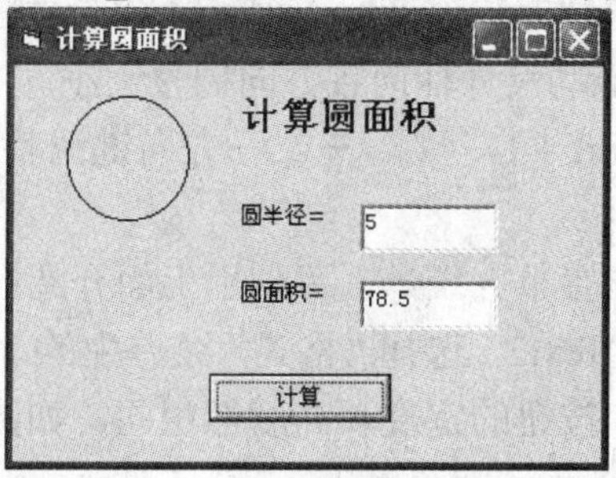

T1.2　运行界面

（1）创建控件

在窗体中创建三个标签、两个文本框、一个按钮和一个形状控件。

创建控件有以下几种方法：

- 在控件箱中双击选定的控件，该控件会自动出现在窗体中间。
- 在控件箱中单击选定的控件，将变成“十”字线的鼠标指针放在窗体上，拖动“十”字线画出适合的控件大小。

（2）选择控件

选择控件有以下几种方法：

- 单击某个控件，当控件的四周出现尺寸柄时表示控件被选中。
- 用↑、↓、←、→方向键在不同的控件中切换。
- 按 Shift 键，依次单击几个控件，可同时选中几个控件。
- 在控件的外围拖出一个选择框，则在框内的所有控件都同时选中，如图 T1.3 所示。

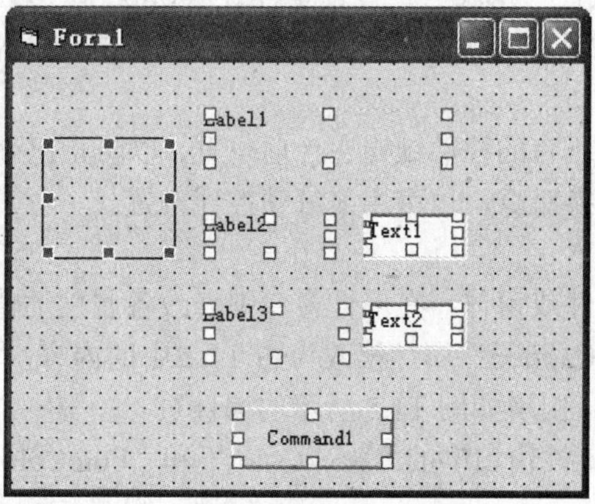

图 T1.3　控件同时选中

（3）移动控件

移动控件有以下几种方法：

- 先用鼠标选择控件，再把窗体上的控件拖动到一个新位置。
- 先选择控件，然后在“属性”窗口中改变“Top”和“Left”属性。

- 先选择控件，用 Ctrl + ↑、↓、←、→方向键调整控件位置。

（4）调整控件的大小

调整控件的大小有以下几种方法：

- 先选择某控件，然后拖动尺寸柄向各方向调整大小。
- 先选择某控件，用 Shift + ↑、↓、←、→方向键调整控件大小。

（5）安排控件位置

为了使控件在窗体中的位置整齐统一，可使用上面介绍的同时选中多个控件的方法。例如，同时选中控件 Text1 和 Text2，选择“格式”菜单中的“统一尺寸”的“两者都相同”命令，则在界面中的文本框和按钮的宽度和高度都相同，如图 T1.4 所示。

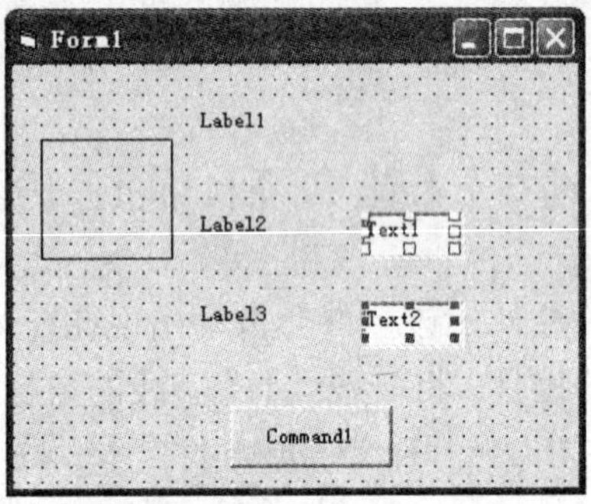

图 T1.4　尺寸相同

（6）移去控件

选中某控件，按 Del 按钮删除控件，则窗体中控件被移去。

（7）锁定控件

锁定控件有以下几种方法：

- 先选中该控件，执行“格式”→“锁定控件”命令。
- 先选中该控件，用鼠标右键单击“窗体编辑器”，在弹出的快捷菜单中单击“锁定控件”命令。

锁定控件是将窗体上所有的控件锁定在当前位置，以防止已处于理想位置的控件因不小心而移动。这是一个切换命令，也可用来解锁控件位置。

3. 设置属性

设置属性应先选中控件或窗体，在属性窗口中修改各属性的值。

（1）将三个标签的“Caption”属性修改为图 T1.2 中的内容，选择 Label1 的属性窗口中的“Font”属性，单击...出现如图 T1.5 所示的属性页。

（2）将文本框 Text2 属性窗口中的“BackColor”和“ForeColor”属性分别改成黄色和蓝色。

（3）修改形状控件 Shape1 的属性窗口中的“FillStyle”和“FillColor”属性分别为“2”和红色，效果如图 T1.6 所示。

（4）设置窗体的图标

用窗体“Form1”属性窗口改变“Icon”属性来改变窗体的图标，单击“Icon”属性后的按钮来选择另一个图标。通过...设置窗体的 Icon 属性，打开一个“.ico”或“.cur”类型的图标文件，使它们在窗体最小化时出现。

（5）设置窗体“Form1”属性窗口的“Caption”属性改为“计算圆面积”。

（6）修改 Shape1 的属性“Visible”为“False”。

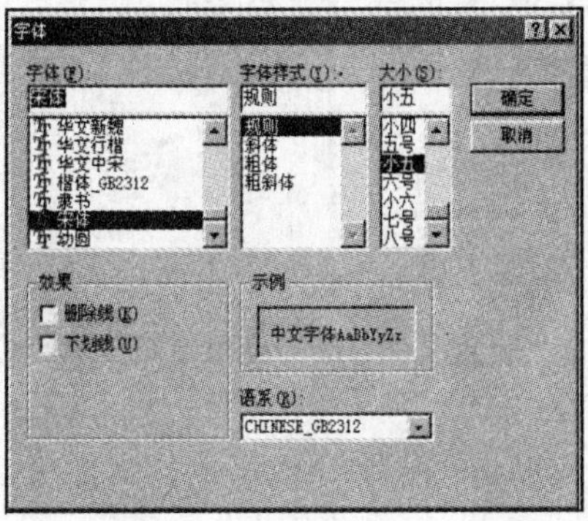

图 T1.5 Font 属性页

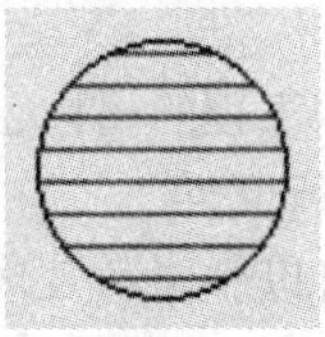

图 T1.6 形状控件的外观

4. 修改代码

修改事件的代码，使按下按钮后 Shape1 显示出来：

```
Private Sub Command1_Click()
    Shape1.Visible =True
End Sub
```

5. 保存工程

保存工程的方法有：

- 在工具栏中单击“保存”按钮。
- 执行“文件”→“另存为”命令。

则会先出现 “文件另存为”对话框，这是将窗体文件保存为“Form1.frm”文件，然后出现“工程另存为”对话框，默认将工程保存为“工程 1.vbp”文件，这两个文件缺一不可。

6. 运行程序

将程序代码编写好后，就可以运行该应用程序。运行程序的方法有：

- 在工具栏中单击 ▶（运行）按钮。
- 选择“运行”（Run）→“运行”命令。
- 直接按“F5”键。
- 在 Windows 的工程资源管理器中，可以看到“工程 1.vbp”和“Form1.frm”文件，双击“工程 1.vbp”运行程序。

7. 工程另存

如果需要将工程存到另一个目录，可以选择“文件”→“工程另存为…”命令，保存工程为“工程 Area.vbp”，然后选择“Form1.frm 另存为…”保存窗体为“frmArea.frm”文件。

二、提高级

1. 设置窗体和工程的“名称”属性和文件名

设置窗体和工程的“名称”属性和文件名，使其在“工程资源管理器”中的显示效果如图 T1.7 所示。

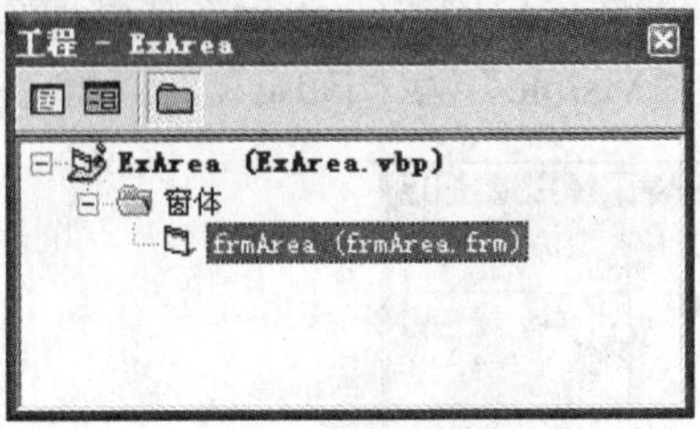

图 T1.7　资源管理器窗口

分别在窗体和工程的属性窗口中，将“名称”设置为“frmArea.frm”和“ExArea.vbp”。

2. 生成可执行文件

为了使程序可以脱离 V B 环境直接运行，可以将程序编译成可执行文件（.exe 文件），编译可执行文件的步骤如下：

选择“文件”→“生成.exe”命令，打开“生成工程”对话框，在文件栏输入要生成的文件名，单击“确定”按钮。

3. 学会使用帮助

VB 同大多数其他的 Windows 应用软件一样，提供了大量详细的帮助信息，使用帮助菜单便是得到这些帮助信息最有效和最主要的途径。

执行“帮助”下拉菜单中的“内容”、“索引”或“搜索”命令，VB 将直接打开“MSDN Library Visual Studio 6.0 版”界面。“MSDN Library”包括一些示例、文档和技术文章，以及包括 Visual C++、Visual FoxPro、Visual InterDev、Visual J++和 Visual SourceSafe 在内的 Microsoft 公司的其他应用软件的资料。

“MSDN Library” 窗口如图 T1.8 所示，由四个选项卡组成，分别是 “目录”、“索引”、“搜索”和 “书签”，通过单击选项卡用户可以方便地进行选取。

图 T1.8　“MSDN Library” 窗口

需要查找 CommandButton 控件的“Caption”属性时，有以下几种方法：

（1）通过“内容”查找

- 在“Visual Basic”的环境下执行“帮助”→“内容”命令。
- 在“活动子集”中选定“Visual Basic 文档”，如图 T1.8 所示。
- 在“目录”选项卡中，选择“Visual Basic 文档”→“参考”→“控件参考”→“固有控件”，打开下拉菜单。

● 单击 CommandButton 控件，单击“属性”，就找到了“Caption 属性”的信息。

（2）通过“索引”查找

● 在“Visual Basic”的环境下执行“帮助”→“索引”命令。
● 在“活动子集”中选定“Visual Basic 文档”。
● 在图 T1.8 中键入要查找的关键字为“Caption”。
● 单击“显示”按钮，打开如图 T1.9 所示对话框。
● 单击“显示”按钮，就找到了“Caption 属性”的信息。

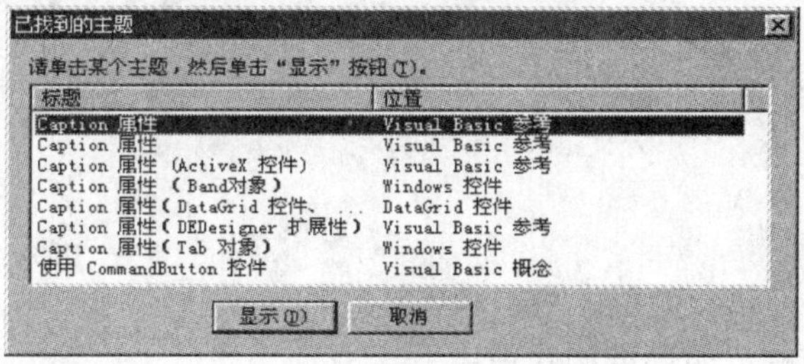

图 T1.9 已找到的主题对话框

（3）通过“搜索”查找

● 在图 T1.8“Visual Basic”的环境下执行“帮助”→“搜索”命令。
● 在“活动子集”中选定“Visual Basic 文档”。
● 在要查找的单词框中输入“Caption”，并在下拉菜单中选择“AND”，并输入“commandbutton”，则搜索“caption AND commandbutton”单词。
● 单击“列出主题”按钮，出现多个含有“caption AND commandbutton”单词的主题。
● 选择某个主题，然后单击“显示”按钮，则找到要查找的帮助信息。

三、自我练习

1．在上述实验中两个文本框后面分别增加两个标签控件，“Caption”属性分别为“米”和“平方米”。锁定 Shape1 控件，调整其他控件的位置并对齐，如图 T1.10 所示。

2．修改代码，当计算完时，按钮 Command1 的“Caption”属性显示为“完毕”。

3．通过“帮助”的几种方法来查找 Shape 控件的“Fillstyle”属性。

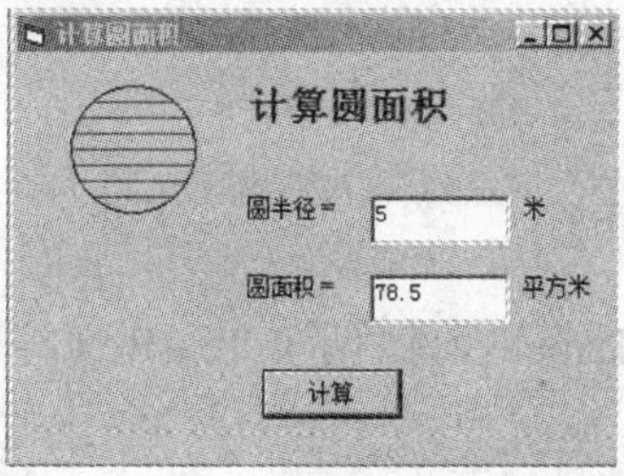

T1.10 运行界面

实验 2

程序设计基础 1

目的和要求

（1）掌握 VB 的常量、变量、数组和表达式的定义和使用。

（2）掌握分支结构、循环结构的使用。

（3）掌握各种常用函数的使用。

内容和步骤

一、基础级

1. 电路图计算

计算如图 T2.1 所示电路图中的电流 I，已知电路图中电阻 R_1=200Ω、R_2=300Ω、R_3=600Ω。根据欧姆定律：$R= R_1 +R_3 *R_2 /(R_3 +R_2)$，$I = U/ R$。

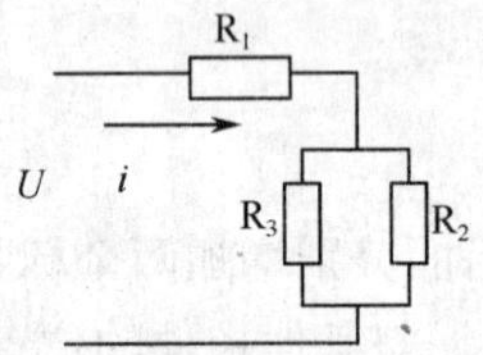

图 T2.1　电路

通过文本框 txtInput 输入电压 U，单击按钮（cmdStart）开始运算，在文本框 txtOutput 中输出计算的电流 I。

（1）新建一个“标准 EXE”工程

出现一个新的 Form 窗口。

（2）设置属性

在 Form1 窗口中放置两个 Label 控件、两个 TextBox 控件和一个 CommandButton 控件。界面如图 T2.2 所示。

对控件的取名采用前缀部分和控件名组合，例如 txtInput、cmdStart、labOutput 等，属性设置如表 T2.1 所示。

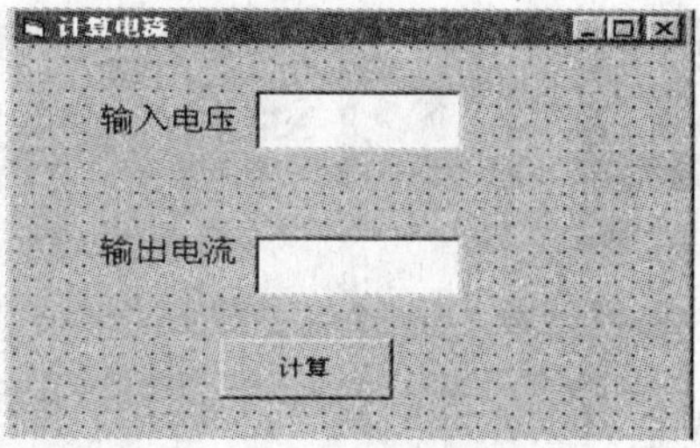

图 T2.2 计算电流界面

表 T2.1 属性设置

对 象	控 件 名 称	属 性 名 称	属 性 值
Label	labInput	Caption	输入电压
	labOutput	Caption	输出电流
TextBox	txtInput	Text	空
	txtOutput	Text	空
CommandButton	cmdStart	Caption	计算

（3）添加代码

双击 Form 窗口或单击“工程资源管理器”窗口中的“查看代码”按钮打开代码编辑器。

在单击按钮 cmdStart 的过程中添加代码，单击代码编辑器的对象列表框下拉按钮选择 cmdStart，如图 T2.3（a）所示。然后单击代码窗口的过程列表框的下拉按钮选择 Click 过程，如图 T2.3（b）所示，在“Private Sub cmdStart_Click()”后添加代码。

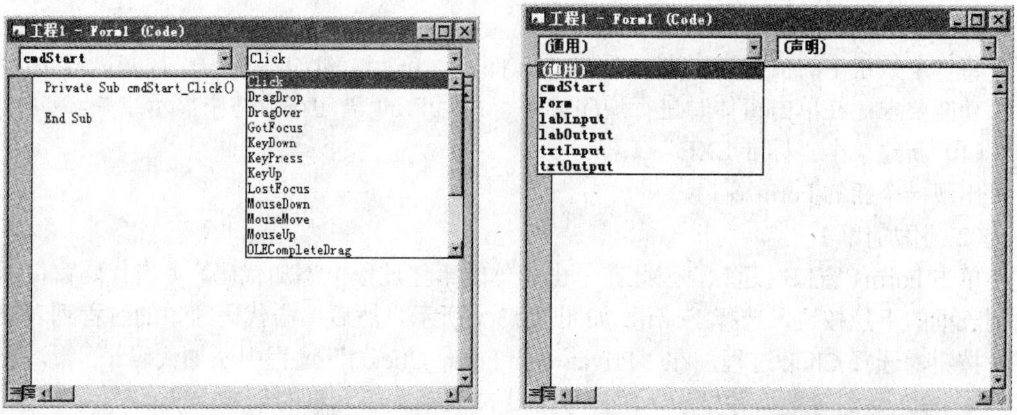

（a） 对象列表框 （b）过程列表框

图 T2.3 代码编辑器

程序代码如下：

```
Private Sub cmdStart_Click()
' 单击“计算”按钮
    Dim r1 As Single, r2 As Single, r3 As Single, r As Single
    Dim U As Single
    Dim I As Single
```

```
    1 = 200: r2 = 300: r3 = 600
    U = Val(txtInput.Text)
    r = r1 + r2 * r3 / (r2 + r3)
    I = U / r
    txtOutput.Text = I
End Sub
```

- 程序代码中运算的变量 r1、 r2、 r3、 r、U 和 I 为单精度型的变量。
- 文本框 txtInput 的属性是字符型，因此在计算时必须用 Val 函数进行转换。

（4）保存工程

执行“文件”→“保存工程”命令，将窗体保存为 “frmExe0201.frm”，将工程保存为 “Exe0201.vbp”。

（5）运行

执行“运行”→“启动”命令，或单击工具栏的“启动”按钮，在窗体的文本框 txtInput 输入电压值，然后单击“计算”按钮则出现运行结果，运行结果如图 T2.4 所示。

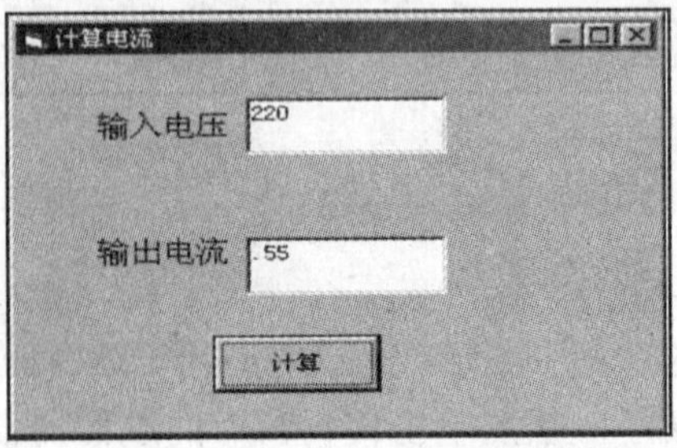

图 T2.4　运行结果

2. 逆序存放

将一个数组中的值按逆序重新存放。原来：8，6，5，4，1；改为：1，4，5，6，8。

功能要求：在单击窗体时进行逆序排序，并用 Print 语句在窗体中显示结果。

（1）新建一个“标准 EXE”工程

出现一个新的 Form 窗口。

（2）添加代码

单击 Form1 窗口时运算，因此在单击窗体的事件过程中添加代码。单击代码窗口的对象列表框的下拉按钮，选择 Form，如图 T2.3(a)所示。然后单击代码窗口的过程列表框的下拉按钮，选择 Click 过程，在“Private Sub Form_Click()”过程中添加代码。

- 输入数组各数据并显示，用符号常数 N 表示数组元素的个数：

```
Private Sub Form_Click()
    Const N = 5
    Dim a(N), i, Temp As Integer
    a(0) = 8: a(1) = 6: a(2) = 5: a(3) = 4: a(4) = 1
    Print "显示 a 数组"
    For i = 0 To N -1
        Print a(i); Spc(1);
    Next i
```

```
    Print
End Sub
```

- 将数组逆序，逆序的方法是将第 i 个元素和第 N-1-i 个元素交换，采用循环方式，直到中间的位置，共循环 Int(N / 2)次。

在上面的“End Sub”前添加如下代码：

```
For i = 0 To Int(N / 2)                    ' 第 i 个元素和第 N-1-i 个元素交换
    Temp = a(i)
    a(i) = a(N - i - 1)
    a(N - 1 - i) = Temp
Next i
Print "显示逆序排放的 a 数组"
For i = 0 To N - 1
    Print a(i); Spc(1);
Next i
```

（3）保存工程

执行“文件”→“保存工程”命令。

（4）运行

执行“运行”→“启动”命令，单击出现的窗体则出现运行结果，如图 T2.5 所示。

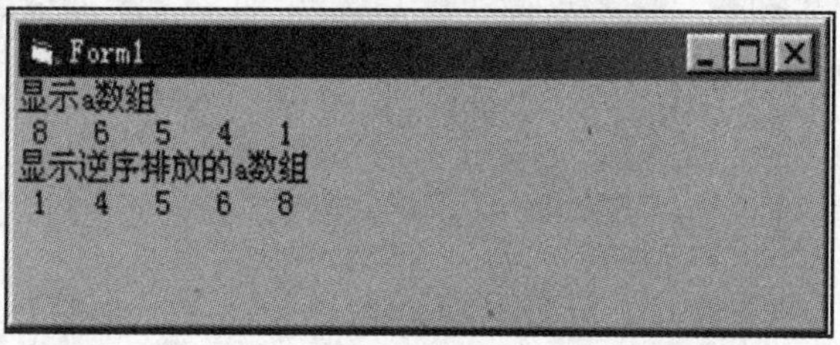

图 T2.5 逆序存放数组

3. 杨辉三角形

打印出以下的杨辉三角形（要求打印出 10 行）

```
1
1   1
1   2   1
1   3   3   1
1   4   6   4   1
1   5   10  10  5   1
……
```

杨辉三角形的第一列和对角线元素为 1，其他元素为上一行相邻两元素的和。必须采用二维数组来实现，单击窗体时开始计算，用 Print 语句显示在窗体上。

（1）新建一个“标准 EXE”工程

添加代码

- 在单击窗体的事件中添加代码，将第一列和对角线元素设置为 1：

```
Private Sub Form_Click()
```

```
    Const N = 10
    Dim i, j, a(N, N) As Integer
    For i = 0 To N - 1                              ' 第一列和对角线元素为 1
        a(i, i) = 1
        a(i, 0) = 1
    Next i
End Sub
```

计算中间元素值：a(i, j) = a(i-1,j-1) + a(i-1,j)。

在“End Sub”前添加如下代码：

```
For i = 2 To N - 1                                  ' 其他中间元素的运算
    For j = 1 To i-1
        a(i, j) = a(i-1,j-1) + a(i-1,j)
    Next j
Next i
```

- 使用 Print 语句输出数组值，用“;”连接数据，换行则采用无参数的 Print 语句。

在“End Sub”前添加如下代码：

```
Print "显示杨辉三角形"
For i = 0 To N - 1
    For j = 0 To i
        Print a(i, j);
    Next j
    Print
Next i
```

（2）保存工程

（3）运行结果

单击窗体，运行结果如图 T2.6 所示。

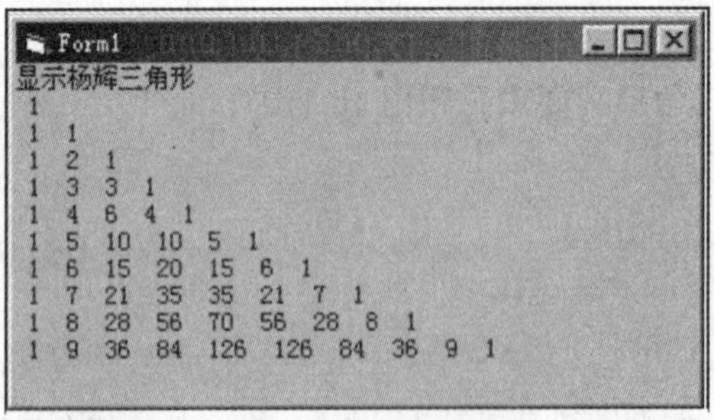

图 T2.6　显示杨辉三角形

二、提高级

1. 一句多行和一行多句

- 用“:”将“杨辉三角形”程序“a(i, i) = 1”和“a(i, 0) = 1”两句放在一行上。

a(i, i) = 1：a(i, 0) = 1

- 将“a(i, j) = a(i-1,j-1) + a(i-1,j)”放在两行上

```
a(i, j) = a(i-1,j-1) + _
 a(i-1,j)
```

2. 将“杨辉三角形”中的显示数据对齐

将“杨辉三角形”中的数据每列对齐，可以使用 Tab(n)函数实现，将光标移动到第 n 列，如图 T2.7 所示。

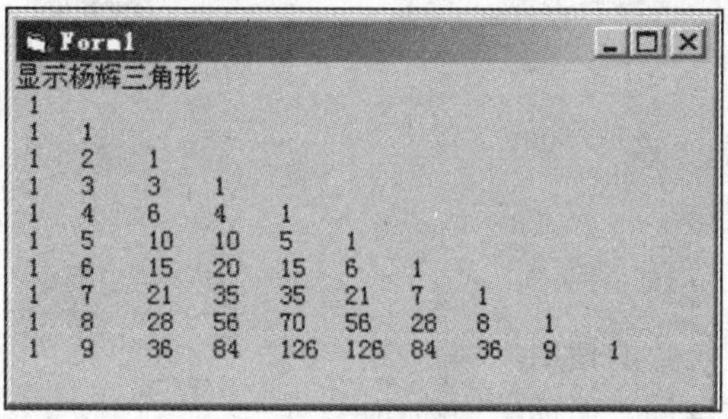

图 T2.7 “杨辉三角形”对齐界面

将程序代码“Print A(i, j);”修改为“Print A(i, j); Tab((j + 1) * 5);”。

三、自我练习

1．在前面的电路计算实验中，将变量 r1, r2, r3 的数据类型设置为 Double，并要求在文本框中显示的数据只显示两位小数，应如何修改程序。

2．将前面的杨辉三角的程序中 For…Next 循环中的步长改为 Do…While 和 Do…Until 循环，则程序代码将如何修改？

3．根据图 T.2.8 写出 Inputbox 函数中的参数。

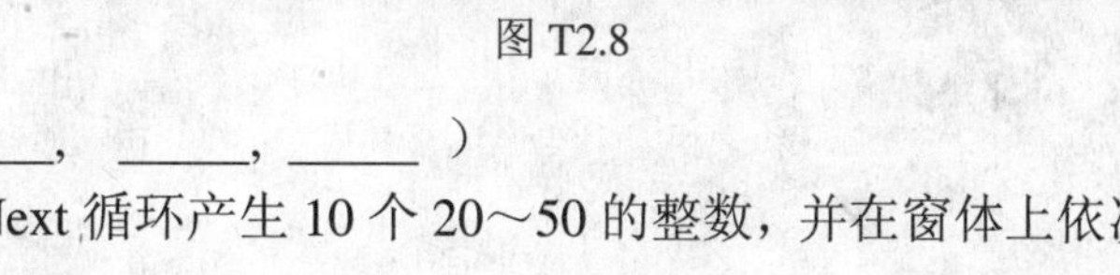

图 T2.8

Inputbox（ ______, ______, ______ ）

4．使用 For…Next 循环产生 10 个 20～50 的整数，并在窗体上依次显示出来，然后再逆序排放。

5．用 For 循环写出下列表达式：

$$\sum_{K=1}^{N}\frac{1}{K!} \qquad \frac{1}{1\times2\times3\times\cdots\times N}$$

实验 3

程序设计基础 2

目的和要求

（1）熟练掌握常用函数的使用。

（2）熟练掌握分支结构、循环结构的使用。

（3）掌握常用算法的编程。

内容和步骤

一、基础级

1．筛选法求素数

用筛选法求 100 以内的素数，素数是指一个数 x 除了 1 和它本身外，不能被其他任何整数整除。

算法：将 100 以内的每个数都被 2～$\sqrt{x}$ 的数除，若出现能被整除的数则就不是素数；而如果到最后仍然不能被整除，则该数就是素数。

用筛选法求素数必须采用双重循环来实现，单击窗体时进行运算。

（1）新建一个“标准 EXE”工程

（2）添加代码

● 在单击窗体的事件过程中添加代码，设置数组元素的值为 0～100。

```
Private Sub Form_Click()
    Const N = 100
    Dim i, j, Line, a(N) As Integer
    For i = 0 To N - 1                                    '置初值
        a(i) = i
 Next I
End Sub
```

判断素数，当数能被整除时，就将该数赋值为 0，通过判断该数是否为 0 来确定是否是素数。程序中 Sqr 函数为求平方根，Mod 函数为求余数。

在“End Sub”前添加如下代码：

```
For i = 2 To Sqr(N)
    For j = i + 1 To N
```

```
            If a(i) <> 0 And a(j) <> 0 Then
                If a(j) Mod a(i) = 0 Then a(j) = 0                  ' 能整除就赋 0
            End If
        Next j
Next I
```

显示数组值，每行显示 10 个数，每个数之间空一格。

在“End Sub”前添加如下代码：

```
Print "显示出 100 以内的素数"
For i = 2 To N - 1
    If a(i) <> 0 Then
        Print a(i); Spc(1);
        Line = Line + 1
    End If
 If Line <> 0 And Line Mod 10 = 0 Then Print        ' 每行显示 10 个数
Next i
```

（3）保存工程

（4）运行

单击窗体，运行结果如图 T3.1 所示。

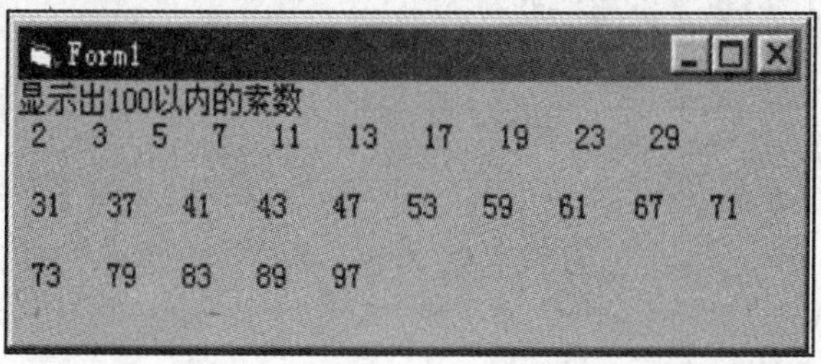

图 T3.1　显示素数

2. 选择法排序

算法：将数组中的元素一轮一轮地进行比较，第一轮两两比较找出最小的数，然后与第一个元素 a[0]对换；第二轮将从 a[1]开始的数中找出最小的数与 a[1]对换……每比较一轮找出未经排序的数中最小的一个进行对换；直到剩下最后一个元素为止。

采用双重循环来实现，数组元素个数从键盘输入，通过随机函数产生数组元素，然后对数组元素进行排序。

（1）新建一个“标准 EXE”工程

（2）添加代码

- 在单击窗体的事件过程中添加代码，用 InputBox 输入数组元素个数，InputBox 函数返回的字符型数据，必须用 Val 转换为数值型。数组在运行时才能确定元素个数，因此采用动态数组。Int(Rnd * 100) + 1 语句用于产生 1～100 的随机整数。

```
Private Sub Form_Click()
    Dim i, j, Min, Temp, a() As Integer
    Dim N As Integer
    N = Val(InputBox("请输入数组元素个数：", "输入"))
```

```
        ReDim a(N)
        Print "显示排序前的 a 元素:"
        For i = 0 To N - 1
            a(i) = Int(Rnd * 100) + 1                    ' 产生 1～100 的随机整数
            Print a(i);
    Next i
End Sub
```

比较并交换数组元素进行排序，变量 Min 是用来记录在比较中较小的数在数组中的位置 j(下标)，最后得出最小数的下标。

在“End Sub”前添加如下代码：

```
For i = 0 To N - 2
    Min = i
    For j = i + 1 To N - 1
        If a(Min) > a(j) Then
                Min = j
            Temp = a(i)                    ' 交换数据
            a(i) = a(Min)
            a(Min) = Temp
        End If
    Next j
Next i
Print
Print "显示排序后的 a 元素:"
For i = 0 To N - 1
    Print a(i);
Next i
```

（3）保存工程

（4）运行

单击窗体，出现 InputBox 输入框，如图 T3.2 所示。

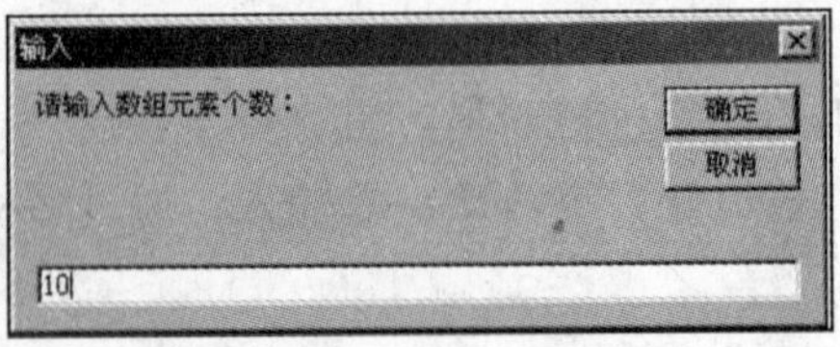

图 T3.2　InputBox 输入框

程序运行结果界面如图 T3.3 所示。

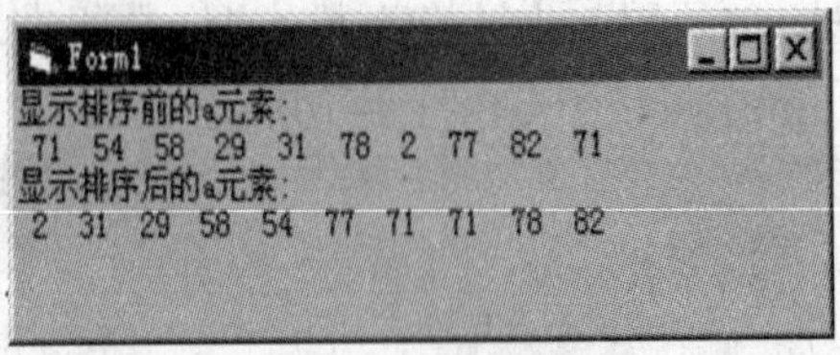

图 T3.3　选择法排序

二、提高级

1. 调试“选择法排序”程序

- 调试程序，用单步运行查看 i 和 j 变化时 a(i)和 a(Min)的变化。
- 调试程序，在语句“If a(Min) > a(j) Then”处设置断点，查看程序运行过程中 a(i, j)的变化。
- 调试程序，在监视窗口中添加变量 i、j、a(i)和 a(Min)，观察其变化。
- 调试程序，在 If 语句块中增加“Debug.Print min”。

2. InputBox 的函数值

在 InputBox 输入框中如果单击“取消”按钮或输入负数或 0 时，用 MsgBox 显示出错信息，如图 T3.4 所示。当在图 T3.4 中选择“是”按钮则从 InputBox 输入框中重新输入数据，如果选择“否”按钮，则终止程序。

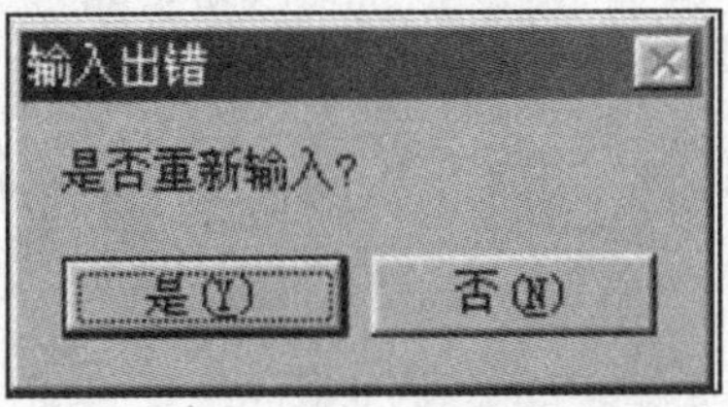

图 T3.4　MsgBox 消息框

将输入数据元素的个数部分添加到选择法排序程序的“ReDim a(N)”语句前：

```
Dim i, j, Min, Temp, a() As Integer
Dim N As Integer
Dim Response As Integer
Dim Answer As Boolean
Answer = False
Do
    N = Val(InputBox("请输入数组元素个数：", "输入"))
    If N <= 0 Then
        Response = MsgBox("是否重新输入?", vbOKCancel, "输入出错")
        If Response = 1 Then
            Answer = False
        Else
            End
        End If
    Else
        Answer = True
    End If
Loop While
Answer = False
```

三、自我练习

1．单击窗体使用 InputBox 输入一个整数，并判断是否为素数。

2．使用三个文本框输入三个数据，按照从小到大排序显示出来。

3．从 5 个未排序的数中查找一个数是否在其中，并显示出来。

4．求 S=a+aa+aaa+…前 *n* 项的值，例如，*a*=2，*n*=4 时，*S*=2+22+222+2222，填写未完成部分。

```
Private Sub Form_Click()
    Dim a As Integer, n As Integer
    a = InputBox("a=") ： n = InputBox("n=")
    For i = 1 To n
        ______________
        For j = 1 To i
            ______________
        Next
        s = s + t
    Next i
    Print s
End Sub
```

5．本程序的功能是产生 10 个个位数互不相同的三位随机整数，并存放到与其个位位数相同的数组元素中。例如，368 存入到 a(8)。

```
Private Sub Form_Click()
    Dim ____________, n As Integer
    Do While n <= 9
        x = Int(Rnd * 900 + 100)
        ____________
        If a(k) = 0 Then
            a(k) = x
            n = n + 1
        End If
    Loop
    For i = 0 To 9
        Print a(i);
    Next
End Sub
```

答案

4. t=0　　　　t=A+t*10 或 t=t+A*10^(J-1)

5. A(9) AS INTEGRT　　　　K=X　MOD　10

实验 4

窗体、标签、文本框和按钮

目的和要求

（1）掌握在多个窗体中设置启动窗体和切换窗体。

（2）掌握为窗体添加事件代码。

（3）掌握标签、文本框和按钮的属性和事件代码。

（4）学会使用对象浏览器。

内容和步骤

一、基础级

窗体和控件是创建界面的基本构造模块，也是创建应用程序所使用的对象。

1. 创建三个窗体

创建一个工程，由三个窗体组成。Form1 用于输入用户名和口令，当输入正确时单击“确定”按钮显示 Form2，当输入出错则显示 Form3，单击“退出”按钮结束程序；Form2 中用文本框显示系统信息，单击“返回”按钮回到 Form1；Form3 为退出窗体，单击窗体则结束程序。

新建一个工程，窗体为 Form1，然后执行“工程”→“添加窗体”命令，添加两个窗体，窗体的名称按添加的顺序分别为 Form2 和 Form3，这样工程就由三个窗体组成。

2. 设置启动窗体

本程序的启动窗体是 Form1，设置启动窗体的步骤如下：

（1）执行“工程”→“工程 1 属性”命令。

（2）在弹出的对话框中选择“通用”选项卡。

（3）单击“启动对象”列表框的下拉箭头，从中选择“Form1”，如图 T4.1 所示。

（4）单击“确定”按钮。

3. 创建控件

界面设计：

窗体 Form1 上有三个标签，两个文本框，两个按钮，文本框 txtName 用于输入用户名，文本框 txtPassWord 用于输入口令。

窗体控件的属性如表 T4.1 所示，窗体的设计界面 Form1 如图 T4.2 所示。

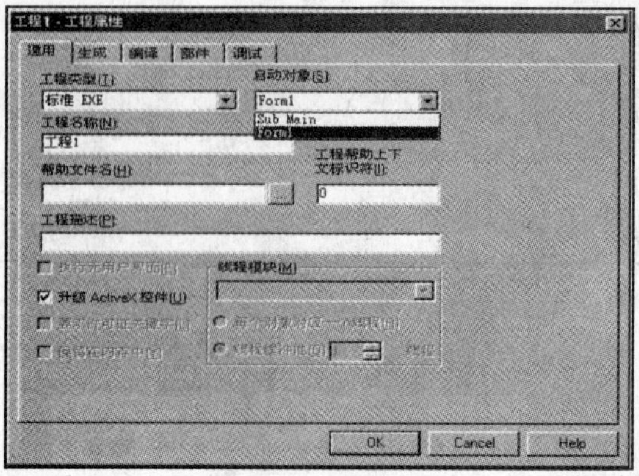

图 T4.1　工程属性

表 T4.1　Form1 属性表

窗 体 名	控 件 名	属 性 名	属 性 值
Form1	Label1	Caption	欢迎使用本系统
		Alignment	2 - Center
		Font	宋体，小三，粗体
	Label2	Caption	请输入口令：
	txtPassWord	Text	空
		PasswordChar	*
	txtName	Text	空
	cmdOK	Caption	确定
	cmdExit	Caption	退出

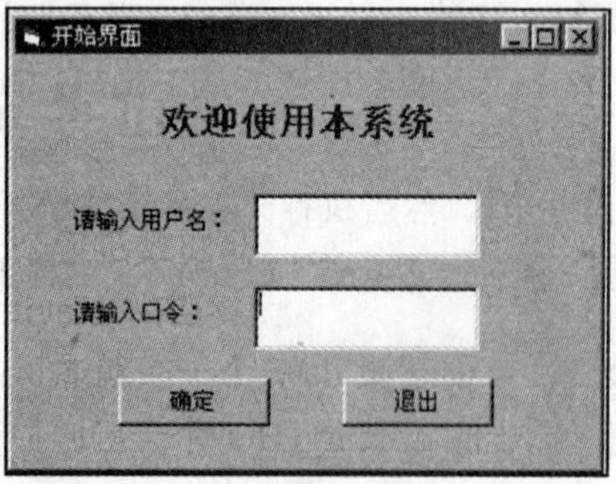

图 T4.2　Form1

窗体 Form2 上有一个标签、一个文本框和一个按钮，文本框采用多行显示，具有垂直滚动条，锁定文本框不能编辑。窗体 Form3 上有一个标签，如表 T4.2 所示。

表 T4.2　Form2、Form3 属性表

窗 体 名	控 件 名	属 性 名	属 性 值
Form2	Label1	Caption	系统信息：
	Text1	Multiline	True

续表

窗体名	控件名	属性名	属性值
		Locked	True
		ScrollBars	2 - Vertical
	cmdBack	Caption	返回
Form3	Form3	Picture	*.bmp 文件
	Label1	Caption	谢谢使用！
		BackStyle	0 - Transparent

Form2 如图 T4.3 所示，Form3 如图 T4.4 所示。

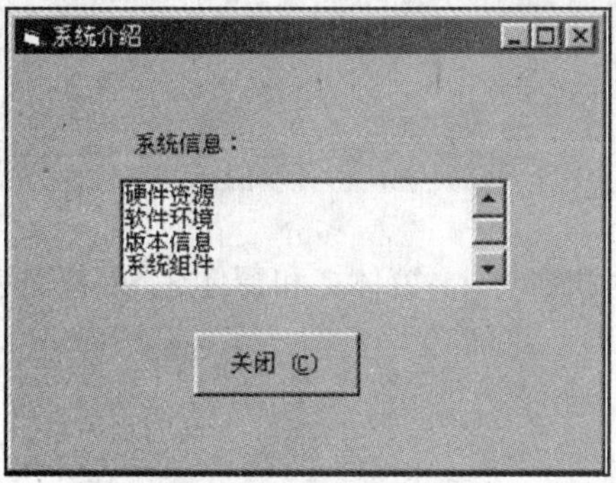

图 T4.3　Form2

图 T4.4　Form3

练习：

- 在 Form1 上使用“格式”菜单来对齐控件，统一尺寸。
- 修改窗体 Form2 中的文本框属性“ScrollBars”，将水平和垂直滚动条都显示出来。
- 运行时，单击 Tab 键查看各控件的 Tab 键顺序，Label 标签控件是否接受焦点。
- 将窗体 3 的最大化按钮和最小化按钮都去掉。
- 修改窗体 1 最小化时所显示的图标。

4. 编写事件代码

- 在窗体 1 的文本框输入用户名和口令，单击“确定”按钮，当用户名为“guest”并且口令为“1234”时显示窗体 2，否则显示窗体 3。显示窗体用 Show 方法，隐藏窗体用 Hide 方法。

```
Private Sub cmdOK_Click()
' 单击"确定"按钮
    If txtName.Text = "guest" And txtPassWord.Text = "1234" Then
        Form2.Show
    Else
        Form3.Show
    End If
    Form1.Hide
End Sub

Private Sub cmdExit_Click()
```

```
' 单击“退出”按钮结束程序
    End
End Sub
```

在 Form 2 中单击“返回”按钮，卸载 Form 2 并显示 Form1。

```
Private Sub cmdBack_Click()
' 单击“返回”按钮
    Form1.Show
    Unload Me
End Sub
```

- 在 Form 3 中显示图片，在 Form 3 中单击窗体，卸载 Form 3。

```
Private Sub Form_Click()
' 单击窗体
    Unload Me
    End
End Sub
```

5. 保存和运行

执行“文件”→“保存工程”命令，保存工程和窗体 1、窗体 2 和窗体 3。工程名以.vbp 为扩展名，窗体以.frm 为扩展名。

二、提高级

1. 修饰按钮

- 给 Form1 的按钮添加图片，将按钮上的文本删除，当鼠标在按钮上时显示提示文本，具体步骤如下：

（1）选中“确定”按钮。

（2）在属性窗口中单击“Picture”属性后，选择“Microsoft Visual Studio\ Common\ Graphics\ Bitmaps\Assorted\Hand.bmp”图像文件。

（3）修改“Style”属性为“1 – Graphics”。

（4）修改“Caption”属性为空。

（5）修改“ToolTipText” 属性为“确定”。

- 修改 Form2 中的“返回”按钮的“Caption”属性，添加访问键为 Alt+C，使按钮效果如图 T4.5 所示。

2. 改变窗体图片

当单击 Form3 时，改变图片的显示效果。修改程序代码为：

图 T4.5 按钮效果

```
Private Sub Picture1_Click()
    Form1.Picture = LoadPicture("c: \Microsoft Visual Studio\Common\ _
    Graphics\bitmaps\gauge\horz.bmp")
End Sub
```

3. 学会使用对象浏览器

学会使用对象浏览器，查找文本框控件和命令按钮控件的有效方法和属性，并将代码过程粘贴进自己的应用程序。

打开对象浏览器的方法有以下几种：

- 执行“视图”→“对象浏览器”命令。
- 按 F2 键。
- 在工具栏上单击“对象浏览器”按钮。

对象浏览器如图 T4.6 所示。

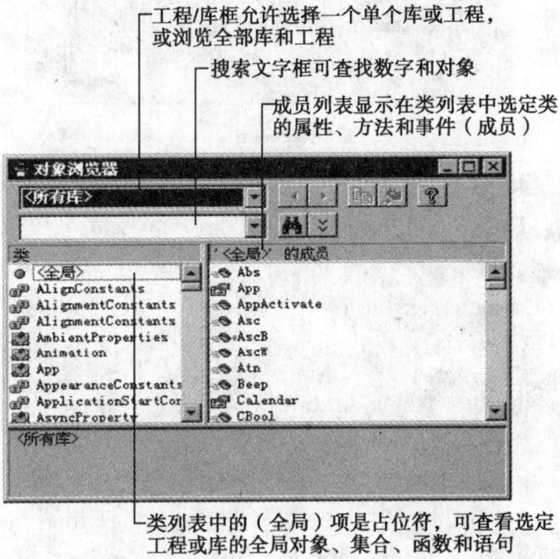

图 T4.6　对象浏览器

将“对象浏览器”窗口的“所有库”改为“VB”，输入需要查询的对象名为“text ”，然后单击“搜索”按钮开始查找。

将“对象浏览器”窗口的“库”改为“工程 1”，显示工程 1 的成员。可方便地查询、复制和查看定义。

三、自我练习

1．在 Form1 单击按钮后，将 Form1.Hide 改为 Form1.Visible = False，在窗体 3 的 Form_Click 事件中，将代码“Unload Me”改为“Form3.Hide”。

2．将窗体 1 中的 cmdOK_Click 事件代码，放在 txtName_LostFocus 事件中，看运行结果如何，在什么时刻触发该事件。

3．下图是应用程序的部分界面。运行程序时首先出现如图 T4.7 所示的窗口，要求用户输入口令，输入完毕后单击“确定”按钮，若输入的口令错误，则出现如图 T4.8 所示的信息框，如果口令输入正确，则显示如图 T4.9 所示的画面。单击“取消”按钮，则结束程序。

图 T4.7

图 T4.8

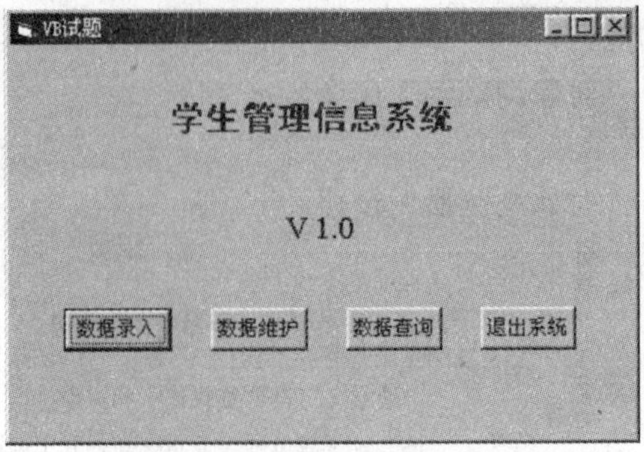

图 T4.9

```
Private Sub Command1_Click()
        Dim password As String
        password = Text1.Text
        If password = "Myname" Then
            ________
            Form1.Show
        Else
d = MsgBox(________)
            Refresh
        End If
End Sub

Private Sub Command2_Click()
________
End Sub
```

4．窗体如图 T4.10 所示，完成下列功能：从第一个文本框(Text1)中输入一个字符串，将其中的所有数字字符当作数值进行累加，并在第二个字符串(Text2)中输出。

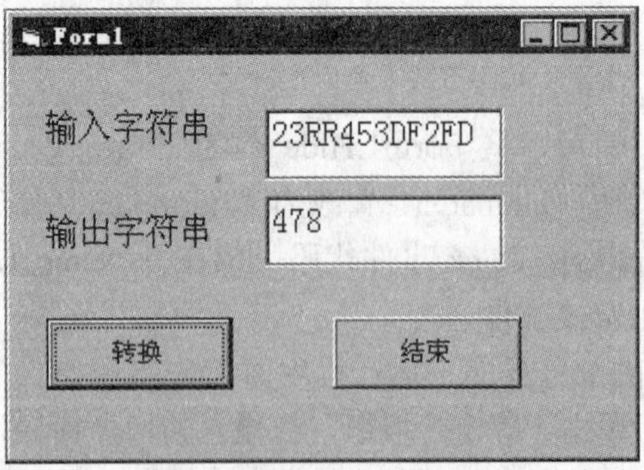

图 T4.10

```
Private Sub Cmdchange_Click()
        Dim X As String, Y As Integer, S As Integer, M As String
        X = Text1
        Y = 0: S = 0
        For I = 1 To    Len(Text1)
```

```
            M = Mid(Text1, I, 1)
            If M <= "9" And M >= "0" Then
                ________________
            Else
                Y = Y + S
                ____________
            End If
        Next I
        If M <= "9" And M >= "0" Then Y = Y + S
        Text2 = Y
End Sub
```

答案

3．Unload me　　　　　　“口令非法”，　，“学生管理信息系统”　　　end

4．S = S * 10 + Int(M)　　　　s=0

实验 5

框架、选项按钮、复选框、列表框和组合框

目的和要求

（1）掌握选项按钮和复选框的使用。

（2）掌握列表框和组合框的使用。

内容和步骤

一、基础级

选项按钮、复选框、列表框、组合框各控件的特点如下：

- 选项按钮用于从一组选项中选取其一，每次只能选择一项，而且必须选择一项，其他选项钮将自动关闭。
- 复选框与选项按钮不同，可以从一组选项中同时选中多个选项。
- 列表框用于列出可供用户选择的项目列表，可从中选择一个或多个列表项。
- 组合框用于同时显示文本框和列表框，可从文本框中输入文本，从列表框中选择列表项。

1. 创建一个窗体

创建一个工程，由一个窗体组成，界面设计按照 Windows 的字体对话框的界面，并能实现字体对话框的功能。

界面设计：

窗体 Form1 上有两个标签、三个框架、两个按钮，一个列表框用于选择字体、一个组合框用于选择字号和两个选项按钮用于选择字体样式，两个复选框用于选择效果。

在窗体上创建各控件，窗体界面如图 T5.1 所示。

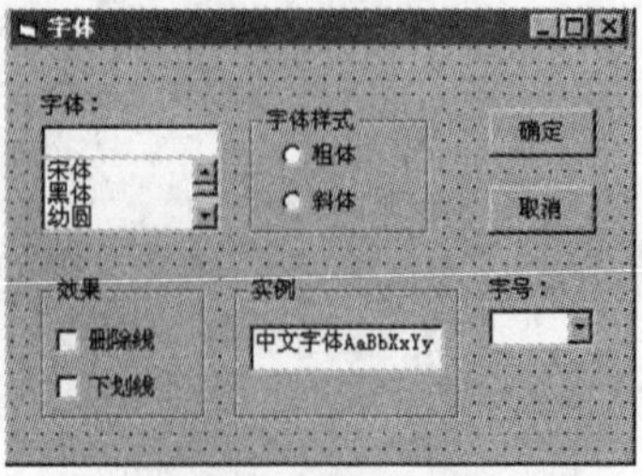

图 T5.1　字体窗口

2. 设计列表框(lstFont) 和文本框

● 用文本框(txtExample)显示各种效果。列表框(lstFont) 和文本框(txtFont)组合用于选择字体。属性设置如表 T5.1 所示。

表 T5.1　属性设置

对　象　名	控　件　名	属　性　名	属　性　值	功　　能
Form	Form1	Caption	字体	
Frame	Frame3	Caption	实例	作为 txtExample 的容器
TextBox	txtFont	Text	空	显示列表框字体
	txtExample	Text	中 文 字 体 AaBbXxYy	显示文本实例
ListBox	lstFont	List	如图 T5.2(a)	显示字体

● 设置列表框(lstFont)的 List 属性，属性窗口如图 T5.2（a）所示。设置组合框(cmbSize)的 List 属性，属性窗口如图 T5.2（b）所示。

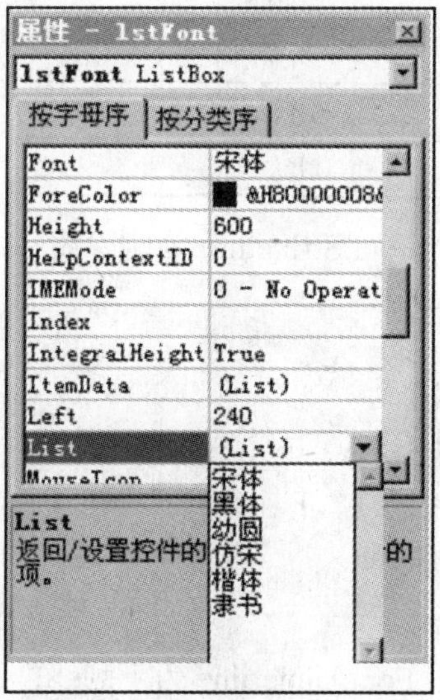

（a）列表框

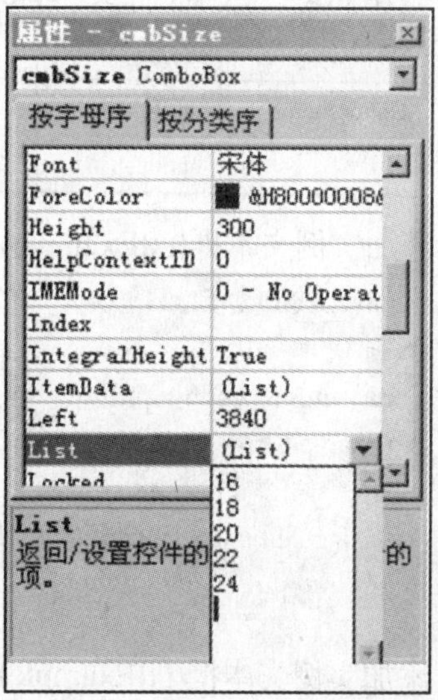

（b）组合框

图 T5.2　属性窗口

● 单击列表框(lstFont)，要在文本框(txtFont)中显示所选项，只要在列表框的 Click 事件中改变文本框的 Text 属性。

```
Private Sub lstFont_Click()
' 在文本框中显示列表框的选项
    txtFont.Text = lstFont Text
End Sub
```

在文本框(txtFont)文本改变的同时使实例文本框(txtExample)中的文字字体发生改变，因此在 txtFont 的 Change 事件中实现，其中 Font.Name 为字体名属性。字体的各种属性可参考 6.1.4 小节的表 6.8。

```
Private Sub txtFont_Change()
' 改变字体
    txtExample.Font.Name = txtFont.Text
End Sub
```

3. 设计框架、选项按钮和复选框

- 用框架(Frame1)构成字体样式框，将选项按钮进行组合，用框架(Frame2)构成效果框，将复选框进行组合，用框架(Frame3)构成实例框。两个选项按钮分别选择粗体(optBold)和斜体(optItalic)，两个复选框分别选择删除线(chkStrike)和下划线(chkUnder)。

控件的属性设置如表 T5.2 所示。

表 T5.2　属性设置

对 象 名	控 件 名	属 性 名	属 性 值	功能
Frame	Frame1	Caption	字体样式	作为 OptionButton 的容器
	Frame2	Caption	效果	作为 CheckBox 的容器
CheckBox	chkStrike	Caption	删除线	选择删除线
	chkUnder	Caption	下划线	选择下划线
OptionButton	optBold	Caption	粗体	选择粗体
	optItalic	Caption	斜体	选择斜体

- 添加实例文本框(txtExample)中的文字删除线，Font.Strikethru 为删除线：

```
Private Sub chkStrike_Click()
' 设置删除线
    If txtExample.Font.Strikethrough = False then
      txtExample.Font.Strikethrough = True
    Else
      txtExample.Font.Strikethrough = False
 End If
End Sub
```

- 添加实例文本框(txtExample)中的文字下划线，Font.Underline 为下划线：

```
Private Sub chkUnder_Click()
' 设置下划线
 If   txtExample.Font.Underline = False then
           txtExample.Font.Underline = True
 Else
      txtExample.Font.Strikethrough = False
           End If
End Sub
```

- 由于选项按钮每次只能有一个被选中，在程序中必须将另一属性设置为 False。其中，Font.Bold 、Font.Italic 分别为粗体和斜体：

```
Private Sub optBold_Click()                              ' 粗体
    txtExample.Font.Bold = True
    txtExample.Font.Italic = False
```

```
End Sub

Private Sub optItalic_Click()                          ' 斜体
    txtExample.Font.Italic = True
    txtExample.Font.Bold = False
End Sub
```

4. 设计组合框

用组合框(cmbSize)选择字号，属性 List 如图 T5.2（b）所示。

在组合框改变时使实例文本框(txtExample)中的文字字号发生改变，Font.Size 为字体尺寸属性。

```
Private Sub cmbSize_Click()
' 改变字号
      txtExample.Font.Size = cmbSize.Text
End Sub
```

5. 添加按钮

本程序中“确定”按钮用 Msgbox 显示信息，“取消”按钮卸载窗体。MsgBox 函数不加括号可以不用返回值。

```
Private Sub cmdOk_Click()                          ' 单击“确定”按钮
      MsgBox "字体选择为" & cmbSize.Text & "号" & _
 txtFont.Text, vbOKOnly, "选择字体"
End Sub

Private Sub cmdCancel_Click()                      ' 单击“取消”按钮
    Unload Me
End Sub
```

6. 保存工程

保存工程和窗体。

7. 运行程序

运行程序，选择幼圆字体、斜体、有下划线、字号为 16 时，窗体中的“实例”文本框的显示结果如图 T5.3 所示。

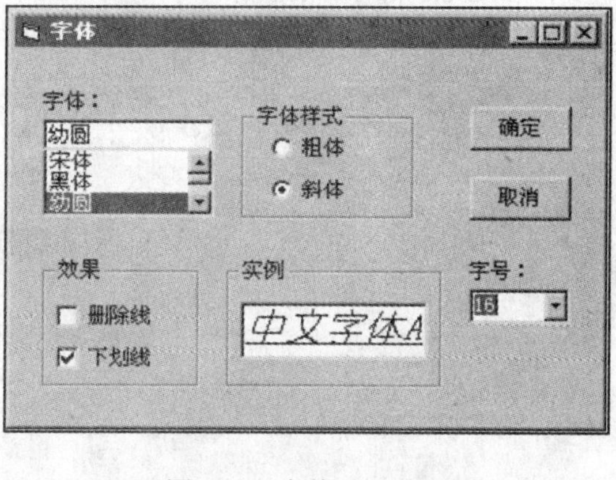

图 T5.3　字体显示界面

二、提高级

1．用 AddItem 方法为列表框添加列表项

在装载窗体的事件中添加列表框中的列表项，采用 AddItem 方法在 Form 的 Load 事件中添加字体：

```
lstFont.AddItem "wingdings "
```

2．用 RemoveItem 方法在列表框中删除列表项

在界面中添加一个按钮，采用 RemoveItem 方法在组合框中删除字体列表项：

```
lstFont.RemoveItem "wingdings "
```

3．设置组合框的样式

设置组合框的样式，分别为下拉组合框、简单组合框和下拉列表组合框。将组合框的 Style 属性设置为 0、1、2，则显示如图 T5.4（a）、（b）、（c）所示，看看各种样式有什么不同？

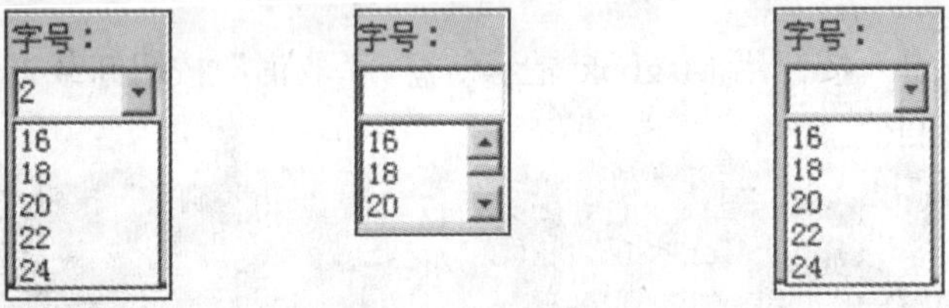

（a）Style=0　（b）Style=1　（c）Style=2

图 T5.4　组合框的样式

在默认设置 Style = 0 时，组合框为下拉式，用户可像文本框一样直接输入文本，也可通过单击右侧箭头打开选项列表。也可按 Alt+↓组合键打开列表。

Style = 1 时，组合框为简单组合框。

Style = 2 时，组合框为下拉式列表组合框。

三、自我练习

1．设置单选按钮“粗体”(optBold)的 Caption 属性为“粗体(&B)”，看看在选项按钮中的文本显示如何变化。在运行时按 Alt+B 组合键看看在“实例”文本框中的显示是否发生变化。

2．图 T5.5 是应用程序的窗体，要求用户选中上面的复选框后，文本框中的文字以粗体显示，选中下面的复选框后，文本框中的文字以斜体显示。单击“关闭”按钮，结束应用程序的运行。

```
Private Sub chkBold_Click()
    If ________ Then
        txtDisplay.FontBold = True
    Else
        txtDisplay.FontBold = ___________
    End If
End Sub
```

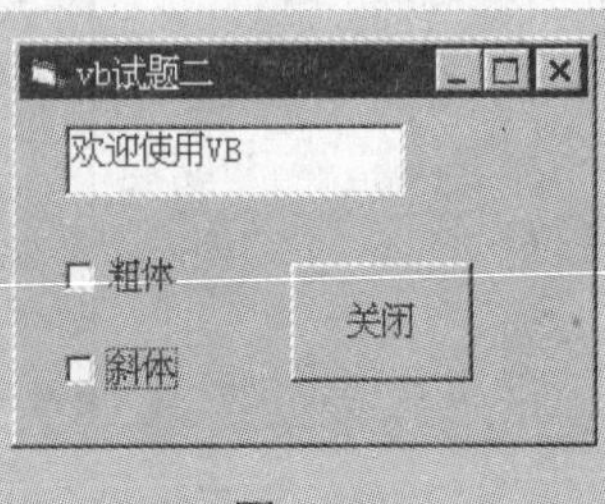

图 T5.5

```
Private Sub chkItalic_Click()
    If  ________  Then
        txtDisplay.FontItalic = True
    Else
        txtDisplay.FontItalic = False
    End If
End Sub
Private Sub cmdClose_Click()
    __________ Me
End Sub
```

3．窗体如图 T5.6 所示，完善程序，单击单选按钮使文本框的背景色改变颜色。

```
Private Sub Command1_Click()
    Unload Me
    ____________
End Sub
Private Sub opblue_Click()
    Text1.BackColor = vbBlue
End Sub
Private Sub opred_Click()
    ___________
End Sub
```

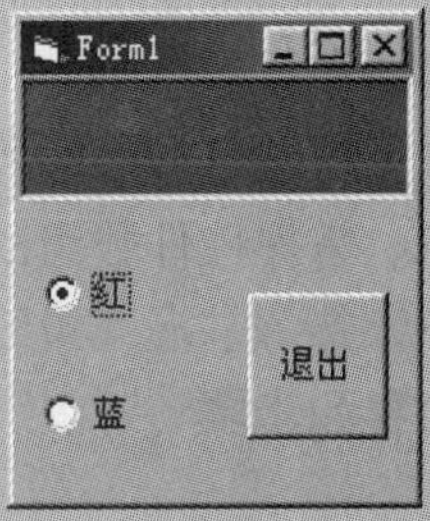

图 T5.6

答案

2．chkBold=true　　False　　　chkItalic=True　　unload

3．END　　TEXT1.BACKCOLOR=VBRed

实验 6

时间控件、菜单和工具栏

目的和要求

（1）熟练掌握时间控件的使用。

（2）掌握控件数组的创建。

（3）熟练掌握菜单编辑器及属性设置。

内容和步骤

一、基础级

1. 使用时间控件来实现一个简单的动画

（1）创建窗体

窗体 Form1 由两个标签、两个时间控件(timTime 和 timSmile)和三个图像框 imgSmile 组成，窗体设计界面如图 T6.1 所示。

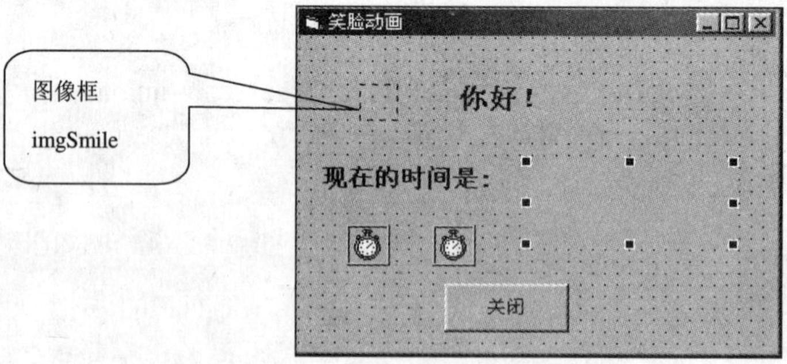

图 T6.1　界面设计

（2）显示时间

时间控件 timTime 用于每秒显示系统时间，因此 Interval 属性为 1000 毫秒=1 秒，在标签上显示时间。属性如表 T6.1 所示。

表 T6.1　控件属性

对　象	控 件 名	属 性 名	属 性 值
Form	Form1	Caption	笑脸动画

续表

对　象	控 件 名	属 性 名	属 性 值
Label	Label1	Caption	早上好！
	Label2	Caption	现在的时间是：
	labTime	Caption	空
Timer	timTime	Interval	1000

在时间控件 timTime 的 Timer 事件中显示当前的时间：

```
Private Sub timTime_Timer()
' 在标签中显示系统时间
    labTime.Caption = Now
End Sub
```

（3）设计图像动画

timSmile 用于不同图片定时显示，每隔 0.5 秒换一个图像；用 3 个图像框 imgSmile 组成控件数组分别用于显示不同的笑脸图像。

创建控件数组有以下几种方法：

首先创建 1 个图片框控件 imgSmile，然后通过复制该 imgSmile 控件并将其粘贴到窗体上，这时系统会出现如图 T6.2 所示的提示框，单击“是”按钮就产生了控件数组，Index 属性自动设置为 0，1，2。

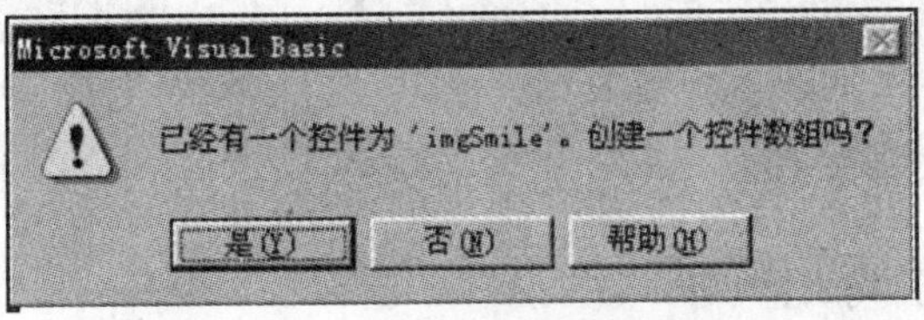

图 T6.2　创建控件数组提示框

- 单独创建 3 个 imgSmile 控件，分别将 Index 属性设置为 0，1，2。

各控件属性如表 T6.2 所示。

表 T6.2　控件属性

对　象	控 件 名	属 性 名	属 性 值
Timer	timSmile	Interval	500
Image	imgSmile	Index	0、1、2
		Stretch	True
		Visible	False
CommandButton	cmdClose	Caption	关闭

通过“格式”菜单的“对齐”命令将 imgSmile 控件数组放置在同一位置上，这样运行时就产生动画效果。

程序代码如下：

- 在装载窗体时装入各图像框的 Picture 属性的图像文件。

```
Private Sub Form_Load()
' 装载图形
 imgSmile(0).Visible = True
 imgSmile(0).Picture = LoadPicture("c: \microsoft visual studio\common\ _
 graphics\icons\misc\face01.ico")
 imgSmile(1).Picture = LoadPicture("c: \microsoft visual studio\ common\ _
 graphics\icons\misc\face02.ico")
 imgSmile(2).Picture = LoadPicture("c: \microsoft visual studio\common\ _
 graphics\icons\misc\face03.ico")
End Sub
```

- 在时间控件 timSmile 的 Timer 事件中轮流显示不同的图像框。

```
Private Sub timSmile_Timer()
' 显示不同笑脸
    If imgSmile(0).Visible = True Then
        imgSmile(0).Visible = False
        imgSmile(1).Visible = True
    ElseIf imgSmile(1).Visible = True Then
        imgSmile(1).Visible = False
        imgSmile(2).Visible = True
    ElseIf imgSmile(2).Visible = True Then
        imgSmile(2).Visible = False
        imgSmile(0).Visible = True
    End If
End Sub
```

（4）添加按钮

按钮 cmdClose 用于关闭窗口：

```
Private Sub cmdClose_Click()
    End
End Sub
```

（5）保存并运行程序

程序运行结果如图 T6.3 所示。

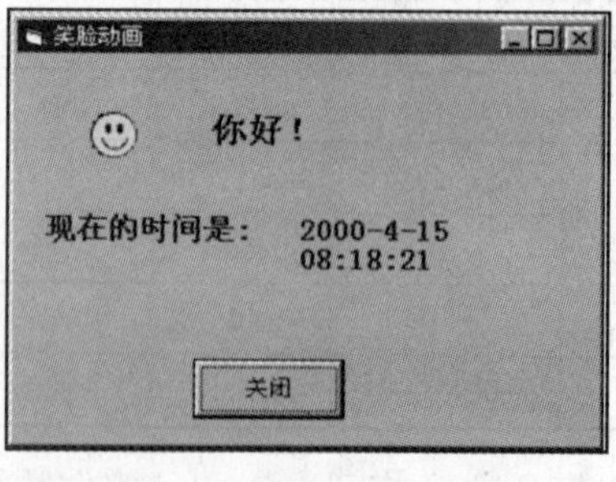

图 T6.3 程序运行结果

2. 使用菜单

（1）创建窗体

窗体由一个菜单条和一个文本框组成。文本框用来显示菜单内容。

（2）打开菜单编辑器

打开菜单编辑器有以下几种方法：

- 执行“工具”→“菜单编辑器”命令打开。
- 单击工具栏的菜单编辑器图标打开。

（3）设置菜单属性

创建菜单，菜单项由“文件”和“帮助”组成，菜单编辑器的设计界面如图 T6.4（a）所示，菜单运行时如图 T6.4（b）所示。

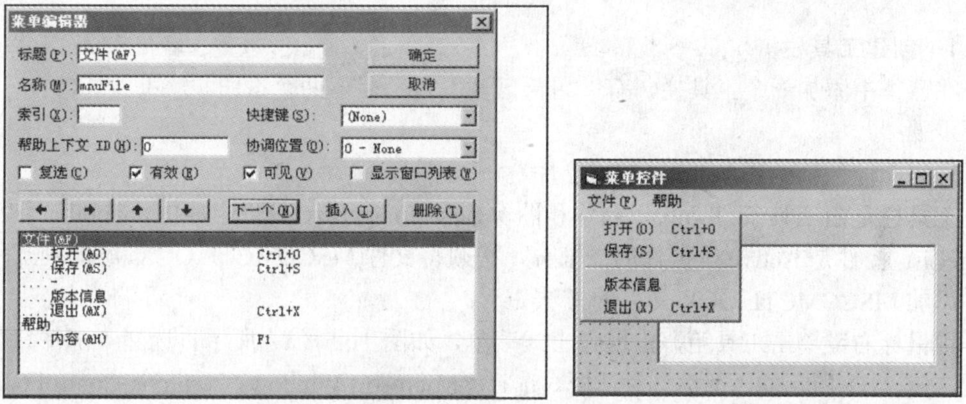

（a）菜单编辑器　　（b）菜单

图 T6.4　菜单编辑器

为了使程序代码的可读性和可维护性较好，菜单项的命名建议采用约定的方法：以 mnu 为前缀，第一级如“文件”菜单项名称为“mnuFile”;第二级菜单项在第一级后面添加，如“打开”菜单项名称为“mnuFileOpen”；以此类推。

练习：

- 插入和删除菜单项。
- 设置菜单项的快捷键和访问键。
- 设置复选、有效和可见属性。

（4）添加代码

单击各菜单，在文本框 Text1 中显示相应的信息，程序代码如下：

```
Private Sub mnuFileOpen_Click()
    Text1.Text = "打开文件"
End Sub

Private Sub mnuFileSave_Click()
    Text1.Text = "保存文件"
End Sub

Private Sub mnuFileVersion_Click()
    Text1.Text = "Visual Basic 6.0 菜单示例"
End Sub
```

```
Private Sub mnuHelpCon_Click()
    Text1.Text = "帮助信息"
End Sub
Private Sub mnuFileExit_Click()                          ' 退出
    End
End Sub
```

二、提高级

1. 创建工具栏

在窗体中添加一个工具栏，有 “打开”和“保存” 两个按钮。

步骤：

（1）在控件箱中添加 ImageList 控件

工具栏是由工具条 Toolbar 控件和图像列表 ImageList 控件组成的，Toolbar 控件和 ImageList 控件是 ActiveX 控件的一部分，必须将文件 MSCOMCTL.OCX 添加到工程中。

添加 MSCOMCTL.OCX 文件的方法如下：

用鼠标右键单击工具箱，出现弹出式菜单，如图 T6.5（a）所示。选择“部件”，出现如图 T6.5（b）所示的“部件”对话框，选择“Microsoft Windows Common Control 6.0”复选框，单击“确定”按钮，则在工具箱中就增加了一些控件，其中包括 Toolbar 控件和 ImageList 控件。

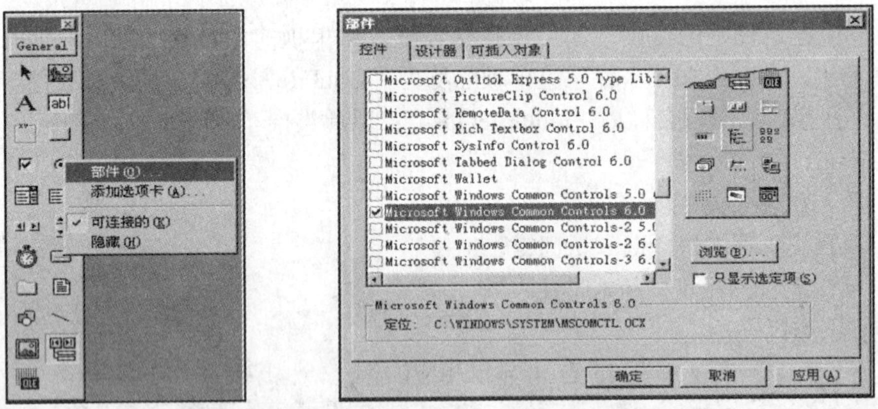

（a）菜单　　　　（b）“部件”对话框

图 T6.5　部件命令及部件对话框

（2）创建 ImageList 控件

使用控件箱的 ImageList 控件，用于为窗体工具栏中添加的按钮提供图像，ImageList 控件属性设置如图 T6.6 所示。在属性页中插入两个图片，分别为工具栏中的“保存”和“打开”按钮。

（3）创建 Toolbar 控件

使用控件箱中的 Toolbar 控件来创建工具条，单击 Toolbar 控件打开属性页，在“通用”选项卡的“图像列表”文本框中单击滚动条选择 ImageList1，如图 T6.7 所示。

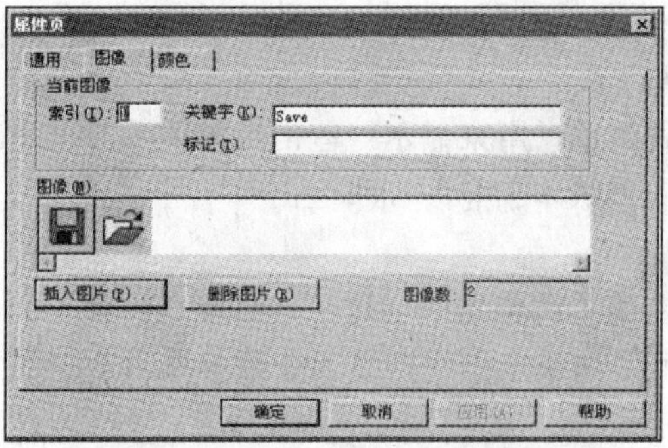

图 T6.6 ImageList 控件属性设置

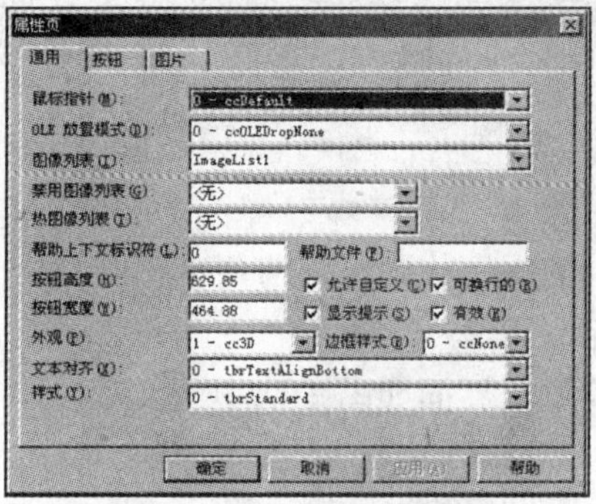

图 T6.7 “通用”选项卡

然后，选择“按钮”选项卡，具体属性的设置如图 T6.8 所示。

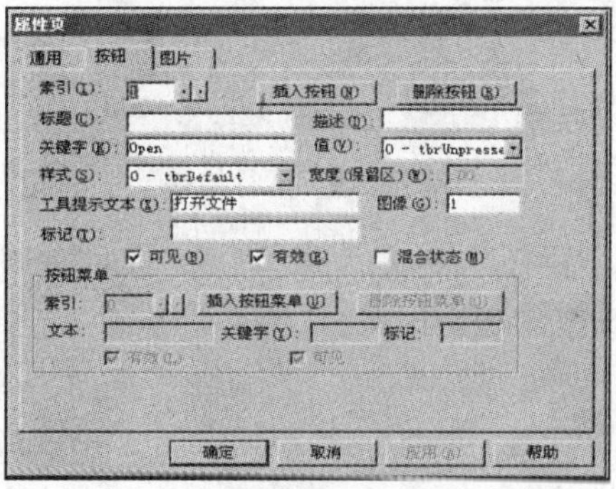

图 T6.8 属性页

（4）编写代码

单击工具栏 Toolbar1 的各按钮，在文本框 Text1 中显示相应信息，ButtonClick 事件代码如下：

```
Private Sub Toolbar1_ButtonClick(ByVal Button As MSComctlLib.Button)
    Select Case Button.Key
        Case "Open"
            Text1.Text = "打开文件"
        Casc "Save"
            Text1.Text = "保存文件"
    End Select
```

```
End Sub
```

2. 创建弹出式菜单

在窗体中添加弹出式菜单，用来显示一些常用的菜单，在弹出式菜单中显示四个下拉菜单项“打开”、“保存”、“版本信息”和“退出”。

步骤如下：

（1）如果菜单都已在菜单编辑器中创建了，只要在窗体 Form 的 MouseUp 事件中用 PopupMenu 语句调用即可，如果未创建则必须在菜单编辑器中创建一个顶级为不可见的菜单项。

（2）鼠标按下时显示弹出式菜单的程序代码如下：

```
Private Sub Form_MouseUp(Button As Integer, Shift As Integer, X As Single , Y As Single)
    If Button = vbRightButton Then                              ' 是否是鼠标右键
        PopupMenu mnuFile
    End If
End Sub
```

（2）编写单击弹出式菜单的程序代码，与前菜单相同

（3）保存工程并运行程序

运行程序，并打开快捷菜单，界面如图 T6.9 所示。

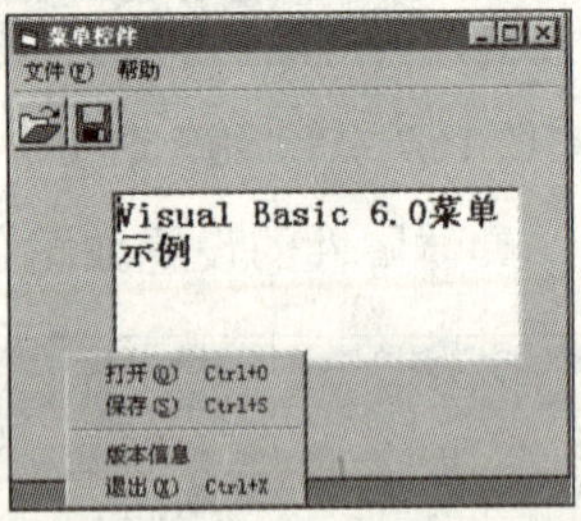

图 T6.9 运行结果

练习：

在运行时观察菜单的快捷键和访问键有何不同。

三、自我练习

1．使用时间控件将标签 Label1 所显示的“你好！”变为每隔 0.5 秒闪烁显示。

2．使用“APP.Path”将 LoadPicture("c: \microsoft visual studio\common\ _graphics\icons\misc\face01.ico")的路径进行修改。

3．设计在一个弹出式菜单中显示“帮助”菜单项，当在文本框上单击鼠标右键时弹出菜单项。

4．使用工具栏 Toolbar 控件，设置 3 个按钮。

实验 7

Sub 过程

目的和要求

（1）熟练掌握代码编辑窗口的操作。

（2）掌握 Sub 过程的定义和参数传递。

（3）掌握 Sub 过程的变量有效范围。

内容和步骤

一、基础级

过程有事件过程和通用过程。事件过程在前面已练习过了，下面主要是使用通用过程。

通用过程的定义与事件过程相同，通用过程是直到被调用时才起作用的。

过程调用时的参数传递分为按地址和按值传递两种。通用过程的有效范围可分为 Public 和 Private，存储类型可以使用局部变量，在本过程结束就释放。也可以用 Static 定义过程中所有的变量为静态变量，在调用结束后仍保留其值。

1. 使用代码编辑器窗口

（1）选择过程的方法

- 单击对象列表框选择对象，然后单击过程列表框选择过程名。
- 按 Ctrl+↑或 Ctrl+↓组合键，在各个过程中移动。
- 按 F2 键打开对象浏览器显示工程中所有的对象和过程，在对象浏览器中选择窗体中黑体显示的过程名，双击过程名。

（2）查看过程代码

在代码编辑器窗口中可以一次只查看一个过程，也可以同时查看模块中的所有过程。这些过程彼此之间用线隔开。利用代码编辑器窗口左下角的“查看选择”按钮，在两种查看方式之间进行切换。

（3）自动完成编码

代码编辑器能自动列举适当的选择，用于填充语句、属性和参数，使编写代码更加方便。

“自动列出成员特性”用于显示控件的下拉属性表。在代码中输入一个控件名并输入“.”时，就会显示控件的下拉属性表，输入属性名的前几个字母，即可选中该属性，按 Tab

键或双击该属性将完成这次输入。“自动列出成员特性”也可使用 Ctrl+J 组合键得到。当不能确认控件有什么属性时，这个选项是非常有用的。

“自动快速信息”功能用于显示语句和函数的语法，当输入合法的 VB 语句或函数名之后，语法立即显示在当前行的下面，并用黑体字显示它的第一个参数。在输入第一个参数值之后，第二个参数又以黑体字出现。“自动快速信息”也可以用 Ctrl+I 组合键得到。

2. 用选择法对数组中的整数按由小到大的顺序排列

选择法的算法：

先将数组 a 中的最小数与第一个元素 a(0)进行比较，当 a(0)大时就对换；再将数组中剩余数中最小的数与第二个元素 a(1)进行比较，当 a(1)大时就对换……依次类推。每比较一轮，在未排序的数中找出最小的一个与数组前面的数对换，直到整个数组比较完为止。

（1）创建工程

创建一个 Form 窗体。

（2）界面设计

界面设计：

窗体包含两个文本框、两个按钮和三个标签。从文本框 txtN 中输入排序数组中的元素个数，在标签 labResult 中显示排序前的数组元素，在文本框 txtNumber 中显示排序后的数组元素，由于元素个数未知，文本框含有垂直滚动条，并且不能修改，将“Locked”设为 True。界面控件属性如表 T7.1 所示。

表 T7.1 窗体中控件属性表

对　象	对 象 名	属 性 名	属 性 值
Form	frmSort	Caption	排序
CommandButton	CmdSort	Caption	排序
	CmdEnd	Caption	结束
TextBox	txtN	Text	空
	txtResult	Text	空
		Locked	True
		MultiLine	True
Label	labN	Caption	需要排序元素的个数：
	labNumber	Caption	排序前数据：
	labResult	Caption	排序结果：

窗体效果如图 T7.1 所示。

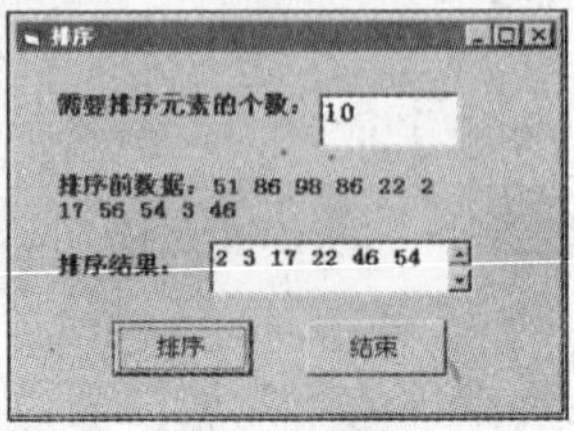

图 T7.1 排序

（3）添加代码

● 声明 N 和 a 为模块级变量，a 为动态数组：

```
Option Explicit
Dim N As Integer                    ' 定义模块级变量和数组
Dim a() As Integer
```

● Sort 过程为排序过程，是通用过程，参数数组 b 按地址传递。数组 b 中的最小数与第一个元素 b(min)进行比较后并将小的数放在 b(min)中：

```
Private Sub Sort(b() As Integer)
' 排序过程
    Dim i As Integer, j As Integer
    Dim min As Integer, temp As Integer
    For i = 0 To N - 2
        min = i
        For j = i + 1 To N - 1
            If b(min) > b(j) Then min = j
        Next j
        temp =____
           ____= b(min)
           b(min) = temp
    Next i
End Sub
```

● 单击“排序”按钮，调用 Sort 过程并显示在文本框中：

```
Private Sub cmdSort_Click()
    Dim i As Integer
    Call Sort(a)                    ' 调用 Sort 过程
    For i = 0 To N - 1
        txtResult.Text = txtResult.Text & a(i) & " "
    Next i
End Sub
```

● 输入需要排序元素的个数文本框改变时，判断输入数据的有效性：

```
Private Sub cmdShow_Click()
    Dim i As Integer
    Randomize
    If Val(txtN.Text) > 0 And IsNumeric(Val(txtN.Text)) Then
'   判断输入数据的有效性
        N = Val(txtN.Text)
        ReDim a(N)
        For i = 0 To N - 1
            a(i) = Int(100 * Rnd)
            labNumber.Caption = labNumber.Caption & a(i) & " "
        Next i
    Else
        MsgBox "数据个数出错！", , "数据个数"
    End If
```

```
End Sub
```

● 单击结束按钮：

```
Private Sub cmdEnd_Click()
    End
End Sub
```

● 在 sort 过程中添加“Debug.Print min”语句，运行查看结果。

3. 计算三角形面积

在 Form_Click 事件过程中调用计算三角形面积的子过程 area，并在窗体中显示出结果。

（1）创建窗体

界面设计：

窗体由两个框架、四个标签、四个文本框和两个按钮组成。框架用来将输入和显示结果的控件分成两组，文本框 txtA、txtB 和 txtC 分别用于输入三角形的三个边长，文本框 txtArea 用于显示三角形面积。按钮 cmdStart 和 cmdEnd 分别用于计算和结束程序。

程序运行结果界面如图 T7.2 所示。

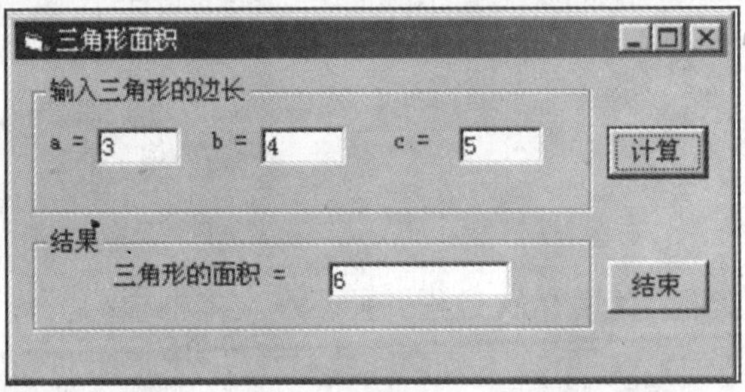

图 T7.2　运行结果

（2）编写代码

Option Explicit

● 计算面积的过程为通用过程，形参 x、y、z 是按值传递的，形参 s 传递的方式是按地址传递的。形参 s 是按地址传递方式，因此在被调用过程 area 中改变了 s 的值，在主调过程 cmdStart_Click 中的 s 也相应地改变。

```
Private Sub area(ByVal x As Single, ByVal y As Single, ByVal z As Single, s As Single)
    Dim p As Single
    p = (x + y + z) / 2
    s = Sqr(p * (p - x) * (p - y) * (p - z))
End Sub
```

● 单击“计算”按钮， cmdStart_Click 中的 s 变量名和通用过程 area 中相同，都是局部变量，但有不同的有效范围：

```
Private Sub cmdStart_Click()
    Dim a As Single, b As Single, c As Single
    Dim s As Single
    a = Val(txtA.Text)
    b = Val(txtB.Text)
    c = Val(txtC.Text)
```

```
    Call area(a, b, c, s)
    txtArea.Text = Int(s * 100) / 100
End Sub
```

● 单击“结束”按钮：

```
Private Sub cmdEnd_Click()
    End
End Sub
```

● 调试单步运行，观察在运行时 area 过程的参数结合

执行“视图”→“监视窗口”命令，打开监视窗口，在监视窗口上单击鼠标右键，选择“添加监视”命令，出现如图 T7.3 所示的监视窗口，添加 Sub area 中的 x，y，z 和 s，以及 Sub cmdStart_Click 中的 a，b，c 和 s。

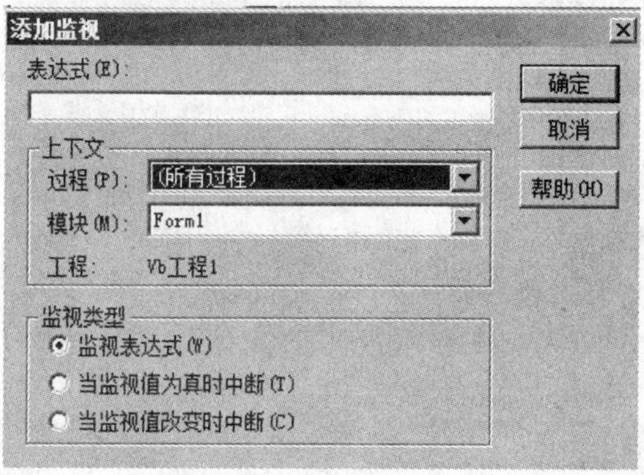

图 T7.3　“添加监视”对话框

设断点，并单步运行查看各变量的变化。

二、提高级

1. 编辑器选项设置

执行“工具”→“选项”命令，则出现如图 T7.4 所示的“编辑器”选项卡。

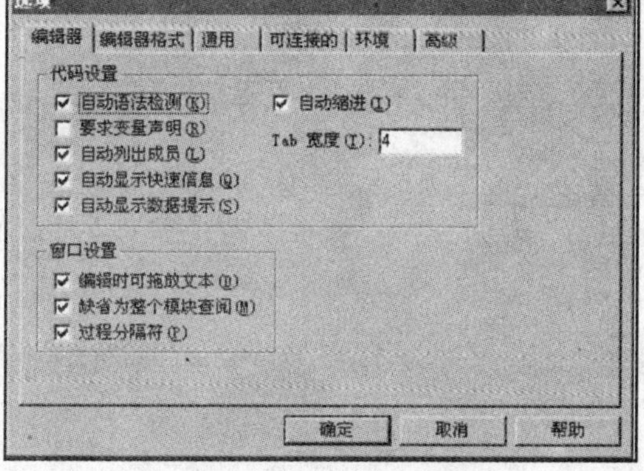

图 T7.4　“编辑器”选项卡

（1）“编辑器”选项卡的代码设置

- 自动语法检查：决定当输入一行代码后，VB 是否应当自动校验语法的正确性。
- 要求变量声明：决定模块中是否需要明确的变量说明。选择这一项以后，将把“Option Explicit”语句添加到任何新模块的声明中去。
- 自动列出成员：决定是否列出相应对象的属性等信息。
- 自动快速信息：决定是否显示关于函数及其参数的信息。
- 自动数据提示：调试的中断模式在“代码”窗口，光标停留在变量上时是否可显示该变量值或对象属性。
- 自动缩进：对前一行代码移动制表符，回车后所有后续行都将以该制表符为起点。
- Tab 宽度：设置制表符宽度，其范围可以从 1 到 32 个空格；默认值是 4 个空格。

（2）“编辑器”选项卡的窗口设置

- 拖放文本编辑：设置是否可以从“代码”窗口向“立即”或者“监视”窗口内拖放部件。
- 默认为查看所有模块：设置在“代码”窗口内查看多个过程或者一个过程。
- 过程分隔符：显示或者隐藏出现在“代码”窗口中每个过程结尾处的分割条。只有当“默认为查看所有模块”被选中时它才起作用。

2. 定义全局数组 a 和过程 Sort

在选择法排序中如果单击“排序”按钮出现窗体 Form2，将排序结果显示在 Form2 上的 txtResult 文本框中，程序应作如下修改：

```
Form2 的程序代码如下：
Private Sub Form_Load()
    Dim i As Integer
    Call Sort(a)
    For i = 0 To N - 1
        txtResult.Text = txtResult.Text & a(i) & " "
    Next i
End Sub
```

由于 Form2 要用到数组 a、变量 N 和过程 Sort，而全局数组 a 和过程 Sort 都必须在标准模块中定义，因此必须添加模块 Module1，在 Module1 中的程序代码如下：

```
Public N As Integer
Public a() As Integer
Public Sub Sort(b() As Integer)
    Dim i As Integer, j As Integer
    Dim min As Integer, temp As Integer
    For i = 0 To N - 2
        min = i
        For j = i + 1 To N - 1
            If b(min) > b(j) Then min = j
        Next j
        temp = b(i)
        b(i) = b(min)
        b(min) = temp
```

```
    Next i
End Sub
```

三、自我练习

1. 将计算三角形面积实验中的变量 s 定义为模块级变量

程序代码如下：

```
Option Explicit
_______________                ' 定义为模块级变量

Private Sub area(ByVal x As Single, ByVal y As Single, ByVal z As Single)
    Dim p As Single
    p = (x + y + z) / 2
    s = Sqr(p * (p - x) * (p - y) * (p - z))
End Sub

Private Sub cmdEnd_Click()
    End
End Sub

Private Sub cmdStart_Click()
    Dim a As Single, b As Single, c As Single
    a = Val(txtA.Text)
    b = Val(txtB.Text)
    c = Val(txtC.Text)
    Call area(a, b, c)
    txtArea.Text = Int(s * 100) / 100
End Sub
```

2. 产生 10 个(20,50)开区间内的随机正整数，将这十个数由小到大排序

```
Private Sub Form_Click()
    Dim rndarray(10) As Integer
    Dim i As Integer
    Print "排 序 前 ： "
    For i = 1 To 10
        rndarray(i) = _____________
        Print rndarray(i);
    Next i
    Print
    Print "排 序 后 ： "
    Call sort(rndarray)
    For i = 1 To 10
        Print rndarray(i);
    Next i
    Print
```

```
End Sub
Private Sub sort(a() As Integer)
    Dim i As Integer, j As Integer
    Dim temp As Integer
    For i = 1 To UBound(a) - 1
        For j =____________
            If a(i) > a(j) Then
                temp = a(i)
                ____________
                a(j) = temp
            End If
        Next j
    ____________
End Sub
```

3．改错

本程序的功能是：从给定的字符串“ags43dhbc765shdk8djfk65bdgth23end”中找出所有的数（单个的数字或者连续的数字都算一个数），并且求出这些数的个数、总和及平均值。

含有错误的程序代码如下：

```
(1)Option Explicit

(2)Private Sub getn(s As String, byval d() As Integer)
(3)     Dim k As Integer, st As String, n As Integer, f As Boolean
(4)     k = 1: n = 1
(5)     Do Until n > Len(s)
(6)         If Mid(s, n, 1) >= "0" And Mid(s, n, 1) <= "9" Then
(7)             st = st & Mid(s, n, 1)
(8)             f = True
(9)         ElseIf f Then
(10)            f = False
(11)            ReDim Preserve d(k)
(12)            d(k)=val(st)
(13)            st = ""
(14)            k = k + 1
(15)        End If
(16)        n = n + 1
(17)    Loop
(18)End Sub

(19)Private Sub Form_click()
(20)    Dim p As String, num() As Integer, i As Integer
(21)    Dim s As Integer, av As Single
(22)    p = "ags43dhbc765shdk8djfk65bdgth23end"
(23)    Call getn(s,num)
```

```
(24)        For i = 1 To UBound(num)
(25)              s = s + num(i)
(26)              Print num(i)
(27)        Next i
(28)     Print
(29)        av = s / UBound(num)
(30)        Print "s="; s, "av="; av
(31)End Sub
```

答案

1．略

2．int(rnd*29+21)　　I+1 to ubound(a)　　a(I)=a(j)　　Next i

3．

将第 2 行改为 Private Sub getn(s As String, d() As Integer)

将第 21 行改为 Dim s As Integer, av As Integer

将第 23 行改为 Call getn(p,num)

实验 8

Function 过程

目的和要求

（1）掌握 Function 过程的定义和调用。

（2）掌握变量的有效范围和静态存储。

（3）启动工程和快速显示窗体。

内容和步骤

一、基础级

与 Sub 过程不同，Function 过程可返回一个值到调用的过程，也可以放弃返回值。函数过程要定义函数的数据类型，函数过程调用时的参数传递也分为按地址和按值传递两种。

1. 折半查找法的递归实现。

算法：

折半查找法是对大量的已排过序的数组进行查找某一个数，查找的方法是每次与数组的中间值进行比较，每次比较使范围减半，从而迅速找到所需的元素。如果开始的数组长度为 20，则第一次比较后查找范围为 10 个元素，第二次为 5 个元素，经过这样 4 次比较后就可以找到所需的元素。折半查找算法的定义是具有递归性质的，可以方便地用递归函数实现。

折半查找满足递归的条件：每次将查找范围折半；递归的结束条件：找到该元素和找不到元素。

（1）创建新工程。

添加窗体，在窗体中设计 1 个文本框 text1，设计 2 个按钮“查找”（cmdAnswer）和“退出”（cmdExit），2 个标签用来显示。运行当查找 1 时显示界面如图 T8.1 所示。

（2）编写代码

● 窗体装载时初始化数组 A：

```
Private Sub Form_Load()
    A(0) = 1: A(1) = 3: A(2) = 5: A(3) = 8: A(4) = 12
    A(5) = 23: A(6) = 34: A(7) = 44: A(8) = 45: A(9) = 68
End Sub
```

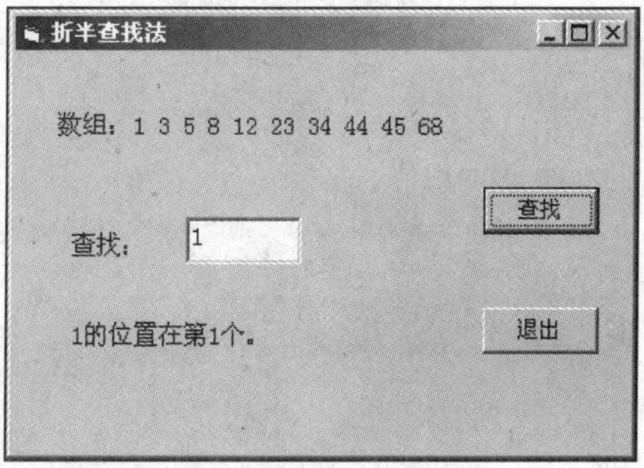

图 T8.1　折半查找法运行界面

● 单击“查找”按钮调用 Search 函数并显示查找结果：

```
Private Sub cmdFind_Click()
' 查找按钮
    Dim Low As Integer, Up As Integer, MyNum As Integer
    Dim Answer As Integer
    Low = 0
    Up = N - 1
    MyNum = Val(Text1.Text)
    Answer = Search(Low, Up, MyNum)
    If Answer = -1 Then
        labAnswer.Caption = "数组中无" & MyNum & "!"
    Else
        labAnswer.Caption = MyNum & "的位置在第" & Answer + 1 & "个。"
    End If
End Sub
```

● 函数 Search 用来查找元素，本程序采用函数的递归调用。每次调用函数将查找范围减半；当找到该元素和找不到元素时结束调用：

```
Const N = 10
Dim A(N) As Integer
Function Search(Top As Integer, Bottom As Integer, Num As Integer) As Integer
' 查找元素
    Dim Min As Integer
    Min = Fix(Top + Bottom) / 2
    If A(Min) = Num Then
        Search = Min
        Exit Function
    End If
    If Top >= Bottom Then
        Search = -1
        Exit Function
    End If
    If Num < A(Min) Then
        Bottom = Min - 1
```

```
        Else
            Top = Min + 1
        End If
        Search = Search(Top, Bottom, Num)
End Function
```

● 单击“退出”按钮：

```
Private Sub cmdExit_Click()
    End
End Sub
```

● 用单步运行调试程序

在 Function Search 中设置断点，然后单步运行查看递归的“回推”过程和“递推”过程，选择“视图”→“本地窗口”命令查看各变量的变化情况。

2. 使用静态变量用数组计算乘法口诀表

（1）创建工程

窗体 Form1 的界面有 2 个文本框（txtX、txtResult），2 个按钮“计算”和“结束”（cmdStart、cmdEnd）和 1 个标签。从文本框 txtX 输入需要计算的数据，计算结果在文本框 txtResult 中显示。乘法口诀表运行界面如图 T8.2 所示。

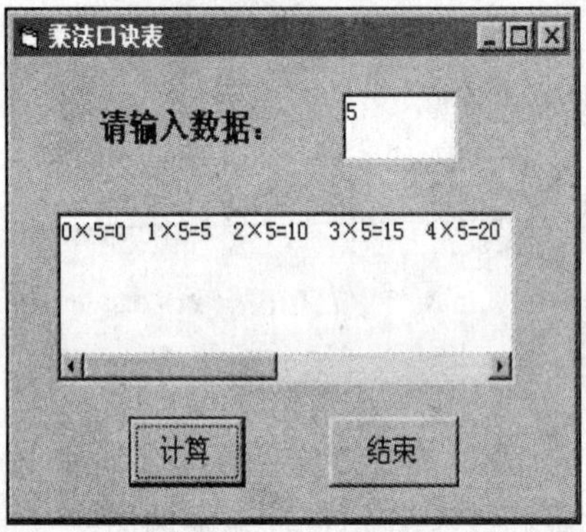

图 T8.2 “乘法口诀表”运行界面

（2）编写程序代码

● 模块变量声明，为了编程方便将数组起始元素下标设为 1：

```
Option Explicit
Option Base 1
Dim a(9) As Integer
Dim X As Integer
```

●从文本框中输入 X：

```
Private Sub txtX_Change()
    X = Val(txtX.Text)
End Sub
```

● 在按钮 cmdStart_Click 事件中循环调用函数 Func，计算乘法口诀，每次计算的结果分别存放在数组 a 的各元素中：

```
Private Sub cmdStart_Click()
```

```
        Dim i As Integer, j As Integer
        For i = 1 To X
            a(i) = Func(X)
        Next i
        For i = 1 To X
            txtResult.Text = txtResult & i & "×" & X & "=" & a(i) & "    "
        Next i
End Sub
```

- 函数 Func，通过声明 S 为静态数组，在函数 Func 下次调用时 S 仍保留上次运算的值，完成累加的过程：

```
Function Func(k As Integer)
    Static S As Integer              ' 声明 S 为静态变量
    S = k + S
    Func = S
End Function
```

- 单击“结束”按钮：

```
Private Sub cmdEnd_Click()
    End
End Sub
```

- 调试程序

选择“视图”→“监视窗口”命令，在监视窗口中添加 Function Func 中的变量 S，单步运行，在监视窗口中查看 S 的值。

二、提高级

为了使工程启动时显示一些信息，在显示窗体之前先装载快速显示窗体，运行时先出现显示工程信息的窗体。

（1）执行“工程”→“添加窗体”命令，出现“添加窗体”对话框，如图 T8.3 所示，从中选择“展示屏幕”图标，则创建了 frmSplash 快速显示窗体。

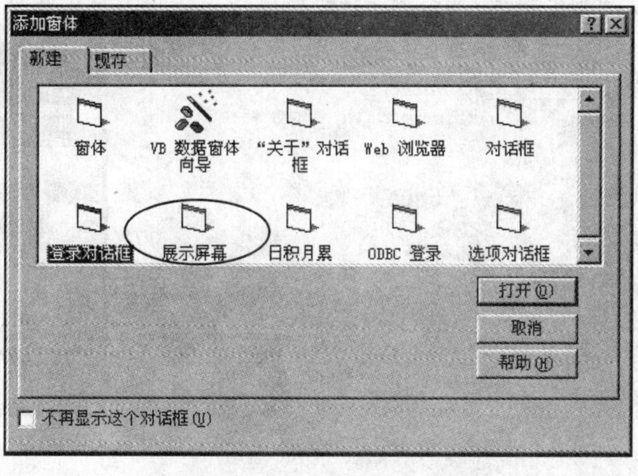

图 T8.3 “添加窗体”对话框

（2）界面设计

在 frmSplash 窗体中，将各控件的属性设置为符合本工程的信息，如图 T8.4 所示，由框架、图像框、标签控件组成。

图 T8.4 快速显示界面

（3）添加代码

● 窗体 frmSplash 的 KeyPress 事件是当有键按下时触发的。程序代码如下：

```
Private Sub Form_KeyPress(KeyAscii As Integer)
    Unload Me
    Form1.Show
End Sub

Private Sub Frame1_Click()
    Unload Me
    Form1.Show
End Sub
```

（4）保存并运行工程

在“工程”属性窗口中，设置工程的启动窗体为 frmSplash。

三、自我练习

1．给定一个十进制正整数，找出小于它并与其互质的所有正整数（所谓互质数是指最大公约数为 1 的 2 个正整数），如图 T8.5 所示。

```
Private Function Gcd(__________) As Integer
Dim r As Integer
r = m Mod n
If r = 0 Then
    Gcd = n
Else
m = n : n = r
__________
End If
End Function
```

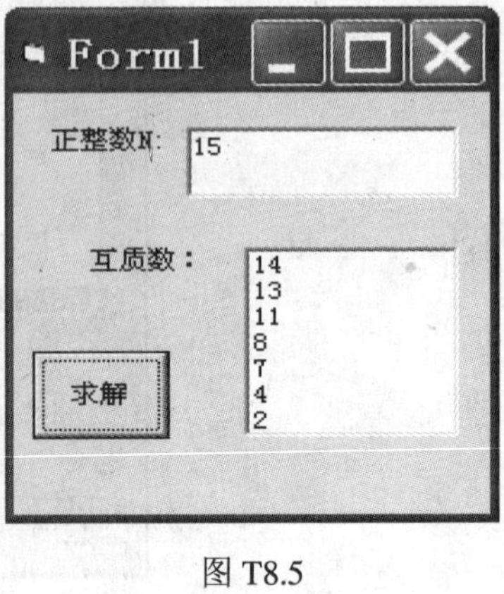

图 T8.5

```
Private Sub Command1_Click()
Dim n As Integer, p As Integer
n = Val(Text1)
For p = n - 1 To 2 Step -1
    If _________ Then List1.AddItem p
Next p
End Sub
```

2. 本程序的功能是：实现二进制数据压缩。压缩算法是：字符串的首字符+该数字个数+分隔符+另一个数字个数+……例如，数字串 11110000011111111000111110000 被压缩为 14x5x9x3x5x4 形式的字符串（x 为分隔符）。

含有错误的程序代码如下：

```
（1）Option Explicit
（2）Private Sub form_click()
（3）Dim code As String, encode As String
（4）code = InputBox("输入一个任意长度的由 0 和 1 组成的数字串", , 0)
（5）encode = coding(code)
（6）Print code
（7）Print encode
（8）End Sub
（9）Private Function coding(s As String) As String
（10）Dim n As Integer, t As String * 1, i as integer ,s as string
（11）Dim c As String
（12）c = Left(s, 1)
（13）n = 1
（14）t = Left(s, 1)
（15）for i=1 to len(s)
（16）If Mid(s, i, 1) = t Then
（17）n = n + 1
（18）Else
（19）c = c & CStr(n) & "*"
（20）n = 1
（21）t = Mid(s, i, 1)
（22）End If
（23）Next i
（24）coding = c
（25）End Function
```

3. 找出 100000 内由两个不同数字组成的平方数，并将结果按图 T8.5 中的格式显示在列表框 List1 中。所谓两个不同数字组成的平方数，是指这个数中所有数字只含有两个数字，没有第三个其他数字。

程序正确运行时的界面如图 T8.6 所示。

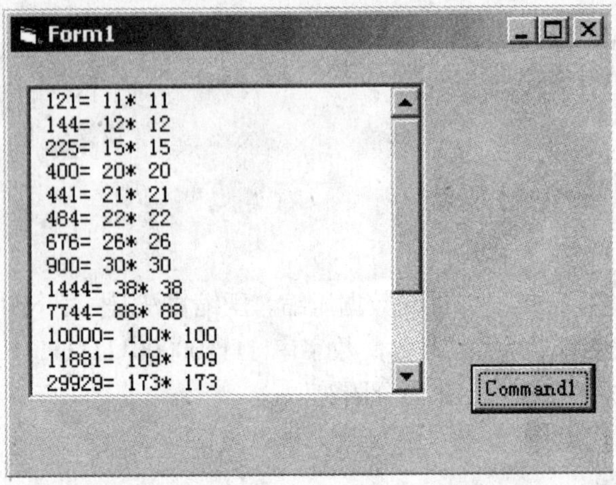

图 T8.6

含有错误程序代码如下：

```
（1）Option Explicit
（2）Private Sub command1_click()
（3）Dim i As Long, n As Long
（4）For i = 11 To 316
（5）n = i * i
（6）If verify(n) Then
（7）List1.Add Str(n) & "=" & Str(i) & "*" & Str(i)
（8）End If
（9）Next i
（10）End Sub
（11）Private Function verify(ByVal n As Long)
（12）Dim a(0 To 9) As Integer, i As Integer, js As Integer
（13）Do While n <> 0
（14）a(n Mod 9) = 1
（15）n = n \ 10
（16）Loop
（17）For i = 0 To 9
（18）js = js + a(i)
（19）Next i
（20）If js = 2 Then
（21）verify = True
（22）End If
（23）End Function
```

答案

1．Byval m，Byval　n　　　gcd=gcd(m,n)　　　gcd(n,p)=1

2．

将第 10 行改为 Dim n As Integer, t As String * 1, i as integer

将第 15 行改为 for I=2 to len(s)

将第 24 行改为 coding=c & cstr(n)

3.

将第 7 行改为 List1.AddItem Str(n) & "=" & Str(i) & "*" & Str(i)

将第 11 行改为 Private Function verify(ByVal n As Boolean) as Boolean

将第 14 行改为 a(n Mod 10) = 1

实验 9

数据库操作（基础级）

目的和要求

（1）熟练掌握 Data 控件的使用。

（2）掌握 SQL 语言的使用。

内容和步骤

1. 使用数据管理器建立数据库

数据管理器是 VB 的老成员之一，可以帮助 VB 程序建立、维护数据库，并可以建立查询，而不必使用其他软件来设计数据库。

（1）启动数据管理器

单击菜单“外接程序”选择“可视化数据管理器”命令，即可打开 VisData 窗口。

另外，启动数据管理器还可以不在 VB 环境中，而在“资源管理器”中通过双击“VisData.exe”文件来运行，并显示出 VisData 窗口。

在 VisData 窗口中的工具栏有 9 个按钮，其功能如表 T9.1 所示。

表 T9.1　VisData 窗口中的工具栏

图　标	名　称	功　能
	表类型记录集	可直接对数据进行更改
	动态集类型记录集	可以加快运行的速度，但不可自动更新数据
	快照类型记录集	数据只能读取，不能更改
	在新窗体上使用 Data 控件	在窗体上只对单个记录显示并操作
	在新窗体上不使用 Data 控件	与相似，只显示单个记录，但按钮有所不同
	在新窗体上使用 DBGrid 控件	在窗体上显示多个记录并操作
	开始事务	将所更改的信息写入内存数据表中
	回滚当前事务	取消原先进行的写操作
	提交当前事务	确认写操作，不能再恢复

（2）建立数据库

在数据管理器中执行“文件”→“新建”命令，并选择级联菜单“Microsoft Access”命令，如图 T9.1 所示。

建立一个人员管理数据库，数据库名为“employee.mdb”，则出现如图 T9.2 所示的“数据库窗口”和“SQL 语句”窗口。

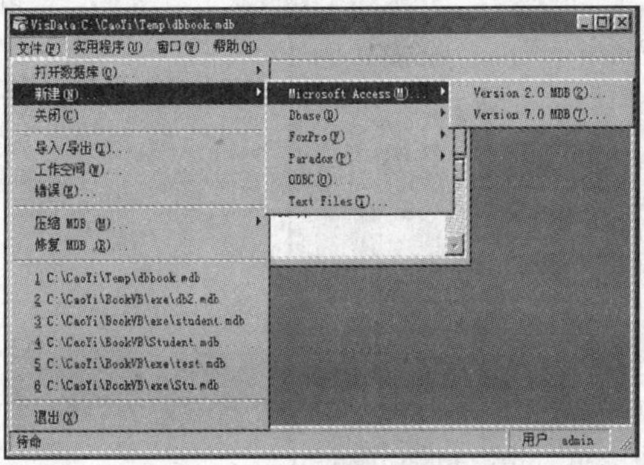

图 T9.1　“新建”菜单

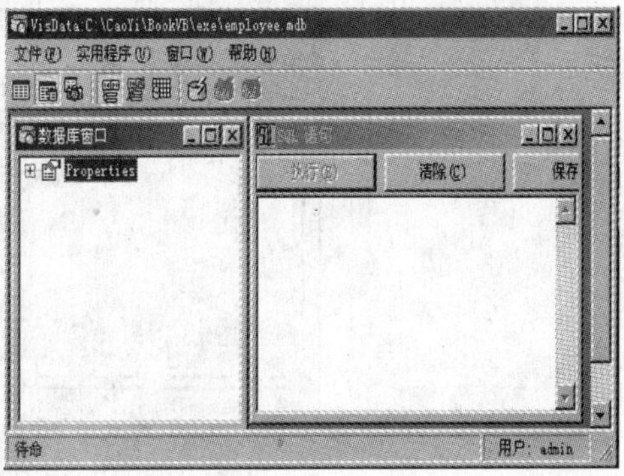

图 T9.2　建立“employee.mdb”

（3）建立数据表

在数据管理器中为数据库添加 3 个数据表，3 个数据表为“Person”、“Salary”和“Department”，分别用于存放人员信息、工资信息和部门信息。“Person”表、“Salary”表和“Department”表的结构如表 T9.2、T9.3 和 T9.4 所示。

表 T9.2　Person 数据表

字 段 名	类　型	大　小	备　注
工号	Text	8	必要
姓名	Text	8	必要
部门代码	Text	4	
性别	Text	2	
年龄	Integer		

表 T9.3　Salary 数据表

字 段 名	类　型	大　小	备　注
工号	Text	8	必要
姓名	Text	8	必要
月份	Text	2	必要
工资	Single		
补贴	Single		
扣款	Single		
实发	Single		

表 T9.4　Department 数据表

字 段 名	类　型	大　小
部门名称	Text	20
部门代码	Text	4

将鼠标指针移到如图 T9.2 所示的“数据库窗口”单击鼠标右键，选择“新建表”命令，则出现“表结构”对话框，如图 T9.3 所示。

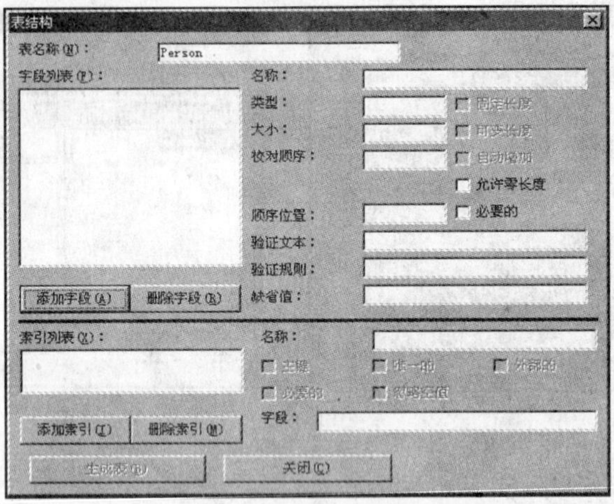

图 T9.3 “表结构”对话框

单击“添加字段”按钮来添加字段，则出现如图 T9.4 所示的窗体，从而建立以上 3 个数据表。

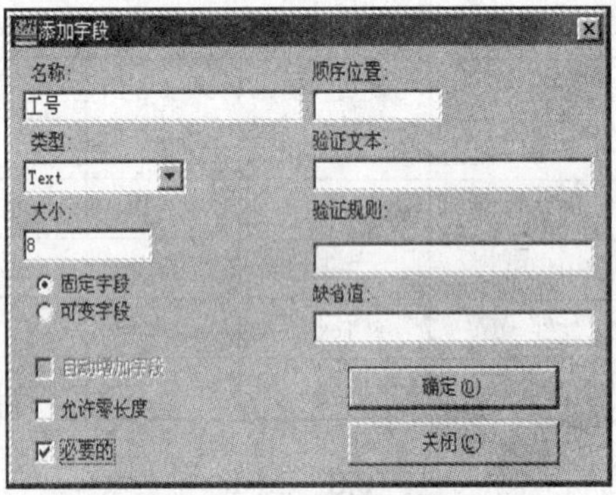

图 T9.4 添加字段

（4）添加索引

给“Person”表添加索引，单击如图 T9.3 所示的“添加索引”按钮，将“工号”字段设置为索引，以加速搜索每笔记录的内容，“添加索引”对话框如图 T9.5 所示。

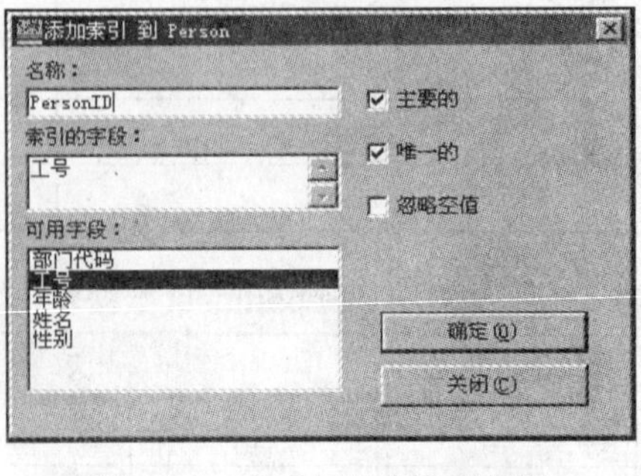

图 T9.5 “添加索引”对话框

2. 使用 Data 控件和数据感知控件

Data 控件可以与数据库连接，数据感知控件通过与 Data 控件绑定可以方便地对数据表进行操作。

在窗体界面上对人员工资表（salary）进行添加、删除记录，并可根据工号查询工资情况。

（1）界面设计

在窗体上 Data1 控件与 employee.mdb 数据库中的人员工资表（salary）进行连接；有 5 个文本框分别是用来输入工号、月份、姓名、工资、补贴和扣款的，与 Data1 控件绑定；按钮“计算”用于计算实发工资，按钮“查询”用来根据工号查询；按钮“前一个”、“后一个”、“添加”和“删除”分别对数据表进行操作。“工资录入”设计界面如图 T9.6 所示。

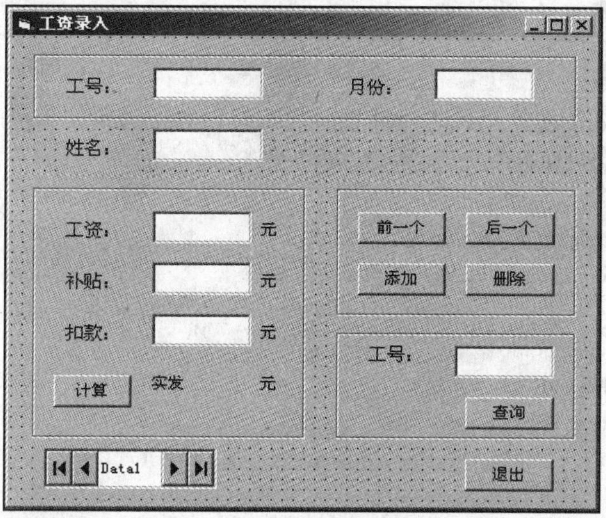

图 T9.6　“工资录入”设计界面

（2）属性设置

设置属性使 Data1 控件与数据感知控件绑定，属性设置如表 T9.5 所示。

表 T9.5　属性设置

对象名	控件名	属性	属性值	说明
TextBox	txtNo	DataSource	Data1	数据源
		DataField	工号	绑定的字段
	txtMonth	DataField	月份	绑定的字段
	txtName	DataField	姓名	绑定的字段
	TxtSalary	DataField	工资	绑定的字段
	txtBonus	DataField	补贴	绑定的字段
	txtDeduck	DataField	扣款	绑定的字段
TextBox	txtSelect	text		查询的工号
CommandButton	cmdCal	Caption	计算	计算实发工资

续表

对象名	控件名	属性	属性值	说明
	cmdPre	Caption	前一个	向前移一个记录
	cmdBack	Caption	后一个	向后移一个记录
	cmdAdd	Caption	添加	添加一个记录
	cmdDelete	Caption	删除	删除记录
	cmdSelect	Caption	查询	查询并显示记录
		Enable	False	失效
	cmdEnd	Caption	退出	退出
Data	Data1	DatabaseName	.../employee.mdb	数据源名
		RecordSouce	salary	记录源名

（3）添加代码

● 对 Data1.recordset 的记录进行后移，判断是否到记录集的末尾：

```
Private Sub cmdBack_Click()
    ' 向后移动
    If Data1.Recordset.EOF Then
        Data1.Recordset.MoveLast
    Else
        Data1.Recordset.MoveNext
        If Data1.Recordset.EOF Then
            Data1.Recordset.MoveLast
        End If
    End If
End Sub
```

● 对 Data1.recordset 的记录进行前移，判断是否到记录集的前面：

```
Private Sub cmdPre_Click()
    ' 向前移动
    If Data1.Recordset.BOF Then
        Data1.Recordset.MoveFirst
    Else
        Data1.Recordset.MovePrevious
        If Data1.Recordset.BOF Then
            Data1.Recordset.MoveFirst
        End If
    End If
End Sub
```

● 对 Data1.recordset 的记录进行添加：

```
Private Sub cmdAdd_Click()
    ' 添加记录
    Data1.Recordset.AddNew
End Sub
```

● 对 Data1.recordset 的记录进行删除：

```
Private Sub cmdDelete_Click()
    ' 删除记录
    Dim msg As Integer
    msg = MsgBox("是否要删除？", vbOKCancel, "删除纪录")
    If msg = 1 Then
        Data1.Recordset.Delete
        Data1.Recordset.MoveLast
    End If
End Sub
```

● 单击“计算”按钮，计算实发工资，实发工资=工资+补贴-扣款：

```
Private Sub cmdCal_Click()
    ' 计算实发工资
    labSalary = Val(txtSalary) + Val(txtBonus) - Val(txtDeduck)
End Sub
```

● 当记录移动时，使“查询”按钮有效：

```
Private Sub Data1_Validate(Action As Integer, Save As Integer)
    ' 移动记录
    cmdSelect.Enabled = False
End Sub
```

● 当输入工号时，判断是否为数字：

```
Private Sub txtSelect_KeyPress(KeyAscii As Integer)
    ' 输入查询工号
    If KeyAscii < 57 And KeyAscii > 48 Then        ' 是否是数字
        cmdSelect.Enabled = True
    End If
End Sub
```

● 单击查询按钮，执行 SQL 语句，将满足查询条件的记录集作为 Data1 的记录源：

```
Private Sub cmdSelect_Click()
' 查询并显示记录
    Dim sqlString As String
    sqlString = "select * from salary where salary.工号 ='" & txtSelect.Text & "'"
    Data1.RecordSource = sqlString
    Data1.Refresh
    If Data1.Recordset.EOF Then
        MsgBox "无此工号！请重新输入"
        Data1.RecordSource = "select * from salary"
        Data1.Refresh
    End If
End Sub
```

● 单击“结束”按钮：

```
Private Sub cmdEnd_Click()
    End
End Sub
```

练习：

- 增加2个按钮，分别是“第1个记录”和“最后1个记录”，添加相应程序。
- 将工号文本框（txtNo）改为数据感知控件 DBCombo，将 DataSource 属性设置为 Person 表，使工号的输入从下拉列表中选择，则该 DBCombo 的 RowSource、DataField、ListField 和 BoundCounn 属性怎么设置。姓名文本框（txtName）改为 Label，直接由工号决定。
- 将月份文本框（txtMonth）改为 ComboBox，将12个月放在下拉列表中。

实验 10

数据库操作（提高级）

目的和要求

（1）掌握 ADO 数据控件的使用。

（2）掌握报表的生成。

内容和步骤

1. ADO Data 控件

ADO Data 控件可以快速地建立数据绑定的控件和数据提供者之间的连接，可以用最少的代码来创建数据库应用程序。

设计一个人员工资管理程序，启动窗体为主窗体，单击不同的按钮打开不同的窗体，分别显示人员信息、人员工资和进行报表输出。

（1）首先建立数据库“Employee.mdb”，数据库结构如实验 9 中的表 T9.2、T9.3 和表 T9.4。

（2）向控件箱中添加 ADO Data 控件和 DataGrid 控件、DataList 控件

ADO Data 控件和 DataGrid、DataList 控件是 ActiveX 控件，必须添加到控件箱中，用鼠标右键单击控件箱，在快捷菜单中选择“部件”，打开部件选项卡，选择“Microsoft ADO Data Control 6.0(OLEDB)”、“Microsoft DataGrid Control 6.0(OLEDB)”和“Microsoft DataList Controls 6.0(OLEDB)”选项，单击“确定”按钮。

（3）界面设计

设计 3 个窗体，frmMain 是主窗体，为启动窗体；frmPerson 为管理人员信息的窗体，frmSalary 为管理工资信息的窗体，界面安排如图 T10.1 和图 T10.2（a）、（b）所示。

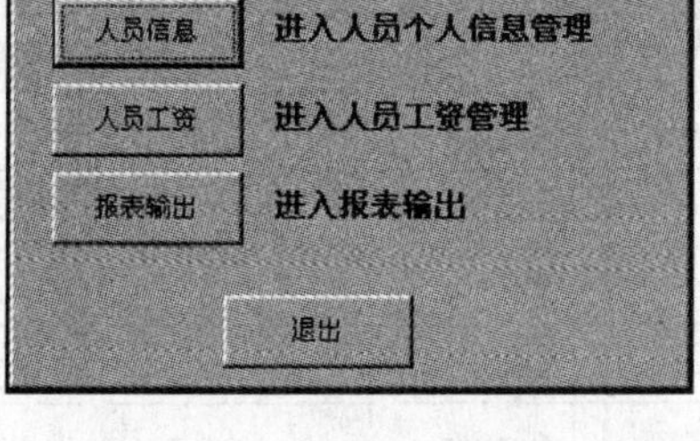

图 T10.1 frmMain 窗体

系统从主窗体 frmMain 进入其他窗体，在 frmPerson 窗体中对人员信息进行输入、删除、修改和按部门查询，在 frmSalary 窗体中对人员的工资进行输入、修改和计算实发工资。

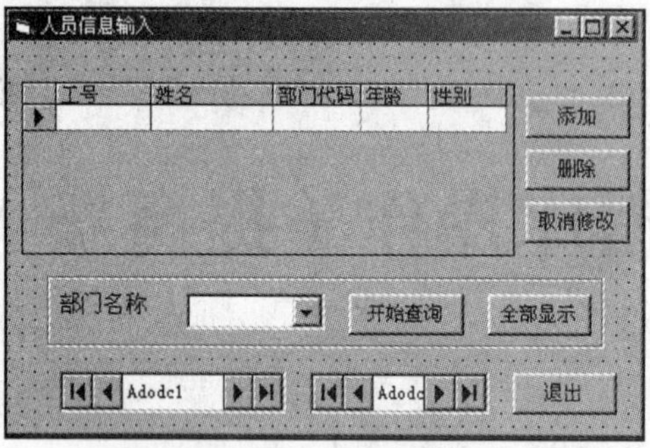

（a）frmPerson 窗体

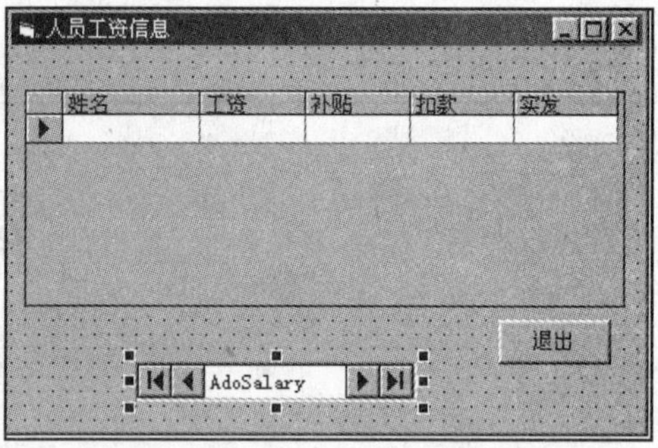

（b）frmSalary 窗体

图 T10.2

主窗体 frmMain 的属性可以根据图 T10.1 设置，在此不详细介绍。

（4）frmPerson 窗体设计

frmPerson 窗体中添加了 2 个 ADO Data 控件、1 个 DataGrid 和 DataCombo 控件以及按钮，frmPerson 窗体中的属性设置如表 T10.1 所示。

表 T10.1 “frmPerson”窗体的属性设置

控 件	控 件 名	属 性 名	属 性 值
Adodc1	adoPerson	ConnectionString	C:\...\employee.mdb
		RecordSource	SELECT * FROM Person
		Visible	False
Adodc2	adoDepart	ConnectionString	C:\...\employee.mdb
		RecordSource	Department
		Visible	False
DataGrid1	dgrPerson	DataSource	adoPerson
DataCombo1	dtcDepart	RowSource	adoDepart
		ListField	部门名称
		BoundColumn	部门代码
		Text	空
CommondButton	cmdAdd	Caption	添加
	cmdDelete	Caption	删除
	cmdSelect	Caption	开始查询
	cmdAll	Caption	全部显示
	cmdCancel	Caption	取消修改
	cmdExit	Caption	退出

DataGrid 控件的属性设置可通过用鼠标右键单击该控件，在快捷菜单中选择“属性”命令，打开“属性页”对话框，如图 T10.3 所示，通过设置“列”、“布局”等属性来设置需要显示的列和列标题等。

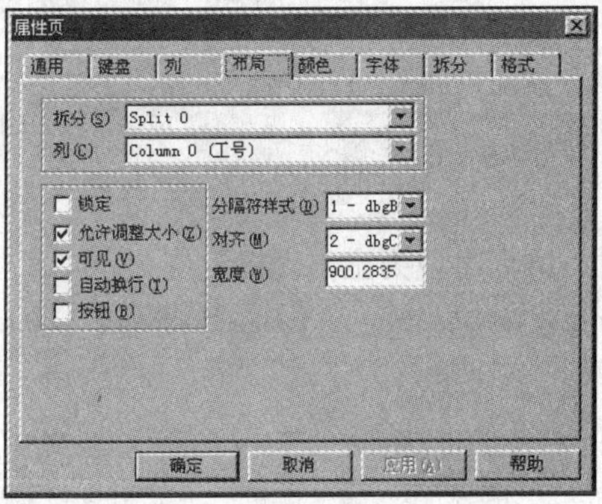

图 T10.3　DataGrid 控件的属性页

下面添加程序代码。

- 声明变量：

```
Option Explicit
Dim rsPerson As ADODB.Recordset
Dim rsSalary As ADODB.Recordset
Dim Depart As String
Dim PerID As String
```

- 装载窗体时初始化变量：

```
Private Sub Form_Load()
    Set rsPerson = AdoPerson.Recordset
    rsPerson.MoveLast
    PerID = rsPerson!工号
    Set rsSalary = frmSalary.AdoSalary.Recordset
End Sub
```

- 单击“添加”按钮，同时添加表 Person 和 Salary 新记录，并自动添加工号：

```
Private Sub CmdAdd_Click()
' 添加记录
    Dim NewID As Integer
    rsPerson.AddNew
    ' 自动添加工号
    NewID = Val(Trim(PerID)) + 1
    rsPerson!工号  = Str(NewID)
End Sub
```

- 单击“删除”按钮，用于删除记录并同时将 Salary 表中相应的记录删除：

```
Private Sub cmdDelete_Click()
' 删除记录
    Dim Response As Integer
    Response = MsgBox("是否删除记录？", vbQuestion + _ vbOKCancel, "删除记录")
```

```
    If Response Then
        rsSalary.Find ("工号 ='" & rsPerson!工号 & "'")
        ' 将工资信息表中的相应记录也删除
        If Not rsSalary.EOF Then
            rsSalary.Delete
        End If
        rsPerson.Delete
    End If
End Sub
```

- 在表格数据输入时，姓名字段为空出现提示：

```
Private Sub dgrPerson_Error(ByVal DataError As Integer, Response As Integer)
' 新记录姓名必须输入
    Response = 0
    MsgBox "请输入姓名", , "输入出错!"
    dgrPerson.SetFocus
End Sub
```

- 单击“取消修改”按钮，用于取消刚进行的修改，

```
Private Sub cmdCancel_Click()
' 取消修改
    rsPerson.CancelUpdate
End Sub
```

- 在表格数据修改后，将新记录添加到工资信息表中：

```
Private Sub Dgrperson_AfterUpdate()
' 将新记录添加到工资信息表中
    If rsPerson.RecordCount > rsSalary.RecordCount Then
        rsSalary.AddNew
        rsSalary!工号 = rsPerson!工号
        rsSalary!姓名 = rsPerson!姓名
        rsPerson.Update
    End If
End Sub
```

- 在列单元数据修改后，将数据写入数据库：

```
Private Sub dgrPerson_AfterColUpdate(ByVal ColIndex As Integer)
' 改变列时将数据写入数据库
    rsPerson.Update
    rsSalary.Update
End Sub
```

- 单击“全部显示”按钮，将所有记录显示出来。

```
Private Sub cmdAll_Click()
' 全部显示
    Dim SqlString As String
    SqlString = "SELECT * FROM Person "
    AdoPerson.RecordSource = SqlString
    AdoPerson.Refresh
```

```
End Sub
```

● 选择组合框查询部门：

```
Private Sub dtcDepart_Change()
' 查询组合框
    Depart = dtcDepart.BoundText
    If Depart <> "" Then cmdSelect.Enabled = True
End Sub
```

● 单击“开始查询”按钮，将按部门查询显示，根据 dtcDepart 组合框将查询的部门人员信息显示，通过 SQL 语句修改 AdoPerson 控件的 RecordSource：

```
Private Sub cmdSelect_Click()
' 开始查询
    Dim SqlString As String
    SqlString = "SELECT * FROM Person WHERE " & " (((Person.部门代码)='" & Depart & "'))"
    AdoPerson.RecordSource = SqlString
    AdoPerson.Refresh
End Sub
```

● 单击“退出”按钮：

```
Private Sub cmdExit_Click()
    frmMain.Show
    frmPerson.Hide
End Sub
```

（5）frmDepart 窗体设计

frmDepart 窗体用于输入所有人员的工资信息，并在移到下一行记录时计算“实发”字段。

frmDepart 窗体界面中有 1 个 ADO Data 控件、1 个 DataGrid 控件以及按钮，窗体中属性设置如表 T10.2 所示。

表 T10.2 “frmDepart”窗体的属性设置

控 件	控 件 名	属 性 名	属 性 值
Adodc1	adoSalary	ConnectionString	C:\…\employee.mdb
		RecordSource	Salary
		Visible	False
DataGrid1	dgrSalary	DataSource	adoSalary

下面添加程序代码：

● 声明变量：

```
Option Explicit
Dim rsSalary As ADODB.Recordset
```

● 装载窗体时初始化记录集变量：

```
Private Sub Form_Load()
    Set rsSalary = AdoSalary.Recordset
End Sub
```

● 当表格中移动行、列时，自动计算实发工资：

```
Private Sub dgrSalary_RowColChange(LastRow As Variant, ByVal LastCol As Integer)
' 自动计算实发工资
    With rsSalary
        If .Fields(2) <> 0 Or .Fields(3) <> 0 Or .Fields(4) <> 0 Then
            .Fields(5) = .Fields(2) + .Fields(3) - .Fields(4)
        End If
    End With
End Sub
```

● 单击“退出”按钮：

```
Private Sub cmdExit_Click()
    frmSalary.Hide
    frmMain.Show
End Sub
```

（6）运行工程

保存并运行工程，运行结果的 frmPerson 和 frmSalary 窗体如图 T10.4（a）、（b）所示。

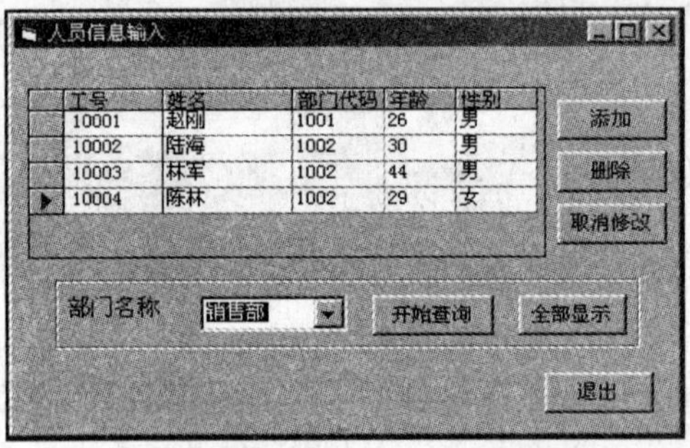

（a）frmPerson 窗体

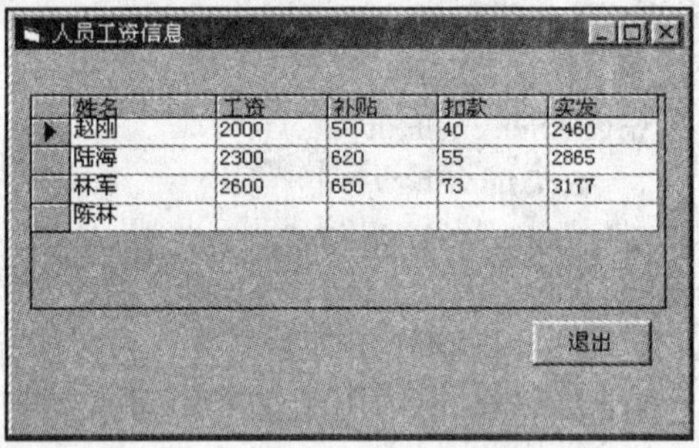

（b）frmSalary 窗体

图 T10.4

练习：

● 在数据库中添加 1 个删除人员的工资表“DeleteEmp”，并在窗体 frmPerson 中添加 1 个按钮，在每次对“Person”数据表进行删除记录后，将删除的记录数据添加到“DeleteEmp”表中。

2. 报表设计

可以将人员工资信息打印出报表。

（1）设置数据源

在“工程”菜单上，单击“添加 Data Enviroment”，添加 1 个数据环境设计器对象(DataEn)，设置其 Connection 名称为“cnnEmploy”，“连接”属性为“employee.mdb”文件。添加 Command 命令按钮名称为“cmmSalary”，在 cmmSalary 单击鼠标右键选择“属性”命令，如图 T10.5 所示。

在属性页中选择“数据源”为“SQL 语句”，单击“SQL 生成器”按钮，出现如图 T10.6 所示的“cmmSalary”设计界面。

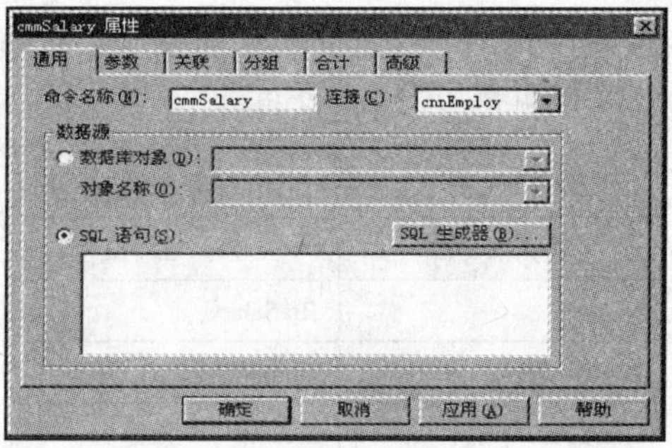

图 T10.5 命令属性

为了方便设计，在“视图”菜单单击“数据视图”命令，将表 Person、Salary、Department 拖放到“SQL 生成器”设计窗体，建立表的连接，以及选择所需要显示在报表中的字段，选择 Salary 表中的所有列和 Department 表中的部门名称字段。

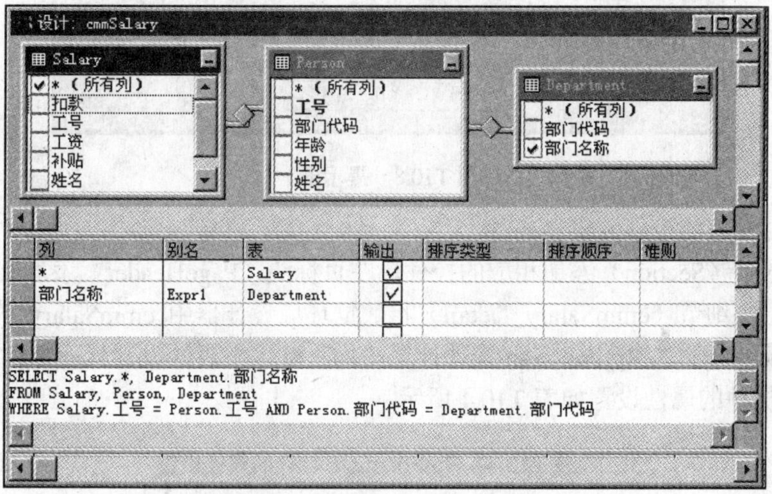

图 T10.6 “cmmSalary”设计界面

关闭查询设计并保存为 cmmEmploy，数据环境设计器如图 T10.7 所示。

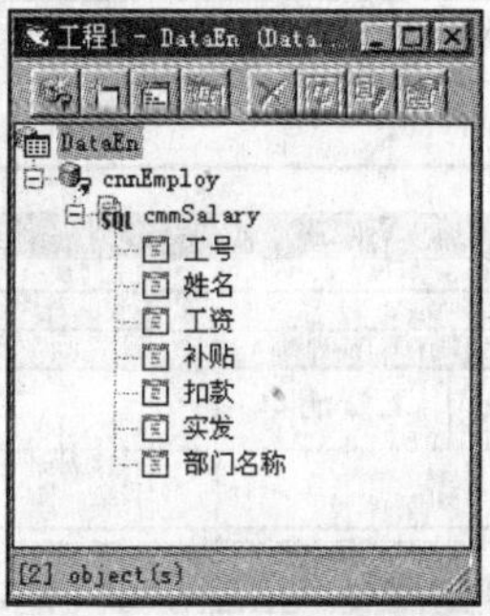

图 T10.7 数据环境设计器

（2）添加 Data Report 对象

在“工程”菜单上，单击“添加 Data Report”，将数据报表设计器添加到工程中。

（3）设置 DataReport 对象属性

DataReport 对象属性的设置如表 T10.3 所示。

表 T10.3 DataReport 对象属性的设置

属 性 名	属 性 值
Name	RptSalary
DataMember	cmmSalary
DataSource	DataEn

使用鼠标右键单击报表设计器，选择“检索结构”命令，出现如图 T10.8 所示的提示框，单击“是”按钮。

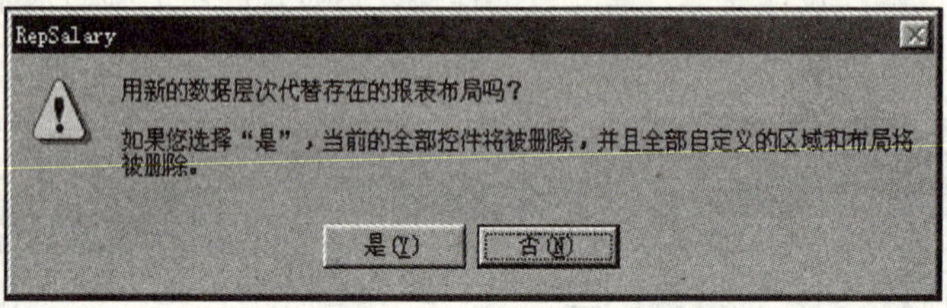

图 T10.8 提示框

（4）添加相应的控件并安排布局

在相应的节（Section）添加相应的控件，在页标头（PageHeader）添加 RptLabel 控件用来显示信息，细节（cmmSalary_Detail）将数据环境设计器中 cmmSalary 的字段拖放过来，并在报表注脚添加 RptFunction 控件计算平均工资，报表的设计界面如图 T10.9 所示。RptFunction 控件的属性设置如表 T10.4 所示。

表 T10.4 RptFunction 控件的属性设置

属 性	设 置 值
Name	FncRAve
DataMember	CmmSalary
DataField	工资
FunctionType	RptFuncAve

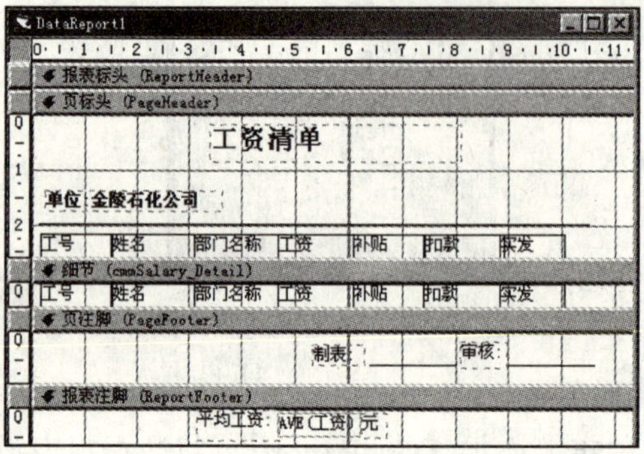

图 T10.9 报表设计界面

（5）打印预览和打印

在窗体 frmReport 中设置 3 个按钮，分别是打印预览(cmdPre)、打印(cmdPrint)和退出(cmdExit)。

Option Explicit

● 单击“打印预览”按钮：

```
Private Sub cmdPre_Click()
' 打印预览
    rptSalary.Show
End Sub
```

● 单击“打印”按钮：

```
Private Sub cmdPrint_Click()
' 打印
    rptSalary.PrintReport True
End Sub
```

● 单击“退出”按钮：

```
Private Sub cmdExit_Click()
    frmMain.Show
    frmReport.Hide
End Sub
```

（6）运行工程，单击“打印预览”按钮，则显示如图 T10.10 所示界面。

图 T10.10 打印预览

练习：

- 在 frmReport 窗体中输入需要打印的部门名称，将满足条件的人员打印出来。
- 将 frmPerson 和 frmSalary 中的 ADO Data 控件移去，将 DataGrid 和 DataCombo 控件绑定的数据源改为数据环境设计器 DataEn。

实验 11

图形和文本

目的和要求

（1）熟练掌握绘图方法。

（2）熟练掌握文本处理的方法。

（3）掌握 ClipBoard 对象的使用。

内容和步骤

一、基础级

使用 VB 提供的绘图方法可以画点、画线、画圆等。在窗体或图片框中绘制图形首先要确定坐标，ScaleHeight 和 ScaleWidth 属性是根据绘图区域的当前宽度和高度来定义刻度的，可以自己设置，以后改变窗体大小时刻度将保持不变。当属性值设置为正值时，表示坐标轴的增加方向是从左到右或从上到下，如果设置为负值则表示与增加方向相反。ScaleLeft 和 ScaleTop 属性用于设置对象左上角的坐标，可以方便地修改原点的位置。

为了在图中点或线画得更清楚，可以设置线型或边框的宽度以及线宽。使用 DrawWidth 设置线宽，BorderWidth 设置直线和形状控件的边框宽度，DrawStyle 设置线型即实线或点线等。

1. 画阿基米德螺线

创建 1 个工程在窗体中动画地画出的阿基米德螺线，其横坐标是 i×cos(i)，纵坐标是 i×sin(i)。运行界面如图 T11.1 所示。

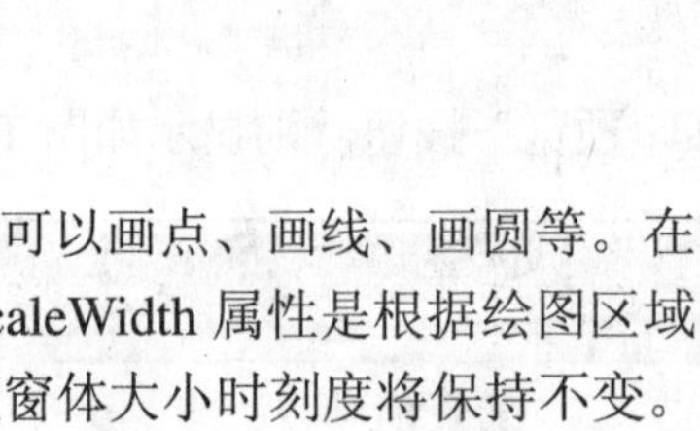

图 T11.1　运行界面

（1）新建 1 个标准的 EXE 工程

界面设计：

在窗体中有 2 个按钮 CmdPaint 和 CmdCls，分别用于画图和清屏，一个定时器 Timer1。

Timer1 的 Enabled 属性设置为 False，Interval 属性设置为 10，运用定时器实现动画画图的效果。在窗体中画出红色的阿基米德螺线。

（2）添加代码

- 声明变量：

```
Option Explicit
Dim i As Single
```

- 装载窗体，设置窗体坐标系，窗体的坐标系左上角坐标为(-15,15)，中心点是（0，0），ScaleWidth 是 30：

```
Private Sub Form_Load()
' 设置窗体的坐标系
    Scale (-15, 15)-(15, -15)                    ' 设置 Form1 的刻度
End Sub
```

- 单击“开始绘图”按钮，绘制坐标轴，启动定时器：

```
Private Sub CmdPaint_Click()
    Line (0, 14)-(0, -14)                        ' 绘制纵坐标
    Line (14.5, 0)-(-14.5, 0)                    ' 绘制横坐标
    Timer1.Enabled = True
End Sub
```

- 定时器每隔 0.01 秒调用画阿基米德螺线的过程：

```
Private Sub Timer1_Timer()
    Dim x As Single, y As Single
    If i < 12 Then
        i = i + 0.02
        y = i * Sin(i)                 ' 阿基米德螺线方程
        x = i * Cos(i)
        Form1.ForeColor = vbRed
        PSet (x, y)
    End If
End Sub
```

- 单击“清屏”按钮，停止定时器：

```
Private Sub CmdCls_Click()
    Form1.Cls                                    ' 清屏
    Timer1.Enabled = False
End Sub
```

（3）保存并运行程序

2. 画工资曲线

根据数据库中的平均工资作出各部门的工资曲线。

（1）新建 1 个标准的 EXE 工程

（2）创建数据库

使用数据库“employee.mdb”文件的“Chart”表的数据画出曲线，“Chart”表的各字段如表 T11.1 所示，其中“工资”字段为部门的平均工资。

表 T11.1　“Chart”表结构

字段名	数据类型	大小
月份	Text	2
部门代码	Text	4
工资	Single	

（3）界面设计

在窗体中有 2 个按钮 cmdShow 和 cmdExit，分别用于显示图表和结束程序，1 个 Data 控件 Data1 用于绑定到数据库“employee.mdb”的“Chart”表，1 个组合框 cmbMonth 用于选择月份，1 个图片框 picChart 用于显示坐标轴和曲线，还有 2 个框架和标签。

窗体控件的属性如表 T11.2 所示。

表 T11.2　窗体控件属性表

控件名	属性名	属性值
Data1	DataSource	“C:\…\employee.mdb”
	RecordSource	Chart
	Visible	False
cmdShow	Caption	显示
cmdExit	Caption	退出
Frame1	Caption	月份
cmbMonth	Text	1

程序运行界面如图 T11.2 所示。

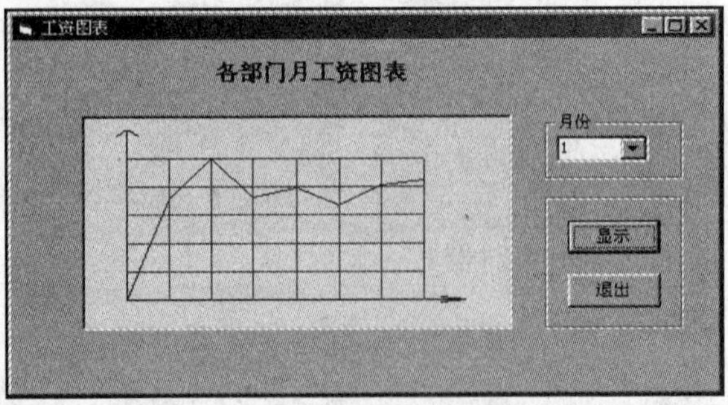

图 T11.2　程序运行界面

（4）添加代码

在图片框 picChart 中画坐标轴和网格，当单击“显示”按钮时根据数据表“Chart”各部门的“工资”字段，画出曲线。

● 声明变量：

```
Option Explicit
```

```
Dim Month As Integer
Dim x1 As Integer, y1 As Integer, x2 As Integer, y2 As Integer
Dim H As Integer, W As Integer
```

● 窗体激活时设置刻度，通过设置图片框的 ScaleHeight 和 ScaleWidth，来设置刻度以便画坐标轴和网格：

```
Private Sub Form_Activate()
    picChart.ScaleHeight = 3800
    picChart.ScaleWidth = 2000
    Month = 1
End Sub
```

● 窗体装载时添加组合框下拉选项：

```
Private Sub Form_Load()
' 添加 cmbMonth 的下拉列表为 12 个月份
    Dim i As Integer
    For i = 1 To 12
        cmbMonth.AddItem (i)
    Next i
End Sub
```

● 单击“显示”按钮画工资曲线，通过将最高工资设置为网格中的最高点，来确定工资数据与坐标的关系。

```
Private Sub cmdShow_Click()
' 单击显示，画工资曲线
    Dim Max As Single, Temp As Single
    Dim ScaleSalary
    Dim i As Integer
    picChart.Cls                                    ' 清除屏幕
    Call DrawAxis(picChart)                         ' 调用画坐标轴
    Call DrawLine(picChart)                         ' 调用画网格
    With Data1.Recordset
        .MoveFirst
        Max = .Fields("工资")                        ' 计算最高工资
        Do While Not .EOF
            If .Fields("月份") = Month Then
                Temp = .Fields("工资")
                If Max < Temp Then Max = Temp
            End If
            .MoveNext
        Loop
        ScaleSalary = 5 * H / Max
        picChart.ForeColor = QBColor(5)
        picChart.CurrentX = x1
        picChart.CurrentY = y1
        i = 1
        .MoveFirst
```

```
        Do While Not .EOF                                    ' 画工资曲线
            If .Fields("月份") = Month Then
                Temp = .Fields("工资")
                picChart.Line -(x1 + W * i, y1 - Temp * ScaleSalary)
            End If
            i = i + 1
            .MoveNext
        Loop
    End With
End Sub
```

● 通过 DrawLine 来画网格，参数为图片框对象：

```
Private Sub DrawLine(MyPicture As PictureBox)
' 画网格
    Dim i As Integer
    MyPicture.ForeColor = QBColor(3)
    H = (y1 - y2) / 6
    W = (x2 - x1) / 8
    For i = 1 To 7                                              ' 画 Y 网格
        MyPicture.Line (x1 + W * i, y1)-(x1 + W * i, y1 - H * 5)
    Next i
    For i = 1 To 5                                              ' 画 X 网格
        MyPicture.Line (x1, y2 + i * H)-(x1 + W * 7, y2 + i * H)
    Next i
End Sub
```

● 通过 DrawAxis 画坐标轴，参数为图片框对象：

```
Private Sub DrawAxis(MyPicture As PictureBox)
' 画坐标轴
    MyPicture.Cls
    MyPicture.ForeColor = QBColor(1)
    x1 = 200
    y1 = (MyPicture.ScaleHeight - 500)
    x2 = MyPicture.ScaleWidth - 200
    y2 = 200
    MyPicture.Line (x1, y1)-(x1, y2)                        ' 画 Y 坐标轴
    MyPicture.Line (x1, y1)-(x2, y1)                        ' 画 X 坐标轴
    MyPicture.Line (x1 - 50, y2 + 120)-(x1, y2)             ' 画坐标轴箭头
    MyPicture.Line (x1 + 50, y2 + 120)-(x1, y2)
    MyPicture.Line (x2 - 120, y1 + 50)-(x2, y1)
    MyPicture.Line (x2 - 120, y1 - 50)-(x2, y1)
End Sub
```

单击“月份”组合框输入月份，用于将画出满足月份的部门平均工资。

```
Private Sub cmbMonth_Click()
    Month = cmbMonth.Text
End Sub
```

● 单击“退出”按钮：

```
Private Sub cmdExit_Click()
    End
End Sub
```

二、提高级

使用 ClipBoard 对象可以通过剪贴板复制、剪贴和粘帖应用程序中的文本和图形。

设计一个简单的文本编辑器，在文本框中就像在编辑器中一样，可以方便地对输入的内容进行输入、剪切、复制和粘帖操作。

（1）新建一个标准 EXE 工程

（2）界面设计

在窗体中有 4 个按钮 cmdCopy、cmdCut、cmdEnd 和 cmdPaste，1 个文本框 Text1。控件属性的设置如表 T11.3 所示。

表 T11.3　控件属性的设置值

控 件 名	属 性 名	属 性 值
cmdCopy	Caption	剪切(&T)
cmdCut	Caption	复制(&C)
cmdPaste	Caption	粘帖(&P)
cmdEnd	Caption	结束(&X)
Text1	Text	空
	MultiLine	True
	ScrollBars	3-Both

界面设计如图 T11.3 所示。

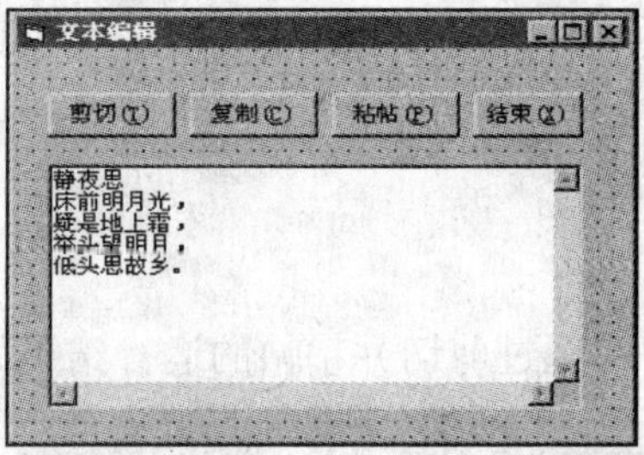

图 T11.3　界面设计

（3）添加代码

● 声明变量：

```
Option Explicit
Dim Where As Integer
Dim Length As Integer
```

● 文本框失去焦点时记录选中的文本，SelLength 返回在文本框中选择的字符数；SelText 返回当前所选择文本的字符串：

```
Private Sub Text1_LostFocus()
    Where = Text1.SelStart
    Length = Text1.SelLength
End Sub
```

- 单击“复制”按钮复制所选内容，数据复制到 ClipBoard 对象之前，必须用 Clear 方法清除 ClipBoard 中的内容：

```
Private Sub cmdCopy_Click()
' 复制
  Clipboard.Clear
  Clipboard.SetText Text1.SelText
End Sub
```

- 单击“剪切”按钮：

```
Private Sub cmdCut _Click()
' 剪切
 Dim l As Integer
 Clipboard.Clear
 Clipboard.SetText Text1.SelText
 l = Len(Text1.Text)
 Text1.Text = Left(Text1.Text, Where) & Right _
 (Text1.Text, l - Where - Length)
End Sub
```

- 单击“粘帖”按钮，SelStart 返回所选择的文本的起始点数值：

```
Private Sub cmdPaste_Click()
' 粘帖
    Dim l As Integer
    l = Len(Text1.Text)
 Where = Text1.SelStart
 Text1.Text = Left(Text1.Text, Where) & Clipboard.GetText() & Right(Text1.Text, l - Where)
End Sub
```

- 单击“结束”按钮：

```
Private Sub cmdEnd_Click()
    End
End Sub
```

（4）保存工程，运行程序，经过剪切并粘帖的运行结果如图 T11.4 所示。

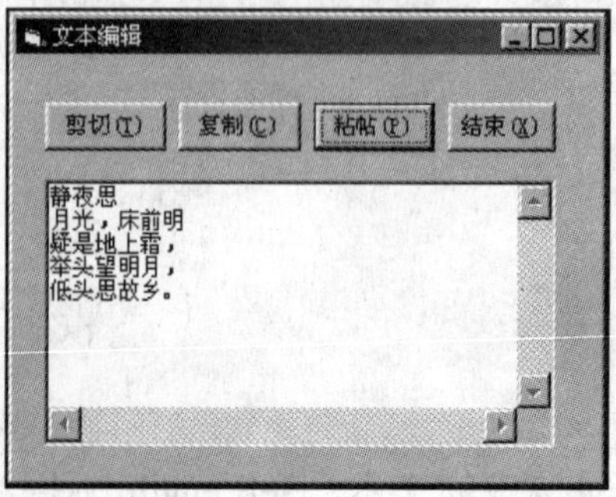

图 T11.4　运行结果

练习：

- 添加一个 Undo 按钮，将剪切、粘帖的操作都恢复过来，程序应该如何编写。

三、自我练习

1．利用画线的方法从屏幕的中心点开始在窗体上随机画射线，使用定时器每隔 0.1 秒画一条射线。

2．使用柱形图来显示工资，并填充不同的颜色。

3．使用 ActiveX 控件 MsChart 来绘制曲线和柱形图。MsChart 控件通过在“部件”对话框中选择“Microsoft Chart Control6.0”复选框。

实验 12

键盘、鼠标和多媒体

目的和要求

（1）熟练掌握鼠标事件。

（2）熟练掌握键盘事件，了解键盘的 ASCⅡ码值。

（3）掌握多媒体控件。

内容和步骤

一、基础级

创建一个计算器应用程序，实现简单的+、-、*、/运算。

（1）新建工程

（2）界面设计

窗体上由表示 0～9 的十个按钮控件(cmdNumber)组成控件数组，用于数字键；另外还有 cmdDot、cmdOn、cmdOff 和 cmdEnd 按钮，分别显示为小数点、"ON"、"OFF"和"END"；还有一个文本框 txtResult，用于显示运算过程。计算器窗体的设计界面如图 T12.1 所示。

0～9 的十个按钮控件 cmdNumber 的 Enabled 属性设置为 False。

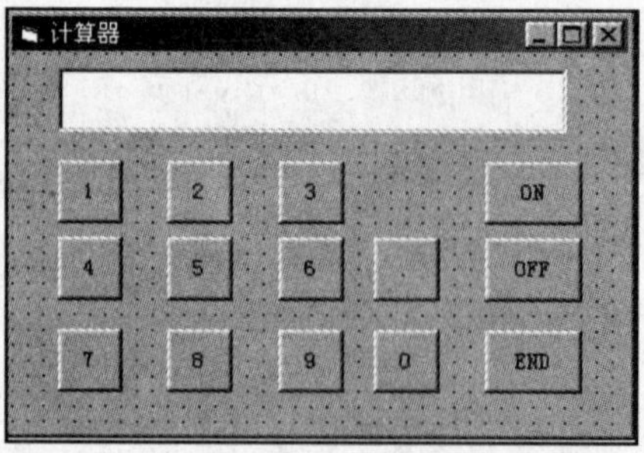

图 T12.1　计算器窗体的设计界面

（3）添加代码

本程序的功能并不完整，主要通过单击窗体上的按钮完成数字的输入，运算符号+、-、*、/、=的输入通过键盘按键输入。

● 声明变量：

```
Dim Sign As Integer
Dim First As Single, Second As Single, Result As Single
Dim Again As Boolean
Dim Begin As Boolean
Dim Start As Boolean
```

● 装载窗体，设置初始值：

```
Private Sub Form_Load()
    Sign = -1
    Again = False
    Begin = False
End Sub
```

● 单击“ON”按钮，在文本框显示“0.”并使数字按钮有效：

```
Private Sub cmdOn_Click()
    Dim i As Integer
    txtResult.Enabled = True
    txtResult.Text = "0."
    Start = True
    For i = 0 To 9
        cmdNumber(i).Enabled = True
    Next i
End Sub
```

● 单击“数字”按钮，在文本框显示数字：

```
Private Sub cmdNumber_Click(Index As Integer)
' 单击数字按钮
If Start = True Then
        If Again = False And Begin = True Then
            txtResult.Text = txtResult.Text & Index
        Else
            txtResult.Text = Index
        End If
        Again = False
        Begin = True
  End If
End Sub
```

● 单击“小数点”按钮，在文本框显示小数点：

```
Private Sub cmdDot_Click()
' 单击小数点
If Start = True Then
        If Val(txtResult.Text) And Again = False Then
            txtResult.Text = txtResult.Text & "."
        Else
            txtResult.Text = "0."
        End If
        Begin = True
```

```
        Again = False
End If
End Sub
```

● 当按下键盘时计算并显示结果，KeyPress 事件对键盘上的+-*/运算符号与小键盘运算符号的 ASCⅡ值相同：

```
Private Sub cmdNumber_KeyPress(Index As Integer, KeyAscii As Integer)
' 按下+-*/键
If Start = True Then
        Select Case KeyAscii
            Case 61                    ' 按下“=”
                Second = Val(txtResult.Text)
                Select Case Sign
                    Case 0
                        Result = First + Second
                    Case 1
                        Result = First - Second
                    Case 2
                        Result = First * Second
                    Case 3
                        Result = First / Second
                End Select
                txtResult.Text = Result
                First = Result
                Again = True
            Case 43                    ' 按下“+”
                Sign = 0
                If Result <> 0 Then
                    First = Result
                Else
                    First = Val(txtResult.Text)
                End If
                txtResult.Text = First
                Again = True
            Case 45                    ' 按下“-”
                Sign = 1
                If Result <> 0 Then
                    First = Result
                Else
                    First = Val(txtResult.Text)
                End If
                txtResult.Text = First
                Again = True
            Case 42                    ' 按下“*”
                Sign = 2
                If Result <> 0 Then
```

```
                First = Result
            Else
                First = Val(txtResult.Text)
            End If
            txtResult.Text = First
            Again = True
        Case 47                 ' 按下“/”
            Sign = 3
            If Result <> 0 Then
                First = Result
            Else
                First = Val(txtResult.Text)
            End If
            txtResult.Text = First
            Again = True
        Case Else
            KeyAscii = 0   ' 其他按键时,取消按键
    End Select
    Begin = True
  End If
End Sub
```

● 单击“OFF”按钮清除文本框内容，并使数字按钮无效：

```
Private Sub cmdOff_Click()
    Dim i As Integer
    txtResult.Text = ""
    txtResult.Enabled = False
    Start = False
    First = 0
    Second = 0
    Result = 0
    For i = 0 To 9
        cmdNumber(i).Enabled = False
    Next i
End Sub
```

● 单击“结束”按钮：

```
Private Sub cmdEnd_Click()
    End
End Sub
```

（4）保存工程

（5）运行工程

练习

● 在窗口中添加+、-、*、/、=运算符号按钮，使按钮和键盘可同时输入。

● 修改程序，使 0～9 数字的输入也可使用键盘输入。

2. 创建1个视频浏览器

采用Multimedia控件创建1个可以播放多媒体的文件浏览器，可以播放.avi视频文件。

在“microsoft visual studio \common \graphics\videos”文件夹中有很多.avi动画文件。

（1）新建工程

（2）界面设计

窗体上有1个文件列表框(File1)、文件列表框(Dir1)和驱动器列表框(Drive1)；1个图片框控件(Picture1)用于显示所选择的图片；1个Multimedia控件(mmControl1)用于播放.avi文件。

本程序中mmControl1控件的Eject和Record功能都不用，mmControl1的属性设置：EjectVisible、RecordVisible设置为False，在mmControl1控件上就看不见这2个按钮。

视频浏览器如图T12.2所示。

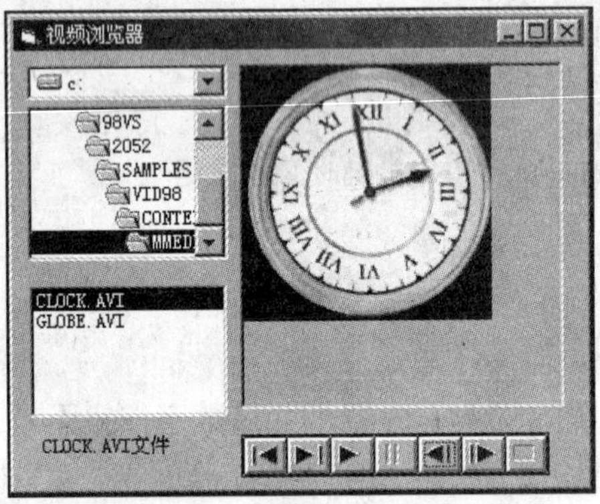

图 T12.2 视频浏览器

（3）添加代码

通过在文件系统控件中选择播放的.avi文件，然后单击mmControl1控件的各按钮来控制播放。

● 装载窗体，初始化MCI设备，在文件列表框中选择“.avi”文件：

```
Option Explicit
Private Sub Form_Load()
    File1.Pattern = "*.avi"              ' 设置文件的样式
    With MMControl1
        .Notify = False
        .Wait = True
        .DeviceType = "avivideo"
    End With
End Sub
```

● 改变驱动器，将目录列表框同步：

```
Private Sub Drive1_Change()
    Dir1.Path = Drive1.Drive
End Sub
```

● 改变目录，将文件列表框同步：

```
Private Sub Dir1_Change()
```

```
    File1.Path = Dir1.Path
End Sub
```

● 单击文件列表框，设置 mmControl1 控件播放的文件名：

```
Private Sub File1_Click()
    Label1.Caption = File1.FileName & "文件"
    MMControl1.FileName = Dir1.Path & "\" & File1.FileName
    MMControl1.Command = "Open"
End Sub
```

● 播放 mmControl1 控件，对于利用窗口显示输出结果的 MCI 设备，hWndDisplay 属性为其规定显示输出的窗口：

```
Private Sub MMControl1_PlayClick(Cancel As Integer)
' 指定 Picture1 图片框为播放窗口
    MMControl1.hWndDisplay = Picture1.hWnd
End Sub
```

● 卸载窗体，关闭 MCI 设备：

```
Private Sub Form_Unload(Cancel As Integer)
    MMControl1.Command = "close"
    Picture1.Cls
    Picture1.Visible = False
End Sub
```

（4）保存工程

（5）运行程序

练习：

● 将视频浏览器改为音频浏览器，用来播放.wav 文件。

● 将 mmControl1 控件的 Visible 属性改为 False，使用自己定义的按钮数组来实现播放功能。

二、提高级

如果不清楚键盘各按键的 ASCⅡ码值，可以通过“对象浏览器”来查看。

在工具栏单击“对象浏览器”按钮，打开“对象浏览器”窗口，如图 T12.3 所示。在搜索栏输入“KeyCodeContants”，单击“搜索”按钮。在“成员”栏出现各种键盘按键常数，选择某一个按键常数就可以在下面的描述中显示按键的 ASCⅡ码值。

图 T12.3 “对象浏览器”窗口

三、自我练习

1. 在上面的计算器实验中，增加按“ESC”键关闭程序的功能。
2. 在上面的视频浏览器中将 Multimedia 控件改为 MediaPlayer 控件进行视频播放。

实验 13

文件的使用

目的和要求

（1）了解文件的访问类型。

（2）掌握顺序文件和随机文件的使用

（3）熟练掌握 FSO 对象模型的使用。

内容和步骤

一、基础级

在 VB 中有 3 种访问文件的类型：顺序型、随机型和二进制型。

- 顺序型用于读/写连续块中的文本文件，是一系列的 ASCⅡ码格式的文本行，它是一个接一个按顺序排列存放的，每行的长度可以变化，访问顺序文件只能按顺序存取。
- 随机型用于读/写有固定长度记录结构的文本文件或二进制文件，随机文件是以随机存取方式存取的文件，是由一组长度相等的记录组成的。每个记录都有 1 个记录号，随机文件打开后，既可读又可写，可以根据记录号访问文件中的任何一个记录，无需按顺序进行。
- 二进制型用于读/写任意有结构的文件。

1. 顺序文件的操作

从顺序文件“考试成绩”中读取数据到窗体的文本框中，在文本框中修改后将数据写回文件中。

（1）新建工程

界面设计如下：

界面中有 3 个文本框 txtNumber、txtName 和 txtScore 分别用于显示“考试成绩”文件中的学号、姓名和成绩，3 个按钮 cmdRead、cmdWrite 和 cmdEnd 分别用于“读取”数据，“写入”文件和“结束”程序。“学生成绩”界面如图 T13.1 所示。

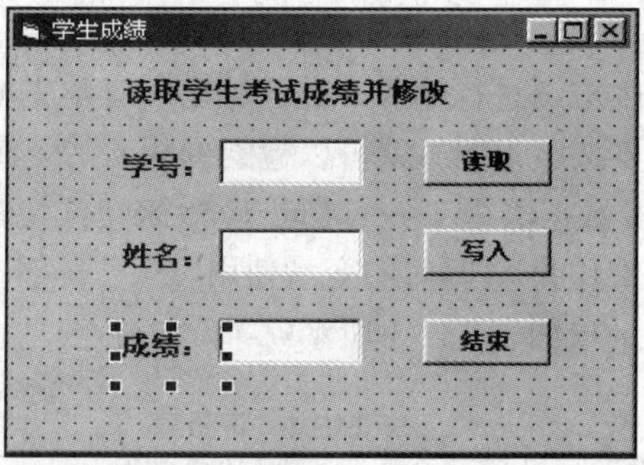

图 T13.1　“学生成绩”界面

（2）添加代码

● 装载窗体，打开文件：

```
Option Explicit
Private Sub Form_Load()
    Open "考试成绩 1" For Output As #2
    Open "考试成绩" For Input As #1
End Sub
```

● 单击“读取”按钮，将文件内容读到变量中：

```
Private Sub cmdRead_Click()
' 读取文件中的数据
    Dim Myscore As Integer
    Dim Myname As String * 10, Mynumber As String * 4
    If Not EOF(1) Then
        Input #1, Mynumber, Myname, Myscore            ' 读取文件到变量中
        txtName.Text = Myname
        txtNumber.Text = Mynumber
        txtScore.Text = Myscore
    End If
End Sub
```

● 单击“写入”按钮，将文本框中的内容写入文件：

```
Private Sub cmdWrite_Click()
' 将文本框中的内容写入文件
    Write #2, txtName.Text, txtNumber.Text, txtScore.Text
End Sub
```

● 单击“结束”按钮，关闭文件：

```
Private Sub cmdEnd_Click()
    Close #1
    Close #2
    Kill "考试成绩"                              ' 删除文件名
    Name "考试成绩 1" As "考试成绩"              ' 更改文件名
    End
End Sub
```

（3）保存并运行工程。

2. 随机文件的操作

用一个随机文件对学生成绩进行输入，并计算出所有学生的平均成绩。

随机文件的访问，只要按照记录号就可以检索到相应的记录。每一条记录都可以包含多个记录项，通常采用定义数据类型 Type…End Type 来定义记录的结构，然后将变量声明为该数据类型的变量，用来作为读/写时的变量使用。

定义 1 个学生的各记录项如表 T13.1 所示。

表 T13.1　记录项

字 段 名	类　型	长　度	含　义
ID	String	6	学号
Name	Sring	10	姓名
ChineseScore	Single		语文成绩
MathScore	Single		数学成绩

（1）新建工程

界面设计如下：

窗体有 4 个文本框 txtID、txtName、txtCHscore 和 txtMAscore 分别用于显示学号、姓名、语文成绩和数学成绩；有 3 个按钮 cmdInput 、cmdCal 和 cmdEnd 分别用于输入记录、计算平均值和结束程序。

当单击“计算”按钮时，计算出所有学生的平均成绩，其运行结果如图 T13.2 所示。

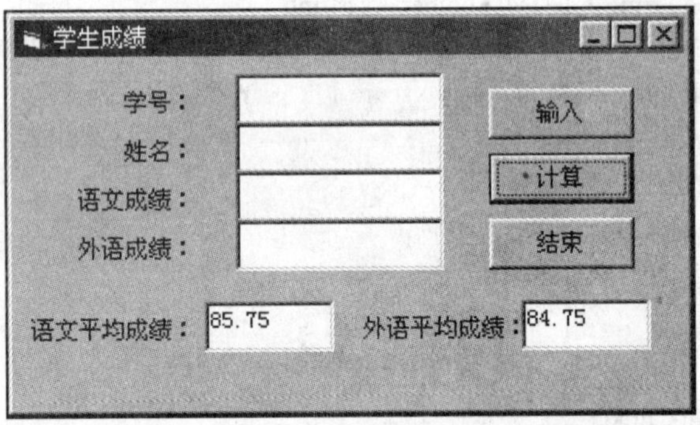

图 T13.2　运行结果

（2）添加代码

本程序有 2 个模块，1 个标准模块，1 个窗体模块。

● 在标准模块中用 Type…End Type 来定义记录的结构。

```
Type Student
    Number As String * 4
    Name As String * 10
    ChineseScore As Single
    MathScore As Single
End Type
```

在窗体中添加代码：

● 声明变量：

```
Option Explicit
Dim Length As Long, Num As Long
Private Score As Student                                  ' 声明记录型变量
```

● 装载窗体，打开文件：

```
Private Sub Form_Load()
    Length = Len(Score)                                   ' 计算记录长度
    Open "考试成绩" For Random As #1 Len = Length         ' 用随机访问方式打开
End Sub
```

● 单击"输入"按钮，在文件的最后添加记录：

```
Private Sub cmdInput_Click()
' 添加记录
    Num = LOF(1) / Length + 1                             ' 找到最后记录号
    If txtID.Text = "" And txtName.Text = "" Then
        MsgBox "无输入数据", vbOKOnly, "输入数据"
    Else
        Put #1, Num, Score
        txtID.Text = ""
        txtName.Text = ""
        txtCHscore.Text = ""
        txtMAScore.Text = ""
        Num = Num + 1
    End If
End Sub
```

●"姓名"文本框输入：

```
Private Sub txtName_Change()
    Score.Name = txtName.Text
End Sub
```

●"学号"文本框输入：

```
Private Sub txtNumber_Change()
    Score.Number = txtNumber.Text
End Sub
```

●"语文成绩"文本框输入：

```
Private Sub txtCHScore_Change()
    Score.ChineseScore = Val(txtCHscore.Text)
End Sub
```

●"数学"文本框输入：

```
Private Sub txtMAScore_Change()
    Score.MathScore = Val(txtMAScore.Text)
End Sub
```

● 单击"计算"按钮，计算文件中所有记录的平均成绩：

```
Private Sub cmdCal_Click()
' 计算平均成绩
```

```
    Dim NumL As Long
    Dim SumC As Single, AveC As Single
    Dim SumM As Single, AveM As Single
    Dim i As Integer
    SumC = 0 : SumM = 0
    i = 1
    Do While Not EOF(1)
        Get #1, i, Score                              ' 读取文件数据
        SumC = SumC + Score.ChineseScore
        SumM = SumM + Score.MathScore
        i = i + 1
    Loop
    NumL = LOF(1) / Length                            ' 计算记录个数
    AveC = SumC / NumL
    AveM = SumM / NumL
    txtAVEC.Text = AveC
    txtAveM.Text = AveM
End Sub
```

● 单击“结束”按钮：

```
Private Sub cmdEnd_Click()
    Close #1                                          ' 关闭文件
    End
End Sub
```

（3）保存并运行程序。

二、提高级

用 FSO 对象模型新建文件，从窗体的文本框中输入文本内容写入文件中，并可在窗体中复制文件夹。

使用 FSO 对象模型是基于对象的工具来操作文件和文件夹，可以方便地创建、改变、移动、删除文件夹以及获取文件夹的名称、创建日期和最近修改日期等信息，并可以对文件进行读/写操作。

（1）新建工程

（2）引用 Scripting 的类型库

执行“工程”→“引用”命令，打开“引用”对话框，再选中“Microsoft Scripting Runtime”复选框，如图 T13.3 所示。

（3）界面设计

使用文件管理控件：驱动器列表框(Drive1)、目录列表框(Dir1)和文件列表框(File1)来选择文件；一个文本框(txtFile)用来输入文件内容；有 4 个按钮：按钮“新建”(cmdCreate)用于新建 txt 文件，按钮“输入”(cmdText)用于将文本框中的文本写入文件中，按钮“复制”(cmdCopy)用于定位复制文件夹，按钮“粘贴”(cmdPaste)用来将文件夹粘贴到任意文件夹中。控件属性设置如表 T13.2 所示。

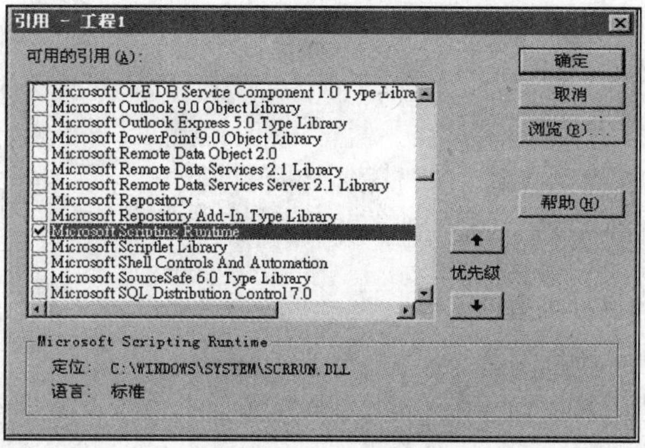

图 T13.3　引用 Scripting 类型库

表 T13.2　控件属性

控件名	属性名	属性值
File1	Pattern	*.txt
txtFile	MultiLine	True
	Text	空
	ScrollBar	1-Vercital
cmdCreate	Caption	新建
cmdText	Enable	False
	Caption	输入
cmdCopy	Caption	复制
cmdPaste	Caption	粘贴
cmdEnd	Caption	结束

界面设计如图 T13.4 所示。

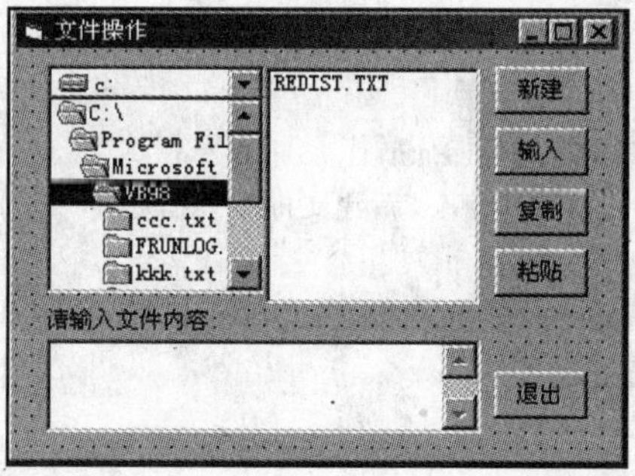

图 T13.4　界面设计

（4）添加代码

● 声明变量：

```
Option Explicit
Dim Fso As New FileSystemObject
```

```
Dim FileTxt As TextStream
Dim FolderTxt As Folder, FolderO As Folder
Dim FileName As String
```

● 装载窗体：

```
Private Sub Form_Load()
    Set Fso = CreateObject("scripting.FileSystemObject")
End Sub
```

● 改变目录，将文件列表框同步：

```
Private Sub Dir1_Change()
    File1.Path = Dir1.Path
End Sub
```

● 改变驱动器，将目录列表框同步：

```
Private Sub Drive1_Change()
    Dir1.Path = Drive1.Drive
End Sub
```

● 单击“复制”按钮，复制所选定的文件夹：

```
Private Sub cmdCopy_Click()
' 选定复制文件夹
    Set FolderO = Fso.GetFolder(File1.Path)
End Sub
```

● 单击“粘贴”(cmdPaste)按钮，将复制的文件夹粘贴到当前文件夹中：

```
Private Sub cmdPaste_Click()
' 粘贴文件夹
    Dim folderPaste As Folder
    Set folderPaste = Fso.GetFolder(File1.Path)
    FolderO.Copy (folderPaste)
End Sub
```

● 单击“新建”按钮，在所选定的文件夹中新建文件，在输入对话框中输入文件名：

```
Private Sub cmdCreate_Click()
' 新建文件
    Dim FName1 As String
    Set FolderTxt = Fso.GetFolder(File1.Path)
    FName1 = InputBox("请输入文件名", "新建文件")
    If FName1 <> "" Then
        Set FileTxt = FolderTxt.CreateTextFile(FName1)
        File1.FileName = FName1
        cmdText.Enabled = True
    End If
End Sub
```

● 单击“输入”(cmdText)按钮，将文本框中的内容写入到新文件中：

```
Private Sub cmdText_Click()
' 从文本框输入文件内容
    FileTxt.Write (txtFile.Text)
    txtFile.Text = ""
```

```
End Sub
```

● 单击“结束”按钮：

```
Private Sub cmdEnd_Click()
    End
End Sub
```

（5）保存并运行工程

当单击“新建”按钮时，出现运行结果，如图 T13.5 所示。输入文件名后，在文件夹“Temp”中就出现“bb.txt”文件。然后就可以在文本框中输入文件内容。

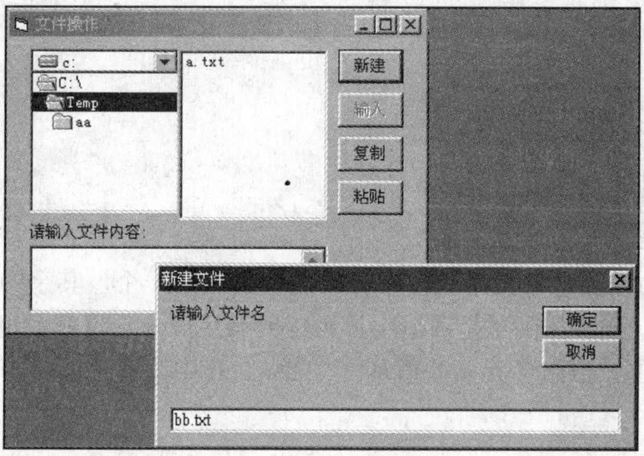

图 T13.5　运行结果

三、自我练习

1. 创建界面，添加“新建”和“删除”按钮，使用 FSO 新建和删除所选择的文件或文件夹。

2. 创建界面，单击“打开文本文件”按钮，使文本文件的内容可以显示在文本框中。

3. 下面程序的功能是统计当前文件夹中的顺序文件 data. Txt 中共有多少个英文单词，约定连续出现的英文字母定义为一个单词。

含有错误程序的代码如下：

```
（1）Option Explicit
（2）Private Sub form_click()
（3）Dim st As String, char() As String, tem As String
（4）Dim idx As Integer, js As Long, flen As Long
（5）Dim f As Boolean, w As String * 1
（6）Open "d:\data.txt" For Input As #10
（7）flen = LOF(10)
（8）st = input(flen, #10)
（9）js = 1
（10）Do While js <= flen
（11）w = Mid(st, js)
（12）If w >= "A" And w <= "Z" Or w >= "a" And w <= "z" Then
```

```
（13）tem = tem + w
（14）f = false
（15）ElseIf f = True Then
（16）idx = idx + 1
（17）ReDim Preserve char(idx)
（18）char(idx) = tem
（19）tem = ""
（20）f = false
（21）js = js + 1
（22）End If
（23）Loop
（24）Print "共有"; idx; "单词"
（25）For js = 1 To idx
（26）Print char(js)
（27）Next js
（28）End Sub
```

4．下面程序的功能是将无序数组中相同的数只保留一个，其余的删除。并输出经过删除后的数组元素。删除相同数是通过将该数组元素后面的元素在数组内依次前移替换前一个元素的值实现的。数组各元素的值从文件 Data.txt 中读取。

```
Option Explicit
Option Base 1
Private Sub Form_Click()
Dim i As Integer, j As Integer, k As Integer,
Dim a() As Integer, t As Integer, m As Integer
Open "c:\data.txt" For Input As 1
Do While ________
    i = i + 1
    ReDim Preserve a(i)
    Input #1, a(i)
Loop
m = 1: t = ________
Do While m < t
    i = m + 1
    Do While i <= t
        If a(i) = a(m) Then
            For j = i To________
                a(j) = a(j + 1)
            Next
            t = t - 1
        Else
            i = ________
        End If
    Loop
    m = m + 1
```

```
Loop
ReDim Preserve a(t)
For i = 1 To t
    Print a(i);
Next i
Print
Close
End Sub
```

答案

1.

（1）第 11 行改为 w = Mid(st, js, 1)

（2）将第 14 行改为 f=true

（3）将第 21 行放到 22 行之后

2. NOT EOF(1)　　　　ubound(a)　　　　t-1　　　　i+1

第 4 部分　综 合 应 用

应用 1

数据库综合应用——人员信息管理系统

P1　人员信息管理系统设计

设计管理信息系统，需要运用窗体和控件、过程代码、数据库设计、多媒体技术和文件的操作等许多知识。

人员信息包括人员基本信息、月工资信息、历年工资信息、离职人员信息和部门信息等。人员信息如图 P1.1 所示，工资信息如图 P1.2 所示。

Table:Person

工号	姓名	性别	部门代码	职称	年龄	工龄
000001	王刚	-1	0001	中级	30	8
000002	甄枚	0	0001	初级	26	4
000003	沈林林	-1	0001	中级	28	5
000004	陈文	-1	0002	高级	52	28
000005	赵薇	0	0003	中级	32	8
000006	许军	-1	0002	中级	36	12
000007	陈盛辉	-1	0003	初级	27	2
000008	李辉	-1	0003	高级	49	26

数据网格

图 P1.1　人员信息

Table:Salary

工号	姓名	工资	奖金	扣款	实发	月份
000001	王刚	2100	230	120	2210	1
000002	甄枚	1800	100	56	1844	1
000003	沈林林	2050	210	150	2110	1
000004	陈文	2800	350	190	2960	1
000005	赵薇	2350	160	180	2330	1
000006	许军	2300	200	140	2360	1
000007	陈盛辉	1800	110	70	1840	1
000008	李辉	1750	110	60	1800	1

数据网格

图 P1.2　工资信息

1. 数据输入

对人员信息的管理，包括人员信息的输入和工资信息的输入、修改，离职人员的删除。

2. 信息查询

通过查询，将满足查询条件的信息显示在窗体上，并能对人数、工资、职称等信息进行统计；将查询的结果写入随机文件，并保存文件。

3. 图表显示

将满足分析条件的数据用图表显示出来。

4. 报表输出

可以将查询的结果数据通过报表输出，也可打印输出。

系统设计包括数据库设计、主界面设计、菜单设计和功能设计。功能设计包括输入设计、查询设计、图表设计和报表设计。

系统功能流程图如图 P1.3 所示。

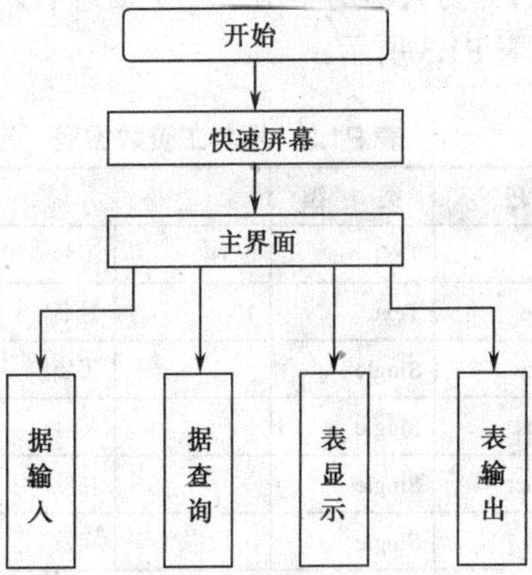

图 P1.3　系统功能流程图

P2　数据库设计

数据库采用 Access 数据库，使用 VisData 或在 Access 环境中创建数据库 Employee.mdb 文件。包括人员信息表、月工资数据表、历年工资数据表、离职人员数据表和部门数据表，以及通过查询建立职称表。

人员数据表（Person）为人员的个人信息资料表，数据表结构如表 P1.1 所示。

表 P1.1　人员信息表

字段名	类型	大小	说明
NO	Text	6	工号
Name	Text	10	姓名
Sex	Boolean		性别
Department	Text	4	部门代码
Prof	Text	6	职称
Age	Integer		年龄
SerYear	Integer		工龄

月工资数据表（MonthSalary）为人员月工资收入信息，数据表结构如表P1.2所示。

表 P1.2 月工资数据表

字段名	类型	大小	说明
NO	Text	6	工号
Name	Text	10	姓名
Salary	Single		工资
Bonus	Single		奖金
Deduct	Single		扣款
Fact	Single		实发
Month	Text	2	月份

历年工资数据表（Salary）为人员历年所有工资信息表，每月将月工资表数据添加到该数据表中，数据表结构如表P1.3所示。

表 P1.3 历年工资数据表

字段名	类型	大小	说明
NO	Text	6	工号
Name	Text	10	姓名
Salary	Single		工资
Bonus	Single		奖金
Deduct	Single		扣款
Fact	Single		实发
Month	Integer		月份
Year	Integer		年份

离职人员数据表（LeaveOffice）为离职人员的个人信息，当人员离职时将该人员数据从人员数据表中移到离职人员表中，数据表结构如表P1.4所示。

表 P1.4 离职人员数据表

字段名	类型	大小	说明
NO	Text	6	工号
Name	Text	10	姓名
LeaveTime	Date/Time		离职时间
LeaveType	Text	2	离职原因
Sex	Text	2	性别
Department	Text	4	部门代码
Prof	Text	6	职称
Age	Integer		年龄

部门数据表（Department）为部门名和部门代码对应关系，数据表结构如表 P1.5 所示。

表 P1.5 部门数据表

字 段 名	类 型	大 小	说 明
DepName	Text	16	部门名
Department	Text	4	部门代码

通过数据环境设计器的查询设计窗口，将人员信息表(Person)的职称(Prof)字段生成查询表 Prof。

通过数据环境设计器的查询设计窗口生成人员工作信息表，将人员信息表(Person)和历年工资信息表(Salary)的部分字段生成查询 PersonSalary，字段有：Month、No、Name、Prof、SerYear、Salary、Bonus、Deduct、Fact。

P3 主界面设计

主界面是用户打开系统首先见到的界面，也是进入其他模块的入口。

（1）进入系统后应先启动快速屏幕

快速屏幕用于显示系统的信息，包括：系统名、图标、作者和时间等，在快速屏幕显示时，打开数据库。

（2）进入主界面，通过主界面的菜单进入各模块。

主界面的菜单有快捷键和键盘访问键，菜单项如表 P1.6 所示。

表 P1.6 菜单项表

菜 单	菜 单 项	快 捷 键	键盘访问键
输入			&I
	输入人员信息	Ctrl+E	&E
	输入工资信息		&G
查询			&Q
	查询	Ctrl+Q	&Q
显示图表			&S
	显示图表	Ctrl+S	&S
打印			&P
	打印预览		&V
	打印	Ctrl+P	&P
帮助			&H
	内容	Ctrl+H	&H
	系统信息		
退出系统			&X
	退出	Ctrl+X	&X

主界面将常用菜单项设计为工具栏，在工具栏上有输入人员信息、输入工资信息、打印预览、打印、显示图表和帮助按钮以及播放音乐按钮，并有图标显示。

主界面要运用多媒体技术，运用播放声音的 Multimedia 控件播放背景音乐，用户可方便地选择开始或停止播放音乐。

主界面运行效果如图 P1.4 所示。

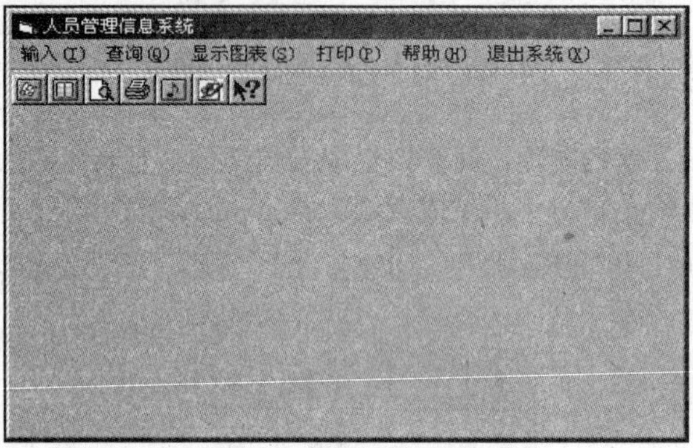

图 P1.4 主界面

P4 功能设计

1. 输入模块

输入模块用来输入人员信息和工资信息，由主界面中的输入菜单分别进入输入人员信息和工资信息窗体。

（1）输入人员信息设计

界面设计：

在窗体中有 3 个 ADO 控件，1 个 Animation 控件，2 个 DBCombo 控件，2 个 OptionButton，3 个文本框，7 个按钮和一些标签。

输入人员信息运行界面如图 P1.5 所示，输入工号为“000002”的人员信息。

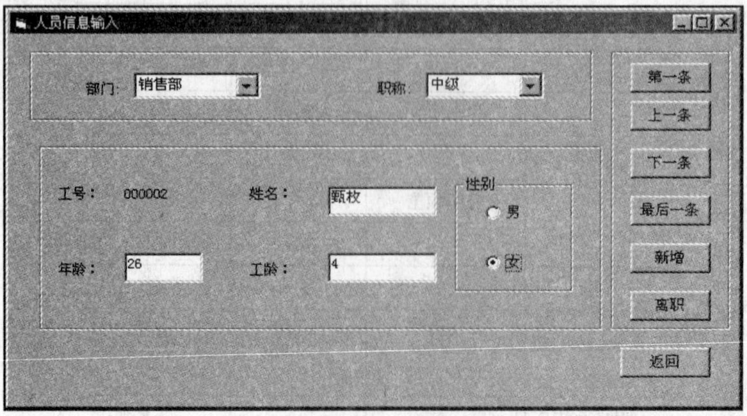

图 P1.5 输入人员信息界面

功能设计：

- 在窗体上通过 Animation 控件来显示用于表示模块功能的动画图标，通过循环播放来显示动画图标(图 T13.4 中略)。
- 3 个 ADO 控件分别连接 3 个数据表：人员信息表(Person)、部门数据表(Department)，以及职称表(Prof)。
- 将用于选择部门的 DBCombo 控件与 1 个 ADO 控件绑定。
- 将用于选择职称的 DBCombo 控件与 1 个 ADO 控件绑定。
- 工号用标签显示，每次新增人员工号自动加 1。
- 2 个 OptionButton 控件用于输入性别。
- 在 3 个文本框中分别输入姓名、年龄和工龄，并需要检查输入数据的有效性。
- “新增”按钮用于新增人员记录，在人员信息表(Person)中新增记录，并在人员工资表中添加新记录，将新增人员的“工号”和“姓名”添加到人员工资表中。
- “离职”按钮用于删除该离职人员记录，并将该记录数据添加到离职人员表中，弹出对话框输入离职原因添加到离职人员表的“LeaveType”字段，并将系统日期添加到“LeaveTime”字段中；同时将工资数据表中的相应记录删除。
- “上一条”、“下一条”、“最后一条”和“第一条”按钮用于移动显示记录。
- “返回”按钮用于返回到主界面。

（2）输入工资信息

界面设计：

在窗体中有 1 个 DBGrid 控件，1 个 ADO 控件，1 个 ComboBox 控件，1 个 Animation 控件，3 个按钮和 1 个组合框，一些标签。

输入工资运行界面如图 P1.6 所示。

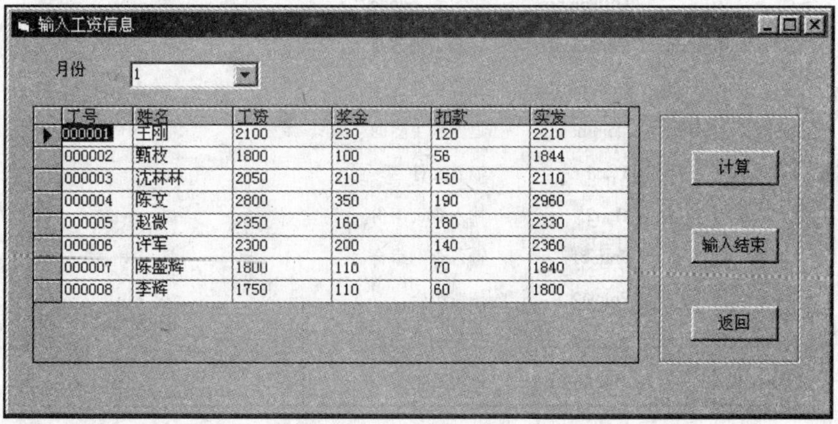

图 P1.6　输入工资运行界面

功能设计：

- 在窗体上显示通过 Animation 控件来显示用于表示模块功能的动画图标。
- ADO 控件连接月工资信息表(MonthSalary)。
- 将 DBGrid 控件与 ADO 控件绑定，用于输入和修改工资信息表。在输入各项数据时对数据的有效性进行判断。

- 用组合框输入月份到 Month 字段。
- “计算”用于根据基本工资、奖金和扣款计算出所有人的实发工资，输入到 Fact 字段。
- “输入结束”按钮用于将记录添加到历年数据表中，将系统的年份和月份分别添加到“Year”和“Month”字段中，并且清除月工资信息表(MonthSalary)中所有人员的 Month、Salary、Bonus、Deduct、Fact 字段的内容。
- “返回”按钮用于返回主界面。

2. 查询模块

通过主界面进入查询窗体，查询模块用于查询显示满足不同条件人员的工资情况或人员信息，可以查询部门、查询职称和查询时间。

界面设计：

在窗体中有 1 个 DBGrid 控件，3 个 ADO 控件，2 个 DBCombo 控件，1 个 Animation 控件，2 个 Frame 控件，1 个 ComboBox 控件，2 个 TextBox 控件和 4 个按钮，以及一些标签，各控件的对应功能如表 P1.7 所示。

表 P1.7 控件功能表

对象	控件名	功能
DBGrid	DBGrid1	显示人员和工资信息
ADO	Adodc1	创建与人员工资表 PersonSalary 的连接
	Adodc2	创建与职称表 Proc 的连接
	Adodc3	创建与部门数据表 Department 的连接
DBCombo	DBCombo1	绑定到 Adodc3
	DBCombo2	绑定到 Adodc2
CommandButton	Command1	显示查询信息
	Command2	保存文件
	Command3	返回到主界面
TextBox	Text1	输入文件名
	Text2	输入查询年份
Frame	Frame1	输入查询组合
	Frame2	按钮组合
Animation	Animation1	显示动画图标
ComboBox	ComboBox1	输入月份

窗体设计界面如图 P1.7 所示。

功能设计如下：

- 3 个 ADO 控件分别连接到 PersonSalary、Proc 和 Department 表。
- DBGrid 控件绑定到人员工资信息表，显示人员和工资的信息。
- 查询部门通过 DBCombo 控件绑定 ADO 控件用于选择部门，查询职称通过 DBCombo 控件绑定 ADO 控件用于选择职称。

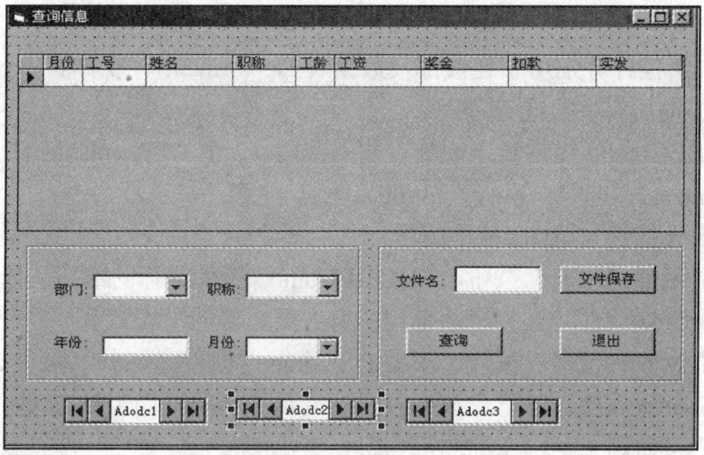

图 P1.7 查询界面

- 查询时间通过 TextBox 控件输入年份，用 ComboBox 控件来输入月份。
- 单击“查询”按钮，将通过修改 Adodc1 控件的 RecordSource 属性，将输入的查询条件添加到 SQL 语句中，并使 DBGrid1 刷新显示满足查询条件的记录。
- 从文本框中输入文件名。
- 单击“保存文件”按钮，创建并打开一个随机文件，将满足查询条件的索引记录写入文件中。
- 单击查询按钮时，Animation 控件来播放显示表示模块功能的动画图标，查询完毕则图标消失。
- “退出”按钮用于返回主界面。

3. 图表模块

通过主界面菜单进入图表模块，图表模块用于历年工资数据表(Salary)，可以做出历年部门平均工资图表和不同职称平均工资图表。

界面设计如下：

在窗体中有 3 个 ADO 控件，1 个 MsChart 控件，2 个 DBCombo 控件，2 个 Frame 控件和 3 个按钮以及一些标签。

图表显示界面如图 P1.8 所示，选择中级职称历年的平均工资。

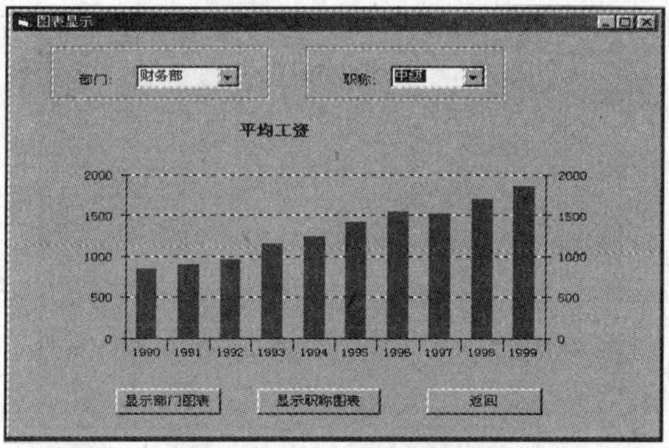

图 P1.8 图表显示界面

功能设计如下：

- 3 个 ADO 控件分别用于连接部门数据表(Department)、职称表(Prof)和历年工资表（Salary）的所有字段的查询。
- 用 2 个 DBCombo 控件输入职称、输入部门，2 个 DBCombo 控件分别绑定到部门（Department）和职称查询表（Proc）。
- 将 MsChart 控件与 ADO 控件绑定。
- 单击“显示部门图表”按钮，根据 DBCombo 控件选择的部门，修改 ADO 控件的 RecordSource 属性，计算出该部门所有人员历年的平均工资。
- 单击“显示职称图表”按钮，根据 DBCombo 控件选择的职称，修改 ADO 控件的 RecordSource 属性，计算出该职称所有人员历年的平均工资。
- “返回”按钮用于返回主界面。

练习：

- 采用画图的方法显示图表，先画出坐标轴，横坐标为年份，纵坐标为工资，用画矩形的方法画出工资柱形图并填充颜色。

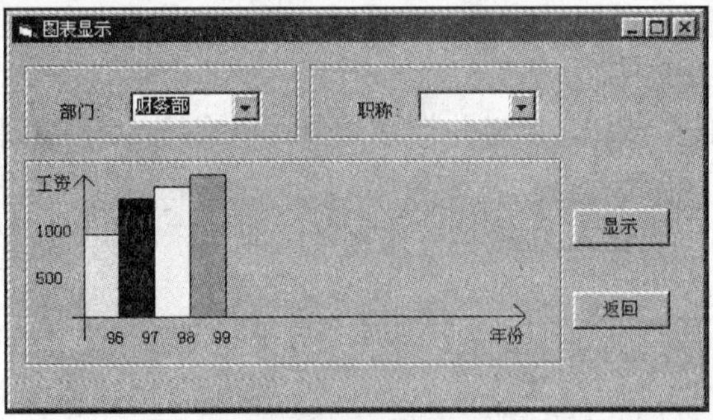

图 P1.9　图表显示

4. 报表输出

通过主界面进入报表输出模块，报表输出模块用于打印人员信息和工资信息记录，并可通过打印预览显示打印报表。

界面设计如下：

窗体有 3 个按钮，分别用于显示人员信息、工资信息和退出，如图 P1.10 所示。

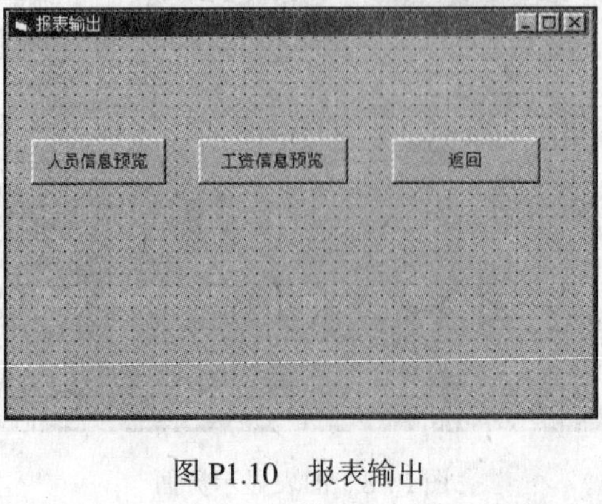

图 P1.10　报表输出

功能设计如下：

- 单击“人员信息预览”按钮，则出现按部门分组的人员信息报表设计窗口，显示人员的 No、Name、Prof、Age、SerYear 字段
- 单击“工资信息预览”按钮，则会出现按部门分组的工资信息报表设计窗口，并求出平均工资。
- 在报表预览窗口单击“打印”按钮，将打印预览显示的报表打印出来。

人员信息报表如图 P1.11 所示。

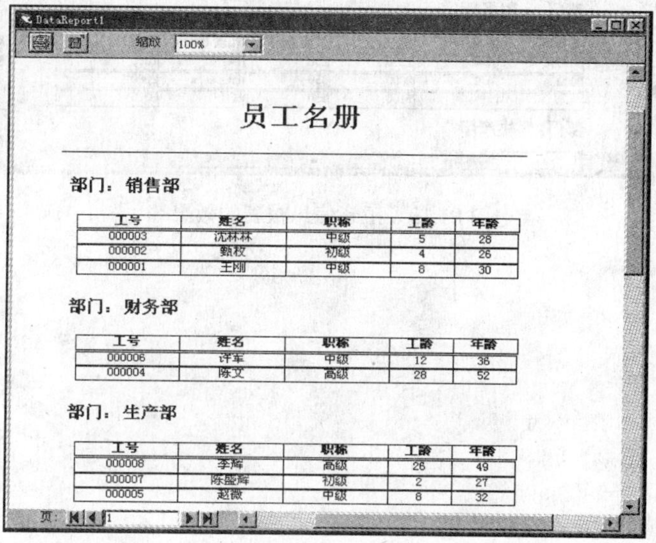

图 P1.11　人员信息报表

工资信息报表的设计如图 P1.12 所示，工资信息报表的效果如图 P1.13 所示。

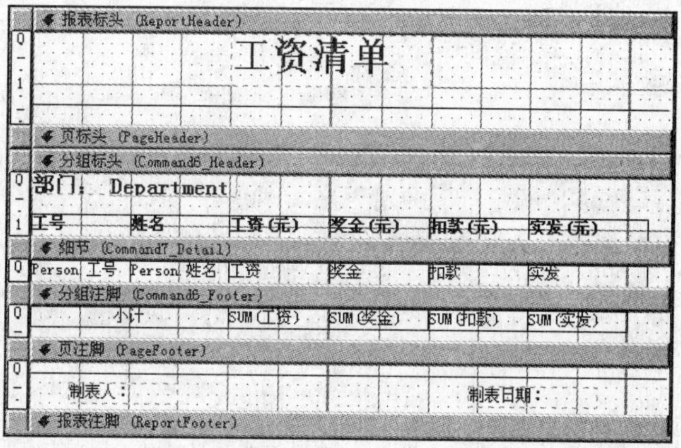

图 P1.12　工资信息报表的设计

练习：

- 按人员信息表的职称来分组，在报表中显示出各种职称的人员信息。
- 按历年工资表的工号来分组，在报表中显示每人每月的工资信息。

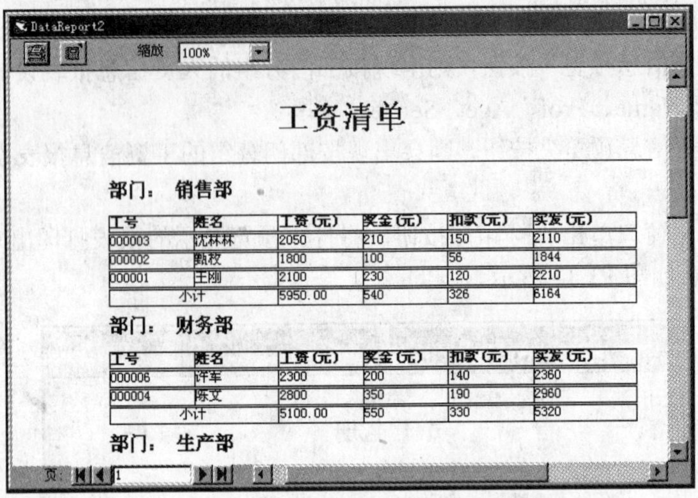

图 P1.13　工资信息报表的效果

应用 2

图形综合应用——画图软件

Windows 附件中提供的画图程序相信大家都经常使用，使用 VB 的图形和鼠标、键盘也可以创建绘图程序，能够在图形中绘制直线、矩形等图形。

1. 任务介绍

（1）新建文件时出现空白的画面；

（2）用户可以在画面上随意输入文字；

（3）用户可以在画面上绘制直线、矩形、圆和随意画线；

（4）用户可以在画面上擦除图形；

（5）用户可以设置不同的颜色。

2. 绘图程序设计

设计绘图程序时主要运用控件数组、绘图命令、鼠标键盘事件、菜单和调用子程序的概念，在学过相关内容后进行设计。

（1）使用图片框 PictureBox 作为绘图的容器；

（2）选择不同的绘图按钮，单击后可以通过鼠标在图片框 PictureBox 中画不同的图形，使用不同的绘图命令，如 Line、Circle；

（3）使用 Text 控件数组实现颜色的设置，每个控件的程序相同；

（4）画直线、矩形、圆和擦除时使用鼠标的 MouseDown 事件确定其起点位置，使用 MouseUp 事件来绘制图形；

（5）使用 Print 方法在图片框中输入文字，用键盘的 KeyDown 事件确定键盘输入的文字；

（6）使用鼠标的 MouseMove 事件在移动鼠标时任意画图形；

（7）选择菜单的绘图功能与选择按钮的绘图功能相同，采用调用同一程序的方法实现。

3. 界面设计

菜单项如表 P2.1 所示。

表 P2.1 菜单项表

菜　单	菜 单 项	快 捷 键
文件	新建	Ctrl+N
	打开	Ctrl+O

续表

菜　单	菜 单 项	快 捷 键
	打印	
	退出	Ctrl+E
编辑	清空画面	
	画直线	Ctrl+L
	画圆	Ctrl+C
	画矩形	Ctrl+R
	画任意线	Ctrl+P

界面如图 P2.1 所示，界面中使用图片框 Picture1 作为容器，使用 2 个框架分别组合按钮和颜色文本框，颜色文本框的 FillColor 设置为不同的颜色；使用 CommonDialog 控件打开.bmp 文件显示在图片框中；单击写字按钮时，鼠标移动到图片框时鼠标形状发生改变。

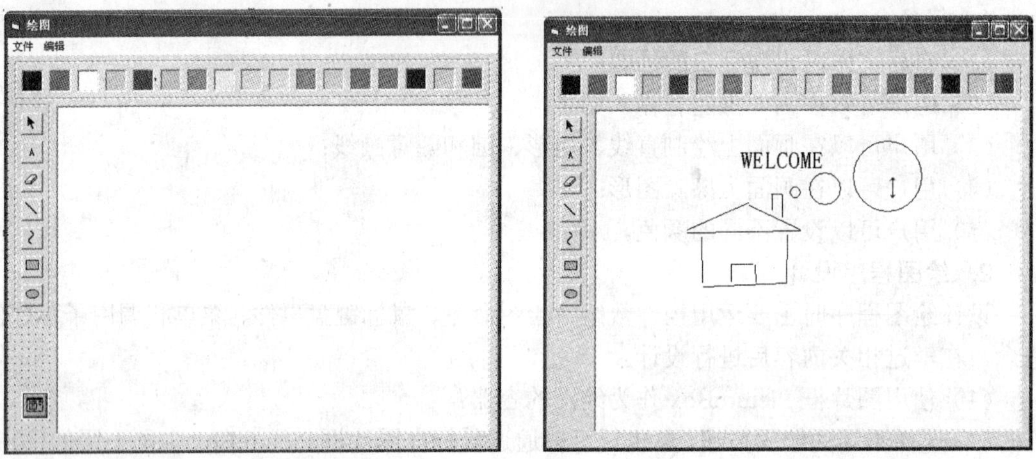

（a）设计界面　　　　（b）运行界面

图 P2.1

4. 程序设计

（1）“打开”菜单显示.图形文件

单击“打开”菜单，使用 CommonDialog 控件打开.bmp 文件，图片显示在图片框中。

```
Private Sub mnuFileOpen_Click()
'打开图形文件
    CommonDialog1.Action = 1
    CommonDialog1.Filter = "BMP 文件(*.bmp)|JPG 文件(*.jpg)"
    Picture1.Picture = LoadPicture(CommonDialog1.FileName)
End Sub
```

（2）“清空画面”菜单清除画面中绘制的内容

单击“清空画面”菜单，将图片框中绘图的内容清空。

```
Private Sub mnuEditCls_Click()
'清空画面
```

```
        Picture1.Cls
        Picture1.Picture = LoadPicture("")
    End Sub
```

（3）单击颜色文本框设置画笔颜色

单击颜色文本框数组 Text1，设置图片框的前景色。

```
    Private Sub Text1_Click(Index As Integer)
    '单击颜色框选择颜色
        Text1(Index).MousePointer = 1
        Picture1.ForeColor = Text1(Index).BackColor
    End Sub
```

（4）单击文字按钮在图片框中输入文字

单击文字按钮后将鼠标形状改变，并通过键盘输入文字，使用 Print 方法显示在图片框中。则键盘事件如下：

```
    Private Sub Picture1_KeyDown(KeyCode As Integer, Shift As Integer)
    '单击键盘输入文字
        If Picture1.MousePointer = 3 Then
            Picture1.Font.Size = 20
            Picture1.Print Chr(KeyCode);
        End If
    End Sub
```

（5）单击直线、矩形、圆形按钮在图片框绘制图形

单击直线、矩形、圆形按钮后，鼠标移动到图片框中，在鼠标按下时确定当前位置。

```
    Private Sub Picture1_MouseDown(Button As Integer, Shift As Integer, X As Single, Y As Single)
    '鼠标按下
        If Button = 1 And MouseState = True Then
            Select Case Sel
                Case 1                                '写文字
                    Picture1.CurrentX = X
                    Picture1.CurrentY = Y
                    Picture1.MousePointer = 3
                Case 2                                '用矩形块擦除
                    Picture1.FillStyle = 0
                    Picture1.FillColor = Picture1.ForeColor
                    Picture1.Line (X, Y)-Step(100, 100), , BF
                    Picture1.MousePointer = 0
               Case 3                                 '画直线
                    Picture1.CurrentX = X
                    Picture1.CurrentY = Y
                    MouD = 3
                    Picture1.MousePointer = 0
                Case 4                                '随意画线
                    Cx = X
                    Cy = Y
                    Picture1.MousePointer = 0
```

```
            Case 5                                     '画矩形
                Picture1.CurrentX = X
                Picture1.CurrentY = Y
                MouD = 5
                Picture1.MousePointer = 0
            Case 6                                     '画圆
                Cx = X
                Cy = Y
                MouD = 6
                Picture1.MousePointer = 0
        End Select
    End If
End Sub
```

鼠标释放时绘制相应的图形，程序如下：

```
Private Sub Picture1_MouseUp(Button As Integer, Shift As Integer, X As Single, Y As Single)
'鼠标释放
    Select Case MouD
        Case 3                                     '画直线
            Picture1.Line -(X, Y)
        Case 5                                     '画矩形
            Picture1.Line -(X, Y), , B
        Case 6                                     '画圆
            Picture1.Circle ((Cx + X) / 2, (Cy + Y) / 2), Abs(Cx - X)
    End Select
    MouD = 0
End Sub
```

（6）单击随意画按钮在图片框中随意画图

单击随意画按钮在鼠标移动时画线，可以在图片框中随意画图。

```
Private Sub Picture1_MouseMove(Button As Integer, Shift As Integer, X As Single, Y As Single)
'移动鼠标绘图
    If Button = 1 And Sel = 4 Then                 '随意画线
        If Picture1.CurrentX = 0 And Picture1.CurrentY = 0 Then
            Picture1.Line (Cx, Cy)-(X, Y)
        Else
            Picture1.Line -(X, Y)
        End If
    End If
End Sub
```

（7）菜单中的画直线、画矩形和画圆形菜单项的实现

菜单中的画直线、画矩形和画圆形菜单项与按钮的功能相同，因此可以通过调用程序的方法实现。画直线菜单项的程序如下：

```
Private Sub mnuEditLine_Click()
'画线
    Call Command3_Click
```

```
End Sub
```

练习

（1）按“Shift”键和鼠标时画水平直线，按“Alt”键和鼠标时画垂直直线；

（2）增加画圆弧的按钮，用鼠标画圆弧；

（3）增加“填充”按钮，将矩形和圆形内部填充颜色。

键盘、鼠标和多媒体综合应用——打字练习

打字是初学计算机的人经常要练习的，通过打字练习可以提高打字的速度和准确率，如果将打字练习软件设计得美观而且有趣，从而使枯燥的练习变得与玩游戏一样，提高练习者的兴趣。

1. 任务介绍

（1）在屏幕上定时随机地出现字母，每个字母定时向下移动，如果按了键盘上相应的字母键，则对应的字母消失；

（2）如果按的字母键正确则加 1 分，如果字母下移到最下面还没有按相应的字母键则减 1 分；

（3）如果出现相同的字母，则按 1 次键消失 1 个字母；

（4）在开始打字练习时，增加背景音乐并循环播放，背景音乐可以关掉；

（5）可以设置打字速度的快慢。

2. 打字练习设计

设计打字练习主要运用控件数组、多媒体控件、菜单和键盘事件的概念，在学过相关内容后进行设计。

（1）在程序中要不断出现新字母，可以使用控件数组实现，使用标签来显示字母，将第一个字母使用 Label1(0)表示，在程序中通过增加标签控件的方法来不断出现新字母；

（2）在程序中通过按键来判断所按的键值是否正确，因此需要使用键盘事件 KeyDown 和 KeyPress，判断所按的键值；

（3）定时出现新字母，并定时下移，因此需要两个定时器；

（4）播放音乐和动画需要使用 Multimedia 控件来实现；

（5）开始新游戏和暂停以及打字速度的选择可以使用菜单来选择。

（6）在分数达到 100 分时，出现“你真棒！”的动画并结束程序；如果分数为负数，则出现“失败！”动画并结束程序；在打字过程中按“Esc”键结束程序；在程序中也可以暂停。

3. 界面设计

界面的菜单如表 P3.1 所示。

表 P3.1　菜单项表

菜　单	菜 单 项	下拉菜单项	快 捷 键
文件	新游戏		Ctrl+O
	暂停		Ctrl+P
	结束		Ctrl+E
选项	打字速度	低	
		中	
		高	
	音乐	打开	Ctrl+S
		关闭	

界面中使用图片框 PictureBox 作为显示的容器，使用 Animation 控件播放动画，使用 Multimedia 控件播放背景音乐.wav 文件，使用标签数组并创建一个数组元素作为出现的字母，使用两个定时器分别实现定时出现字母和定时下移，窗体的设计界面如图 P3.1 所示。

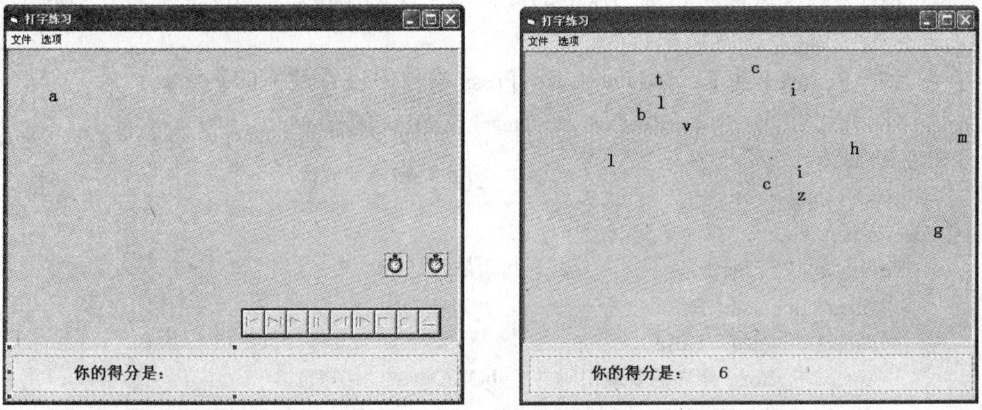

（a）设计界面　　（b）运行界面

图 P3.1

4. 程序设计

（1）在运行过程中添加控件元素

本程序主要使用控件数组来实现在运行过程中添加控件元素的功能，因此在设计窗体时先设计一个标签数组元素 Label1(0)。

装载窗体事件中初始化界面和数组：

```
Private Sub Form_Load()
    Dim k As Integer
    n = 0
    Total = 0
    For k = 0 To 25                          '26 个字母数组
        Letter(k) = Chr(97 + k)
    Next
    Label2.Caption = Total                   '显示分数
```

```
        Label1(0).Visible = False                    '第一个标签元素不可见
    End Sub
```

定时器 Timer1 的 Timer 事件使用 Load 语句在随机的位置添加标签控件元素，标签元素显示随机字母。

```
    Private Sub Timer1_Timer()
    '定时出现新字母
        Dim LeftL As Integer
        Randomize
        LeftL = Rnd * (Picture1.Width - 10)
        n = n + 1
        Load Label1(n)                               '装载新控件
        Label1(n) = Letter(Int(26 * Rnd))            '产生随机字母
        Label1(n).Visible = True
        Label1(n).Move LeftL, 0                      '新标签控件从顶端随机的水平位置出现
    End Sub
```

（2）判断按键值

本程序的另一个关键问题是当按键的键值与出现的字母之一相同时，该字母就消失并加分，如果按"Esc"键就结束程序。

在图片框 Picture1 的 KeyDown 和 KeyPress 事件中进行键值的判断。

```
    Private Sub Picture1_KeyDown(KeyCode As Integer, Shift As Integer)
    '单击键盘判断打字是否正确
        Dim k As Integer
        Dim Ans As Integer
        If KeyCode = 27 Then                         '判断是否是 Esc 键
            Timer1.Enabled = False
            Timer1.Enabled = False
            Ans = MsgBox("你真的要退出吗？ ", vbOKCancel, "结束")
            If Ans = 1 Then End
            Timer1.Enabled = True
            Timer1.Enabled = True
        End If
        For k = 0 To n
            '判断按键值与标签显示字母是否相同
            If Label1(k).Visible = True And Label1(k) = Chr(KeyCode) Then
                Label1(k).Visible = False            '该标签消失
                Total = Total + 1                    '加分
                Label2.Caption = Total
                Exit For
            End If
        Next
    End Sub
```

（3）使用 Multimedia 控件播放音乐.wav 文件

Multimedia 控件播放背景音乐.wav 文件，在窗体装载时进行初始化。则在 Form_Load 事件中要添加如下程序：

```
        MMControl1.Notify = False
        MMControl1.Wait = True
        MMControl1.DeviceType = "waveaudio"
        MMControl1.FileName = "C:\ BookVB\exe \new.wav"
        MMControl1.Command = "open"
```

在菜单中进行音乐的播放和停止：

```
Private Sub mnuOptionMC_Click()
'关闭音乐
        MMControl1.Command = "stop"
End Sub
Private Sub mnuOptionMO_Click()
'打开音乐
        MMControl1.Command = "play"
End Sub
```

（4）其他功能

在得分达到 100 分和 0 分时播放动画.avi 文件；使用定时器实现字母的下落；使用菜单设置打字速度调整字母下落的速度。

练习：

（1）增加“帮助”菜单，提供游戏的帮助文档，按“F1”键也可以显示帮助信息；

（2）增加打字的范围为字母和数字。

应用4

文件操作综合应用——快乐背单词

背单词是大家在复习或课余时间中经常要用到的软件，选择所需要复习的词库后就可以每天反复地练习，非常方便英语学习；使用 VB 来设计背单词的软件，根据自己的背诵习惯来设计功能是一个不错的主意。

1. 任务介绍

（1）在窗体上选择词库，可以打开不同的词库文件；

（2）在窗体上选择背诵的范围，就是选择单词开头字母的范围；

（3）在窗体中可以根据选择单词的范围浏览单词和词意；

（4）在窗体中可以根据选择单词的范围复习单词的词意；

2. 快乐背单词设计

设计快乐背单词软件主要需要打开词库文本文件，读取文件内容，运用文件操作、动态数组和子程序等概念，在学过相关内容后进行设计。

（1）词库文件

在窗体中选择词库文件名后，需要打开文本文件，读取文件内容，“四级词汇.txt”文本文件如图 P4.1 所示。

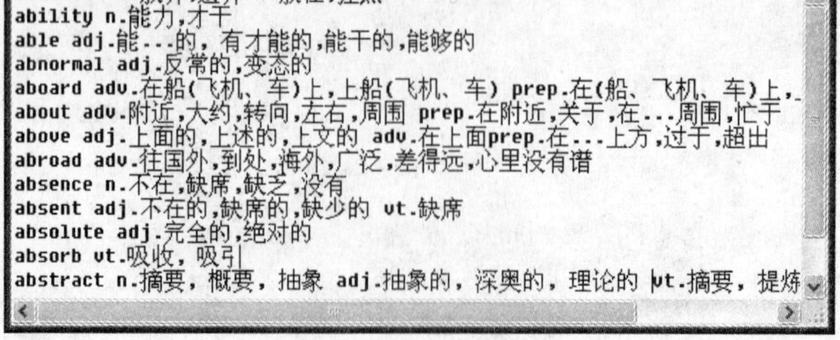

图 P4.1　文本文件内容

（2）使用“Line Input”命令按行读取文本文件的内容，根据第一个字符来确定字母范围；

（3）由于在显示时需要不停地改变单词，因此为了提高速度将所选范围的单词先存放在动态数组中，每个单词为一个数组元素；

（4）在文本框中显示时，根据空格来换行；

（5）复习时先显示单词内容，遇到第一个空格为单词内容，定时器时间到达时再显示单词意思。

3. 界面设计

界面中使用 3 个组合框 ComboBox 分别选择词库和起止单词范围；在文本框 TextBox 中显示单词内容，文本框设置为可以显示多行；使用定时器在复习时先显示单词后显示单词意思。界面显示如图 P4.2 所示。

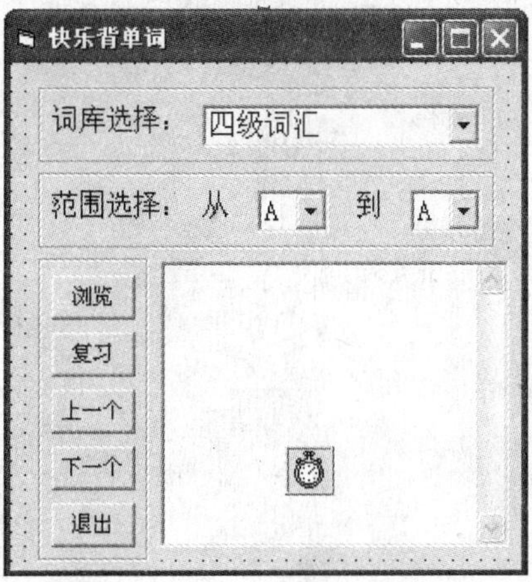

（a）设计界面

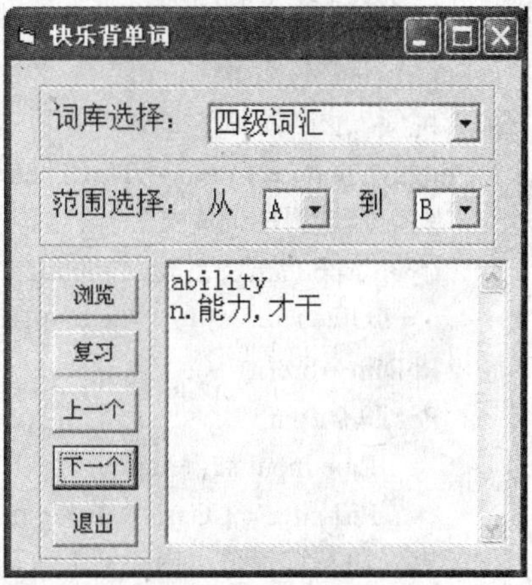

（b）运行界面

图 P4.2

界面设计的控件和属性如表 P4.1 所示。

表 P4.1　控件表

控件类型	控件名	属性名	属性值	功能
ComboBox	Combo1	List	词库名称	选择词库
	Combo1	List	A-Z	选择开始单词
	Combo1	List	A-Z	选择终止单词
TextBox	Text1	MultiLine	True	显示单词
		ScrollBars	2	
		Text	空	
Timer	Timer1	Interval	5000	5s 后显示单词意思
		Enbled	False	
Command	cmdStart	Caption	浏览	
	cmdRev	Caption	复习	
	cmdPre	Caption	上一个	
	cmdNext	Caption	下一个	
	cmdExit	Caption	退出	

4. 程序设计

（1）单击“浏览”按钮，将词库文件存入动态数组

单击“浏览”按钮，打开组合框选择的词库文件，读取文件内容，判断第一个字母是否在将组合框中选择的单词范围内，将词库中所选择的单词存入动态数组中，并显示第一个单词。

```
Private Sub cmdStart_Click()
'开始浏览
    Dim n As Integer, i As Integer
    Dim temp As String
    Dim FirLetter As String
    Rf = False
    If Combo2.Text <= Combo3.Text Then
        '打开所选择的词库文件
        Open App.Path & "\" & Combo1.Text & ".txt" For Input As #1
        n = LOF(1)                '得出所有的字节数
        ReDim Word(n)
        For i = 0 To n
            Line Input #1, temp
            FirLetter = UCase(Left(temp, 1))
            '将在选择范围内的词汇放在动态数组中
            If FirLetter >= Combo2.Text And FirLetter <= Combo3.Text Then
                Word(i) = temp
            Else
                Exit For
            End If
        Next
        ReDim Preserve Word(i - 1)
        WordIndex = 0
        Call Display(Word(WordIndex))          '显示单词
        Close #1
    End If
End Sub
```

（2）在文本框中显示单词

在文本框中显示所选择的单词时，使用一个公用子程序，根据是否有空格决定是否换行。

```
Private Sub Display(Con As String)
'在文本框中显示浏览单词
    Dim Length As Integer
    Dim S As String
    Dim i As Integer
    Text1 = ""
    Length = Len(Con)
    For i = 1 To Length
        S = Mid(Con, i, 1)
```

```
            If S <> Chr(32) Then                    '如果没有空格则不换行
                Text1 = Text1 & S
            Else
                Text1 = Text1 & Chr(13) & Chr(10)
            End If
        Next
End Sub
```

（3）单击“复习”按钮，先显示单词再显示词意

单击“复习”按钮后，调用公用子程序 DisRev 显示。

```
Private Sub cmdRev_Click()
'复习先显示单词然后再显示词意
    Dim i As Integer
    Rf = True
    Call DisRev(Word(WordIndex))
End Sub
```

使用公用子程序来显示单词，判断单词的第一个空格，在第一个空格前的为单词内容，显示后启动定时器。

```
Private Sub DisRev(Con As String)
'在文本框中显示复习单词
    Dim Length As Integer
    Dim S As String
    Dim i As Integer
    Dim TWord As String
    Length = Len(Con)
    i = 1
    Do Until S = Chr(32)                        '如果遇到空格则结束
        S = Mid(Con, i, 1)
        TWord = TWord & S
        i = i + 1
    Loop
    Text1 = TWord
    Timer1.Enabled = True
End Sub
```

在定时器定时程序中显示单词的所有内容。

```
Private Sub Timer1_Timer()
'定时到显示词意思
    Call Display(Word(WordIndex))
    Timer1.Enabled = False
End Sub
```

（4）单击“下一个”按钮显示下一个单词

单击“下一个”按钮，先判断是浏览还是复习，然后显示单词。

```
Private Sub cmdNext_Click()
'向下移一个单词
    If WordIndex < UBound(Word) Then
```

```
            WordIndex = WordIndex + 1
            If Rf = False Then                    '浏览下一个
                Call Display(Word(WordIndex))
            Else                                  复习下一个
                Call DisRev(Word(WordIndex))
            End If
        End If
    End Sub
```

（5）其他功能

单击“上一个”按钮显示上一个单词，单击“退出”按钮结束程序。

练习：

（1）增加“复习词汇”按钮，先显示单词意思，过 5s 后显示单词；

（2）增加“自动循环”按钮，定时 10s 后自动下移单词；

（3）增加背景音乐和音乐开关。

第5部分 附 录

附录A

本书约定

1. 对象命名的前缀

在创建新对象时，系统通常都提供默认的对象“名称”，但为了便于程序理解和维护，一般情况下，本书对象名称按“前缀”+“有意义的名字”来命名，前缀部分均为小写，“有意义的名字”开头字母大写。这样程序中引用对象不仅不会写错，而且在阅读程序时一目了然。例如，txtName 表示姓名对象，chkMusic 表示音乐对象。对象名的前缀如表 A.1 所示。

表 A.1 对象名字的前缀

对象类型	前缀	对象类型	前缀
窗体(Form)	frm	数据控件(Data)	dat
标签(Lable)	lab	定时器(Timer)	tmr
框架(Frame)	fra	列表框(ListBox)	lst
命令按钮(CommandButton)	cmb	菜单(Menu)	mnu
组合框(ComboBox)	cbo	OLE 容器(OLE)	ole
目录列表框(DirListBox)	dir	图像框(ImageBox)	img
驱动器列表框(DriverListBox)	drv	图片框(PictureBox)	pic
文件列表框(FileListBox)	fil	形状控件(Shape)	shp
复选框(CheckBox)	chk	直线控件(Line)	lin
选项按钮(OptionButton)	opt	水平滚动条(HScrollBar)	hsb
文本框(TextBox)	txt	垂直滚动条(VscrollBar)	vsb

2. 变量和过程的命名

在本书中的变量和过程的命名相同，由有意义的一个或多个单词组成，每个单词的开头字母大写。例如，表示某个值可以命名为“SomeValue”，表示文件名可用“FileName”表示。当单词较长时可适当缩短，如果是相同的变量系列可加数字表示，例如，“FileName1”和“FileName2”表示文件 1、文件 2。

3. 例题的命名

本书中的例题用【例 Ex_有意义的名字】表示，“有意义的名字”是表示该例的含义。

4. 语法的格式

[]：表示可省略的参数。

|：表示几个参数是可选择的关系。

5. 菜单

本书将系统中的菜单称为菜单。

附录B 例题索引

例 题 名	功 能	章 节
Ex_Area	简单窗体，单击按钮，文本框计算圆面积	1.2.2
Ex_Temperature	根据华氏温度计算出摄氏温度	2.1.3
Ex_CheckPrize1	查询是否中奖和中奖等级，采用 If 结构	2.3.2
Ex_CheckPrize2	查询是否中奖和中奖等级，采用 Select Case 结构	2.3.2
Ex_If	计算 x<0、x>0 和 x=0 的函数值，采用 If 嵌套结构	2.3.2
Ex_Sum1	查看“当型”循环 Do While 和“直到型”循环 Do…While 的区别	2.3.3
Ex_Sum2	查看“当型”循环 Do Until 和“直到型”循环 Do…Until 的区别	2.3.3
Ex_Prize	查询是否中奖和中奖等级，以及摇奖产生号码，采用“For”循环	2.3.3
Ex_Day	制作一个万年历，查看某年的元旦是星期几	2.4.1
Ex_Equation	求 $ax^2+bx+c=0$ 方程的解	2.4.1
Ex_StrReverse	将输入的字符串反向显示	2.4.2
Ex_Telegram	译电文按一定规律将其转换成密码。	2.4.2
Ex_CalDay	用日期与时间函数计算距离国庆节的天数	2.4.3
Ex_InputMsg	用 InputBox 函数输入用户号，当用户号超过 10000 则出现消息框提示出错信息	2.5.1
Ex_ForEach	单击窗体计算 1!+2!+3!+4!+5!	2.6
Ex_VarArray	使用变体型数组存放不同类型的数据	2.6.1
Ex_Fibonacci1	求 Fibonacci 数列，采用“For”循环	2.6.2
Ex_Multiply	计算 2 个矩阵的乘积，采用双重“For”循环	2.6.3
Ex_Sort	根据学生成绩排序，并按照顺序在窗体上显示	2.6.3
Ex_Newton	用牛顿迭代法求方程的解。	2.7
Ex_Find	在已排序的数组中查找数据在数组中的位置	2.7
Ex_TwoForms	使用 2 个窗体切换	3.2.3
Ex_Passwaord	创建 1 个登录界面，由文本框和按钮组成	3.3.3
Ex_EmployForm	创建人员管理窗体，由框架、选项按钮、复选框等组成	3.3.5
Ex_ProvinceList	使用列表框创建省份输入，由列表框、文本框等组成	3.3.6

续表

例 题 名	功 能	章 节
Ex_EmployList	在 Ex_EmployForm 人员管理窗体中添加列表框和组合框	3.3.7
Ex_Scroll	运用滚动条实现滚动查看图片	3.3.9
Ex_Timer	运用定时器和图片框设计简单的动画	3.3.10
Ex_File	用文件系统控件组成文件管理系统	3.3.11
Ex_StuArray	在窗体的文本框中显示学生的姓名和年级	3.4
Ex_AppPath	使用 APP.Path 设置窗体的背景图片，单击按钮时修改背景	3.8
Ex_MDIForm	设计 MDI 窗体和子窗体	3.8.2
Ex_CheckN	通过调用通用过程检查从文本框输入的数据是否是数值	4.3.2
Ex_CheckNum	判断输入的数是否是水仙花数并在列表框中显示	4.3.3
Ex_Divisor1	用函数调用求 2 个自然数的最大公约数	4.3.3
Ex_Max	用函数过程求 a、b 两数中最大数	4.4.2
Ex_MulSum	计算 5!+4!+3!+2!+1!，过程按地址传递参数	4.4.2
Ex_priority	按地址传递调用函数时，先调用再计算表达式	4.4.2
Ex_AverScore	用同一个函数求正式员工和临时员工的平均工资	4.4.3
Ex_AverScore2	通过 Redim 改变数组的维界，计算正式员工中前 3 人的平均工资	4.4.3
Ex_FormArgu1	创建人员管理系统，过程传递对象参数	4.4.4
Ex_MulN1	用递归的方法计算 n!	4.5
Ex_Fibonacci	用递归的方法求 Fibonacci 数列	4.5
Ex_FormArgu2	在 Ex_FormArgu1 中进入窗体后计算正式或临时员工的平均工资	4.6.1
Ex_Plus	用函数调用的方法计算 Σn，采用静态变量	4.6.2
Ex_Divisor2	求 2 个自然数的最大公约数，从窗体输入 2 个自然数	4.6.2
Ex_InsertSort	采用顺序插入法对数组中的所有元素进行排序	4.8
Ex_CalDay	输入某一天的年、月和日；计算出这一天是该年的第几天	4.8
Ex_CMN	计算组合公式 Cnm，采用递归调用	4.8
Ex_DAOMove	在控件 Data1 的记录集中移动当前记录的位置	5.3.1
Ex_DataInput	创建订购图书的客户信息的输入界面，使用 DAO 控件	5.3.2
Ex_DBGrid	用 DBGrid 控件显示数据表，并实现添加、删除和修改纪录	5.3.3
Ex_DBCombo	用 DBCombo 控件输入数据表数据	5.3.3
Ex_ADO	用代码创建 ADO 记录集	5.5.2
Ex_DataBook1	运用 DataCombo 控件查询信息	5.5.2
Ex_DataBook2	在 Ex_DataBook1 的窗体中添加 DataGrid 控件	5.5.2
Ex_ADORecordset	使用 ADO 对象模型访问数据库	5.5.4
Ex_DAOImage	用 Data 控件创建有图像字段的数据表	5.8.1
Ex_PaintLine	在窗体上画 3 个矩形方框，使用 Line 方法	6.1.3
Ex_PaintCircle	在窗体上画同心圆、圆弧和圆饼，使用 Circle 方法	6.1.3
Ex_PaintPicture	在窗体中画出图片框的多个复制，使用 PaintPicture 方法	6.1.3

续表

例题名	功能	章节
Ex_PaintSin	在窗体图片框中显示正弦曲线，使用 Pset 方法	6.1.3
Ex_ClipBoard	在文本框中复制文本并粘贴，使用 ClipBoard	6.1.6
Ex_Picture	对装载入 Picture1 的原图进行各种图像处理	6.1.7
Ex_MouseDown	制作一个简单的画图程序，使用鼠标按下在周围画圆	6.2.1
Ex_MouseMove	使用鼠标选择图片框中的图片，将选择的图片块移到另一图片中去	6.2.1
Ex_Mouse	用鼠标和键盘结合画线，使用功能键	6.2.3
Ex_DragPicture	将图形文件名拖到图片框中，使用 Drag 方法	6.2.4
Ex_OLEDrag	用手工拖动文本框中的内容，使用 OLE 拖放	6.2.5
Ex_Animation	创建类似 Windows 的文件拷贝程序，使用 Animation 控件	6.3
Ex_MCI	用 MMControl1 控件播放	6.3.2
Ex_MediaPlayer	使用 MediaPlayer 控件播放声音或视频文件	6.3.3
Ex_File1	将学生的考试成绩登记到顺序文件中	7.1.2
Ex_File2	将学生的考试成绩修改后输入到随机文件中	7.1.3
Ex_FSOFile	创建文件夹和文件，并输入文本文件内容，使用 FSO 对象模型	7.2.4

附录 C

程序调试

在程序设计过程中，无论程序员编程时如何谨慎，也难免程序中总会有这样或那样的错误。而且随着程序代码量的逐渐增加，出错概率也将成倍增长。程序调试就是对程序进行测试，查找程序中隐藏的错误，并将这些错误修正或排除。VB 提供了便捷、有效的程序调试工具和处理错误的方法。

C.1 错误类型

错误的基本类型有 3 种：编译错误、运行错误和逻辑错误。

1. 编译错误

编译错误是指由于违反了 VB 有关语句语法而产生的错误。例如，关键字不正确，标点符号遗漏，分支结构或循环结构不完整或不匹配，内置常数拼写出错等。

在菜单“工具”中选择“选项”命令，在“选项”对话框中选择“自动语法检测”（如图 C.1 所示）。

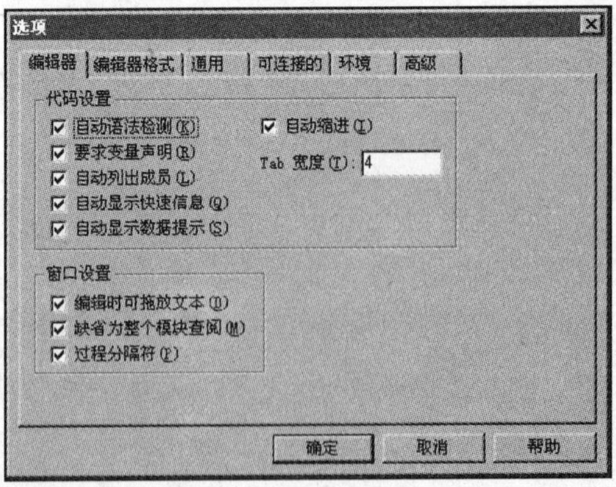

图 C.1 “选项”对话框

对于这类语法错误，在输入 1 行代码按回车键后，VB 系统即可检测出来，并将错误加亮，显示消息框指出错误的原因（如图 C.2 所示）。如果想了解详细的错误原因，可单击“帮助”按钮。

2. 运行错误

运行错误是指语句本身正确但不能正确执行，从而导致程序产生错误。例如，使用一个不存在的对象，或使用一个某些关键属性没有正确设置的对象等。

运行错误，系统也会检测到，并给出响应的错误信息，终止程序的运行。

3. 逻辑错误

逻辑错误是设计与实现中的错误。程序中的语句是合法的，而且能够执行，由于编写的程序代码不能实现预定的处理功能而产生的错误。

这种错误很难查找，需要通过检测程序并分析产生的结果才能检验出来。不过，VB提供的调试工具能够帮助用户定位逻辑错误。如图 C.2 所示为编译错误的提示。

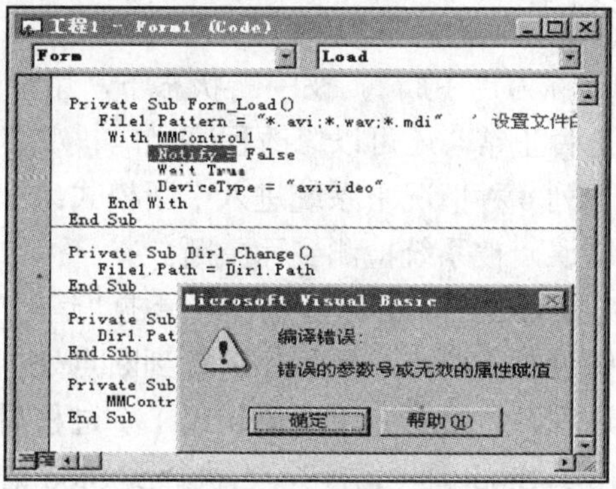

图 C.2 编译错误的提示

C.2 VB 调试工具

程序的调试是定位和修改那些使程序不能正确运行的错误的过程。使用 VB 的调试工具，可以便捷、有效地检查逻辑错误产生的地点和原因。

1. 程序调试工具栏

VB 提供了一个专用的程序调试工具栏。如果该工具栏不可见，则只要在任何工具栏上单击鼠标右键，在弹出式菜单中单击“调试”命令即可。

如图 C.3 所示为调试工具栏，可以利用该工具栏提供的按钮运行要测试的程序、中断程序的运行、在程序中设置断点、监视变量、单步调试和过程跟踪等，以查找并排除代码中存在的逻辑错误。

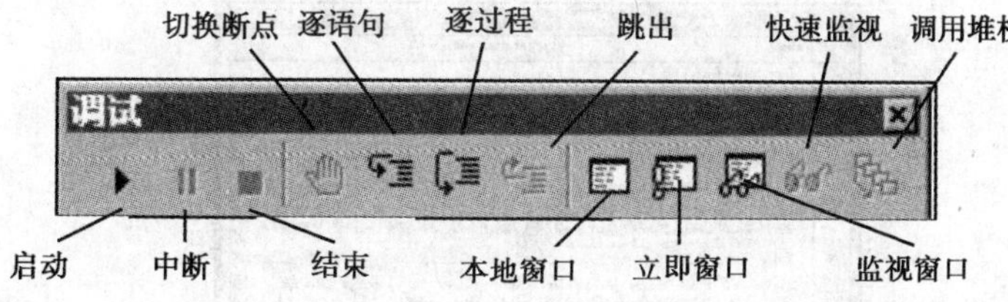

图 C.3 调试工具栏

2. 调试菜单

除了通过打开调试工具栏可以进行调试以外，VB 还可以单击“调试”按钮，在“调试”菜单中也有启动、中断、结束等命令。调试窗口的打开也可以通过单击“视图”按钮，选择“本地窗口”、“立即窗口”和“监视窗口”命令。程序的启动也可以单击“运行”按钮实现。

C.3 调试程序

1. 中断模式的进入和退出

VB 共有 3 种工作模式：即设计模式、运行模式和中断模式。VB 的标题栏总是显示当前的工作模式。

程序在执行中被停止，称为“中断”。在中断状态下，用户可查看各变量及属性的当前值，从而了解程序执行是否正常。还可以修改程序代码、观察界面状况、修改变量及属性值和修改程序流程等。下列 4 种情况下系统进入中断模式：

（1）程序运行时发生错误，被系统检测到而中断。

（2）程序运行中，用户按 Ctrl+Break 组合键，或单击“运行”菜单中的“中断”命令。

（3）用户在程序代码中设置了断点，当程序运行到断点处。

（4）采用逐语句或逐过程，每执行完 1 行语句或 1 个过程后。

（5）在程序代码中运用了 Stop(暂停)语句，当执行到 Stop 语句时也会产生中断，不关闭任何文件和清除变量，但这种方法会带来副作用，已很少使用了。

进入中断模式后，如果要退出并继续运行程序，则可单击“运行”菜单的“继续”命令。如果要结束运行，则可单击“运行”菜单的“结束”命令。

2. 控制程序的运行

调试中最重要的就是控制程序的运行。

（1）启动。启动是从“启动窗口”开始运行程序。“启动窗口”的设置通过“工程”菜单中的“工程属性”命令打开选项卡进行选择。

（2）逐语句运行。逐语句运行即单步运行，是指一条语句一条语句地执行代码。每执行一条语句就发生中断，因此可逐个语句地检查执行状况或执行结果。当程序执行到过程调用语句时，逐语句将进入到被调用的过程中，然后从过程的开始语句逐条执行。

按“F8”键或选“调试”菜单的“逐语句”命令可单步运行。在“代码编辑器”窗口中，标志下一条要执行的语句的箭头和彩色框也随之移到下一条语句，如图 C.4 所示。

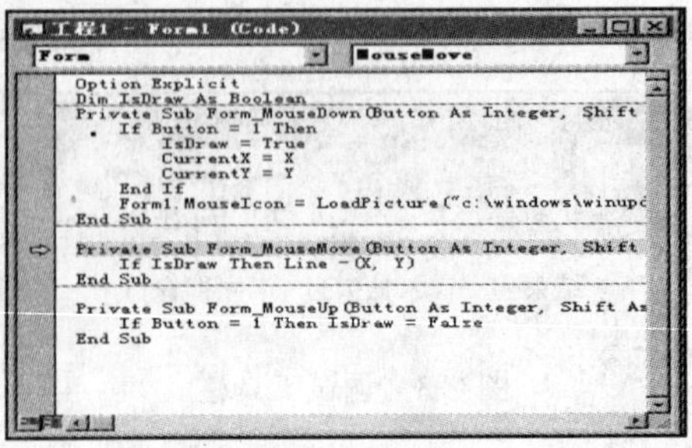

图 C.4 逐语句运行

（3）逐过程运行。当程序运行到调用过程时，逐过程运行将整个过程作为整体来执行。一般在确认某些过程不存在错误时选用，这样就不必对该过程中的语句逐个调试。

按 Shift+F8 组合键或选择“调试”菜单的“逐过程”命令来实现逐过程运行。如图 C.5 所示。

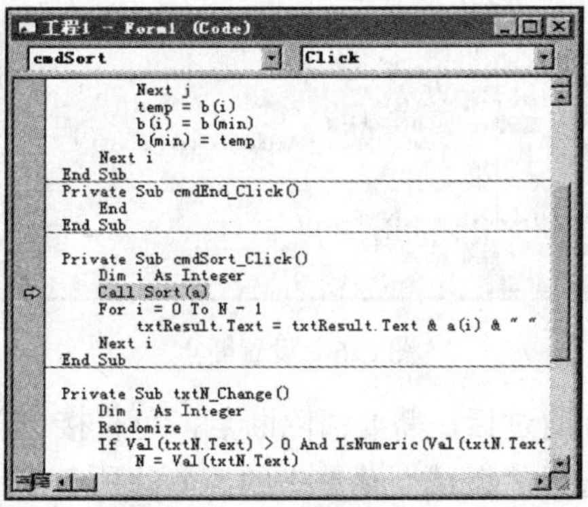

图 C.5　逐过程运行

在 C.5 图中，逐过程在运行“Call Sort(a)”语句后，直接运行下一句，而不进入“Sort”子过程。

（4）从过程中跳出

- 逐语句执行进入过程内部后，如果要跳出过程，可选择从过程中跳出。
- 按 Ctrl+Shift+F8 组合键或选择“调试”菜单的“跳出”命令。

（5）运行到光标处。如果不需要单步执行每一行，可以直接跳到光标所在处继续运行。

先将光标移到问题可能发生的部分，然后按 Ctrl+F8 组合键或选择“调试”菜单的“运行到光标处”命令。

（6）设置下一条要执行的语句。如果要修改某一变量或属性后再执行某条语句以验证是否正确，可以将光标移到要执行的语句处，然后按 F9 键或选择“调试”菜单的“设置下一条要执行的语句”命令。然后，按 F5 键或选择“运行”菜单的“继续”命令来恢复执行。

（7）结束。结束是立即停止程序的运行，并返回设计状态。

3. 断点的设置

断点是程序中作了标记的位置。通过断点，就可以使程序在需要中断的地方自动停止执行，并进入中断模式。断点通常安排在程序代码中能反映程序执行状况的部位，例如，可以在循环体中设置断点，以了解每次循环时各变量的值。

（1）设置断点。设置断点非常容易，打开“代码编辑器”窗口，将光标指向将要设置断点的代码行，单击代码窗口的边框位置，或选择“调试”菜单的“切换断点”命令。被设置的断点代码行加粗并反白显示，并在边框出现圆点。如图 C.6 所示设置了 2 个断点。

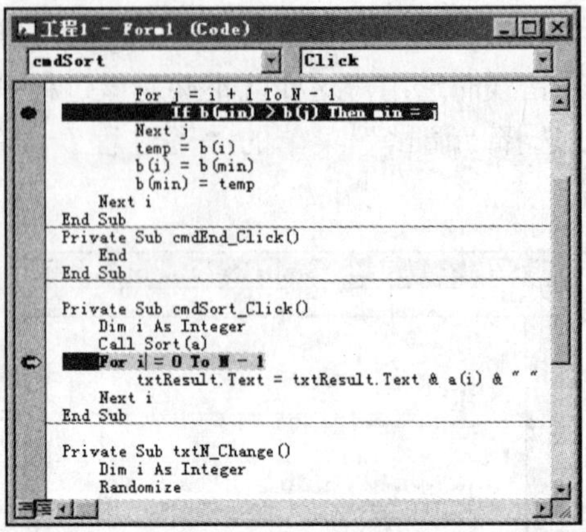

图 C.6　设置断点

（2）清除断点。当检查通过后，需要清除断点，可直接单击断点代码行前的边框上的圆点来清除一个断点，或选择“调试”菜单中的“清除所有断点”命令。

4. 调试窗口

VB 提供了 3 种用于调试的窗口：即本地窗口、立即窗口和监视窗口。

（1）本地窗口。本地窗口可以显示当前过程中所有变量的值。本地窗口只能显示本过程。打开本地窗口的方法是单击“视图”菜单，选择“本地窗口”命令。如图 C.7 所示。

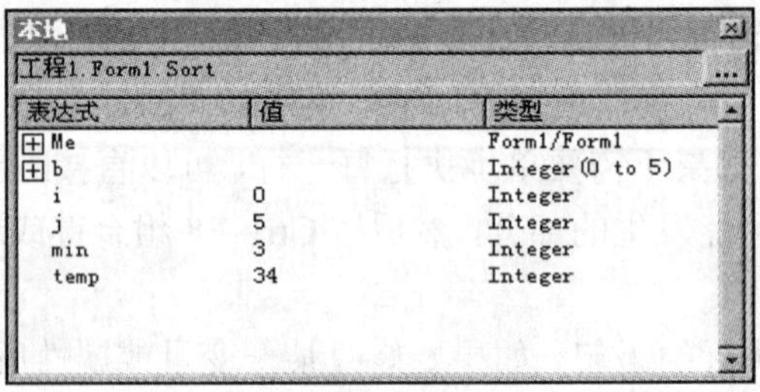

图 C.7　本地窗口

（2）立即窗口。立即窗口可以检测某个变量或属性值，或交互地执行单个过程，也可以显示表达式的值。

在进入中断模式后，默认会显示立即窗口。如果没有显示，按 Ctrl+G 组合键，或选择“视图”菜单的“立即窗口”命令。立即窗口可实现以下功能：

- 用 Debug.Print 方法输出信息

调试时在程序代码中添加 Debug.Print 语句，可将信息输出到立即窗口中，对变量或表达式的值进行监视。当程序调试完成后，应将 Debug.Print 语句删除。

例如，用 Debug.Print 将循环中的变量输出，如图 C.8 所示。

- 直接从立即窗口打印

进入中断模式后，在立即窗口中使用 Print 方法或“？”来检查变量或表达式的值。

例如：

？a+b

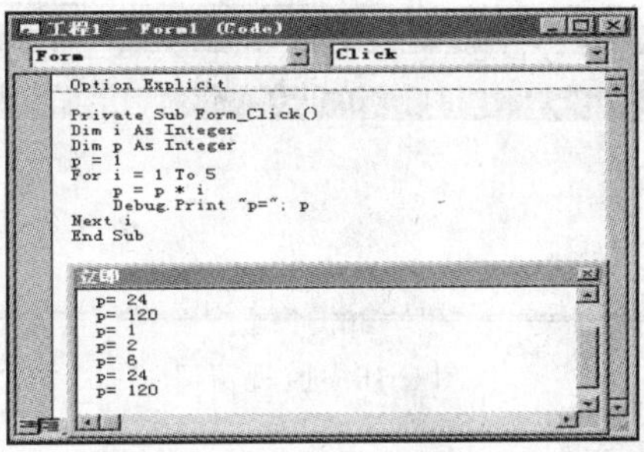

图 C.8　立即窗口

● 从立即窗口设置变量或属性值

进入中断模式后，可以在立即窗口中设置变量或属性的值。

例如，给变量赋新值：File1=“C:\MyFile.txt”

● 从立即窗口测试过程

从立即窗口可以通过指定参数值来调用过程，以便测试程序的正确性。

例如，计算调用过程求和：

a =10

? Sum(a)

将 a 作为 Sum 函数的参数，然后调用 Sum 函数并显示返回值。

（3）监视窗口

监视窗口用于在进入中断模式后显示监视表达式。

使用监视窗口监视表达式的步骤如下：

● 添加监视表达式

单击“调试”菜单，选择“添加监视”命令，则显示如图 C.9 所示的对话框。

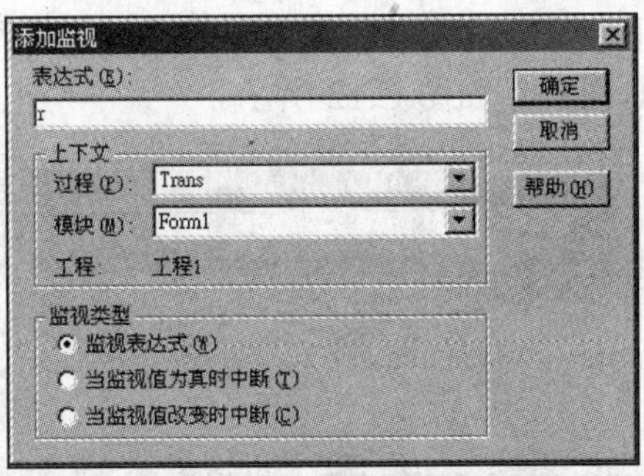

图 C.9　“添加监视”对话框

然后在显示的“对话框”中输入表达式，输入上下文的“过程”名和“模块”名。

● 打开“监视窗口”

单击“视图”菜单，选择“监视窗口”命令。则所添加的监视就显示在监视窗口中，如图 C.10 所示。

图 C.10　监视窗口

● 编辑或删除监视表达式

要编辑监视表达式，在监视窗口中双击该表达式，或选定该表达式后选择“调试”菜单中的“编辑监视”命令，从弹出的对话框中进行编辑。

● 快速监视

要监视未添加的监视表达式的值，可以采用快速监视的方法。在中断模式下，在代码编辑器窗口中选择需要监视的表达式或属性，选择“调试”菜单中的“快速监视”命令或按 Shift+F9 组合键，就可在弹出的对话框中查看相应的值，如图 C.11 所示。

图 C.11　“快速监视”对话框

（4）调用堆栈。调用堆栈用于显示所有活动过程调用的一个列表，活动过程调用是指已经启动但还未执行完的过程。

调用堆栈在中断模式下，选择“视图”菜单中的“调用堆栈”命令，或按 Ctrl+L 组合键，就出现“调用堆栈”对话框，如图 C.12 所示。

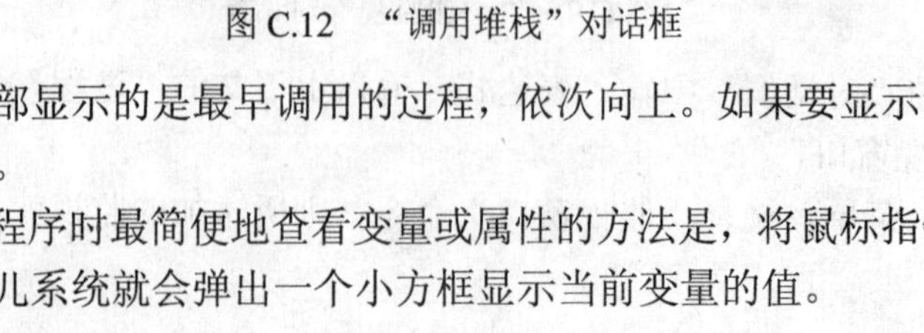

图 C.12　“调用堆栈”对话框

在对话框中底部显示的是最早调用的过程，依次向上。如果要显示调用过程的语句则单击“显示”按钮。

另外，在调试程序时最简便地查看变量或属性的方法是，将鼠标指针停留在要查看的变量上，稍等一会儿系统就会弹出一个小方框显示当前变量的值。

C.4 出错处理程序

运行时引发的任何错误都是致命的，都会导致程序运行的中止。

出错处理程序实际上是要在程序中捕获错误，对于可能出错的地方都要添加相应的出错处理。

错误处理过程为先设置错误陷阱捕获错误，然后进入错误处理程序，最后退出错误处理。

1. 设置错误陷阱

用 On Error 语句设置错误陷阱，格式如下：

语法：

```
On Error Goto  语句标号
```

VB 在运行到 On Error 语句时，将设置错误陷阱。当程序的执行过程中出现错误时，系统将自动定向到 On Error 语句标号指定的错误处理例程中。

2. 编写错误处理程序

错误处理程序是过程中一段语句标号后加“:”引导的代码。语句标号标记错误处理程序的开始。错误处理程序依靠 Err 对象的 Number 属性值确定错误发生的原因，通常用 Case 或 If…Then…Else 语句的形式确定可能会发生什么错误并对每种不同的错误提供处理方法。

3. 退出错误处理

错误处理程序处理完后，需要退出错误处理并恢复程序的执行，可采用以下语句：

- Resume：重新执行产生错误的语句。
- Resume Next：重新执行产生错误的语句的下一条语句。
- Resume 语句标号：从语句标号处恢复执行。
- Err.Raise 错误号：触发错误号的运行时错误，VB 将在调用列表中查找其他的错误处理例程。

在错误处理程序中，当遇到 Exit Sub、Exit Function、Exit Property、End Sub、End Function 或 End Property 语句时将退出错误处理。

4. On Error Resume Next 语句

On Error Resume Next 语句可以置错误于不顾，使程序继续执行。当错误发生时，On Error Resume Next 语句设置 Err 对象的属性值，但不执行错误处理程序，可以将错误处理代码放在错误发生的地方，而不必将控制转移到其他位置。

5. 关闭错误例程

如果在当前过程正在执行时关闭已经启动的错误例程，可以用 On Error Goto 0 语句。在过程中到处都可以用 On Error Goto 0 语句来关闭错误例程。

附录D

第2部分习题答案

习题1 Visual Basic概述

一、选择题

1．D　　2．D　　3．D

习题2 Visual Basic语言基础

一、选择题

1．A　2．C　3．C　4．C　5．C　6．D　7．D　8．C　9．B

10．C　11．D　12．B

二、填空题

1．'　_　:

2．$　%

3．String

4．（Log（1+d*d）-Exp（2））^（5/2）

5．1 N-2　i-1, j-1　i-1, j

6．10

7．1 3 5 7 9

8．3 3　3 5

9．无限循环　Ctrl+Break

10．Bb　BbCcEe

三、简答题

1．合法的VB符号常数和变量名：CmdV1, LngNum

2．15=&O17=&HF

32=&O40=&H20

75=&O113=&H4B

2483=&O663=&H9B3

21003=&O51013=&H520B

3．可以出现的数：3.457E-10，0.368，12E3.8，8.75D+6，1.87F+5

4．略

5．MyResult = 0

MyResult = False

MyResult = 1

MyResult =-1

MyResult = 1

6．(((x mod 4)= 0)and ((x mod 100)<>0))or (((x mod 4)=0)and ((x mod 400)=0))

7．（1）（Val（Text1.text）<100）and（Val（Text1.text）>0）

（2）X*Y<0

（3）（x< “z”）and（x> “a”）

（4）Instr（string1,X）<>0

8．x = 2.5: a = 7: y = 4.7

x + a Mod 3 *（Int（x + y）Mod 2）/ 4=2.5

x = 3.5: a = 2: b = 3: y = 2.5

CSng（a + b）/ 2 + Int（x）Mod Int（y）=3.5

9．（1）a/（b+c/d）

（2）（2*y）/（a*x+b*y）/（a*x-c*z）

（3）1/（1+1/n）+1

（4）1/2*（n/3）^（2*x）

（5）Log（y+cos（x）^2）

（6）（x+sqr（x^2+1））^（1/3）

10．（1）int（（99-11）*rnd）+11

（2）（x mod 10）*10+int（x/10）

（3）int（x*100）/100

（4）right（string1,5）

11．（1）12

（2）6

（3）15

（4）9

（5）12

习题3 创建用户界面

一、选择题

1. B　2. A　3. B　4. C　5. C　6. B　7. D　8. C　9. A

10. A　11. C　12. A　13. A　14. A　15. D　16. A　17. D　18. A

19. C　20. C　21. C　22. C　23. C　24. B　25. B

习题 4 VB 程序设计

一、选择题

1. B 2. C 3. A 4. B 5. A 6. B 7. D 8. A 9. B
10. D 11. D 12. B 13. D 14. B 15. B 16. C

二、填空题

1. 23 47
2. 5 10 2 5 10 2
3. m=20,n=10
   x=10,y=15
   m=20,n=10
   x=20,y=10
4. p=6
   p=13

习题 5 数据库应用

一、选择题

1. C 2. A 3. A 4. A 5. D 6. B

二、填空题

1. SELECT Orders.* FROM Orders WHERE （（[Orders].[订购数量]> 500） AND（Orders.[订单号]）<"1005"））
2. RecordCount Close
3. EOF 到末尾 NoMatch
4. 快照记录集 动态记录集 表类型记录集
5. DataSource DataField

习题 6 图形、鼠标和多媒体应用

一、选择题

1. C 2. A 3. A 4. C 5. D 6. A 7. A 8. D 9. A 10. B

二、填空题

1. Cls 2. 300, 100 3. 左上角 4. TextHeight
5. Picture Picture2.ScaleWidth Picture2.Height

习题 7 文件

一、选择题

1. D 2. B 3. C 4. C 5. D 6. B 7. A

反侵权盗版声明

电子工业出版社依法对本作品享有专有出版权。任何未经权利人书面许可，复制、销售或通过信息网络传播本作品的行为，歪曲、篡改、剽窃本作品的行为，均违反《中华人民共和国著作权法》，其行为人应承担相应的民事责任和行政责任，构成犯罪的，将被依法追究刑事责任。

为了维护市场秩序，保护权利人的合法权益，我社将依法查处和打击侵权盗版的单位和个人。欢迎社会各界人士积极举报侵权盗版行为，本社将奖励举报有功人员，并保证举报人的信息不被泄露。

举报电话：（010）88254396；（010）88258888
传　　真：（010）88254397
E-mail：　dbqq@phei.com.cn
通信地址：北京市万寿路173信箱
　　　　　电子工业出版社总编办公室
邮　　编：100036